全国技工院校“十二五”系列规划教材

中国机械工业教育协会推荐教材

机械制图（冷作、焊接专业用）

主　编　郑文杰

副主编　李红梅　刘成海

参　编　王　君　谭　加　刘　松　孟庆峰

李明霞　李　佳　隋　毅

机械工业出版社

本教材将技能训练和相关知识紧密结合，按照既定的知识目标和技能目标设计相应的教学模块和工作任务，将知识和技能融入工作任务之中。主要内容包括：机械制图基本知识与基本技能、投影的基本知识、基本几何体的三视图及表面上点的投影、立体表面的交线、轴测图、组合体视图、机件的表示法、标准件与常用件的规定画法、零件图、装配图和展开图。

本教材可作为技师学院、技工学校、职业技术院校的冷作、焊接专业的教学用书，也可供相关的技术人员参考。

图书在版编目（CIP）数据

机械制图/郑文杰主编．—北京：机械工业出版社，2013.11
全国技工院校“十二五”系列规划教材．冷作、焊接专业用
ISBN 978-7-111-44548-7

Ⅰ.①机…　Ⅱ.①郑…　Ⅲ.①机械制图-技工学校-教材　Ⅳ.①TH126

中国版本图书馆 CIP 数据核字（2013）第 253807 号

机械工业出版社（北京市百万庄大街 22 号　邮政编码 100037）
策划编辑：侯宪国　责任编辑：侯宪国　版式设计：霍永明
责任校对：杜雨霏　封面设计：张　静　责任印制：李　洋
三河市国英印务有限公司印刷
2014 年 6 月第 1 版第 1 次印刷
184mm×260mm · 15.5 印张 · 382 千字
0001— 3000 册
标准书号：ISBN 978-7-111-44548-7
定价：35.00 元

全国技工院校“十二五”系列规划教材
编审委员会

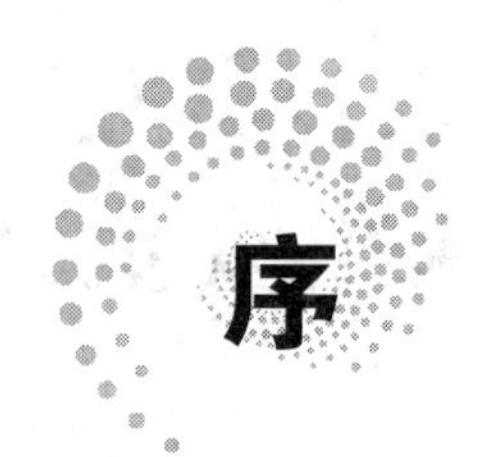

序

“十二五”期间，加速转变生产方式、调整产业结构将是我国国民经济和社会发展的重中之重。而要完成这种转变和调整，就必须有一大批高素质的技能型人才作为后盾。根据《国家中长期人才发展规划纲要（2010—2020年）》的要求，至2020年，我国高技能人才占技能劳动者的比例将由2008年的24.4%上升到28%（目前一些经济发达国家的这个比例已达到40%）。可以预见，作为高技能人才培养重要组成部分的高级技工教育，在未来的10年必将会迎来一个高速发展的黄金期。近几年来，各职业院校都在积极开展高级工培养的试点工作，并取得了较好的效果。但由于起步较晚，课程体系、教学模式都还有待完善与提高，教材建设也相对滞后，至今还没有一套适合高级技工教育快速发展需要的成体系、高质量的教材。即使一些专业（工种）有高级工教材也不是很完善，或是内容陈旧、实用性不强，或是形式单一、无法突出高技能人才培养的特色，更没有形成合理的体系。因此，开发一套体系完整、特色鲜明、适合理论实践一体化教学、反映企业最新技术与工艺的高级工教材，就成为高级技工教育亟待解决的课题。

鉴于高级技工教材短缺的现状，机械工业出版社与中国机械工业教育协会从2010年10月开始，组织相关人员，采用走访、问卷调查、座谈等方式，对全国有代表性的机电行业企业、部分省市的职业院校进行了历时6个月的深入调研。对目前企业对高级工的知识、技能要求，各学校高级工教育教学现状、教学和课程改革情况以及对教材的需求等有了比较清晰的认识。在此基础上，他们紧紧依托行业优势，以为企业输送满足其岗位需求的合格人才为最终目标，组织了行业和技能教育方面的专家精心规划了教材书目，对编写内容、编写模式等进行了深入探讨，形成了本系列教材的基本编写框架。为保证教材的编写质量、编写队伍的专业性和权威性，2011年5月，他们面向全国技工院校公开征稿，共收到来自全国22个省（直辖市）的110多所学校的600多份申报材料。在组织专家对作者及教材编写大纲进行了严格的评审后，决定首批启动编写机械加工制造类专业、电工电子类专业、汽车检测与维修专业、计算机技术相关专业教材以及部分公共基础课教材等，共计80余种。

本系列教材的编写指导思想明确，坚持以达到国家职业技能鉴定标准和就业能力为目标，以各专业的工作内容为主线，以工作任务为引领，由浅入深，循序渐进，精简理论，突出核心技能与实操能力，使理论与实践融为一体，充分体现“教、学、做合一”的教学思想，致力于构建符合当前教学改革方向的，以培养应用型、技术型、创新型人才为目标的教材体系。

本系列教材重点突出了如下三个特色：一是“新”字当头，即体系新、模式新、内容新。体系新是把教材以学科体系为主转变为以专业技术体系为主；模式新是把教材传统章节模式转变为以工作过程的项目为主；内容新是教材充分反映了新材料、新工艺、新技术、新方法。二是注重科学性。教材从体系、模式到内容符合教学规律，符合国内外制造技术水平实际情况。在具体任务和实例的选取上，突出先进性、实用性和典型性，便于组织教学，以提高学生的学习效率。三是体现普适性。由于当前高级工生源既有中职毕业生，又有高中生，各自学制也不同，还要考虑到在职人群，教材内容安排上尽量照顾到了不同的求学者，适用面比较广泛。

此外，本系列教材还配备了电子教学课件，以及相应的习题集，实验、实习教程，现场操作视频等，初步实现教材的立体化。

我相信，本系列教材的出版，对深化职业技术教育改革、提高高级工培养的质量都会起到积极的作用。在此，我谨向各位作者和所在单位及为这套教材出力的学者表示衷心的感谢。

原机械工业部教育司副司长

中国机械工业教育协会高级顾问

郝广发

前言

为了适应素质教育、技能培养、创新教育和创业教育的需要，建立具有中国特色的现代化职业教育课程体系的精神，针对目前职业技术教育缺少符合“机械制图（冷作、焊接专业用)”课程教学要求的教材，我们进行了多次专题交流与研讨，并在积极汲取各种现有教材精华的基础上，编写了本教材。

本书的主要特色如下：

(1) 先进性　本教材在编写过程中，淘汰了陈旧的技术规范、标准、工艺等，做到知识新、工艺新、技术新、设备新、标准新，并根据教学需要，精简繁杂的理论，重在使学生掌握必需的专业知识和技能。

(2) 实践性　重视实践性教学环节，本书的编写采用了任务驱动教学法的模式，在形式上将理论知识和技能融合到各个任务中，把任务布置给学生，让学生在规定时间内完成，较好地处理了理论教学与技能训练的关系，努力实现理论与实践相结合。

(3) 创新性　以实际案例为切入点，并尽量采用以图代文的编写形式，降低学习难度，提高学生的学习兴趣。

本书主要内容包括机械制图基本知识与基本技能、投影的基本知识、基本几何体的三视图及表面上点的投影、立体表面的交线、轴测图、组合体视图、机件的表示法、标准件与常用件的规定画法、零件图、装配图及展开图等。

本教材由郑文杰任主编，李红梅、刘成海任副主编，王君、谭加、刘松、孟庆峰、李明霞、李佳和隋毅任参编。其中，单元 1 和单元 5 由王君编写，单元 2 由李红梅编写，单元 3 由李佳编写，单元 4 由刘成海编写，单元 6 由刘松编写，单元 7 由谭加编写，单元 8 由隋毅编写，单元 9 和单元 10 由郑文杰编写，单元 11 的任务 1、任务 2 和任务 3 由孟庆峰编写，单元 11 的任务 4 和任务 5 由李明霞编写，全书由郑文杰统稿。

由于作者水平有限，书中仍难免存在疏漏及不足之处，敬请读者批评指正。

编　者

目 录

单元1　机械制图基本知识与基本技能

1

知识目标：

1. 了解机械图样。
2. 掌握《机械制图》国家标准。
3. 掌握绘制平面图形的基本方法。

技能目标：

能绘制出符合国家标准要求的各种平面图形。

任务1　认识机械图样

一、任务描述

机械图样是工程界的“技术语言”，无论是加工零件还是将零件装配成部件或机器，都必须以机械图样为依据，所以必须掌握一些有关机械图样的知识。

二、任务分析

本任务所涉及的主要知识点是：

1. 机械图样的概念
2. 机械图样的分类
3. 机械图样的作用
4. 本课程的主要任务和基本要求
5. 学习方法提示

三、相关知识

1. 机械图样的概念

在机械工程中，按《机械制图》国家标准的规定，准确地表达物体的形状、尺寸和技术要求的图形，称为机械图样。

机械制图是以机械图样作为研究对象的，即研究如何运用投影基本原理，绘制和阅读机械图样的课程。

2. 机械图样的分类

（1）视图　指运用投影原理将物体向某一平面进行投影，所绘制的图形（见图1-1）。

优点：绘图较简单，内外结构形状易表达清楚。

缺点：图形不直观，需受专业训练才能读懂。

（2）立体图　指能表达出物体的前面、侧面和顶面大致形状的图形（见图 1-2）。

优点：立体感强，不需受专业训练，视觉效果直观。

缺点：物体内外结构形状不易表达清楚，绘图较复杂。

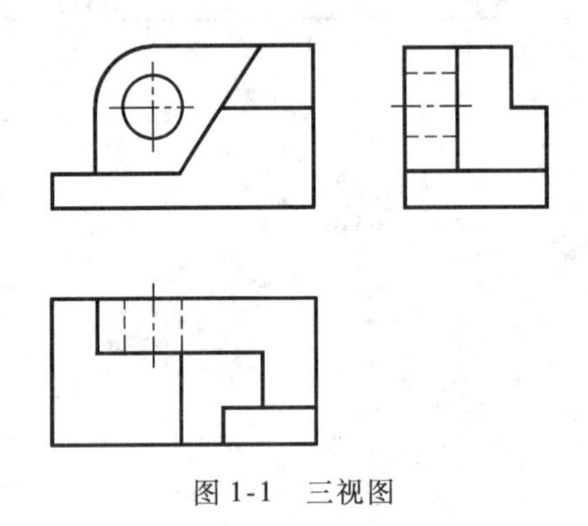

图 1-1　三视图

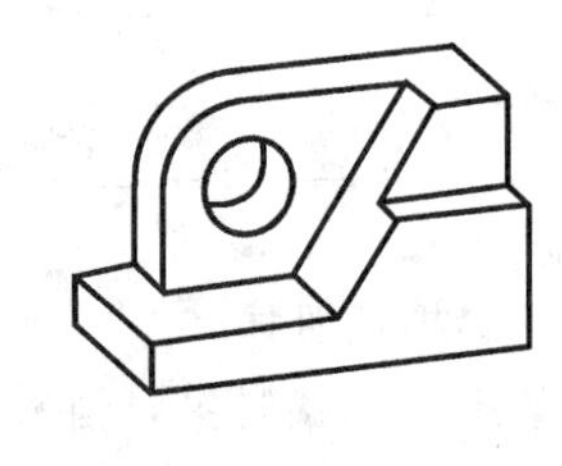

图 1-2　立体图

3. 机械图样的作用

（1）对设计者　机械图样是表达设计者意图的重要手段。

（2）对制造者　机械图样是生产厂家组织加工制造和检验零件及机器装配的重要依据。

（3）对使用者　机械图样是了解产品的内外结构形状、工作原理和主要性能等的技术文件。

（4）对维修者　机械图样是对零件、部件和整机进行维修的技术文件。

4. 本课程的主要任务和基本要求

1）主要任务是培养学生具有绘制机械图样和阅读机械图样的综合能力。

2）基本要求是培养学生运用正投影法将空间形体用平面图形表达，即绘制机械图样的能力；培养学生由平面图形想象空间物体三维形体思维的能力，即阅读机械图样的能力；培养学生使用绘图工具、徒手画机械图样的能力；培养学生认真贯彻、执行国家制图标准的意识；培养学生使用绘图软件绘制机械图样的能力。

5. 学习方法提示

因为机械图样是工程技术语言，所以工程技术人员必须掌握绘制机械图样的基本知识和技能。

本课程包括画法几何知识、机械制图知识和计算机绘图知识三部分内容。

1）画法几何是研究空间物体上点、线、面的投影规律和方法，图解空间几何问题的理论。其系统性强、逻辑严谨，空间形体上点、线、面与投影平面位置关系紧密联系，投影规律是学习制图课的基础。所以要求学生上课要认真听讲、课后要及时认真复习，必须通过做一定量习题来加深对所学知识的理解和掌握。

2）机械制图是介绍有关国家制图最新标准、研究绘制和阅读机械图样的基本理论。机械制图内容广泛，涉及多门专业基础课，实践性强，并有大量的国家标准需要认真遵守。所以要求学生多动手练习和多阅读机械图样，循序渐进地提高绘制和阅读机械图样的能力。

3）计算机绘图是运用所学的制图理论，借助计算机硬件和绘图软件绘制机械图样。计算机绘图应在学完机械制图的基本理论后进行，要求熟悉计算机的基本操作和绘图软件的使用，掌握绘图技巧，达到图样的规范化和标准化，提高绘图速度和工作效率。

四、扩展知识

国家制图标准简介：为了科学地进行生产和管理，必须对图样画法、尺寸注法等作统一的规定。我国于1959年首次颁发了《机械制图》国家标准，对图样作了统一规定。为适应经济和科学技术发展的需要，我国先后于1970年、1974年及1984年重新修订《机械制图》国家标准，进入20世纪90年代后，为了与国际接轨，国家质量技术监督局依据国际标准化组织制定的国际标准，又进行多次重新制定和修订，并颁布了《技术制图》和《机械制图》国家标准，简称“国标”，用GB或GB/T表示（GB为强制性国家标准，GB/T为推荐性国家标准），通常称为制图标准。在绘制工程图样时必须严格遵守和认真贯彻国家标准。

任务2　学习《机械制图》国家标准

一、任务描述

为达到技术交流的目的，作为工程技术语言的机械图样的内容必须规范化，这就要求图样必须有一个统一的标准，即国家标准，只有掌握了国家制图标准才能正确地识读和绘制图样。

二、任务分析

本任务所涉及的主要知识点如下：

1. 图纸幅面及格式
2. 比例
3. 图线
4. 文字
5. 尺寸标注

三、相关知识

1. 图纸幅面及格式（GB/T 14689—2008）

（1）幅面尺寸和代号　绘制技术图样时，应优先采用表1-1中规定的基本幅面。图1-3中粗实线表示为基本幅面，必要时，也允许选用国标所规定的加长幅面，加长幅面尺寸是由基本幅面的短边成整数倍增加后得出的，如图1-3所示。

表1-1　图纸幅面尺寸

幅面代号		A0	A1	A2	A3	A4
尺寸$\frac{B}{mm}\times\frac{L}{mm}$		841×1189	594×841	420×594	297×420	210×297
图框	a	25				
	c	10			5	
	e	20		10		

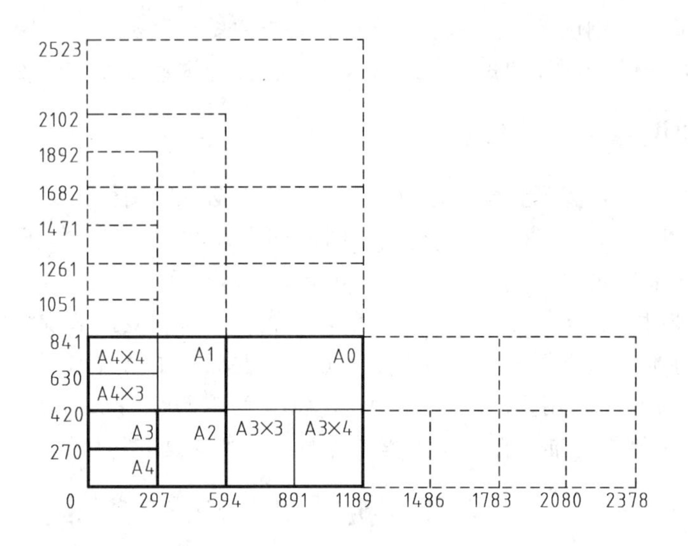

图 1-3 图纸的幅面尺寸

(2) 图框格式 在图纸上必须用粗实线画出图框，其格式如图 1-4 所示，分为留有装订边和不留装订边的两种，但同一产品的图样只能采用一种格式。

(3) 标题栏及其方位（GB/T 10609.1—2008） 标题栏的格式和尺寸按 GB/T

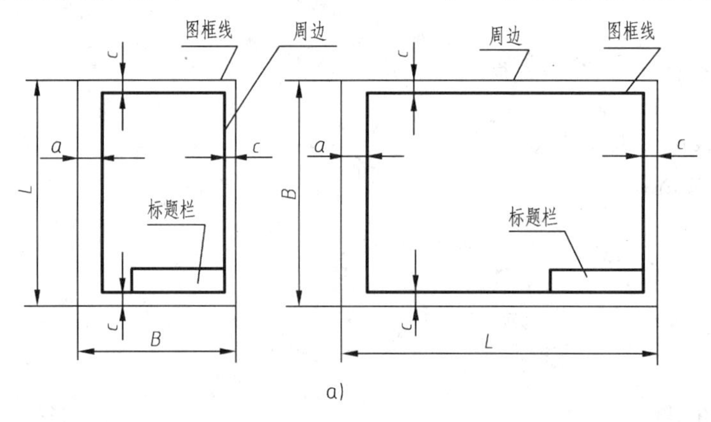

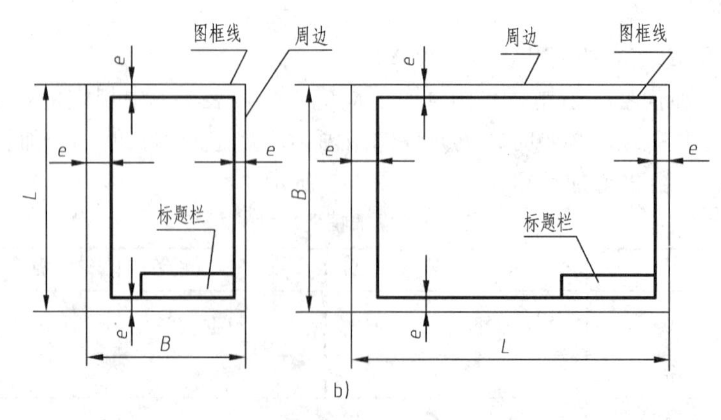

图 1-4 图框格式

a) 留有装订边图样的图框格式 b) 不留装订边图样的图框格式

10609. 1—2008 的规定，标题栏一般由名称、代号区、签字区、更改区及其他区组成，如图 1-5 所示。标题栏的位置应位于图纸的右下角，如图 1-4 所示。

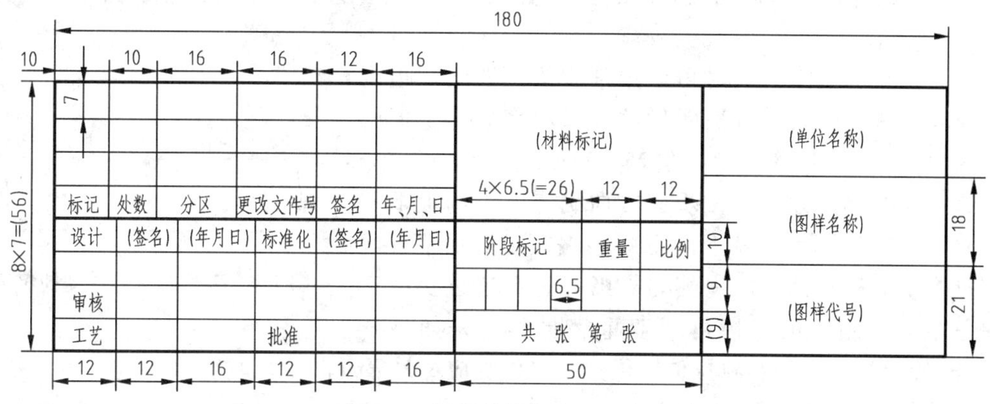

图 1-5　标题栏的格式及尺寸

由于国家标准中标题栏的格式很复杂，因此学生制图作业使用的标题栏建议采用如图 1-6 所示的标题栏格式。

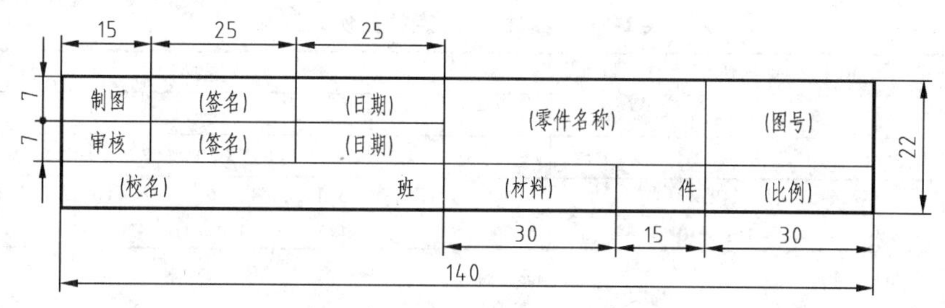

图 1-6　学生作业用标题栏的格式

看图方向分两种情况：

第一种是按看标题栏的方向看图，即以标题栏中的文字方向为看图方向。

第二种是按方向符号指示的方向看图，方向符号为一尖端向下的等边三角形，配置在位于图纸下边的装订边的对中符号上，如图 1-7 所示。

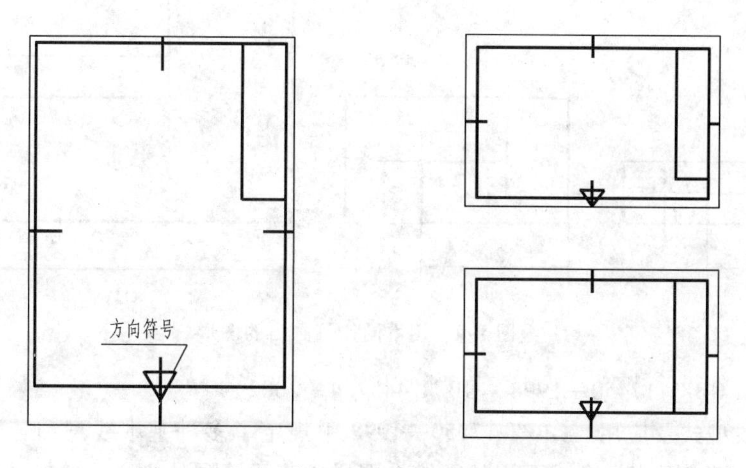

图 1-7　有方向符号和对中符号的图框格式

方向符号是用细实线绘制的等边三角形，其大小如图 1-8 所示。当方向符号的尖角对着读图者时，其向上的方向即为看图的方向，但标题栏中的内容及书写方向仍按常规处理。

为了使图样复制和微缩摄影时定位方便，应在图纸各边长的中点处分别画出对中符号，如图 1-7 所示。

(4) 图幅分区　必要时可以用细实线在图纸周边内画出分区。图幅分区数目按图样的复杂程度确定，但必须取偶数。每一分区的长度应在 25 ~ 75mm 之间选择。分区的编号，沿上下方向（按看图方向确定图纸的上下和左右）用大写拉丁字母从上到下顺序编写；沿水平方向用阿拉伯数字从左到右顺序编写。当分区数超过拉丁字母的总数时，超过的各区可用双重字母编写，如 AA、BB、CC 等。拉丁字母和阿拉伯字母数字的位置应尽量靠近图框线。

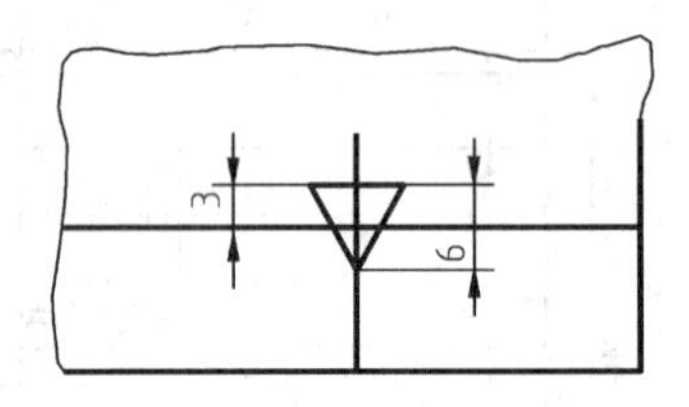

图 1-8　方向符号的尺寸和位置

2. 比例（GB/T 14690—1993）

比例是指图形与其实物相应要素的线性尺寸之比。比例用符号"："表示。需要按比例绘制图样时，应由表 1-2 规定的系列中选取适当的比例。

表 1-2　国家标准规定的比例系列

种类	优先选择比例	允许选择比例
原值比例	1:1	—
放大比例	$5:1, 2:1, 5\times10^n:1, 2\times10^n:1, 1\times10^n:1$	$4:1, 2.5:1, 4\times10^n:1, 2.5\times10^n:1$
缩小比例	$1:2, 1:5, 1:10, 1:2\times10^n$, $1:5\times10^n, 1:1\times10^n$	$1:1.5, 1:2.5, 1:3, 1:4, 1:6, 1:1.5\times10^n, 1:2.5\times10^n$, $1:3\times10^n, 1:4\times10^n, 1:6\times10^n$

注：n 为正整数。

为了能从图样上得到实物大小的真实概念，应尽量采用 1:1 的比例绘图，当形体不宜采用 1:1 的比例绘制图样时，也可用缩小或放大比例画图，但不论放大或缩小，标注尺寸时都必须标注形体的实际尺寸，如图 1-9 所示。

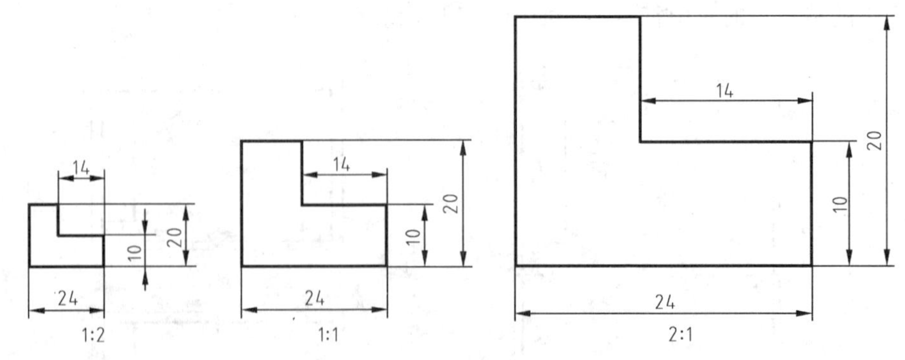

图 1-9　用不同比例画出的图形

3. 图线（GB/T 17450—1998、GB/T 4457.4—2002）

(1) 图线型式及应用　GB/T 17450—1998 中规定了多种基本线型和若干种基本线型的变形，需要时可查国家标准。不同的图线在图样中表示不同的含义，绘制图样时，应遵守国家标准的有关规定。

机械图样中，图线宽度分粗细两种，其线宽比例为2:1，根据图样的大小和复杂程度，在下列线宽数系中选择合适的线宽：0.13mm，0.18mm，0.25mm，0.35mm，0.5mm，0.7mm，1mm，1.4mm，2mm，粗线宽度优先采用0.7mm、0.5mm。常用的工程图线名称及主要用途见表1-3。

表1-3 常用的工程图线名称及主要用途

图线名称	图线型式	图线宽度	主要用途
粗实线		d	可见轮廓线、相贯线、螺纹牙顶线、螺纹长度终止线、齿顶圆（线）、剖切符号用线
细实线		$d/2$	尺寸线、尺寸界线、剖面线、辅助线、重合断面的轮廓线、螺纹的牙底线表示平面的对角线、过渡线
波浪线		$d/2$	断裂处的边界线、视图和剖视图的分界线
双折线	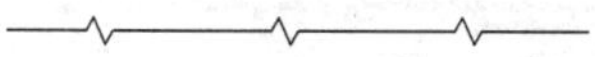	$d/2$	断裂处的边界线
虚线	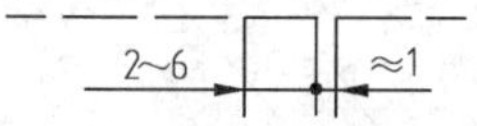 2~6 ≈1	$d/2$	不可见的轮廓线、不可见的棱边线
细点画线	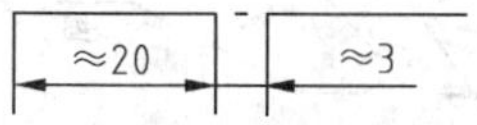 ≈20 ≈3	$d/2$	轴线、对称中心线、齿轮的分度圆及分度线
粗点画线	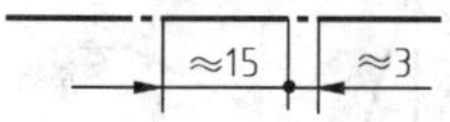 ≈15 ≈3	d	限定范围的表示线
细双点画线	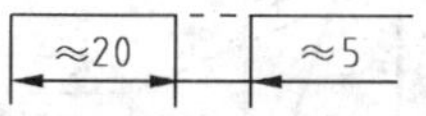 ≈20 ≈5	$d/2$	相邻辅助零件的轮廓线、中断线、可动零件的极限位置的轮廓线、轨迹线

（2）图线画法　同一图样中，同类图线的宽度应一致，虚线、细点画线及双点画线的线段长度和间隔应各自均匀相等。

画圆的中心线时，圆心应是画的交点，点画线两端应超出轮廓2~5mm，当圆较小时，点画线可用细实线代替。

虚线、点画线应交于画线处。

虚线圆弧与实线相切时，虚线圆弧应留出间隙。

虚线直接在实线延长线上时，虚线应留出间隙。

1）图线画法举例（见图1-10）。

2）图线应用示例（见图1-11）。

4. 文字（GB/T 14691—1993）

在图样中除了表示物体形状的图形外，还必须用文字、数字和字母表示物体的大小及技术要求等内容，国家标准对字体的大小和结构作了统一规定。

（1）基本要求　图样中书写字体必须做到：字体工整、笔画清楚、间隔均匀、排列整齐。

字体高度（用 h 表示）的公称尺寸系列为：1.8mm，2.5mm，3.5mm，5mm，7mm，

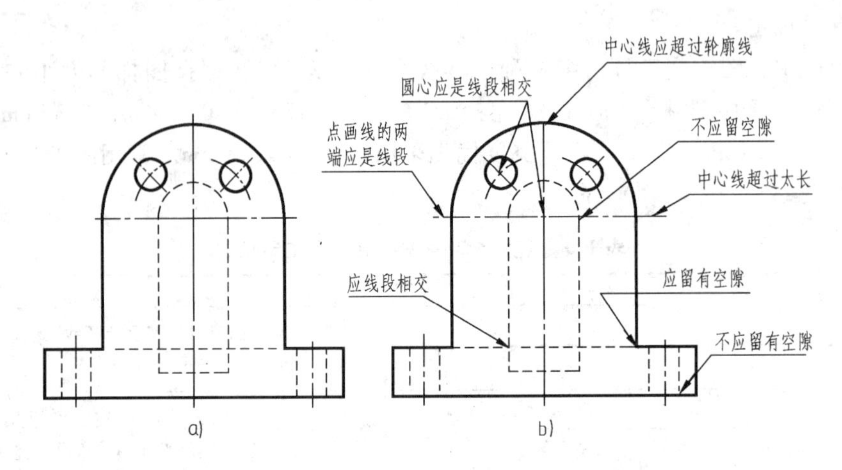

图 1-10　图线画法

a）正确　b）错误

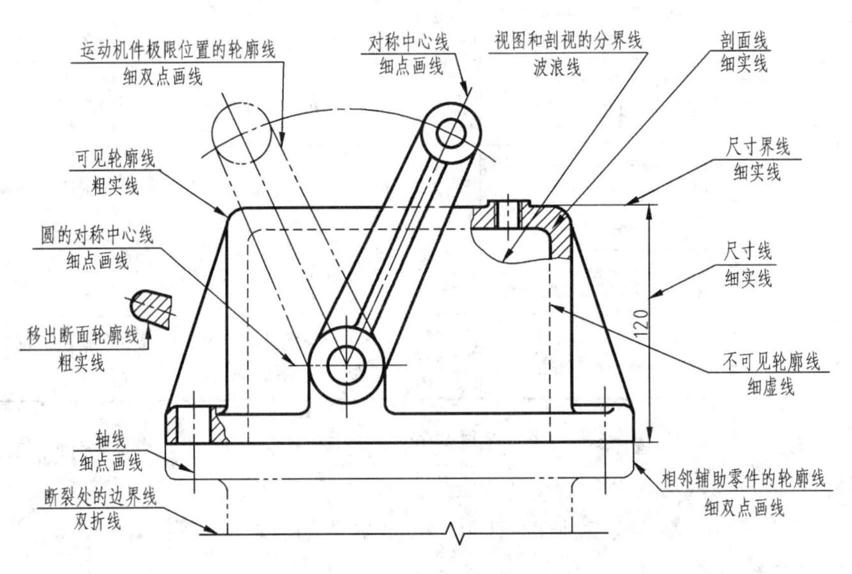

图 1-11　图线应用示例

10mm，14mm，20mm。字宽一般为 $h/\sqrt{2}$，字体高度代表字体的号数。

汉字应写成长仿宋体，并应采用中华人民共和国国务院正式公布推行的《汉字简化方案》中规定的简化字。汉字的高度 h 应不小于 3.5mm。长仿宋体汉字的特点是：横平竖直，起落有锋，粗细一致，结构匀称。

字母和数字分 A 型和 B 型。A 型字体的笔画宽度（d）为字高（h）的 1/14；B 型字体的笔画宽度（d）为字高（h）的 1/10。在同一图样上，只允许选用一种形式的字体。

字母和数字可写成直体和斜体。斜体字字头向右倾斜，与水平基准线成 75°。用作指数、分数、极限偏差、注脚的数字及字母，一般应采用小一号字体。

（2）字体示例

长仿宋体汉字示例：

10号字

字体工整　笔画清楚　间隔均匀

7号字

横平竖直注意起落结构均匀填满方格

5号字

技术制图械械电子汽车航空船舶土木建筑矿山井坑港口纺织服装

斜体拉丁字母、数字示例：

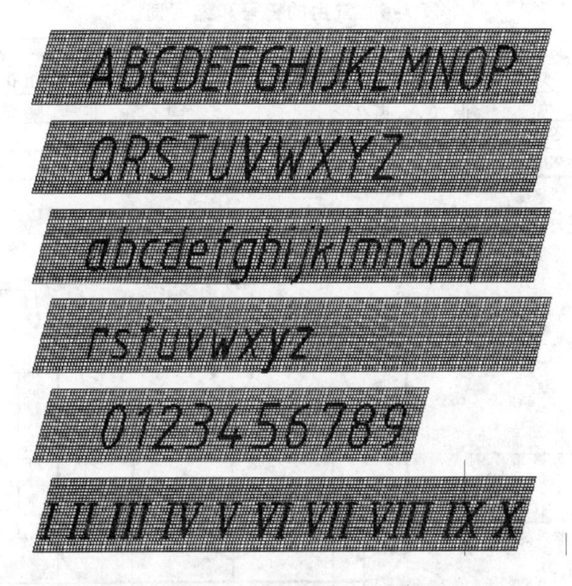

5. 尺寸标注（GB/T 16675.2—2012、GB/T 4458.4—2003）

图样中的图形只能表达机件的形状，而机件的大小则必须通过标注尺寸来表达。标注尺寸是制图中一项极为重要的工作，必须认真细致、一丝不苟，以免给生产带来不必要的困难和损失；标注尺寸时必须按国家标准的规定标注。

（1）基本规则　机体的真实大小应以图样上所注的尺寸数值为依据，与绘图比例及绘图的准确度无关。

图样中标注的尺寸，当以 mm（毫米）为单位时，不需要标注计量单位的代号（或名称），如采用其他单位，则必须注明相应的计量单位的代号（或名称）。

图样中所标注的尺寸，为该图样所示机件的最后完工尺寸，否则应另加说明。

机件的每一尺寸，一般只标注一次，并应标注在反映该结构最清晰的图形上。

（2）尺寸的组成　一个完整的尺寸应由尺寸界线、尺寸线（含尺寸线的终端）及数字和符号等组成。

1）尺寸界线。尺寸界线用细实线绘制，并应由图形的轮廓线、轴线或对称中心线引出。轮廓线、轴线、对称中心线也可作尺寸界线。

2）尺寸线。尺寸线用细实线单独绘制，不能用其他图线代替，一般也不得与其他图线重合或画在其延长线上。尺寸线与尺寸界线必须互相垂直，特殊情况除外。

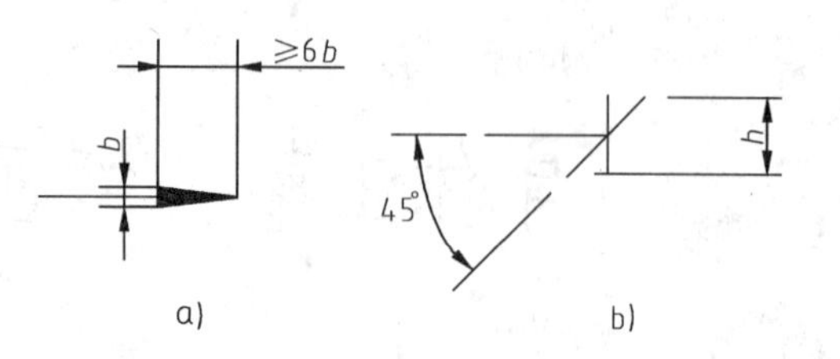

图 1-12　箭头与斜线的画法
a）箭头的画法　b）斜线的画法

尺寸线的终端有箭头和斜线两种形式（见图 1-12）。箭头的尖端与尺寸界线接触。在同一张图样上，箭头大小要一致。机械图样中一般采用箭头作为尺寸线的终端。

3）尺寸数字和符号。线性尺寸的数字一般应注写在尺寸线的上方，也允许注在尺寸线的中断处，国家标准中还规定了一组表示特定含义的符号，作为对数字标注的补充说明。表 1-4 给出了一些常用的符号，标注尺寸时，应尽可能使用符号和缩写词。

表 1-4　常用的符号和缩写词

名称	符号及缩写词	名称	符号及缩写词	名称	符号及缩写词
直　径	ϕ	厚　度	t	沉孔及锪平	⌴
半　径	R	正方形	□	埋头孔	⌵
球直径	$S\phi$	45°倒角	C	均　布	EQS
球半径	SR	深　度	↧		

尺寸的组成和标注示例如图 1-13 所示。

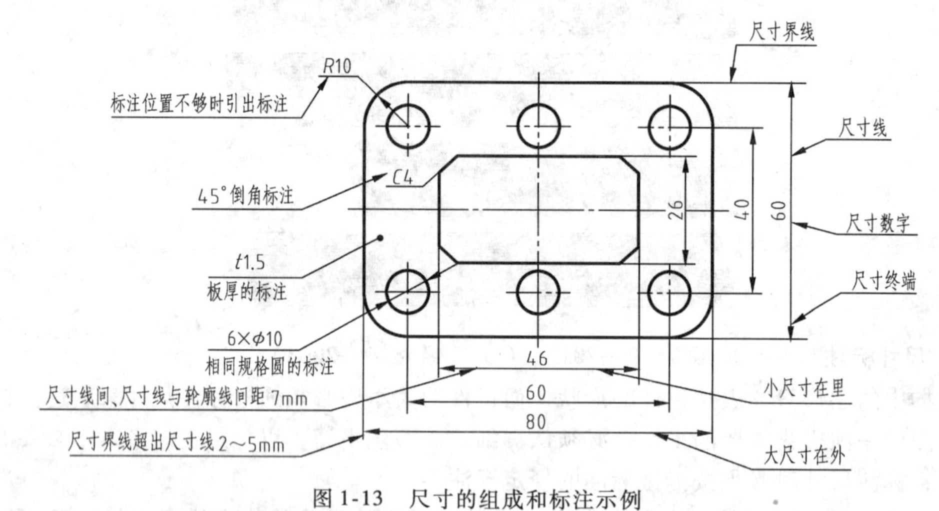

图 1-13　尺寸的组成和标注示例

（3）各类尺寸的注法示例　各类尺寸标注的基本规定见表 1-5。

四、尺寸标注的注意事项

1）尺寸数字按标准字体书写，且同一图样上的字高要一致，通常注写在尺寸线的上方或中断处。水平方向的尺寸数字字头向上，垂直方向的尺寸数字字头向左，倾斜方向的尺寸数字字头偏向斜上方。对于非水平方向的尺寸，其数字也可注写在尺寸线的中断处。尺寸数字在图中遇到图线时，须将图线断开。若图线断开影响图形表达时，须调整尺寸标注的位置。

表 1-5 各类尺寸标注的基本规定

项目	图 例	尺寸标注说明
线性尺寸的标注	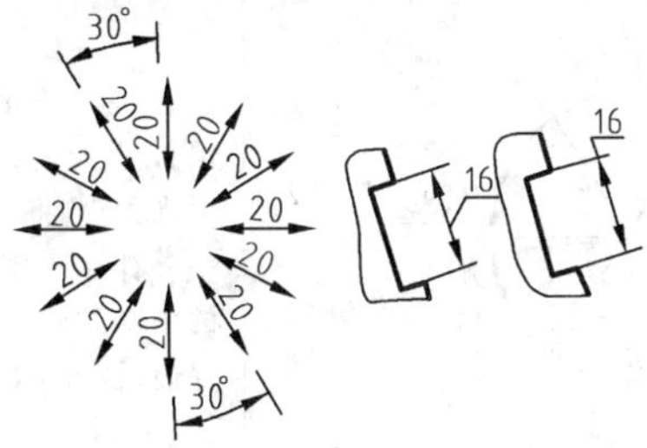	线性尺寸数字的方向，一般应按图示的方向注写，并尽可能避免在图示30°范围内标注尺寸，当无法避免时可按右图的形式标注
圆标注	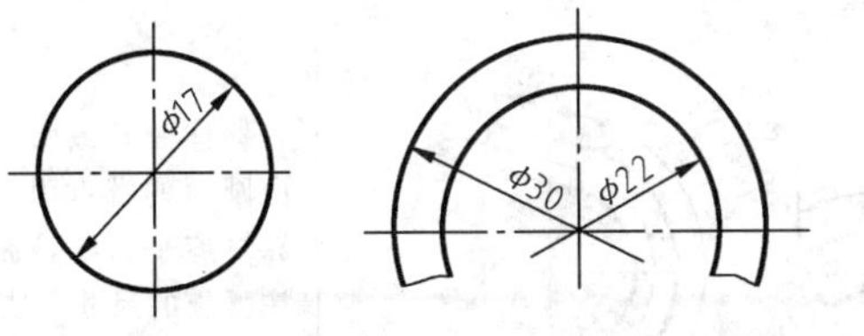	标注整圆或大于半圆的圆弧直径尺寸时，以圆周为尺寸界线，尺寸线通过圆心，并超出 2～5mm，尺寸线接触圆弧处画箭头，尺寸线另一端不画箭头。在尺寸数字前加注直径符号“ϕ”
圆弧标注	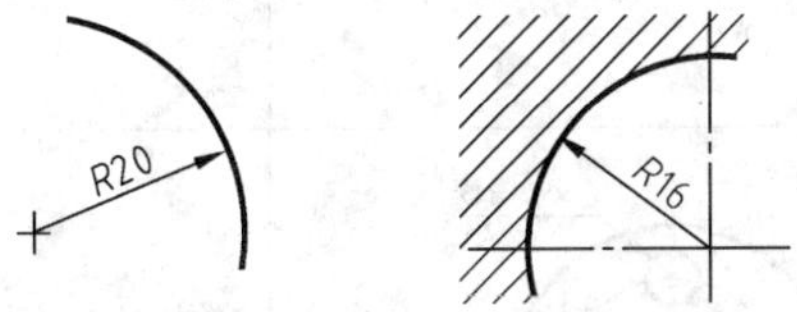	标注小于或等于半径的圆弧半径尺寸时，尺寸线应从圆心引出到圆周处画出箭头，并在尺寸数字前加注半径符号“*R*”。半径符号必须用大写字母
大圆弧标注	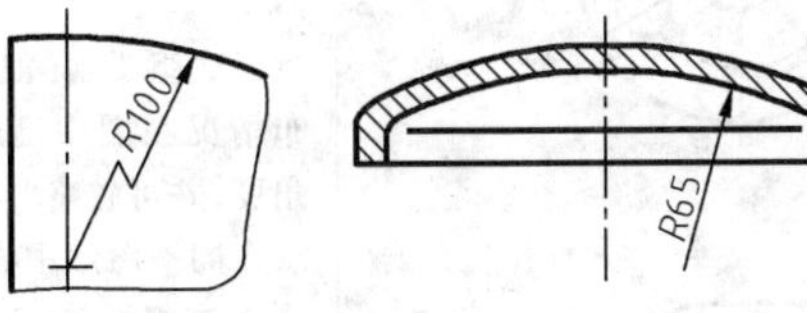 a)　b)	当圆弧的半径过大或在图样范围内无法标出圆心位置时，可按图 a 的折线形式标注。当不需标出圆心位置时，则尺寸线只画靠近箭头的一段，如图 b 所示
球标注	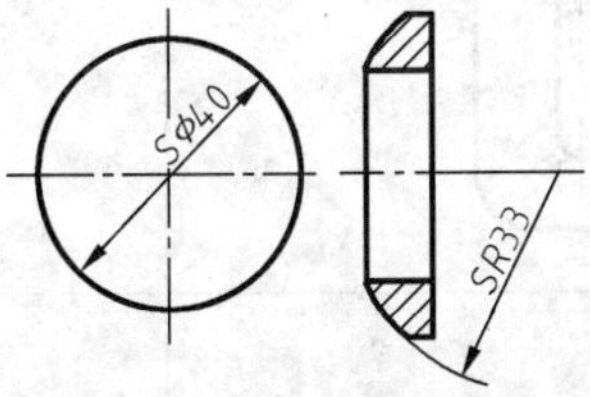	标注球直径或球半径时，应在尺寸数字前加注符号“$S\phi$”或“*SR*”。尺寸线标注形式同圆标注或圆弧标注
小尺寸标注	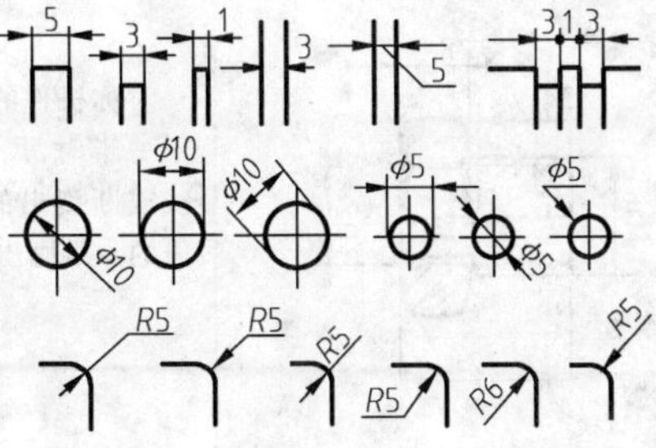	在尺寸界线之间没有足够位置画箭头或注写尺寸数字的小尺寸，可按图示形式进行标注。标注连续尺寸时，可用实心圆点代替相连的尺寸箭头，圆点大小与箭头尾部宽度相同

(续)

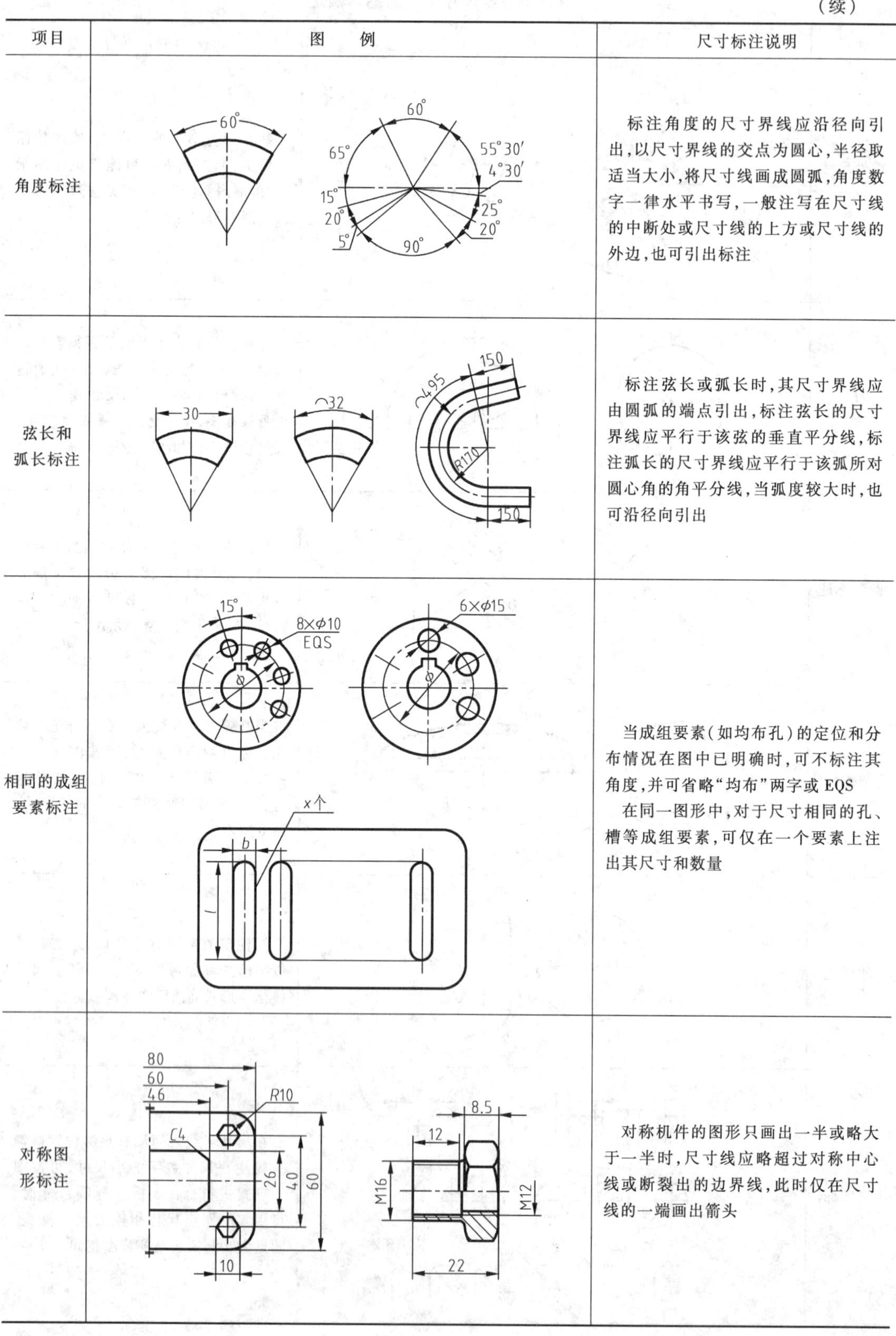

项目	图　例	尺寸标注说明
角度标注		标注角度的尺寸界线应沿径向引出,以尺寸界线的交点为圆心,半径取适当大小,将尺寸线画成圆弧,角度数字一律水平书写,一般注写在尺寸线的中断处或尺寸线的上方或尺寸线的外边,也可引出标注
弦长和弧长标注		标注弦长或弧长时,其尺寸界线应由圆弧的端点引出,标注弦长的尺寸界线应平行于该弦的垂直平分线,标注弧长的尺寸界线应平行于该弧所对圆心角的角平分线,当弧度较大时,也可沿径向引出
相同的成组要素标注		当成组要素(如均布孔)的定位和分布情况在图中已明确时,可不标注其角度,并可省略“均布”两字或 EQS 在同一图形中,对于尺寸相同的孔、槽等成组要素,可仅在一个要素上注出其尺寸和数量
对称图形标注		对称机件的图形只画出一半或略大于一半时,尺寸线应略超过对称中心线或断裂出的边界线,此时仅在尺寸线的一端画出箭头

2）一般情况下，尺寸线不能用其他图线代替，也不得与其他图线重合或画在其他图线的延长线上。

3）机械图样中多采用箭头作为尺寸线的终端。同一图样上箭头大小要一致，一般应采用一种形式。箭头尖端应与尺寸界线接触。当采用箭头时，在地方不够的情况下，允许用圆点或斜线代替箭头。

4）尺寸界线应由图形的轮廓线、轴线、对称中心线引出。轮廓线、轴线、对称中心线也可以用作尺寸界线。

5）尺寸线与尺寸界线均用细实线绘制。

6）角度尺寸的数字一律水平注写。

任务3　绘制连接板平面图

一、任务描述

绘制机械图样，需要使用绘图工具。能正确使用绘图工具是绘制机械图样的基础。

二、任务分析

常用绘图工具的用法及圆弧连接作图原理。

三、相关知识

1. 常用绘图工具的用法

掌握绘图工具的正确使用方法，是手工绘图时保证绘图质量和提高绘图速度的一个重要前提，对初学者尤为重要。本节将介绍几种常用的绘图工具及其使用方法。

（1）绘图铅笔　绘制图样时，要使用绘图铅笔，绘图铅笔铅芯的软硬分别以符号 B 和 H 表示，B 前面的数字越大，表示铅笔铅芯越软；H 前面数字越大，表示铅笔铅芯越硬。铅芯越硬，画出的线条越淡。因此，绘图时根据不同的使用要求，应准备以下几种硬度不同的铅笔：

B 或 HB——一般画粗实线用，加深圆弧时用的铅芯应比画粗实线的铅芯软一号。

HB 或 H——一般画细线、箭头和写字用。

H 或 2H——一般画底稿用。

铅笔的铅芯可削磨成两种形状，如图 1-14 所示。锥形用于画细实线和写字，楔形用于加深。

（2）图板、丁字尺和三角板　图板是用作画图的垫板，图板板面应当平坦光洁，其左边用作导边，所以必须平直。

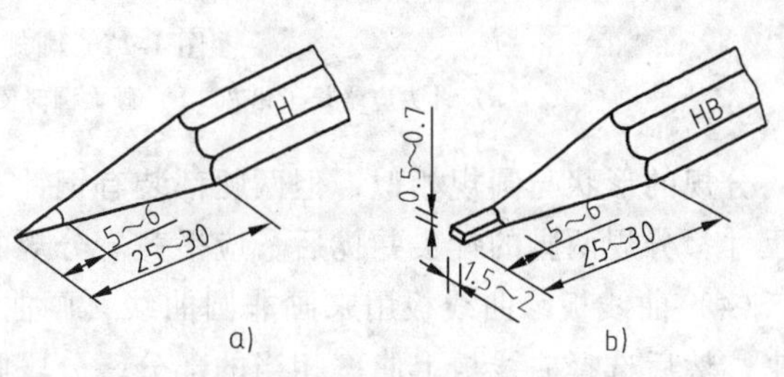

图 1-14　铅笔的削法
a）锥形　b）楔形

丁字尺是用来画水平线的，由尺头和尺身组成。丁字尺的尺头内边与尺身的工作边必须垂直。使用时，尺头要紧靠图板左边，按住尺身来画，画水平线必须自左向右画，如图 1-15 所示。

三角板可配合丁字尺画垂直线及与水平线成15°整数倍的倾斜线，如图 1-16 所示为用丁字尺配合三角板绘制、垂直线和 15° 整数倍倾斜线的示例。

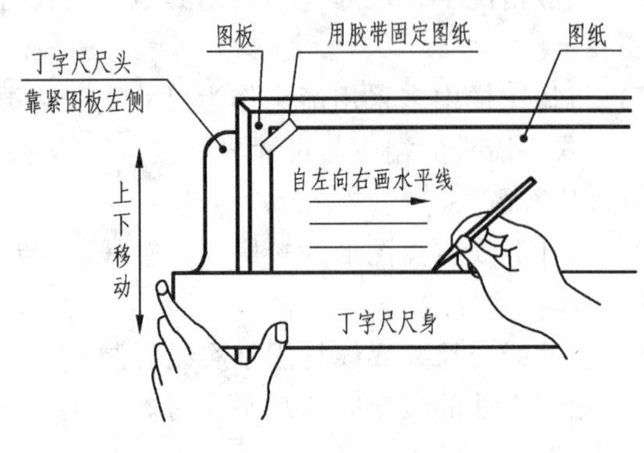

图 1-15　丁字尺的用法

（3）圆规、分规　圆规用来画圆和圆弧。圆规针尖两端的形状不同，普通针尖用于绘制底稿，带支承面的小针尖用于圆和圆弧的加深，以避免针尖插入图板太深。使用前应调整针尖，使其略长于铅芯。画圆时，应使圆规向前进方向稍微倾斜，用力要均匀。画大圆时应使针尖和铅芯尽可能与纸面垂直，圆规的用法如图 1-17 所示。

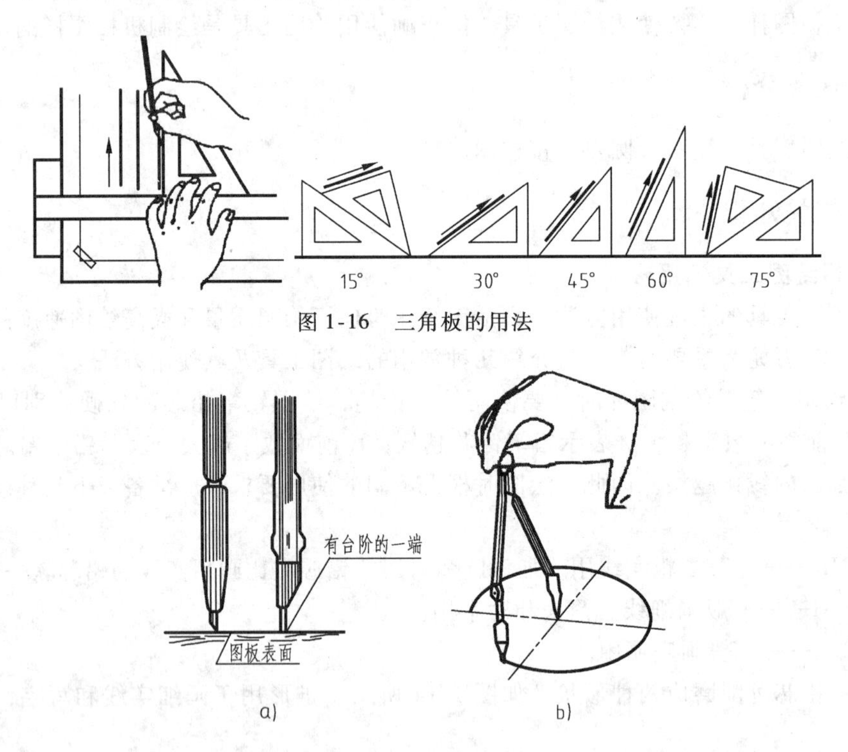

图 1-16　三角板的用法

图 1-17　圆规的用法

a）针尖应略长于铅芯　b）画大圆时使针尖和铅芯尽可能与纸面垂直

分规的形状与圆规相似，但两腿都装有钢针，分规用来量取和等分线段。为了准确地度量尺寸，分规两脚的针尖并拢后，应平齐。分规的用法如图 1-18 所示。

（4）曲线板　曲线板用来画非圆曲线，画曲线时，应先徒手把曲线上各点轻轻地连接起来，然后选择曲线板上曲率相当的部分，分段画成。每画一段。至少应有四个点与曲线板上某一段重合，并与已画成的相邻曲线重合一部分，连接时，留下 1 ~ 2 个点不画，与下一次要连接的曲段重合，以保持曲线圆滑。曲线板及曲线的描绘方法如图 1-19 所示。

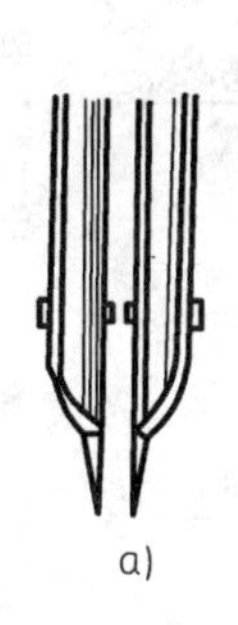
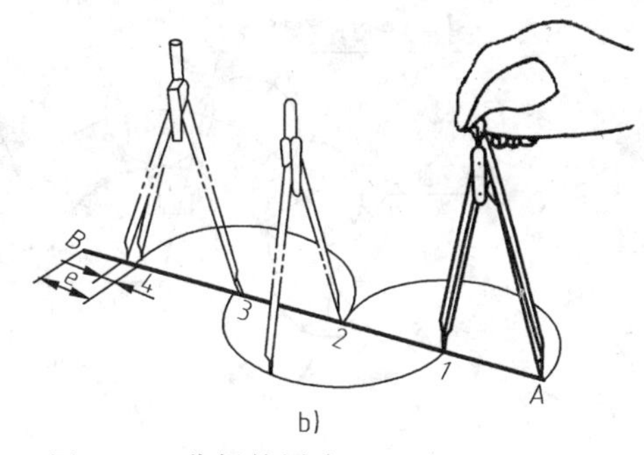

图 1-18 分规的用法

a）针尖应对齐 b）用分规分线段

（5）其他用品 绘图还需其他用品，如图纸、橡皮、刀片、胶带纸、擦图片、比例尺、绘图墨水笔等。

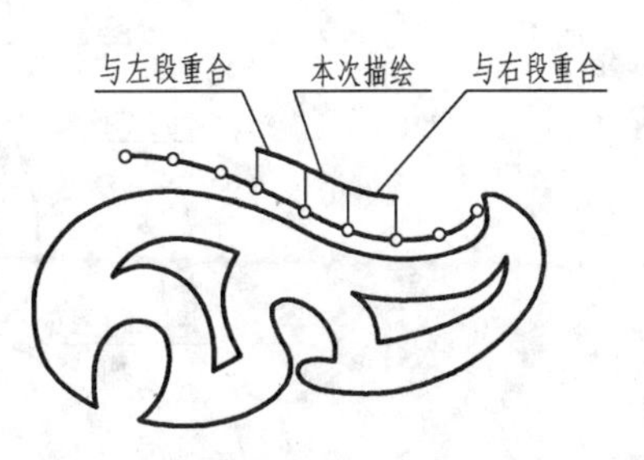

图 1-19 曲线板及曲线的描绘方法

圆弧连接的基本作图方法：

1）半径为 R 的圆弧与已知直线相切，圆心的轨迹是距离已知直线为 R 的两条平行线。当连接弧圆心在两条平行轨迹线上时，通过圆心向已知直线作垂线，得到的垂足点即为切点，然后光滑连接，如图 1-20a 所示（本图只作出一个解）。

2）圆弧与圆弧连接（外切），连接弧圆心的轨迹为一与已知圆弧同心的圆，该圆的半径为两圆弧半径之和（即 $R_2 = R + R_1$），两圆心的连线与已知圆弧的交点即为外切点，然后光滑连接，如图 1-20b 所示。

3）圆弧与圆弧连接（内切），连接弧圆心的轨迹为一与已知圆弧同心的圆，该圆的半径为两圆弧半径之差（即 $R_2 = R_1 - R$），两圆心的连线的延长线与已知圆弧的交点即为内切点。然后光滑连接，如图 1-20c 所示。

2. 圆弧连接作图原理

根据已知圆弧的半径光滑连接已知线段，称圆弧连接。光滑连接的作图关键是：准确作出连接圆弧的圆心和切点，其作图方法是利用连接弧圆心轨迹的方法。常见的圆弧连接有圆弧与直线连接、圆弧与圆弧连接两种，其中圆弧与圆弧连接又分外切和内切，见表 1-6。

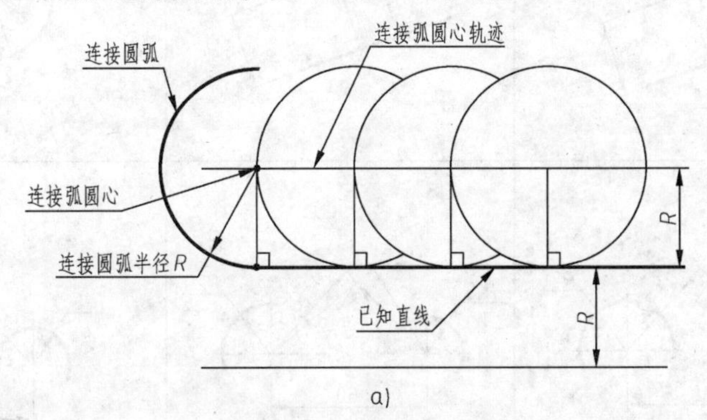

图 1-20 圆弧连接的作图原理

a）圆弧与直线相切

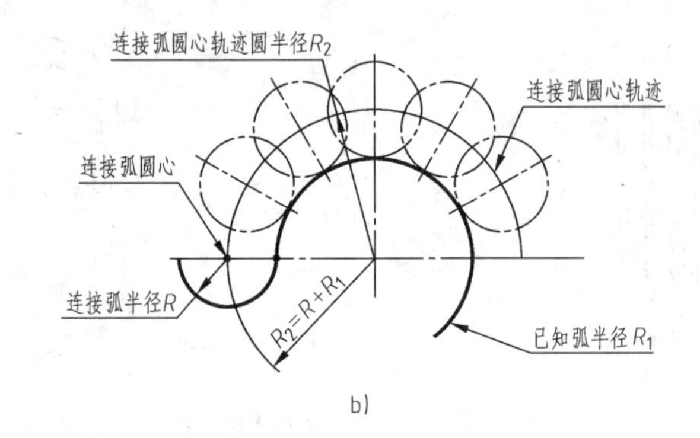

b)

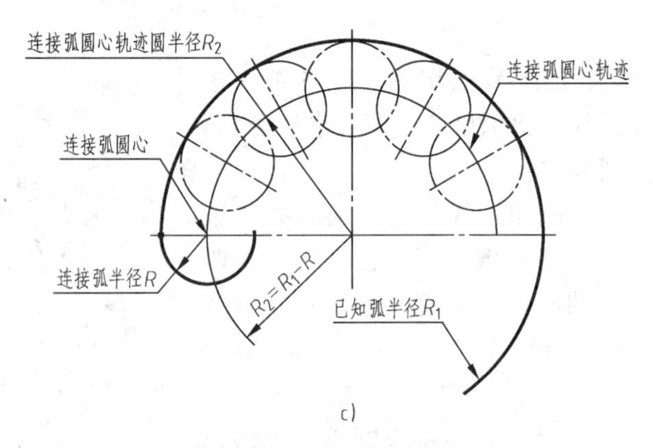

c)

图 1-20　圆弧连接的作图原理（续）

b）圆弧与圆弧外切　c）圆弧与圆弧内切

表 1-6　圆弧连接的作图实例

连接条件	作图方法和步骤		
	求连接弧的圆心	求连接弧的切点	用连接弧光滑连接
两相交直线的圆弧连接			
两圆弧的外切连接			

（续）

连接条件	作图方法和步骤		
	求连接弧的圆心	求连接弧的切点	用连接弧光滑连接
两圆弧的内切连接	O_1 O O_2 R15 R50−R15 R50−R20 R20 60	O_1 O O_2 R15 R50−R15 R50−R20 R20 60	R50 O_1 O O_2 R15 R50−R15 R50−R20 R20 60

四、任务准备

1. 绘图工具的准备

2. 图纸的准备

五、任务实施

1）布置图面，画出连接件基准线，然后画出已知线段，如图 1-21a 所示。

2）画出连接件的连接线段，并擦除作图线和多余线，如图 1-21b 所示。

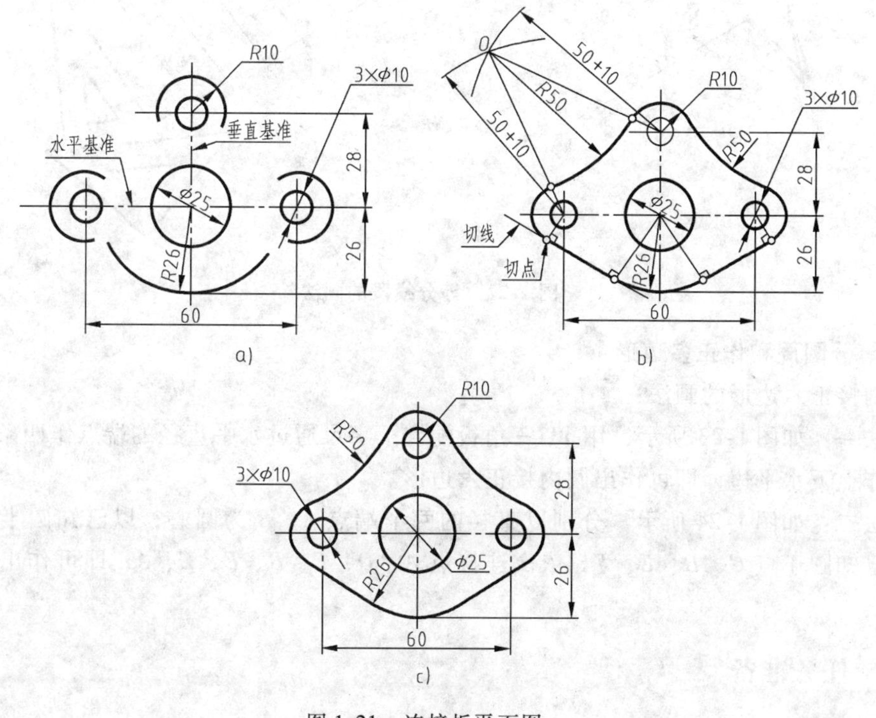

图 1-21　连接板平面图

3）最后加深图线，标注尺寸，如图 1-21c 所示。

任务4　绘制五角星平面图

一、任务描述

在机械制图中，经常会遇到等分作图的问题。等分作图分为等分已知线段、等分已知角度和等分已知圆周。

二、任务分析

等分作图方法。

三、相关知识

等分作图方法

1. 等分已知线段作法

6 等分线段 *AB*：

1）过端点 *A* 任作一直线 *AC*，用分规以等距离在直线 *AC* 上量取 1、2、3、4、5、6 各分点。

2）连接点 6 和点 *B*，过 1、2、3、4、5 等分点分别作线段 6—*B* 的平行线与线段 *AB* 相交于点 1′、2′、3′、4′、5′，即为所求线段 *AB* 的等分点，如图 1-22 所示。

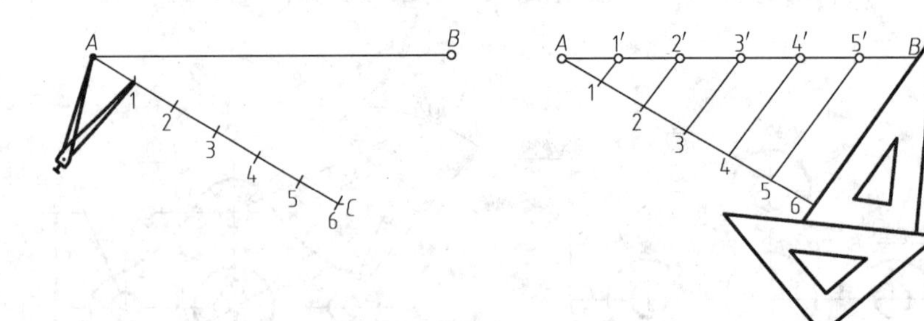

图 1-22　等分线段的画法

2. 等分圆周和作正多边形

圆内接正六边形的画法：

方法一：如图 1-23 所示，用60°三角板配合丁字尺通过水平直径的端点作四条边，再用丁字尺作上下水平边，即可作出圆内接正六边形。

方法二：如图 1-24 所示，分别以直径的两个端点 *A*、*B* 为圆心，以已知圆半径为半径画弧交已知圆于点 *C*、*D*、*E*、*F*，依次连接点 *A*、*D*、*F*、*B*、*E*、*C*、*A*，即可作出圆内接正六边形。

四、任务准备

绘图工具准备。

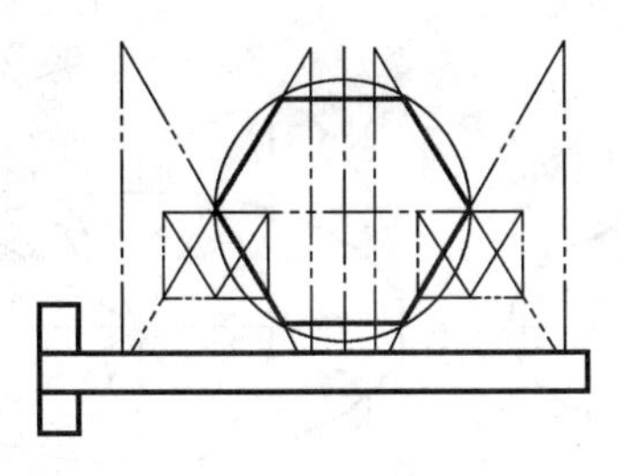

图 1-23　正六边形的画法一

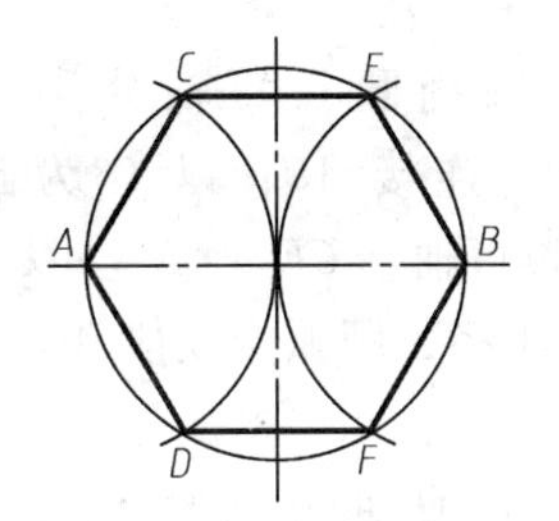

图 1-24　正六边形的画法二

五、任务实施

画五角星的方法和步骤：

1. 画出五角星的外接圆

2. 正五边形的画法

1）作 *OA* 线段的垂直平分线，得中点 *D*，以 *D* 为圆心，*ED* 为半径作圆弧，交水平直径于点 *F*，直线段 *EF* 即为圆内接正五边形边长，以 *E* 为起点，*EF* 为半径，在圆上连续截取圆弧，得到 1、2、3、4、5 五个节点。

2）连接 14、24、25、53、13，就得到五角星。

3）擦除多余线段，描深全图，如图 1-25 所示。

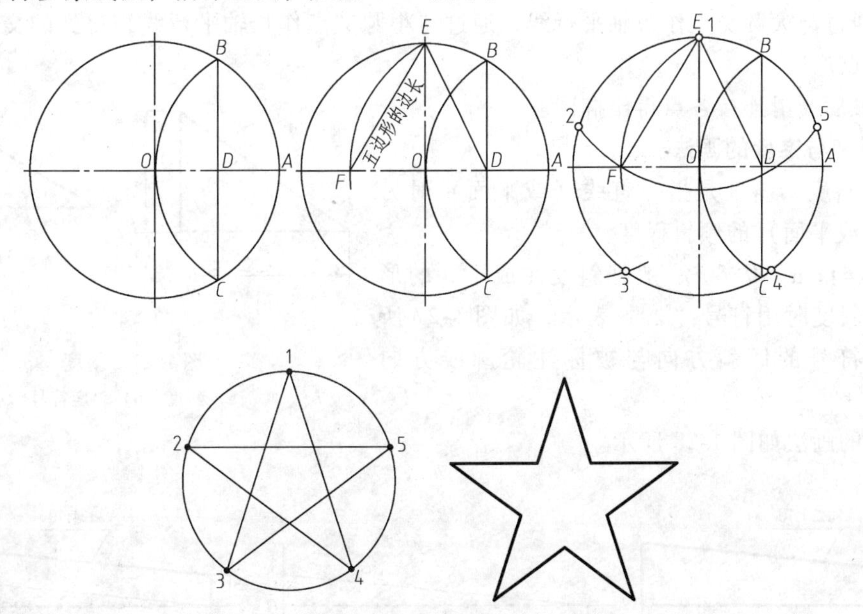

图 1-25　五角星的作图方法

六、扩展知识

1. 椭圆的画法

如果已知椭圆的长短轴，则椭圆画法较多，具体如下：

（1）四心圆法　用四心圆法作近似椭圆，称为四心圆法，如图 1-26a 所示。其作图步骤如下：

1）画椭圆长短轴分别为 AB、CD，连接 AC，以 C 为圆点，以长短轴差 CE（$CE=AO-OC$）为半径，画弧交线段 AC 于 F 点。

2）作 AF 的中垂线与长短轴分别交于点 O—1、O—2，在长短轴上分别取对称点 O_3、O_4，即得四个圆心。

3）连接 O_1O_2、O_2O_3、O_3O_4、O_4O_1 并适当延长。

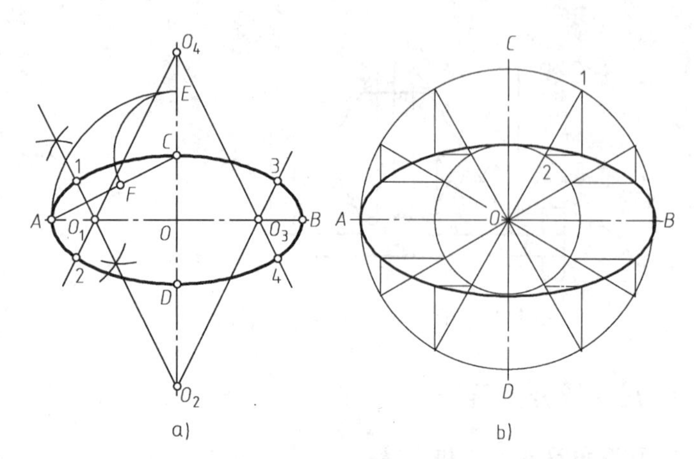

图 1-26　椭圆的画法

4）分别以点 O_1、O_2、O_3、O_4 为圆心，以 O_1A、O_2C、O_3B、O_4D 为半径，依次画出圆弧，光滑连接即得所求椭圆。

（2）同心圆法　用同心圆法作椭圆，称为同心圆法，如图 1-26b 所示。其作图步骤如下：

1）以长轴 AB 和短轴 CD 为直径画同心圆，然后将两个同心圆用直径均分，得到一系列直径与两圆相交的交点。

2）通过与大圆交点作短轴平行线，通过与小圆交点作长轴平行线，得到的交点即为椭圆上的各点。

3）最后光滑连接各点得出椭圆。

2. 斜度与锥度的画法

（1）斜度　斜度是指一直线（或平面）对另一直线（或平面）的倾斜程度。

斜度 $=\tan\alpha=H:L$。一般把斜度注成 $1:n$ 的形式，标注斜度时用符号“∠”表示，如图 1-27 所示。斜度符号的倾斜方向与被标注轮廓线方向一致。

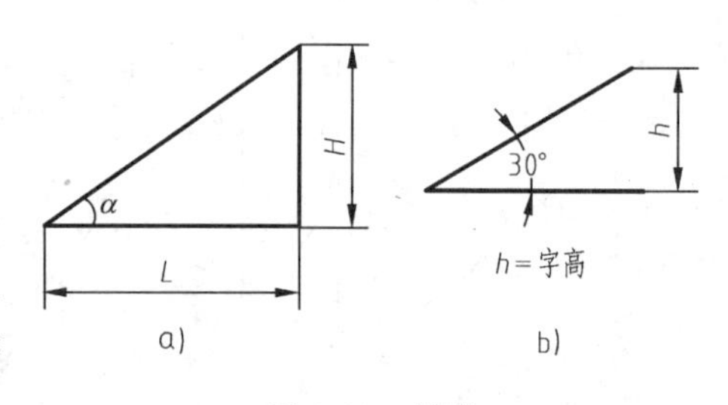

图 1-27　斜度

a）斜度　b）斜度符号

斜度的画法如图 1-28 所示。

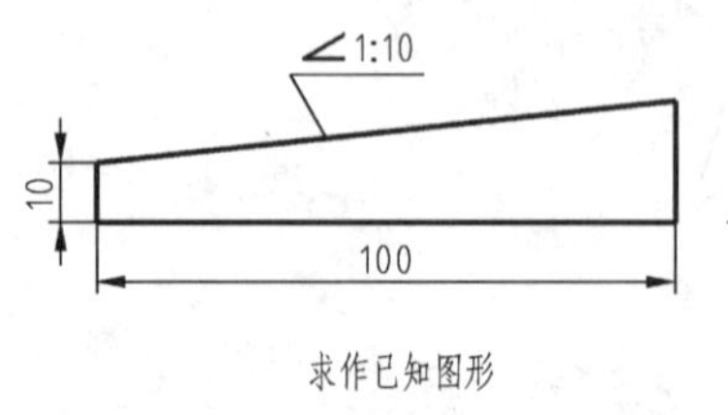

求作已知图形

作OA垂直OB，将OA分为10等份，取其一等份为单位长度，在OB上取O—1为单位长度，然后将10点和1点连线，即为1:10 的斜度。

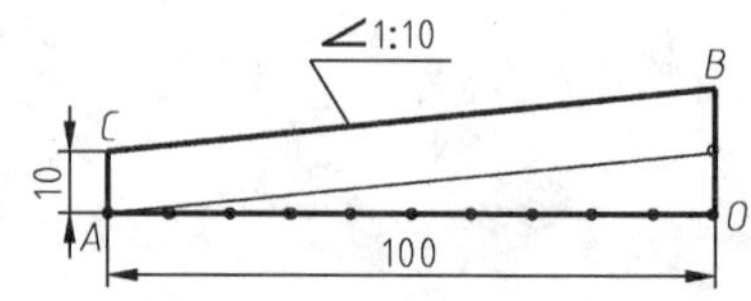

画AC，作AC等于OA的1/10(即AC=10)，过C点作斜线的平行线，加深图线，即完成作图。

图 1-28　斜度的画法和标注

（2）锥度 锥度是指圆锥的底面直径与锥体高度之比，如果是圆台，则为上、下两底圆的直径之差与锥台高度之比。锥度 $=D/L=(D-d)/l=2\tan\alpha$。标注锥度时用符号“◁”表示，如图1-29所示，符号的方向应与锥面的轮廓线方向一致。

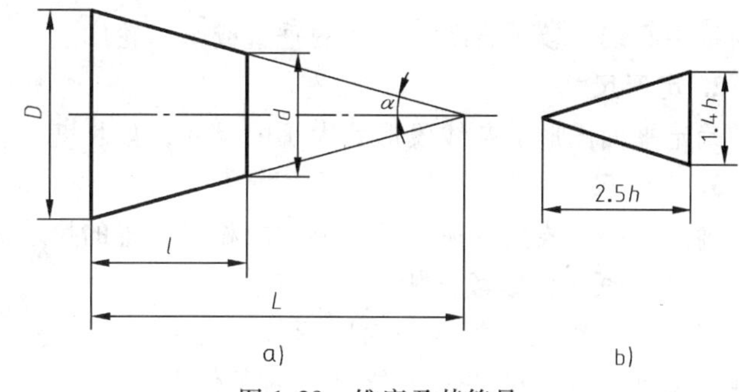

图 1-29 锥度及其符号

a）锥度 b）锥度符号

锥度的画法如图 1-30 所示。

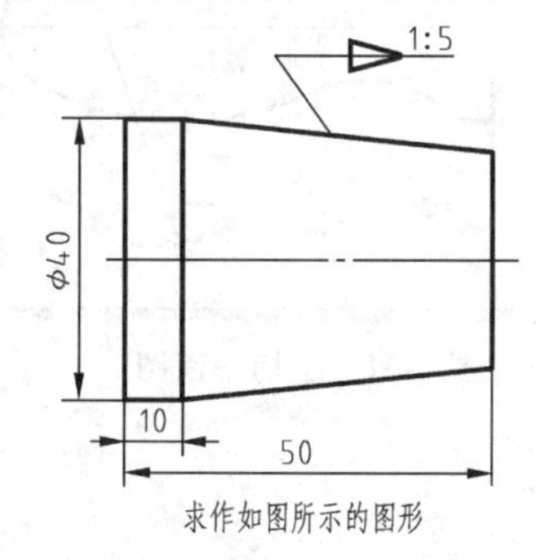

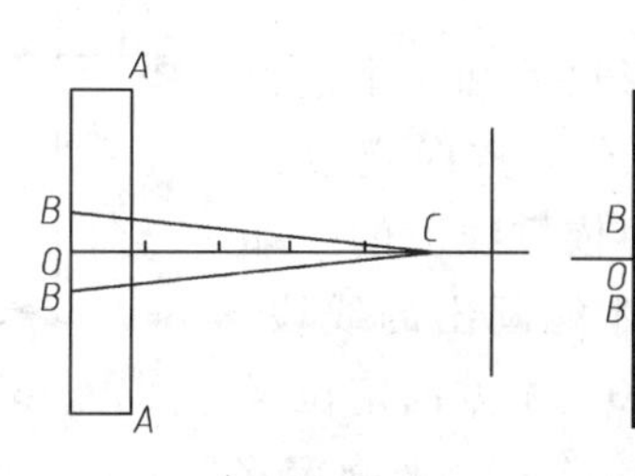

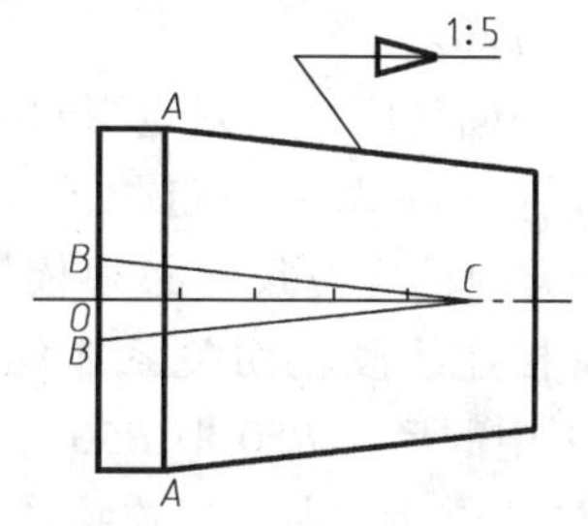

图 1-30 锥度的画法和标注

任务5 绘制手柄平面图

一、任务描述

在机械制图中，经常会遇到带有直线与圆弧以及圆弧与圆弧连接的图形，能否做到光滑连接，这是绘图者必须掌握的一项基本技能。

二、任务分析

一个平面图形通常由一个或多个封闭图形组成，而每一个封闭图形一般又由若干线段（直线、圆弧）组成。要正确绘制一个平面图形，必须首先对其尺寸和线段进行分析，从而准确确定各线段的相对位置和关系。

本任务所涉及的知识点有：

1. 尺寸基准

2. 定形尺寸

3. 定位尺寸

4. 平面图形的线段分析

三、相关知识

1. 尺寸基准

尺寸基准是指标注尺寸的起点。常用作尺寸基准的有点、线、面——即图形（或圆）

的对称中心线、较长直线、主要的垂直或水平轮廓线。

2. 定形尺寸

确定平面图形上各线段形状大小的尺寸，如长度、直径、半径、角度等。

3. 定位尺寸

确定圆心、线段等在平面图形中的相对位置的尺寸。

4. 平面图形的线段分析

（1）已知线段　根据平面图形长、宽的基准线，按已知定形尺寸和定位尺寸的条件即可直接画出的线段。如图1-31中的尺寸 *R*10、*R*15、15、ϕ20。

（2）中间线段　已知定形尺寸和一个定位尺寸条件（即在 *X* 方向定位或 *Y* 方向定位），而另一个方向的定位尺寸必须依靠线段的一端与另一段相连线段相切关系才能画出的线段。如图1-31中的尺寸 *R*50 即 *R*50（*X* 方向定位尺寸50）与尺寸 *R*10 的内切连接关系，来确定 *Y* 方向定位。

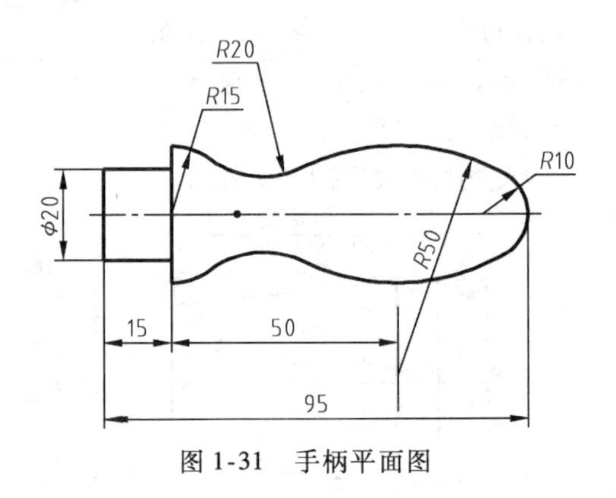

图1-31　手柄平面图

（3）连接线段　已知定形尺寸，未知定位尺寸，需要依靠线段两端与另两线段相切的关系，才能画出的线段。如图1-31中的尺寸 *R*20（即 *R*20 与 *R*15 和 *R*50 的外切连接关系，来确定 *X* 方向定位和 *Y* 方向定位）。

四、任务准备

1. 绘图工具准备

2. 图纸的准备与固定

3. 画出图框和标题栏

五、任务实施

画图1-31所示手柄平面图的方法和步骤如下：

1）画出长度和宽度、高度基准线，并根据定形尺寸和定位尺寸画出已知线段 ϕ20、15、*R*15、*R*10，如图1-32a所示。

2）根据中间线段的定形尺寸 *R*50 和定位尺寸50及与 *R*10 的内切关系，找出连接弧的圆心 O_1 和切点1，画出中间线段，如图1-32b所示。

3）根据连接线段的定形尺寸 *R*20 与已知线段 *R*15 和中间线段 *R*50 的外切连接关系，找出连接弧的圆心 O_2、切点2、切点3，画出连接线段，如图1-32c所示。

4）整理，擦除多余图线，加深图线和标注尺寸，如图1-32d所示。

六、扩展知识

平面图形的尺寸注法

平面图形中标注的尺寸，必须能唯一地确定图形的形状大小和位置。尺寸标注的基本要

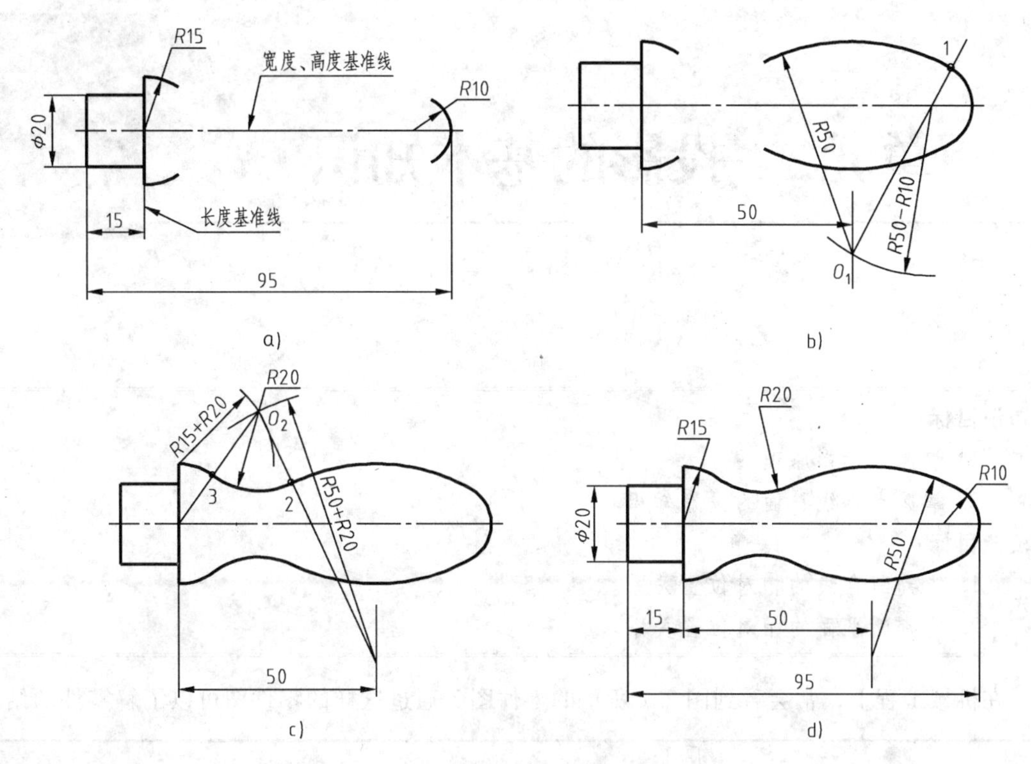

图 1-32 手柄平面图形的画法和步骤

a）画基准线和已知线段 b）画中间线段 c）画连接线段 d）图线加深和尺寸标注

求如下：

1）尺寸标注完全，不遗漏，不重复。

2）尺寸标注要符合国家标准《机械制图》尺寸标注的规定。

3）尺寸注写要清晰，便于阅读。

教你一招

标注尺寸的方法（见图 1-31）如下：

1）分析平面图形的形状和结构，确定长度方向和高度方向的尺寸基准线。一般选用图形中的主要中心线和轮廓线作为基准线。

2）分析并确定图形的线段性质，即哪些是已知线段，哪些是中间线段，哪些是连接线段。

3）按已知线段、中间线段、连接线段的次序逐个标注尺寸，对称尺寸应对称标注。

2

单元2　投影的基本知识

知识目标：

1. 掌握正投影原理。
2. 掌握点、线、面的投影知识。

技能目标：

1. 能判断直线的相对位置关系。
2. 能判断平面的相对位置关系。

在机械工程上，常会看到图 2-1 所示的零件图，通过这样的零件图可以了解零件的结构

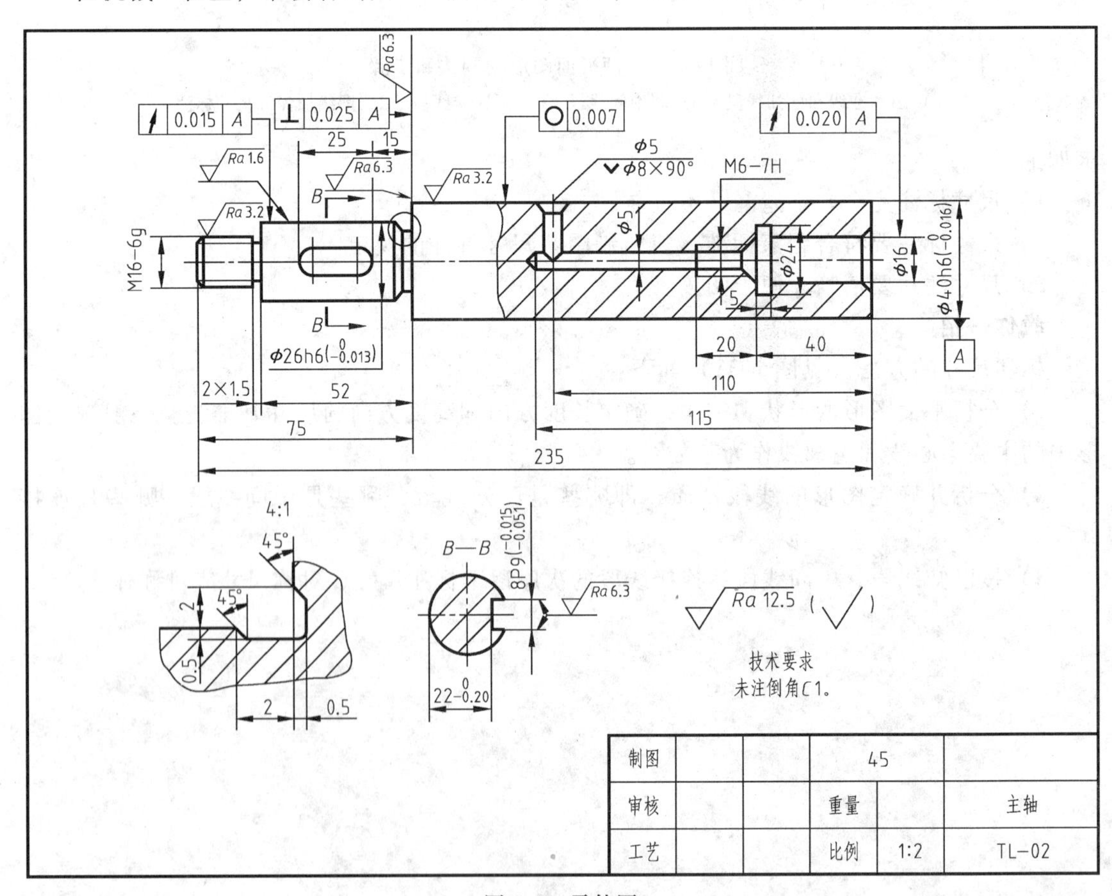

图 2-1　零件图

形状。那么，零件图是依据什么原理绘制的？这就是本单元学习的主要知识点。

任务1 学习投影法

一、任务描述

如图 2-2 所示，物体在光线照射下，会在地面或墙上产生影子，根据这种自然现象，人们创造了投影的方法。机械图样主要是用正投影法绘制的。正投影图能准确表达物体的形状，度量性好，作图方便，所以在工程上得到广泛应用，因此应认真学习正投影图的投影规律和作图方法。

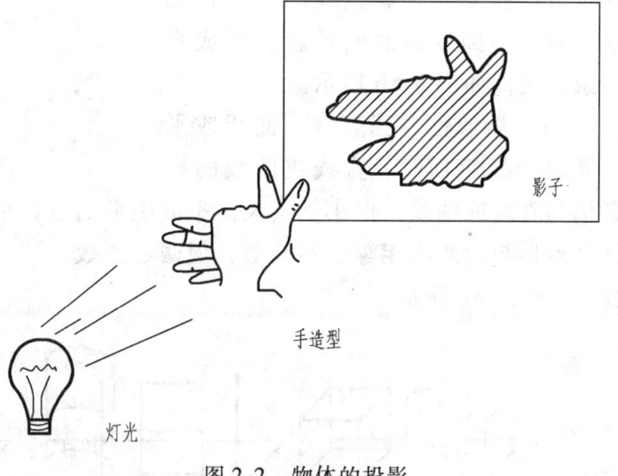

图 2-2 物体的投影

二、任务分析

依据物体的投影原理，可用它来研究机械类零件的结构形状，因此本任务所要解决的主要问题是如何应用正投影法绘制机件的投影，表达其结构形状，涉及的主要知识点如下：

1）投影法分类。

2）正投影基本性质。

三、相关知识

1. 投影法分类

工程上常用的投影法分为两类：中心投影法和平行投影法。

（1）中心投影法 投射线汇交于投射中心的投影方法称为中心投影法。

如图 2-3 所示，设 S 为投射中心，SA、SB、SC 为投射线，平面 P 为投影面。延长 SA、SB、SC 与投影面 P 相交，交点 a、b、c 即为三角形顶点 A、B、C 在 P 面上的投影。在日常生活中，照相、放映电影等均为应用中心投影法的实例。

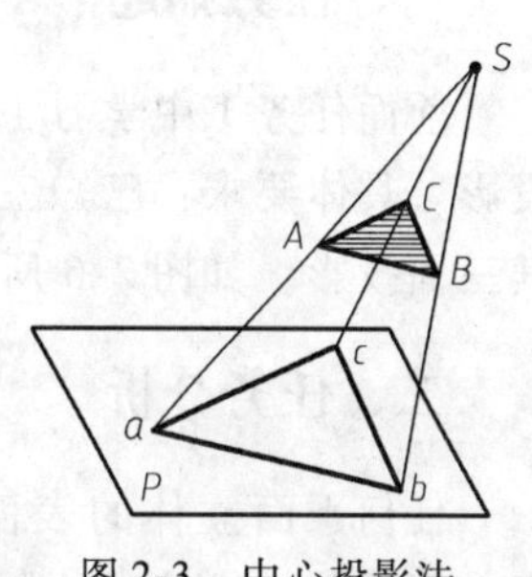

图 2-3 中心投影法

（2）平行投影法 假设投射中心移到无限远处时，所有投射线互相平行，这种投影法称为平行投影法。按投射线与投影面倾斜或垂直，平行投影法又分为正投影法和斜投影法两种。

1）正投影法。投射线与投影面垂直的平行投影法，如图 2-4a所示。

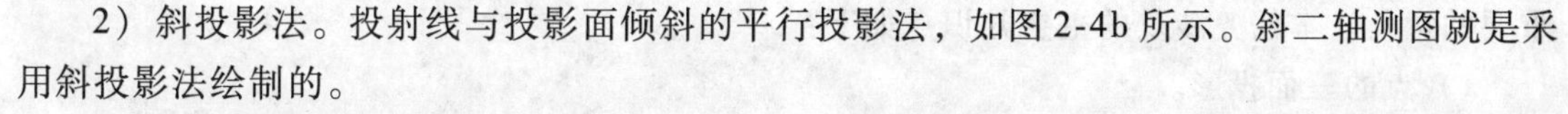
2）斜投影法。投射线与投影面倾斜的平行投影法，如图 2-4b 所示。斜二轴测图就是采用斜投影法绘制的。

由于机械图样主要是用正投影法绘制的，为叙述方便，本书将“正投影”简称为“投影”。在机械图样中，根据有关标准绘制的多面正投影也称为“视图”。

2. 正投影基本性质

(1) 实形性　当直线、曲线或平面平行于投影面时，直线或曲线的投影反映实长，平面的投影反映真实形状，如图 2-5a 所示。

(2) 积聚性　当直线、平面或曲面垂直于投影面时，直线的投影积聚成一点，平面或曲面的投影积聚成直线或曲线，如图 2-5b 所示。

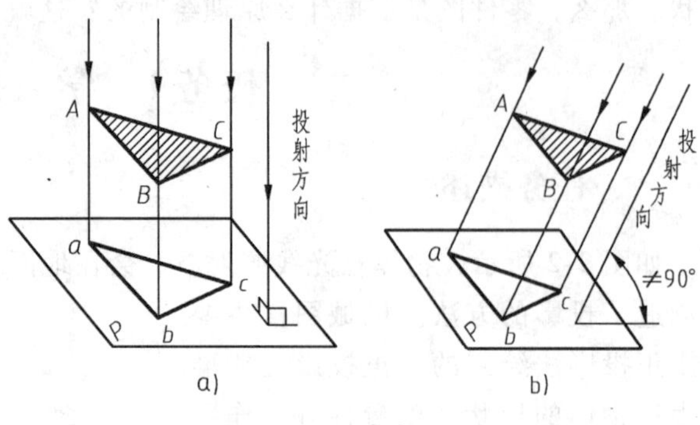

图 2-4　平行投影法

a）正投影法　b）斜投影法

(3) 类似性　当直线、曲线或平面倾斜于投影面时，直线或曲线的投影仍为直线或曲线，但小于实长。平面图形的投影小于真实图形的大小，且与后者类似。像这种原形与投影不相等也不相似，但两者边数、凹凸、曲直及平行关系不变的性质称为类似性，如图 2-5c 所示。

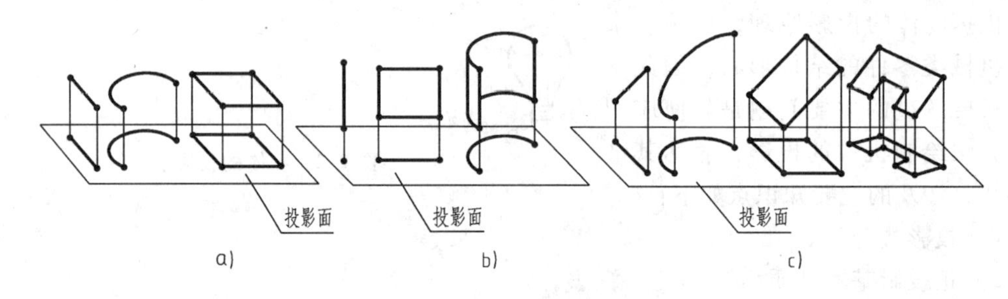

图 2-5　正投影的基本性质

任务 2　点 的 投 影

一、任务描述

前面任务 1 中学习了正投影法的基本特性，现在就应用所学的知识求物体上某一个点的投影。具体要求：已知三棱锥上空间点 S 在物体上的位置，求出其三面投影，如图 2-6 所示。

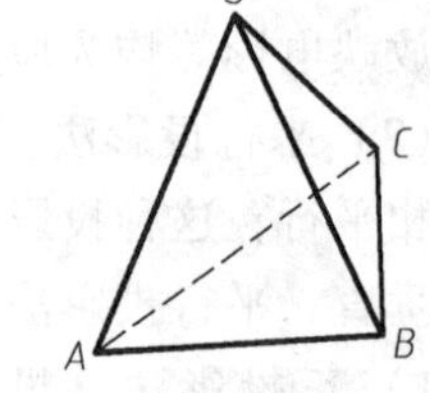

图 2-6　三棱锥上的点

二、任务分析

任何平面立体的表面都包含点、直线和平面等基本几何元素，要完整、准确地绘制物体的三视图，还需要进一步研究这些几何元素的投影特性和作图方法，这对今后画图和读图具有十分重要的意义。本任务涉及的主要知识点如下：

1）点的三面投影。

2）点的三面投影与直角坐标的关系。

3）两点的相对位置。

三、相关知识

1. 点的三面投影

(1) 三面投影体系的建立　在机械制图中，通常假设人的视线为一组平行且垂直于投影面的投影线，这样在投影面上所得到的正投影称为视图。一般情况下，一个视图不能确定物体的形状。如图 2-7 所示，两个形状不同的物体，它们在投影面上的投影可以完全相同。因此，要反映物体的完整形状，必须增加由不同投射方向所得到的几个视图，互相补充，才能将物体表达清楚。

三投影面体系由三个互相垂直的投影面所组成，如图 2-8 所示。在三投影面体系中，三个投影面分别为：

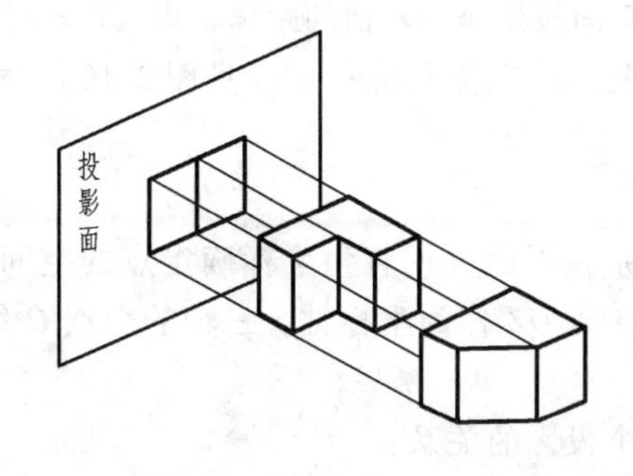

图 2-7　两个形状不同的物体的同一面投影

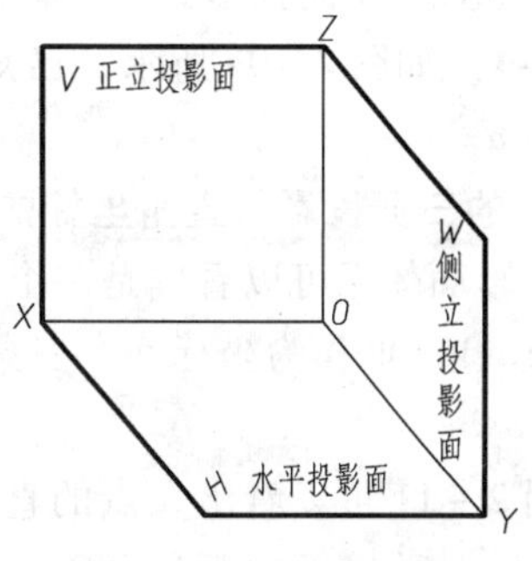

图 2-8　三面投影体系

1) 正立投影面：简称为正面，用 V 表示。

2) 水平投影面：简称为水平面，用 H 表示。

3) 侧立投影面：简称为侧面，用 W 表示。

三个投影面的相互交线，称为投影轴。它们分别是：

1) OX 轴：是 V 面和 H 面的交线，它代表长度方向。

2) OY 轴：是 H 面和 W 面的交线，它代表宽度方向。

3) OZ 轴：是 V 面和 W 面的交线，它代表高度方向。

三个投影轴垂直相交的交点 O，称为原点。

(2) 点在三面投影体系中的投影　如图 2-9 所示，假设空间有一点 A，过点 A 分别向 H 面、V 面和 W 面作垂线，得到三个垂足 a、a'、a''，便是点 A 在三个投影面上的投影。

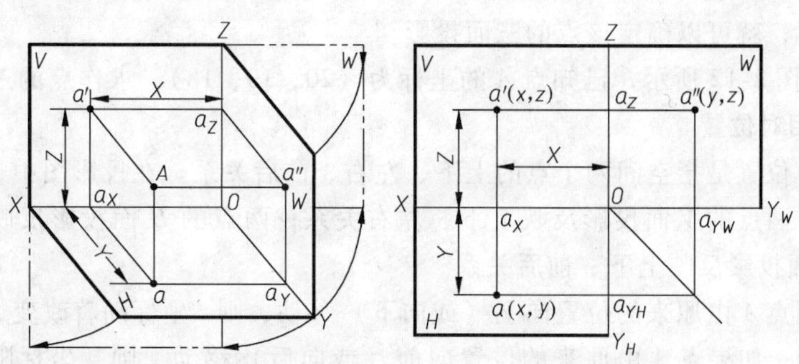

图 2-9　点的投影

规定用大写字母（如 A）表示空间点，它的水平投影、正面投影和侧面投影分别用相应的小写字母（如 a、a' 和 a''）表示。

（3）点在三面投影体系中的投影规律

1）点 A 的 V 面投影和 H 面投影的连线垂直于 OX 轴，即 $a'a \perp OX$。

2）点 A 的 V 面投影和 W 面投影的连线垂直于 OZ 轴，即 $a'a'' \perp OZ$。

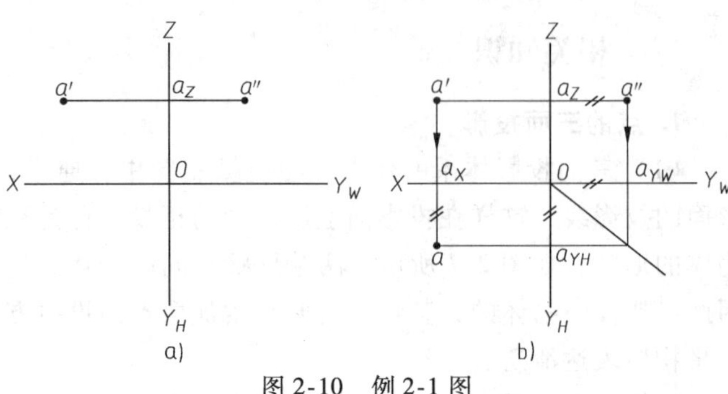

图 2-10　例 2-1 图
a）题目　b）解答

3）点 A 的 H 面投影到 OX 轴的距离等于其 W 面投影至 OZ 轴的距离，即 $aa_x = a''a_z$。

例 2-1　如图 2-10a 所示，已知点 A 的正面投影 a' 和侧面投影 a''（见图 2-10），求作其水平投影 a。

2. 点的三面投影与直角坐标的关系

三投影面体系可以看成是一个空间直角坐标系，因此可用直角坐标确定点的空间位置。投影面 H、V、W 作为坐标面，三条投影轴 OX、OY、OZ 作为坐标轴，三轴的交点 O 作为坐标原点。

由图 2－11 可以看出 A 点的直角坐标与其三个投影的关系：

1）点 A 到 W 面的距离 $= Oa_x = a'a_z = a\ a_{YH} =$ x 坐标。

2）点 A 到 V 面的距离 $= Oa_{YH} =$ $a\ a_x = a''a_z = y$ 坐标。

3）点 A 到 H 面的距离 $= Oa_z = a'a_x = a''a_{YW} = z$ 坐标。

用坐标来表示空间点位置比较简单，可以写成 A（x，y，z）的形式。

由图 2-11 可知，坐标 x 和 z 决定点的正面投影 a'，坐标 x 和 y 决定点的水平投影 a，坐标 y 和 z 决定点的侧面投影 a''，若用坐标表示，则为 a（x，y，0），a'（x，0，z），a''（0，y，z）。

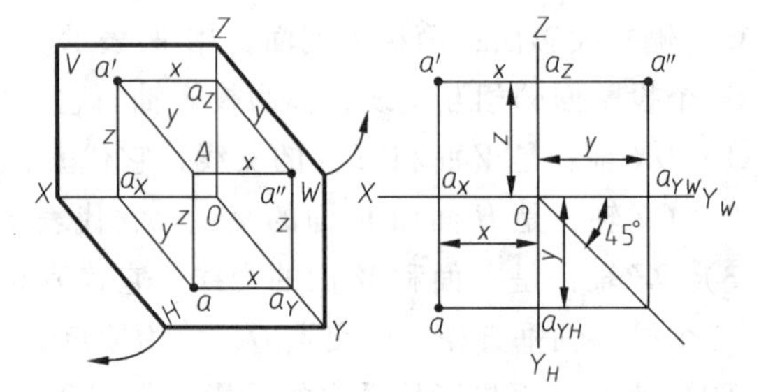

图 2-11　点的三面投影与直角坐标

因此，已知一个点的三面投影，就可以确定该点的三个坐标；相反地，已知一个点的三个坐标，就可以确定该点的三面投影。

例 2-2　如图 2-12 所示，已知点 A 的坐标为（20，10，18），求作点的三面投影。

3. 两点的相对位置

两点的相对位置是指空间两个点的上下、左右、前后关系。在投影图中，是以它们的坐标差来确定的。两点的 V 面投影反映上下、左右关系；两点的 H 面投影反映左右、前后关系；两点的 W 面投影反映上下、前后关系。

设已知空间点 A 由原来的位置向上（或向下）移动，则 z 坐标随着改变，也就是 A 点对 H 面的距离改变；如果点 A 由原来的位置向前（或向后）移动，则 y 坐标随着改变，也就是 A 点对 V 面的距离改变；如果点 A 由原来的位置向左（或向右）移动，则 x 坐标随着改

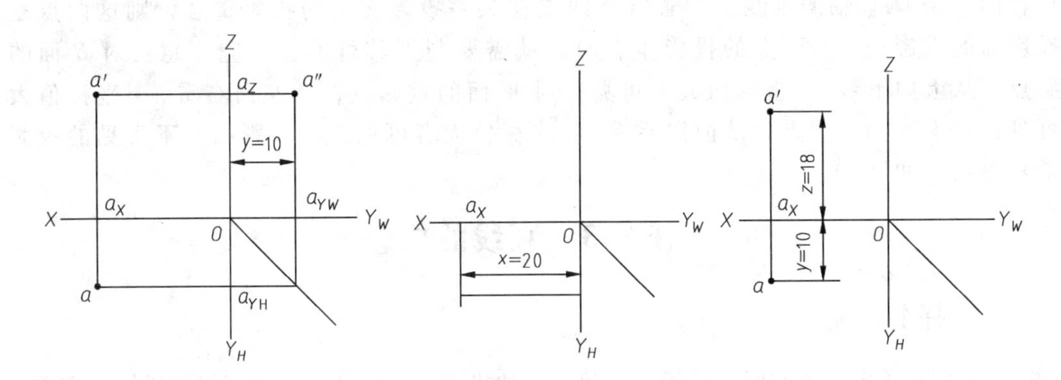

图 2-12 例 2-2 图

变，也就是 A 点对 W 面的距离改变。

综上所述，对于空间两点 A、B 的相对位置：

1）距 W 面远者在左（x 坐标大）；近者在右（x 坐标小）。

2）距 V 面远者在前（y 坐标大）；近者在后（y 坐标小）。

3）距 H 面远者在上（z 坐标大）；近者在下（z 坐标小）。

例 2-3 如图 2-13a 所示，已知空间点 C 的坐标为（7，12，6），D 点在 C 点的左方 5mm，后方 2mm，上方 6mm 处。求作 D 点的三面投影。

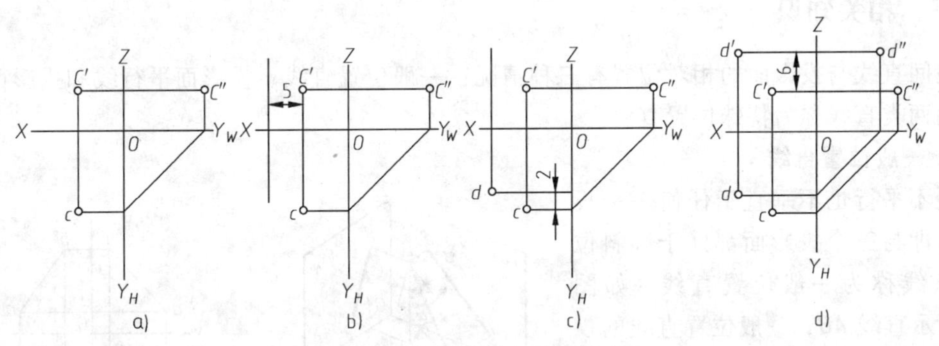

图 2-13 两点的相对位置

四、扩展知识

重影点及可见性。

如图 2-14 所示，如果 A 点和 B 点的 x、y 坐标相同，只是 A 点的 z 坐标小于 B 点的 z 坐标，则 A、B 两点的 H 面投影 a 和 b 重合在一起，V 面投影 b' 在 a' 之上，且 b'、a' 点在同一条 OX 轴的垂线上，W 面投影 b'' 在 a'' 之上，且 b''、a''

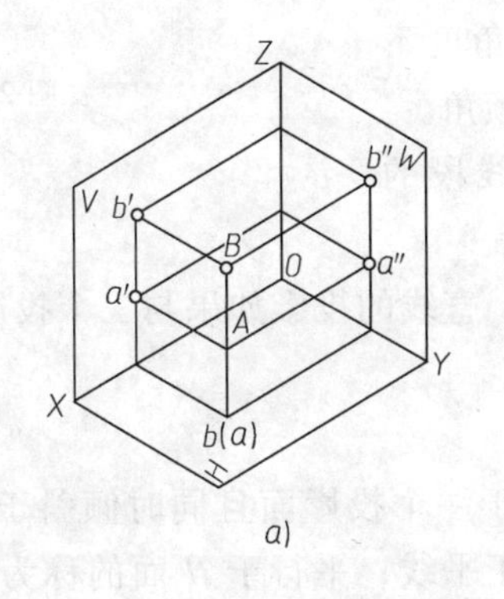

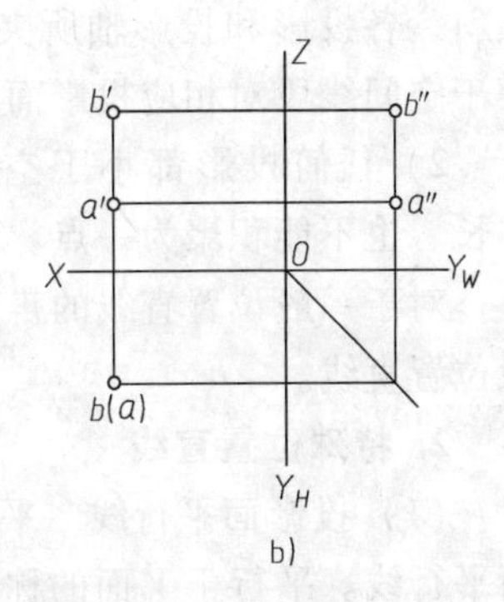

图 2-14 重影点的投影

点在同一条 OY_W 轴的垂线上。若空间两点在某一投影面上的投影重合，则这两点是该投影面的重影点。当两点的投影重合时，就需要判别其可见性，应注意：对 H 面的重影点，从上向下看，z 坐标值大者可见；对 W 面的重影点，从左向右看，x 坐标值大者可见；对 V 面的重影点，从前向后看，y 坐标值大者可见。在投影图上不可见的投影加括号表示，如（a）。

任务3　直线的投影

一、任务描述

空间两点确定一条空间直线段，空间直线的投影一般也是直线。直线段投影的实质，就是线段两个端点的同面投影的连线；所以学习直线的投影，必须与点的投影联系起来。本次任务要解决的问题就是如何依据点的投影知识来求直线的投影。

二、任务分析

本任务所要解决的主要问题是应用点的投影求取直线的投影以及各种直线的投影特性，并借助直线的投影来解决物体上线段的投影，涉及的知识点主要有：

1）一般位置直线。

2）特殊位置直线。

三、相关知识

空间直线与投影面的相对位置有三种情况：一般位置直线、投影面平行线和投影面垂直线。后两类直线称为特殊位置直线。

1. 一般位置直线

既不平行也不垂直于任何一个投影面，即与三个投影面都处于倾斜位置的直线称为一般位置直线。如图2-15所示直线 AB，一般位置直线的投影特性如下：

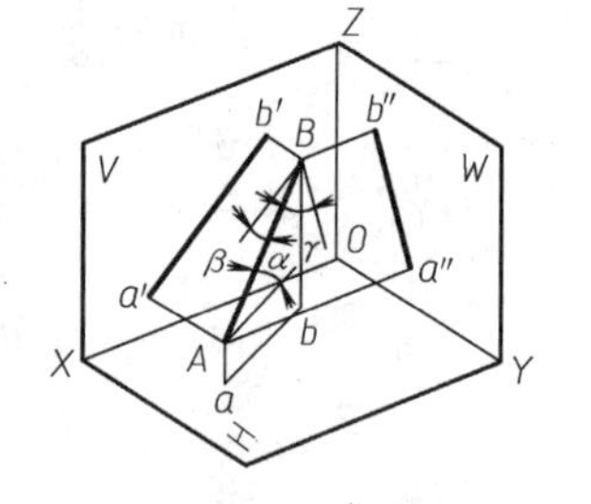

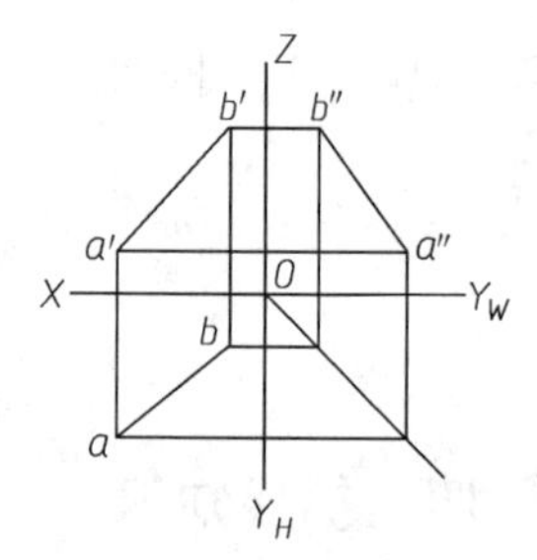

图2-15　一般位置直线

1）直线的三个投影和投影轴都倾斜，各投影和投影轴所夹的角度不等于空间线段对相应投影面的倾角。

2）任何投影都小于空间线段的实长，也不能积聚为一点。

对于一般位置直线的辨认：直线的投影如果与三个投影轴都倾斜，则可判定该直线为一般位置直线。

2. 特殊位置直线

（1）投影面平行线　平行于一个投影面且同时倾斜于另外两个投影面的直线称为投影面平行线。平行于 V 面的称为正平线；平行于 H 面的称为水平线；平行于 W 面的称为侧平线。投影面平行线的投影特性见表2-1。

直线与投影面所夹的角称为直线对投影面的倾角。α、β、γ 分别表示直线对 H 面、V 面、W 面的倾角。

表 2-1 投影面平行线的投影特性

水平线	正平线	侧平线
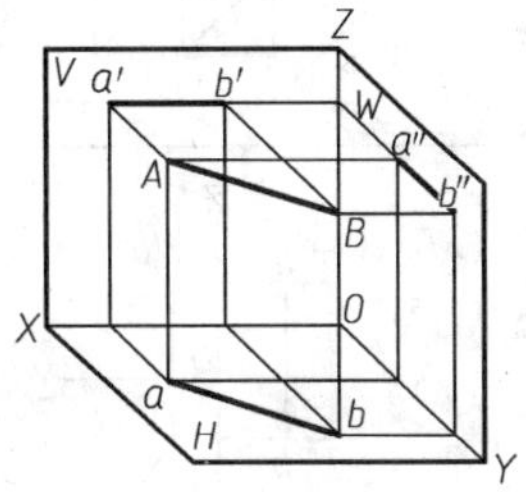	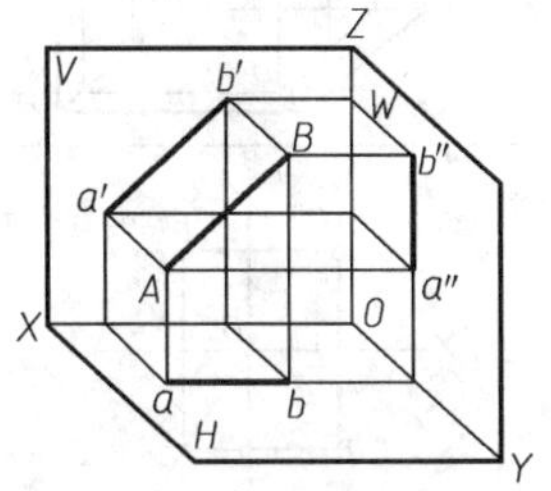	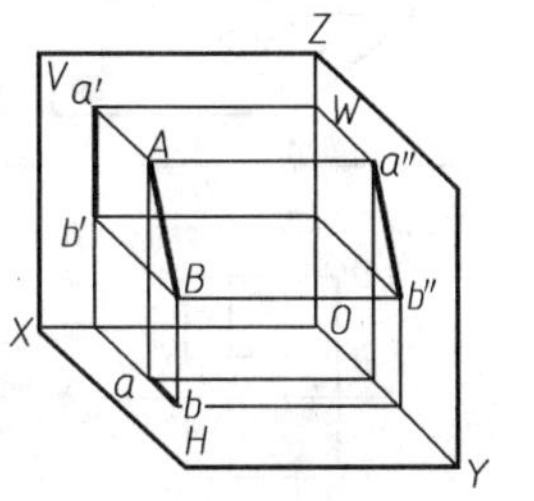
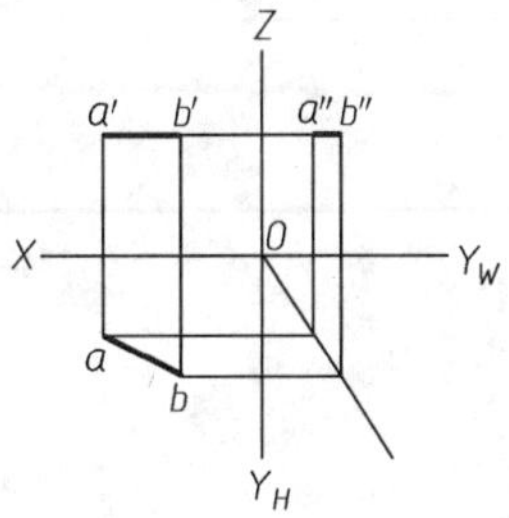	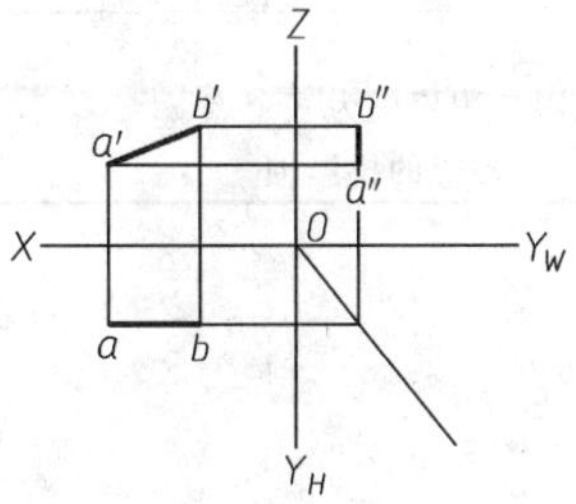	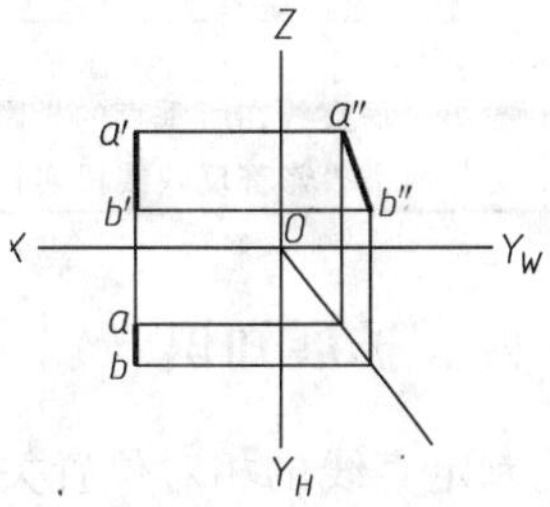

投影特性：

1. 投影面平行线的三个投影都是直线，其中在与直线平行的投影面上的投影反映线段的实长，而且与投影轴倾斜，与投影轴的夹角等于直线对另外两个投影面的实际倾角

2. 另外两个投影都短于线段实长，且分别平行于相应的投影轴，其到投影轴的距离反映空间线段与它所平行的投影面之间的真实距离

例 2-4 如图 2-16a 所示，已知空间点 A，求作线段 AB，长度为 15mm，并使其平行 V 面，与 H 面倾角 $\alpha = 30°$（只需一解）。

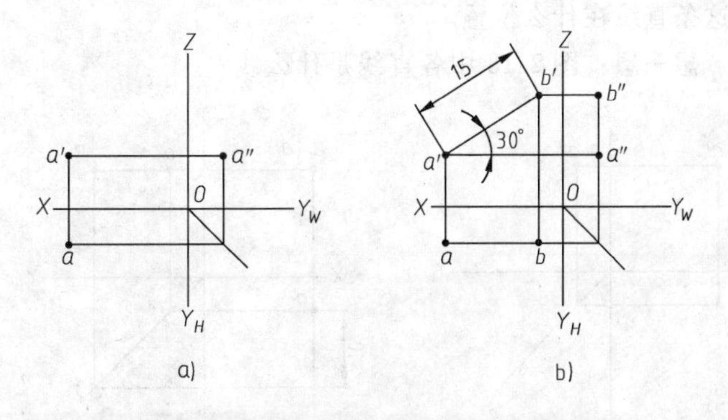

图 2-16 例 2-4 图

a）题目 b）解答

（2）投影面垂直线 垂直于一个投影面且同时平行于另外两个投影面的直线称为投影面垂直线。垂直于 V 面的称为正垂线；垂直于 H 面的称为铅垂线；垂直于 W 面的称为侧垂线。投影面垂直线的投影特性见表 2-2。

例 2-5 如图 2-17a 所示，已知正垂线 AB 的点 A 的投影，直线 AB 长度为 10mm，求作直线 AB 的三面投影（只需一解）。

表 2-2　投影面垂直线的投影特性

铅垂线	正垂线	侧垂线
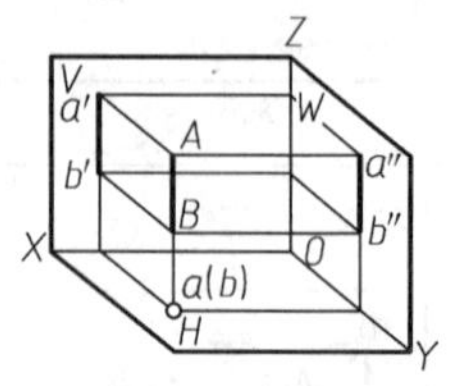	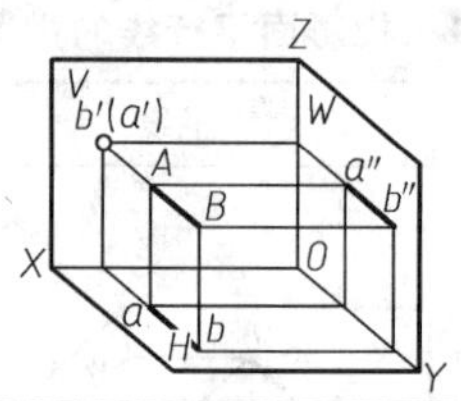	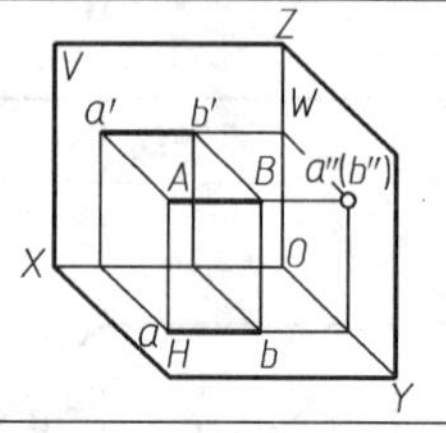
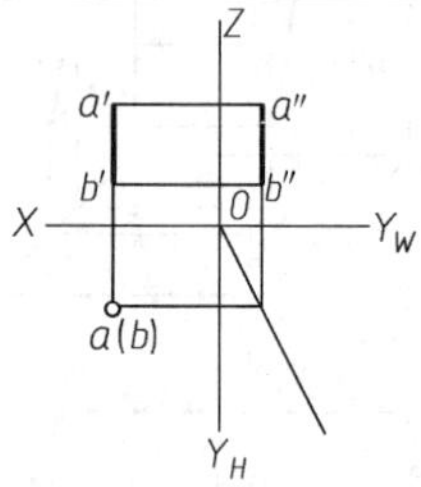	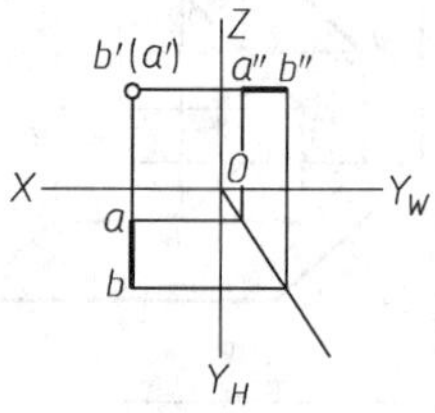	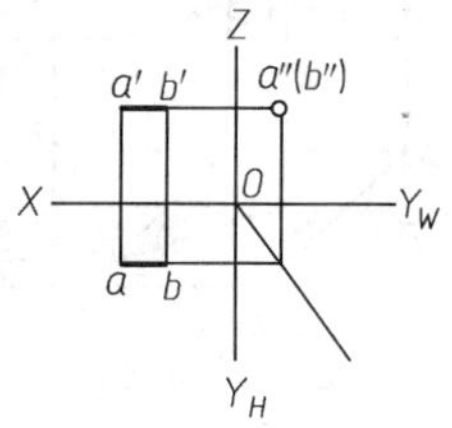
投影特性： 1. 投影面垂直线在所垂直的投影面上投影必积聚成为一个点 2. 另外两个投影都反映线段实长，且垂直于相应的投影轴		

四、扩展知识

判定直线的相对位置关系

（1）已知直线的三面投影可根据其直线的投影特点来判断

（2）已知直线的两面投影可根据如下方法来判断

1）两面投影如果都是斜线的话，则该直线一定是一般位置直线。

2）两面投影中如果只有一面投影是斜线，则该直线为投影面平行线，具体是哪种线要看这条斜线在什么位置。

3）两面投影中如果有一面投影是一个点，则该直线为投影面垂直线，具体是哪种线要看这条直线在什么位置。

想一想：图 2-18 中各直线是什么线？

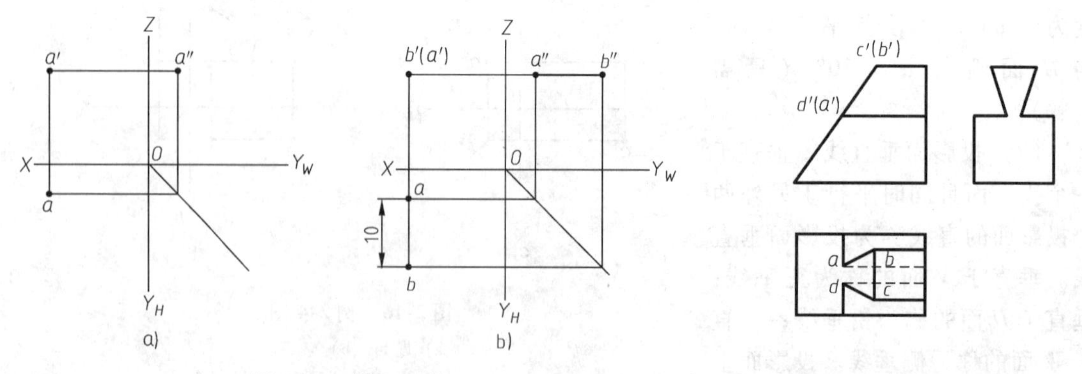

图 2-17　例 2-5 图

a）题目　b）解答

图 2-18　判断直线的相对位置关系

注意：判断的依据是什么？

任务4 平面的投影

一、任务描述

平面图形具有一定的形状、大小和位置，常见的有三角形、矩形、正多边形等直线轮廓的平面图形。另外，还有一些由直线或曲线围成的平面图形。平面投影的实质，就是求平面图形轮廓上的一系列的点的投影（对于多边形而言则是其顶点），然后将各点的同面投影依次连线。

二、任务分析

对于机件来说，其平面的投影都是由线段和平面组成的，要准确地反映其实际形状除了了解直线的投影特性外，还需要掌握平面的投影特性，因此需要借助直线的投影知识来解决平面的投影问题，为以后研究物体的投影做准备。本任务所要研究的主要内容是：

1）几何元素表示平面。

2）投影面的垂直面。

3）投影面的平行面。

4）一般位置平面。

三、相关知识

1. 几何元素表示平面（见图2-19）

1）不在同一直线上的三点。

2）一直线和直线外一点。

3）相交两直线。

4）平行两直线。

5）任意平面图形，如三角形、四边形、圆形等。

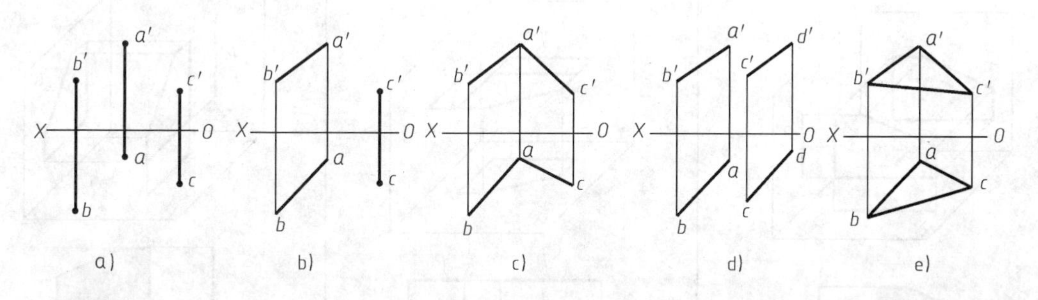

图2-19 平面的表示方法

注意：为了解题的方便，常常用一个平面图形（如三角形）表示平面。

2. 投影面的垂直面

垂直于一个投影面且同时倾斜于另外两个投影面的平面称为投影面的垂直面。垂直于 V 面的称为正垂面；垂直于 H 面的称为铅垂面；垂直于 W 面的称为侧垂面。平面与投影面所夹的角度称为平面对投影面的倾角。α、β、γ 分别表示平面对 H 面、V 面、W 面的倾角。投影面的垂直面的投影特性见表2-3。

表 2-3 投影面的垂直面的投影特性

正垂面	铅垂面	侧垂面

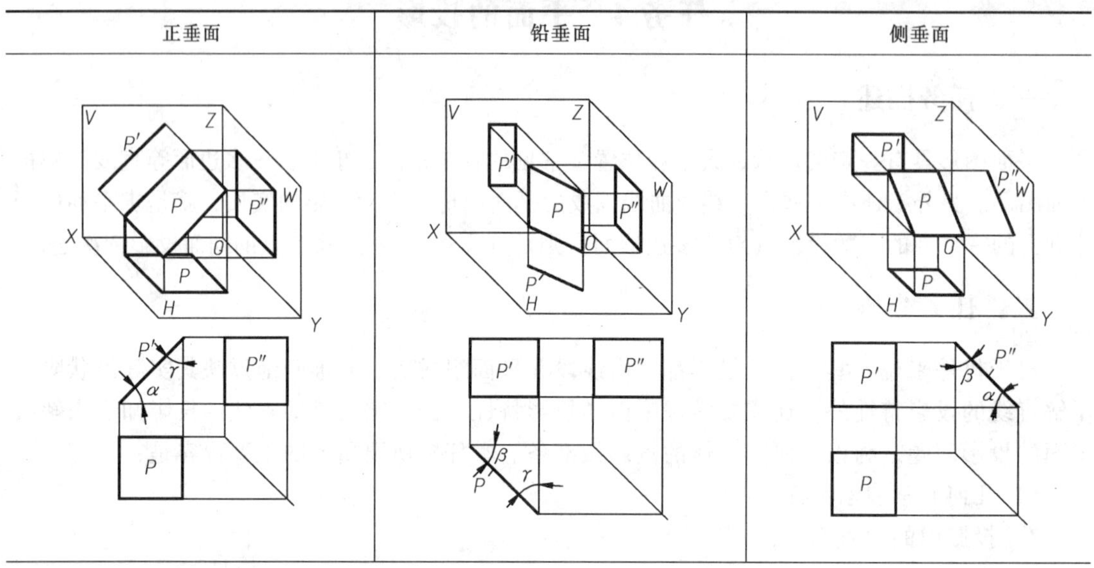

投影特性:

1. 在与平面垂直的投影面上,该平面的投影为一倾斜线段,有积聚性,且反映与另两投影面的倾角
2. 其余两个投影都是缩小的类似形

3. 投影面的平行面

平行于一个投影面且同时垂直于另外两个投影面的平面称为投影面的平行面。平行于 V 面的称为正平面;平行于 H 面的称为水平面;平行于 W 面的称为侧平面。投影面的平行面的投影特性见表 2-4。

表 2-4 投影面的平行面的投影特性

正平面	水平面	侧平面

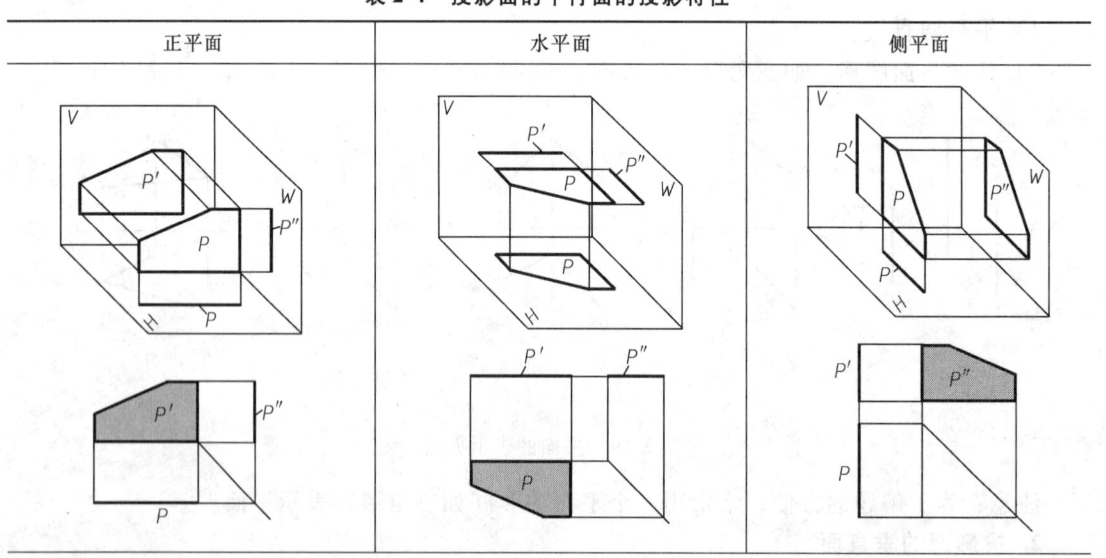

投影特性:

1. 在与平面平行的投影面上,该平面的投影反映实形
2. 其余两个投影为水平线段或铅垂线段,都具有积聚性

4. 一般位置平面

与三个投影面都处于倾斜位置的平面称为一般位置平面。

如图 2-20 所示，平面△*ABC* 与 *H*、*V*、*W* 面都处于倾斜位置，倾角分别为 α、β、γ，所以在三个投影面上的投影均为缩小了的类似形。因此一般位置平面的投影特征可归纳为：一般位置平面的三面投影，既不反映实形，也无积聚性，而都为类似形。

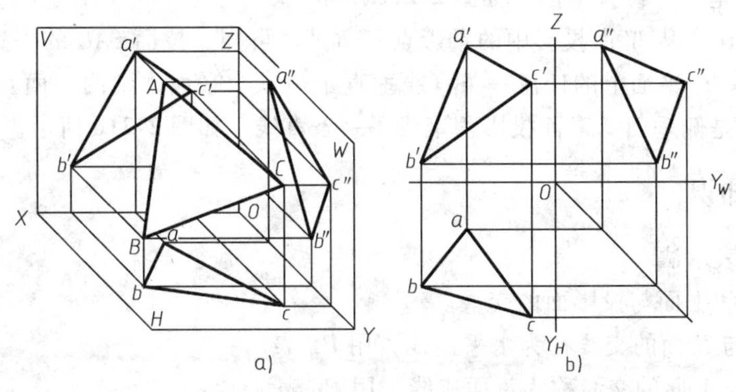

图 2-20　一般位置平面

例 2-6　如图 2-21 所示，分析正三棱锥各棱面和底面与投影面的相对位置。

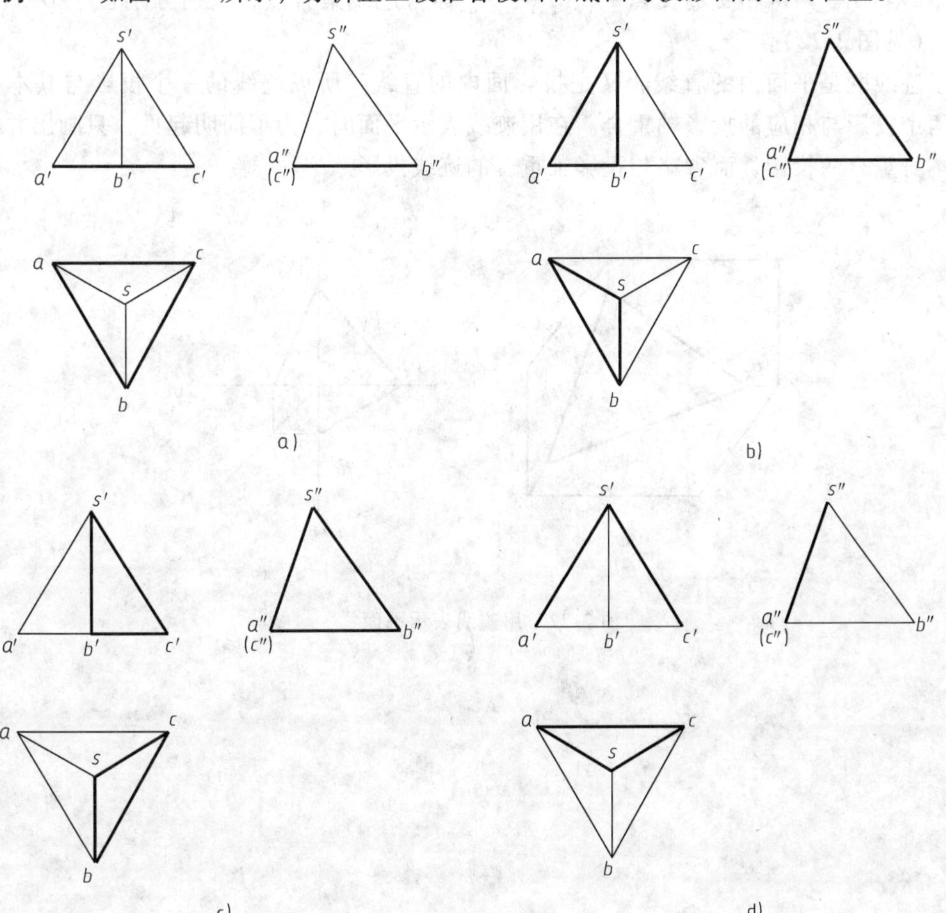

图 2-21　平面与投影面的相对位置

（1）底面 ABC　V 面和 W 面投影积聚为水平线，分别平行于 OX 轴和 OY_W 轴，可确定底面 ABC 是水平面，水平投影反映实形，如图 2-21a 所示。

（2）棱面 SAB　三个投影 sab、$s'a'b'$、$s''a''b''$都没有积聚性，均为棱面 SAB 的类似形，可判断棱面 SAB 是一般位置平面，如图 2-21b 所示。

（3）棱面 SBC　三个投影 sbc、$s'b'c'$、$s''b''c''$都没有积聚性，均为棱面 SBC 的类似形，可判断棱面 SBC 是一般位置平面，如图 2-21c 所示。

（4）棱面 SAC　从 W 面投影中的重影点 a''（c''）可知，棱面 SAC 的一边 AC 是侧垂线，根据几何定理，一个平面上的任意一条直线垂直于另一个平面，则两平面互相垂直，因此，可确定棱面 SAC 是侧垂面，W 面投影积聚成了一条直线，如图 2-21d 所示。

四、扩展知识

平面的迹线表示法

迹线——空间平面与投影面的交线。

1）平面 P 与 H 面的交线称为水平迹线，用 P_H 表示。

2）平面 P 与 V 面的交线称为正面迹线，用 P_V 表示。

3）平面 P 与 W 面的交线称为侧面迹线，用 P_W 表示。

P_H、P_V、P_W 两两相交的交点 P_X、P_Y、P_Z 称为迹线集合点，它们分别位于 OX、OY、OZ 轴上（见图 2-22）。

由于迹线既是平面内的直线，又是投影面内的直线，所以迹线的一个投影与其本身重合，另两个投影与相应的投影轴重合。在用迹线表示平面时，为了简明起见，只画出并标注与迹线本身重合的投影，而省略与投影轴重合的迹线投影。

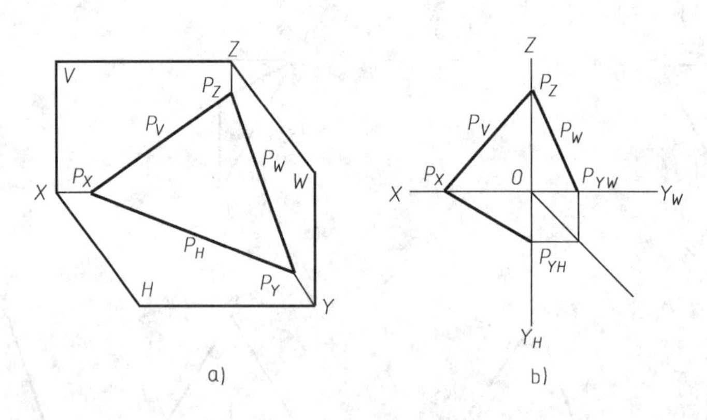

图 2-22　用迹线表示平面

单元3　基本几何体的三视图及表面上点的投影

3

知识目标：

1. 三视图的形成及其投影规律。
2. 掌握绘制基本几何体三视图的方法。
3. 熟悉基本几何体的尺寸标注原则。

技能目标：

1. 能绘制各种基本几何体三视图。
2. 能正确标注各种基本几何体的尺寸。
3. 能求出基本几何体表面上点的投影。

任务1　画正六棱柱三视图

一、任务描述

在单元2任务2中了解到一个视图，只能反映物体一个方向的形状，不能完整反映物体的形状。因此，要表示物体的完整形状，就必须从几个不同方向进行投射，画出几个视图，通常用三个视图来表示物体的结构形状。

二、任务分析

如图3-1a、b所示，用一面视图或两面视图均不能准确的反映物体的真实形状，为了表

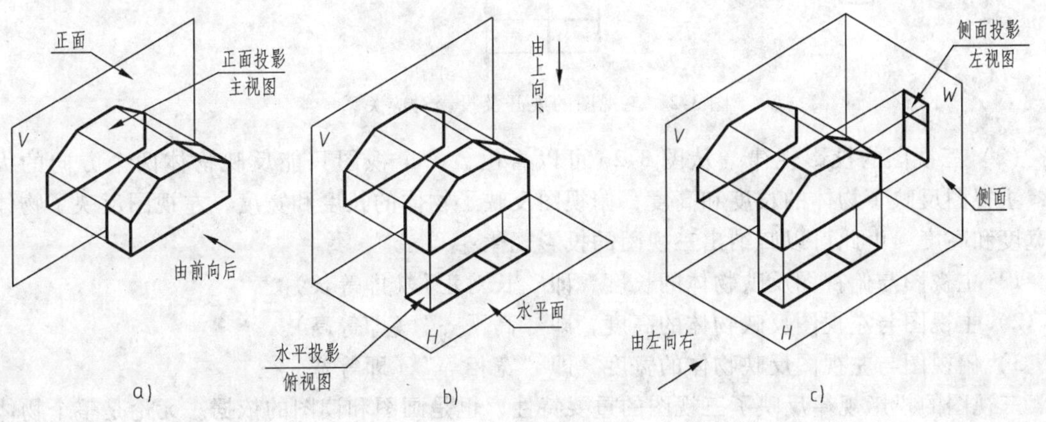

图3-1　物体的投影

达物体的实际形状，通常采用互相垂直的三个平面，建立一个三面投影体系，分别向三个投影面进行投射，得到物体的三个视图，如图 3-1c 所示。此次任务所要研究的问题主要有以下几点：

1）三视图的投影对应关系。

2）三视图与物体的方位对应关系。

三、相关知识

1. 三视图的投影对应关系

（1）三视图的形成　如图 3-2 所示将物体放在三投影面体系中，物体的位置处在人与投影面之间，然后将物体对各个投影面进行投射，得到三个视图，这样才能把物体的长、宽、高三个方向，上下、左右、前后六个方位的形状表达出来，三个视图分别为：

1）主视图：从前往后进行投影，在正立投影面（*V* 面）上所得到的视图。

2）俯视图：从上往下进行投影，在水平投影面（*H* 面）上所得到的视图。

3）左视图：从左往右进行投影，在侧立投影面（*W* 面）上所得到的视图。

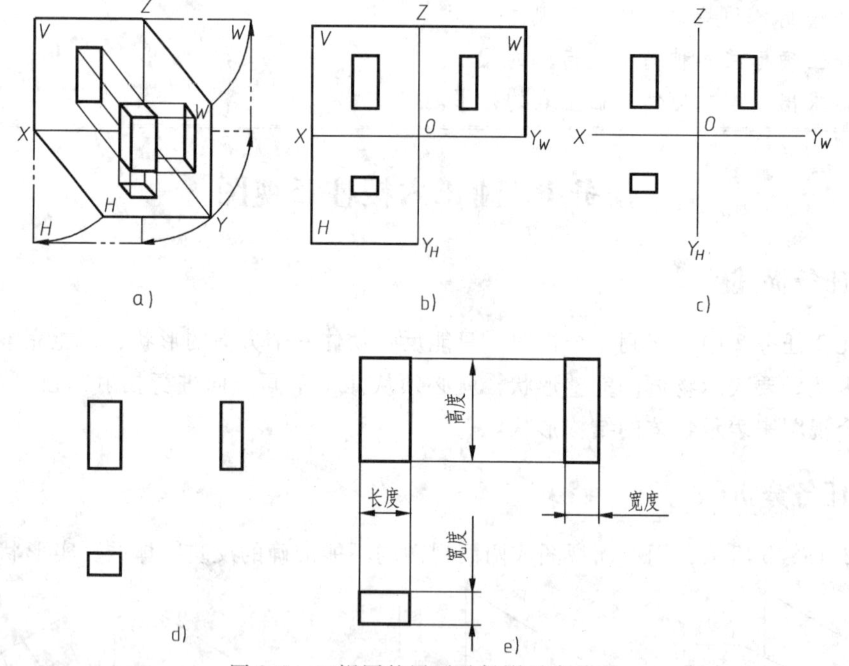

图 3-2　三视图的展开及投影对应关系

（2）三视图的投影规律　从图 3-2e 可以看出，一个视图只能反映物体两个方向的大小，主视图反映了物体的长度和高度，俯视图反映了物体的长度和宽度，左视图反映了物体的宽度和高度。由此可以归纳出三视图的投影规律：

1）主视图与俯视图反映物体的长度，即“长对正”（即等长）。

2）主视图与左视图反映物体的高度，即“高平齐”（即等高）。

3）俯视图与左视图反映物体的宽度，即“宽相等”（即等宽）。

三视图的投影规律反映了三视图的重要特性，也是画图和读图的依据。无论是整个物体还是物体的局部，其三面投影都必须符合这一规律。

2. 三视图与物体的方位对应关系

物体有长、宽、高三个方向的尺寸，也有上下、左右、前后六个方位关系，六个方位在三视图中的对应关系如图3-3所示。

1）主视图反映了物体的上下、左右四个方位关系。

2）俯视图反映了物体的前后、左右四个方位关系。

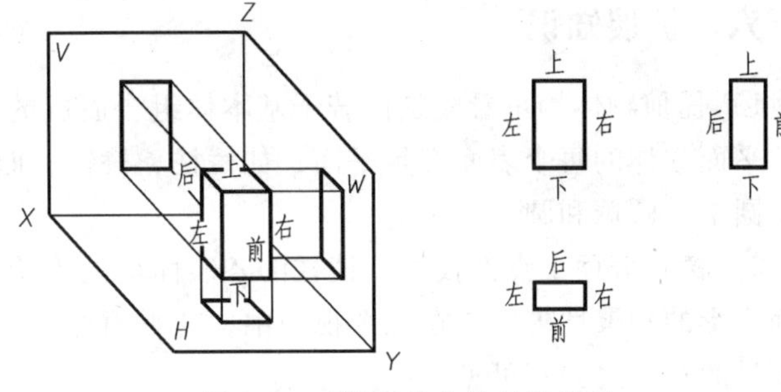

图3-3　三视图的方位对应关系

3）左视图反映了物体的上下、前后四个方位关系。

画图和读图时，要特别注意俯视图与左视图的前、后对应关系。

四、任务准备

（1）绘图工具　H和2B铅笔各一支、三角板、橡皮、圆规、分规、刀等。

（2）图纸　A4图纸。

五、任务实施

1. 确定绘图比例并布置图面

根据实际情况选定绘图比例为1∶1，并将图纸固定在图板上；在图纸的绘图区域作三视图的中心线和底面的基准线，确定各视图的位置，如图3-4所示。

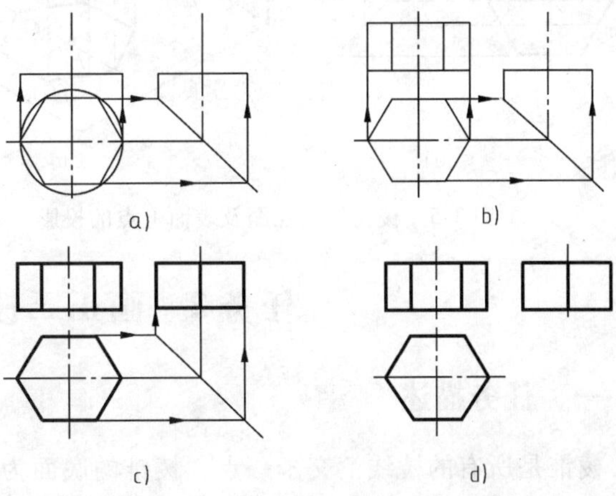

2. 投影分析

正六棱柱水平放置，其两端面（上下底面）平行于H面，前后两个棱面平行于V面，其余棱面都垂直于H面，在这种位置下，正六棱柱的投影特征是：上下底面的水平投影重合并反映实形——正六边形，六个棱面的水平投影分别积聚为六边形的六条边。

a)　b)　c)　d)

图3-4　正六棱柱的三视图

3. 画出六棱柱俯视图

作具有投影特征的视图——俯视图上的正六边形。

4. 画出六棱柱主视图

按长对正的投影关系和六棱柱的高度画出主视图。

5. 画出六棱柱左视图

按高平齐和宽相等的投影画出左视图。

6. 检查、描深

检查三视图无误后，用2B铅笔描深。

六、扩展知识

1）任何物体均可看成是由若干基本体组合而成的。基本体包括平面立体和曲面立体两类。平面立体的每个表面都是平面，如棱柱、棱锥；曲面立体至少有一个表面是曲面，如圆柱、圆锥、圆球和圆环等。

2）棱柱表面上点的投影。棱柱的各表面均处于特殊位置，棱柱表面上点的投影可利用平面投影的积聚性求得，在三个视图中，若平面处于可见位置，则该面上的点的同面投影也是可见的；反之为不可见。

如图 3-5 所示，已知棱柱表面上点 *M* 的正面投影 *m′*，求作它的其他两面投影 *m*、*m″*。因为 *m′*可见，所以点 *M* 必在面 *ABCD* 上。此棱面是铅垂面，其水平投影积聚成一条直线，故点 *M* 的水平投影 *m* 必在此直线上，再根据 *m*、*m′* 可求出 *m″*。由于 *ABCD* 的侧面投影为可见，故 *m″* 也为可见。

3）棱柱的尺寸标注如图 3-6 所示。

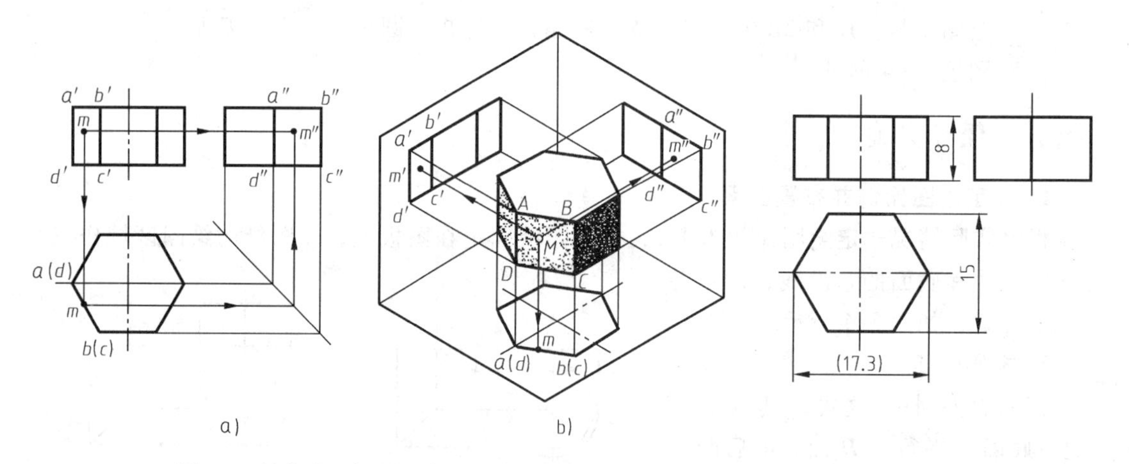

图 3-5　棱柱的三视图及表面上点的投影

图 3-6　棱柱的尺寸标注

任务 2　画正三棱锥三视图

一、任务描述

棱锥是所有的棱线汇交于一点，棱锥的底面为多边形。常见的棱锥有三棱锥、四棱锥和五棱锥等。正三棱锥是由一个正三角形的底面和三个全等的等腰三角形的侧面组成的。本次任务是画它的三视图，并求出其表面上点的投影。

二、任务分析

任何机件都是由一些简单的基本几何形体即基本体经过变形得来的，而基本体又可以分为平面立体和曲面立体，如图 3-7a 所示的正三棱锥即属于平面立体，为了准确的表达正三棱锥的实际形状，通常将其分别向三个投影面进行投影，采用三个视图来描述。此次任务所要研究的问题主要有以下几点：

1）三视图的投影规律。

2）正三棱锥表面上点的投影。

3）正三棱锥的尺寸标注要求。

三、相关知识

1. 三视图的投影规律

正三棱锥的底面为水平面，在俯视图上的投影是反映实形的正三角形，三个侧面分别是侧垂面和一般位置平面，分别在左视图和主视图上的投影为直线和三角形的类似形。

2. 正三棱锥尺寸标注要求

图形只能反映物体的形状，而其大小由标注的尺寸来确定。尺寸是图样中的重要内容之一，是制造机件的直接依据。因此在标注尺寸时，必须严格遵守国家标准中的有关规定，做到正确、齐全、清晰和合理。尺寸注法的依据是 GB/T 4458.4—2003《机械制图 尺寸注法》和 GB/T 16675.2—2012《技术制图 简化表示法 第2部分：尺寸注法》。对于三棱锥要标注出其长、宽、高三个方向的尺寸。

3. 棱锥表面上点的投影

棱锥的表面可能是特殊位置平面，也可能是一般位置平面。凡属特殊位置表面上的点，其投影可利用平面投影的积聚性直接求得；一般位置表面上点的投影，则可通过在该面作辅助线的方法求得。

四、任务准备

（1）绘图工具 H 铅笔和 2B 铅笔各一支、三角板、橡皮、圆规、分规、刀等。

（2）图纸 A4 图纸。

五、任务实施

1. 确定绘图比例并布置图面

根据实际情况选定绘图比例为 1:1，并将图纸用透明胶固定在图板上；在图纸的绘图区域作三视图的中心线和底面的基准线，确定各视图的位置，如图 3-7 所示。

2. 画出正三棱锥俯视图

根据正投影法的投影特性及三视图的投影规律绘制出正三棱锥的俯视图，如图 3-7b 所示。

3. 画出正三棱锥主视图

根据正三棱锥的高度及三视图的投影规律绘制出正三棱锥的主视图，如图 3-7c 所示。

4. 画出正三棱锥左视图

根据三视图的投影规律绘制出正三棱锥的左视图，如图 3-7d 所示。

5. 求出正三棱锥表面上点的投影图

棱锥的表面可能是特殊位置平面，也可能是一般位置平面。所以，求作属于棱锥表面上的点的投影时，首先要判断点所在的棱锥表面是什么位置平面。若点属于特殊位置平面，求其投影就要利用平面投影的积聚性；若点属于一般位置平面，则要利用点属于平面的条件，通过作辅助线的方法来求得其投影。

具体作图步骤如下：

由 m' 位置和可见性分析得知，M 点所在的棱锥表面 $\triangle SAB$ 是一个一般位置平面，其投影特性是三个投影面的图形均为不反映实形的三角形，没有积聚性。求 M 点的投影作图过程是：过锥顶 S 作一连接 M 点的辅助线 SK，根据直线属于平面的条件，求出辅助线 SK 的三面投影，然后根据属于直线的点的投影特性，利用长对正、高平齐的投影对应关系，求出 M 点的水平投影 m 和侧面投影 m''，如图 3-7e 所示。

6. 标注尺寸

正三棱锥的尺寸标注如图 3-7f 所示。

7. 检查、描深

检查三视图无误后，用 2B 铅笔描深。

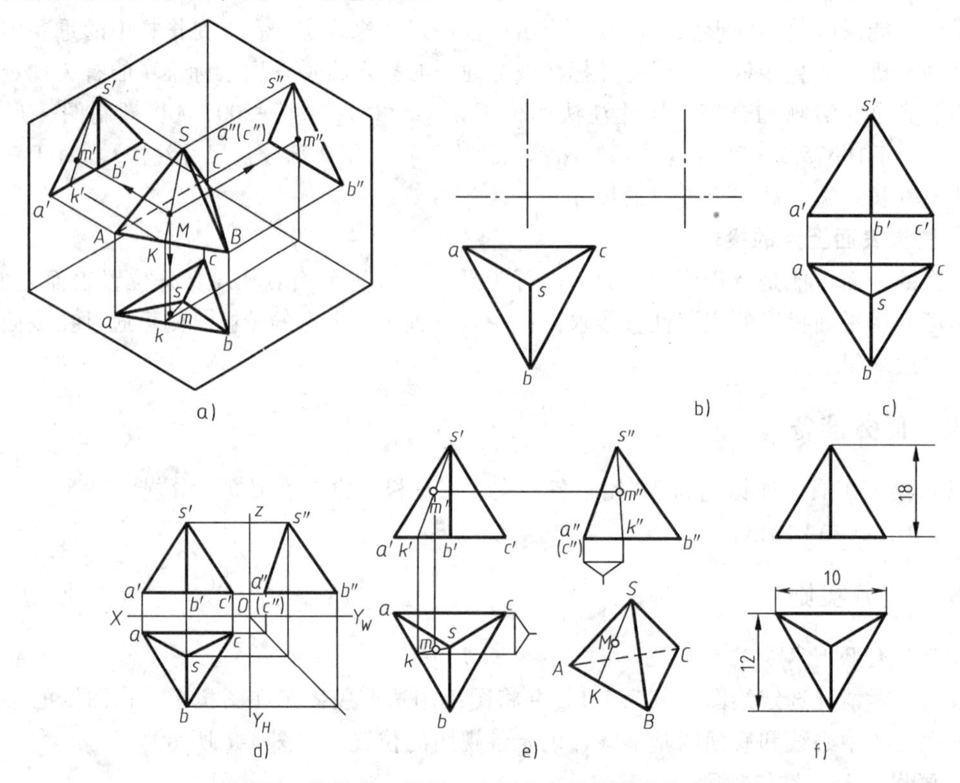

图 3-7　棱锥的三视图、表面上点的投影及尺寸标注

任务3　画圆柱的三视图

一、任务描述

如图 3-8 所示，阶梯轴零件是由几段圆柱组成的。圆柱是由一个圆柱面、圆形的顶面和底面组成的。圆柱面可看做是由一条直母线绕与其平行的轴线回转而成的。圆柱面上任意一条平行于轴线的直线，称为圆柱面的素线。因此，本次任务要研究圆柱的三面投影，并求出其表面上任意点的投影。

二、任务分析

如图 3-9a 所示，圆柱属于曲面立体的一种。圆柱体水平放置（见图 3-9b），圆柱的轴

线垂直于 H 面，因此圆柱的上、下底面的水平投影为圆，反映实形，正面和侧面投影积聚成直线。圆柱面的水平投影积聚为一个圆，与上、下底面的水平投影重合；在正面投影中，前、后两半圆柱面的投影重合为一个矩形，矩形的两条竖线分别是圆柱面最左、最右素线的投影，也是圆柱面前、后分界的转向轮廓线。在侧面投影中，左、右两半圆柱面的投影重合为一个矩形，矩形的两条竖线分别是圆柱面最前、最后素线的投影，也是圆柱面左、右分界的转向轮廓线。因此，此次任务所要研究的内容是绘制圆柱体的三面投影，涉及的主要知识如下：

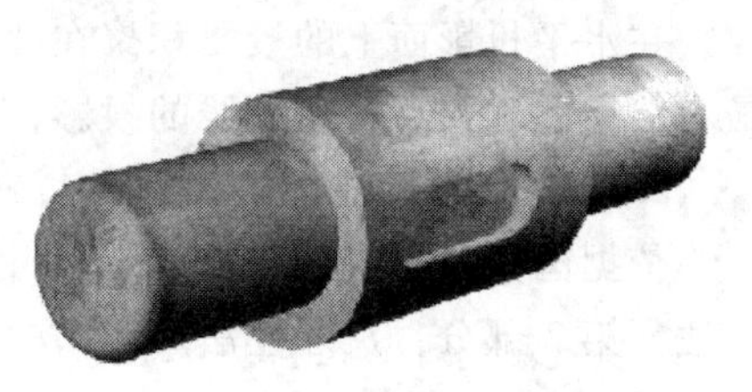

图 3-8 阶梯轴立体图

1）三视图的投影规律。

2）圆柱尺寸标注要求。

3）圆柱表面上点的投影。

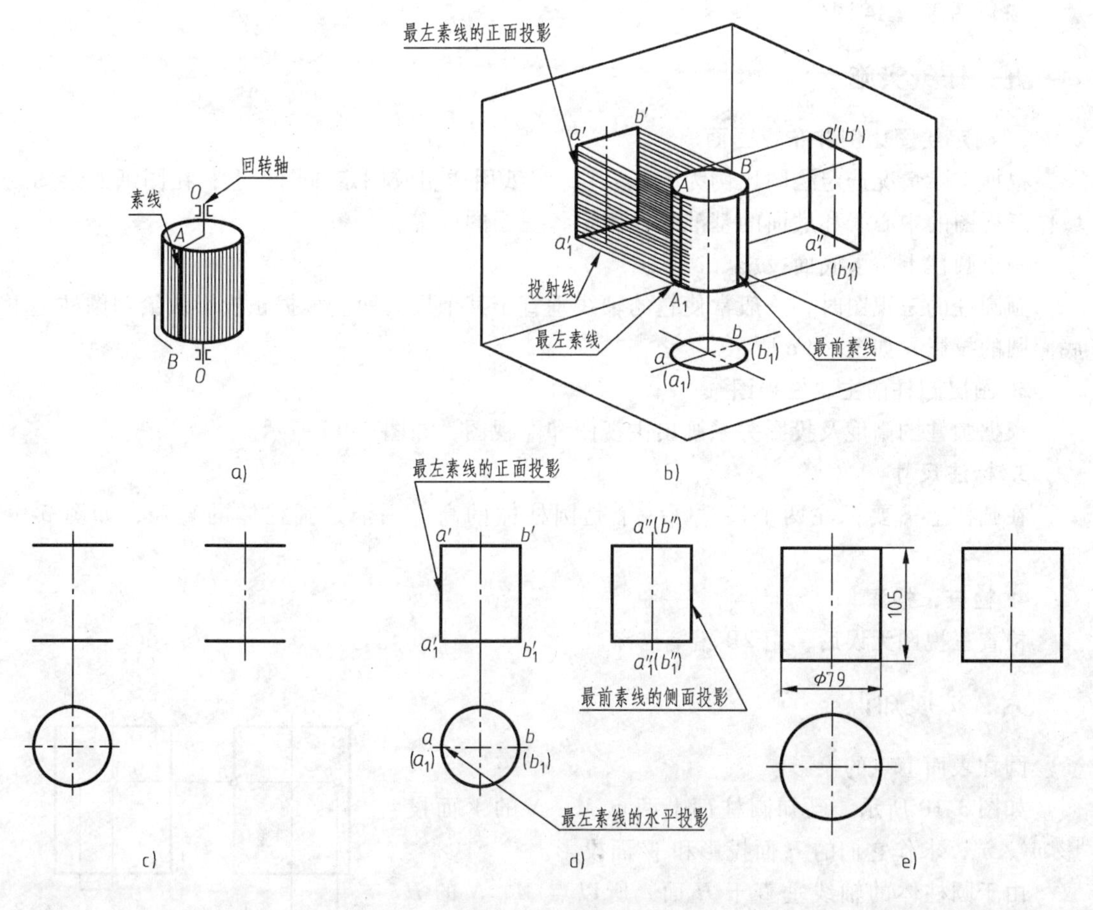

图 3-9 圆柱的三视图及尺寸标注

三、相关知识

1. 三视图的投影规律

圆柱的上下底面为水平面，在俯视图投影反映实形是圆形，圆柱表面所有素线均为铅垂线，在水平投影面上的投影积聚在圆上，其主视图和左视图上的轮廓线为圆柱表面上最左、最右、最前和最后的轮廓线的投影，是圆柱表面在主视图和左视图上可见性的分界线。

2. 圆柱尺寸标注要求

依据国家标准《机械制图　尺寸标注》（GB/T 4458.4—2003）和《技术制图　简化表示法　第2部分：尺寸注法》（GB/T 16675.2—2012）对于圆柱要标注出其圆的直径和高度两个尺寸。

3. 圆柱表面上点的投影

圆柱共有三个面，至少有一个投影有积聚性，所以求属于圆柱表面上的点投影，无论其在哪个表面上，都可以利用积聚性去求得。

四、任务准备

（1）绘图工具　H和2B铅笔各一支、三角板、橡皮、圆规、分规、刀等。

（2）图纸　A4图纸。

五、任务实施

1. 确定绘图比例并布置图面

根据实际情况选定绘图比例为1:1，并将图纸用透明胶固定在图板上；在图纸的绘图区域作三视图的中心线和底面的基准线，确定各视图的位置。

画出圆柱上、下底面投影

画圆柱的三视图时，一般常使它的轴线垂直于某个投影面。根据正投影法绘制圆柱上下底面圆的投影，如图3-9c所示。

2. 画出圆柱的主、左视图

根据圆柱的高度及投影关系画出主视图和左视图，如图3-9d所示。

3. 标注尺寸

在圆柱上需要标注两个尺寸，一个是圆柱体的高，一个是圆柱体的直径，如图3-9e所示。

4. 检查、描深

检查三视图无误后，用2B铅笔描深。

六、扩展知识

圆柱表面上点的投影

如图3-10所示，已知圆柱面上两点 M、N 的 V 面投影 m'、n'，求作它们的 H 面投影和 W 面投影。

由于圆柱体的轴线垂直于 H 面，所以点 M、N 的 H 面投影可利用圆柱面的 H 面投影的积聚性直接求得。由于 m' 是可见的，所以点 M 在前半圆柱面上，即在 H 面投影圆的前半圆的圆周上。求得 m 后，可根据 m' 和 m 求出 m''。同样可求出 n 和 n''。由于点 N 在圆柱面最右素线上，即圆柱面前、后分界的转向轮廓线上，所以 n'' 为不可见。

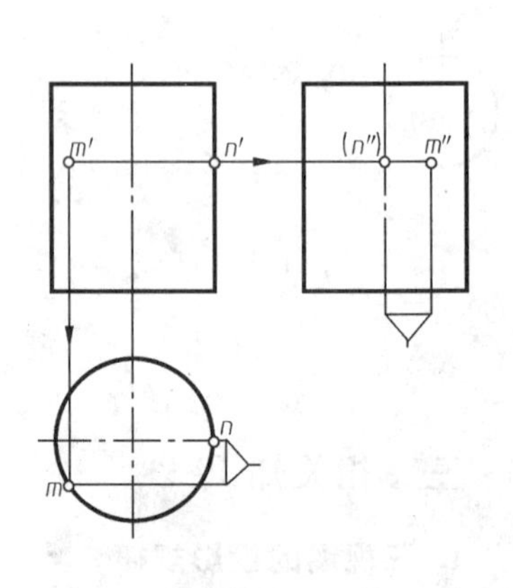

图3-10　圆柱体表面上点的投影

任务4 画圆锥的三视图

一、任务描述

如图 3-11 所示，顶尖零件是由圆锥和圆柱变形得来的（圆柱的投影在上一个任务中已经研究过了），圆锥是由一个圆锥面和圆形的底面组成，圆锥面可看做是由一条直母线绕与其相交的轴线回转而成的。为了进一步掌握顶尖的投影我们有必要研究圆锥的三面投影，并求出其表面上点的投影。

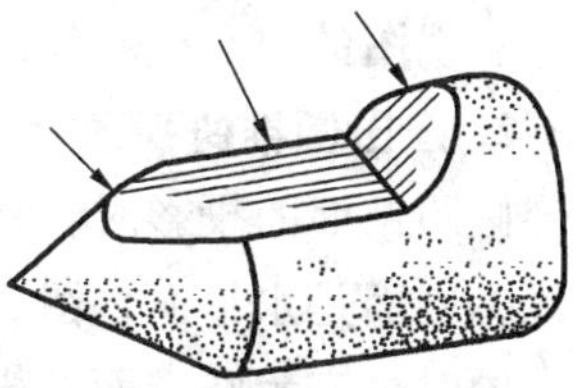

图 3-11 顶尖的立体图

二、任务分析

圆锥属于曲面立体的一种。如图 3-12a 所示，圆锥体的轴线垂直于水平投影面，锥底平行于水平投影面，其水平投影为圆，反映实形，正面和侧面投影积聚成直线。圆锥面的三个投影都没有积聚性，其水平投影与底面的水平投影重合，全部可见；在正面投影中，前、后两个半圆锥面的投影重合为一个等腰三角形，三角形的两腰分别是圆锥最左、最右素线的投影，也是圆锥面前、后分界的转向轮廓线，在圆锥的侧面投影中，左、右两半圆锥的投影重合为一个等腰三角形，三角形的两腰分别是圆锥最前、最后素线的投影，也是圆锥面左、右分界的转向轮廓线。因此这次任务所要研究的内容是绘制圆锥体的三面投影，涉及的知识主要有：

1）三视图的投影规律。

2）圆锥尺寸标注要求。

3）圆锥表面上点的投影。

三、相关知识

1. 三视图的投影规律

如图 3-12 所示，圆锥底面是水平面，俯视图为圆，圆锥面俯视图投影重影在圆锥底面上，其主视图和左视图为等腰三角形，其两腰分别为圆锥表面上的最左、最右、最前和最后素线的投影，是圆锥表面在主视图和左视图上可见性的分界线。

2. 圆锥尺寸标注要求

依据国家标准《机械制图 尺寸注法》（GB/T 4458.4—2003）和《技术制图 简化表示法 第 2 部分：尺寸注法》（GB/T 16675.2—2012），对于圆锥要标注出其底面圆的直径和高度两个尺寸。

3. 圆锥表面上点的投影

根据圆锥表面的结构特点，求属于圆锥表面上点的投影时，要根据给定的条件，分析清楚点是位于底平面还是圆锥表面，若位于底平面则得用底平面是特殊位置平面，其投影有积聚性的特点去求得点的投影；若点位于圆锥表面，由于圆锥面的投影没有积聚性，则要用辅助素线法或辅助圆法去求得点的投影。

四、任务准备

（1）绘图工具 H 和 2B 铅笔各一支、三角板、橡皮、圆规、分规、刀等。

（2）图纸　A4 图纸。

五、任务实施

1. 确定绘图比例并布置图面

根据实际情况选定绘图比例为 1∶1，并将图纸用透明胶固定在图板上；在图纸的绘图区域作三视图的中心线和底面的基准线，确定各视图的位置，如图 3-12c 所示。

2. 画出圆锥俯视图

画圆锥面的投影时，常使它的轴线垂直于某一投影面，如图 3-12b 所示圆锥的轴线是铅垂线，底面是水平面，图 3-12d 是它的投影图。圆锥的水平投影为一个圆，反映底面的实形，同时也表示圆锥面的投影。

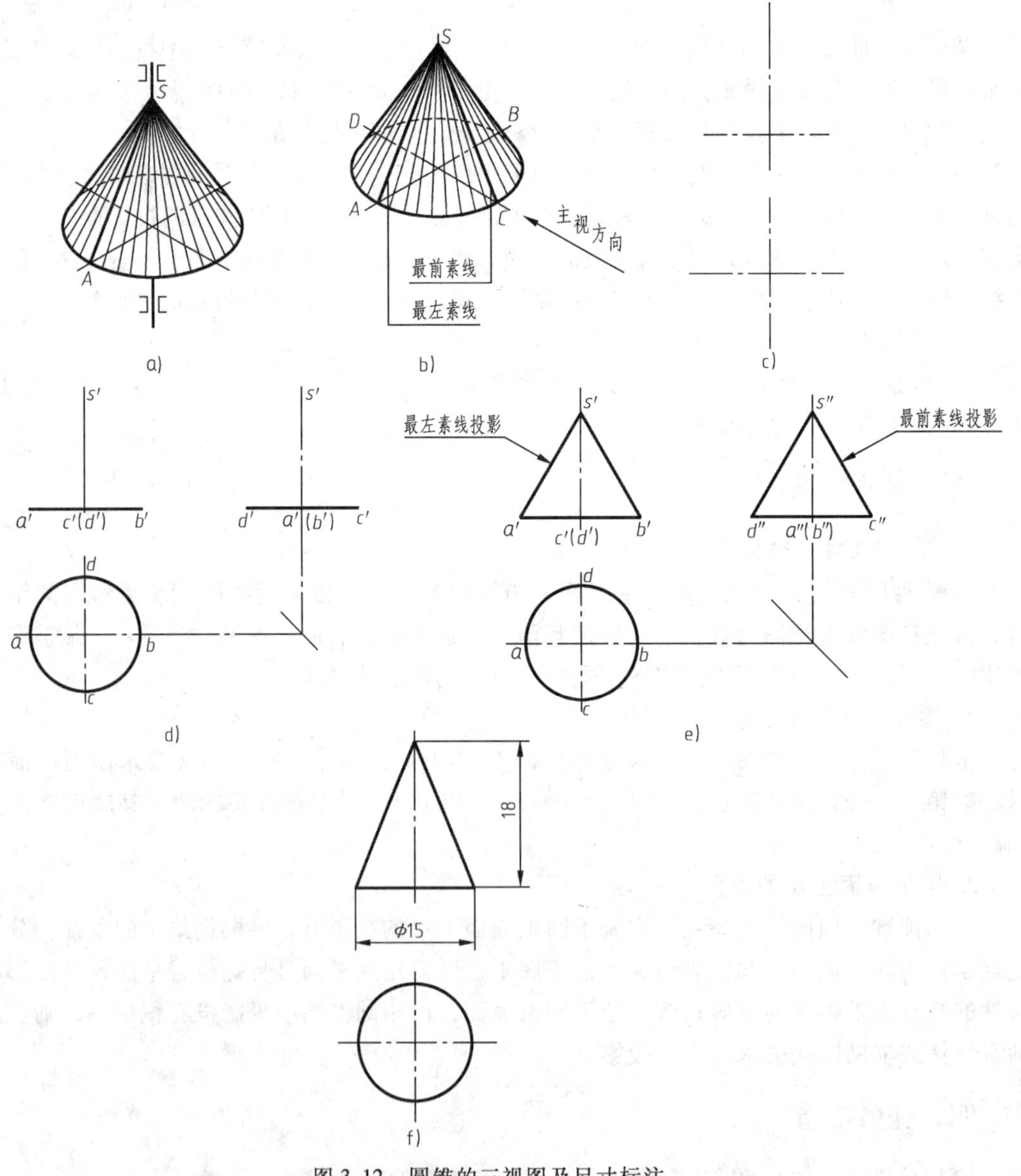

图 3-12　圆锥的三视图及尺寸标注

3. 画出圆锥主视图和左视图

如图 3-12e 所示，圆锥的正面、侧面投影均为等腰三角形，其底边均为圆锥底面的积聚投影。需要强调的是，正面投影中三角形的两腰 $s'a'$、$s'c'$ 分别表示圆锥面最左、最右轮廓素线 SA、SC 的投影，它们是圆锥面正面投影可见与不可见的分界线。SA、SC 的水平投影 sa、sc 和横向中心线重合，侧面投影 $s''a''$（c''）与轴线重合。

4. 标注尺寸

在圆锥上需要标注两个尺寸，一个是圆锥体的高，一个是圆锥体底面圆的直径，如图 3-12f 所示

5. 检查无误、描深

检查三视图无误后，用 2B 铅笔描深。

六、扩展知识

圆锥表面上点的投影

如图 3-13 所示，已知圆锥面上 M 点的正面投影 m'，求作水平投影 m 和侧面投影 m''。

由于圆锥面的投影没有积聚性，所以求作圆锥表面上点的投影可以采用辅助素线法或辅助圆法。

1. 辅助素线法

如图 3-13 所示，作图步骤如下：

1）根据点 M 的可见性，判断其空间位置。

2）过正面投影 s' 和 m' 作一辅助线交底圆于 a'，再由 a' 作出其水平投影 a，连接 s、a。

3）根据点的投影规律，由 m' 求出 sa 上的 m，再由 m' 和 m 求出 m''。

4）判断可见性：由于点 M 在左前部分的圆锥面上，所以 m 和 m'' 均为可见。

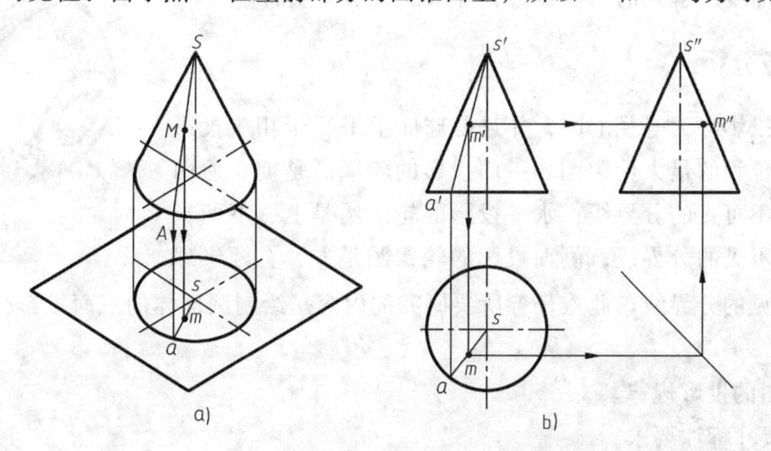

图 3-13 用辅助素线法求圆锥表面上点的投影

2. 辅助圆法

如图 3-14 所示，作图步骤如下：

1）过点 M 作辅助圆，先求该圆的水平投影（该辅助圆的水平投影为圆，正面投影和侧面投影积聚为一条与底面投影平行的直线，水平投影反映实形）。

2）根据点的投影规律，在该圆圆周上求出 m，再由 m'、m 求出 m''。

3）判断可见性：由于点 M 在左前部分的圆锥面上，所以 m 和 m'' 均为可见。

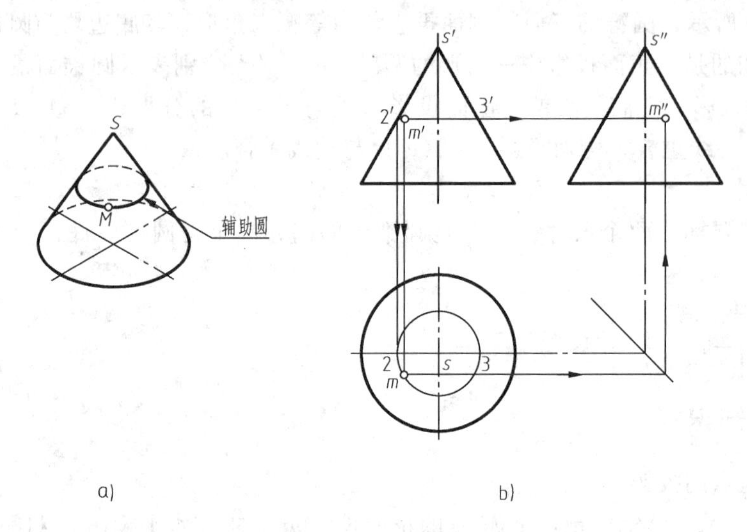

图 3-14　用辅助圆法求圆锥表面上点的投影

任务5　画球体的三视图

一、任务描述

如图 3-15 所示，球阀芯是由球体变形而来的，圆球面可以看做是由一个圆绕其直径回转而成的。球体由一个圆球面围成。为了进一步掌握其他由球体变形的机件，需要了解它的三面投影，并求出表面上点的投影。

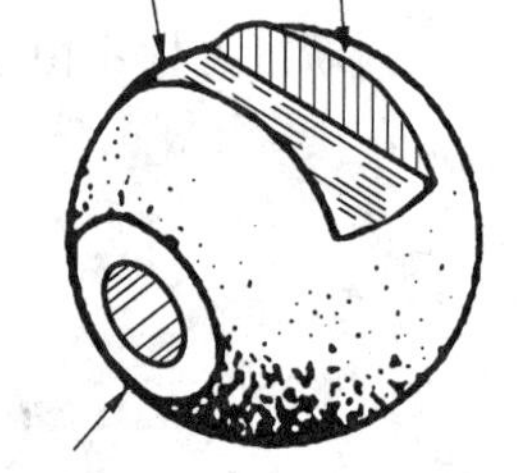

图 3-15　球阀芯立体图

二、任务分析

球的三面投影均为等径的圆，并且是球面上平行于相应投影面的三个不同位置的最大轮廓圆。正面投影的轮廓圆是前、后两半球面可见与不可见的分界线；水平投影的轮廓圆是上、下两半球面可见与不可见的分界线；侧面投影的轮廓圆是左、右两半球面可见与不可见的分界线。此次任务所要研究的内容是绘制圆球体的三面投影，涉及的知识主要有：

1）三视图的投影规律。

2）球体尺寸标注要求。

3）球体表面上点的投影。

三、相关知识

1. 三视图的投影规律

如图 3-16a 所示，圆球表面只有一个面，其三视图均为大小相等的圆，H 面上圆将圆球分为上下两部分，V 面上的圆将圆球分为前后两部分，W 面上的圆将圆球分为左右两部分。

三个圆分别是圆球表面在主视图、俯视图和左视图投影可见性的分界线。

2. 球体尺寸标注要求

依据国家标准《机械制图　尺寸注法》（GB/T 4458.4—2003）和《技术制图　简化表示法　第2部分：尺寸注法》（GB/T 16675.2—2012），对于圆球只标注出其球体的直径尺寸即可。

3. 球体表面上点的投影

根据圆球的投影特征可知，圆球表面的三个投影图形都没有积聚性，可利用辅助圆法求出其表面上点的投影。

四、任务准备

（1）绘图工具　H和2B铅笔各一支、三角板、橡皮、圆规、分规、刀等。

（2）图纸　A4图纸。

五、任务实施

1. 确定绘图比例并布置图面

根据实际情况选定绘图比例为1:1，并将图纸用透明胶固定在图板上；在图纸的绘图区域作三视图的中心线，确定各视图的位置，如图3-16b所示。

2. 画出球体的三视图

如图3-16c所示，其三视图均为大小相等的圆。

作图步骤：

1）首先画出三个圆的中心线，用以确定各投影图形的位置，如图3-16c所示。

2）再画出球的各分界圆的图形，如图3-16d所示。

3）明确各分界圆在其他两投影面的投影，均与圆图形相应的中心线重合，不必画出。

3. 标准尺寸

在视图上标注尺寸，如图3-16d所示。

4. 检查、描深

检查三视图无误后，用2B铅笔描深。

六、扩展知识

球体表面上点的投影

已知M点属于圆球表面，并知M点的水平投影m，求其他两面投影，如图3-17所示。

由于圆球的投影特征是三面投影均为直径相等的三个圆，圆球表面的三面投影都没有积聚性，因此可利用辅助圆法求取其表面上点的投影。如图3-17所示，根据m的位置和可见性，可以判定M点位于前半球左上部的表面，利用辅助圆法，过M点在球表面做一平行于V面的辅助圆（也可以作平行于H面或W面的辅助圆），则该辅助圆在水平投影面上的投影为过m点的平行于X轴的直线ef，其正面投影为直径等于$e'f'$长度的圆，其侧面投影的图形为平行于Z轴的直线，则M点的其他两面投影必在该辅助圆的同面投影上。最后根据M点的位置特点，判断M点的三面投影都是可见的。

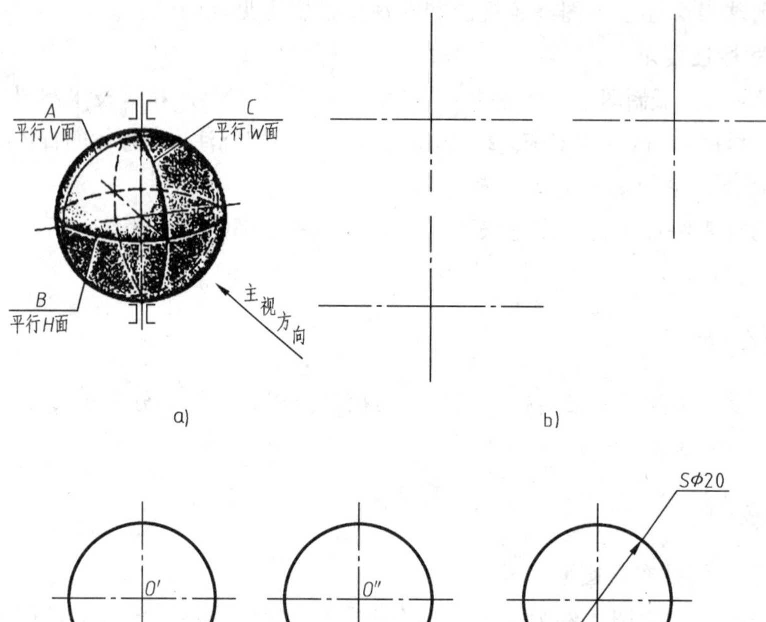

图 3-16　圆柱的三视图及尺寸标注

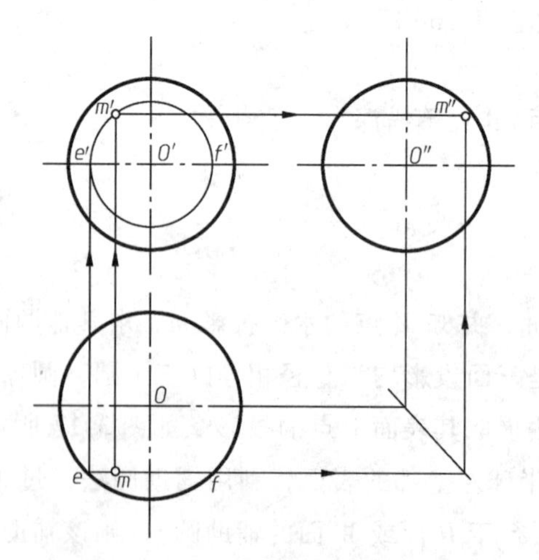

图 3-17　圆球表面上点的投影

单元4　立体表面的交线

4

知识目标：

1. 掌握截交线、相贯线的概念和性质。
2. 掌握求立体表面截交线、相贯线的方法。

技能目标：

1. 能绘制各种切割立体的三视图
2. 能正确求出各种切割立体表面的截交线或相贯线

在工程上，常会看到一些零件或构件表面存在交线，这些交线，有的是由于平面与立体表面相交而产生的交线（截交线）；有的是由于两立体表面相交而产生的交线（相贯线），如图4-1所示。了解这些交线的性质并能掌握交线的画法是本单元的主要学习目的。

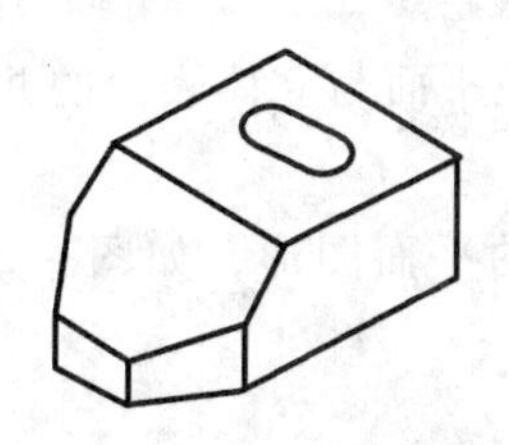
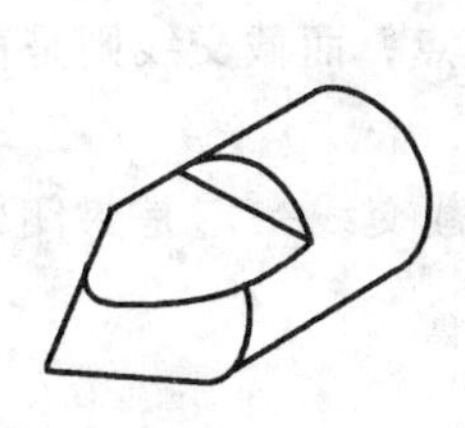
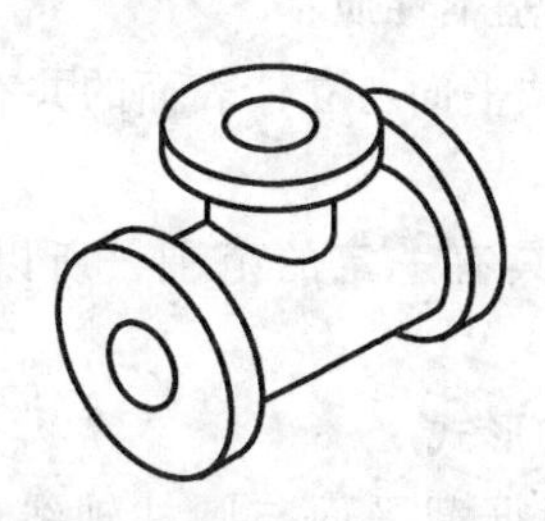
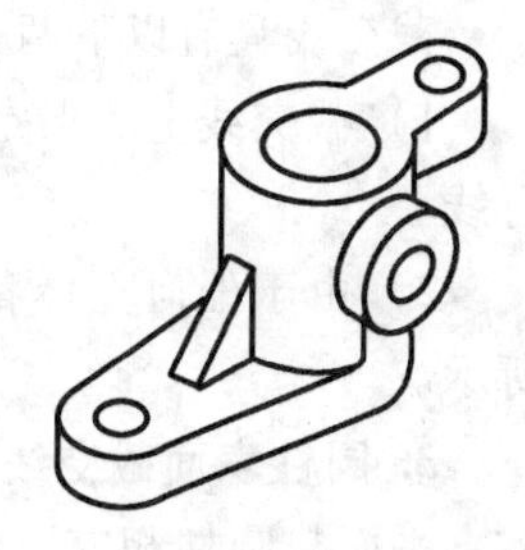

图4-1　立体表面交线

任务1　画切割圆柱体的三视图

一、任务描述

如图4-2所示，一圆柱体被正垂面切割而产生的表面交线，即截交线。现在已知被切割圆柱体的主、俯视图，需要补画出被切割圆柱体的左视图。

二、任务分析

本任务所要解决的主要问题是如何求取圆柱体表面的截交线，涉及的主要知识点如下：

1）截交线的概念

2）截交线的性质

3）圆柱表面截交线的形式

4）求立体表面截交线的常用方法

三、相关知识

1. 截交线的概念

平面与立体表面相交，可以看做是立体表面被平面截割。图 4-3 所示为一平面与三棱锥相交，截割立体的平面 P 称为截平面，截平面与立体表面的交线Ⅰ、Ⅱ、Ⅲ称为截交线。

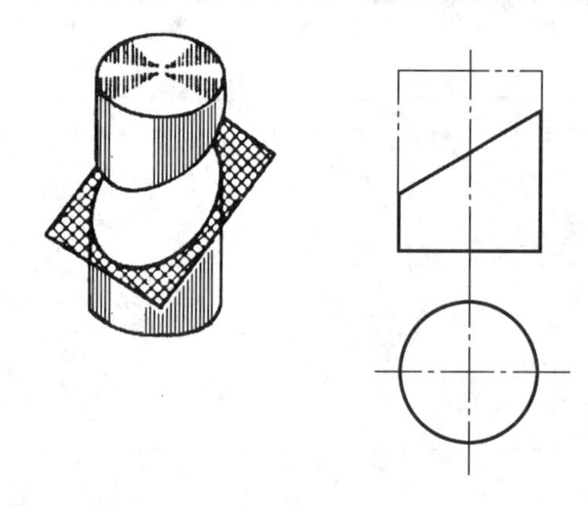

图 4-2　切割圆柱体

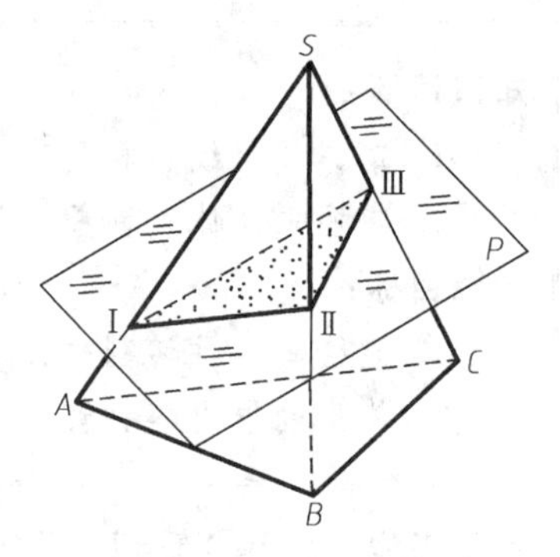

图 4-3　平面与立体表面相交

2. 截交线的性质

截交线具有以下两个基本性质：

1）截交线上的点是截平面与立体表面的共有点，而截交线则是截平面与立体表面的共有线。

2）由于任何立体都具有一定的范围，所以截交线一定是封闭的平面图形，如图 4-3 所示。

3. 圆柱表面截交线的形式

平面与圆柱相交，根据截平面与圆柱轴线的相对位置不同，其截交线可有以下三种情况：

（1）圆　截平面与圆柱轴线垂直，如图 4-4a 所示。

（2）矩形　截平面与圆柱轴线平行，如图 4-4b 所示。

（3）椭圆　截平面与圆柱轴线倾斜，如图 4-4c 所示。

4. 求立体表面截交线的常用方法

由于截交线是截平面与立体表面的共有线，所以截交线上的点必然是截平面与立体表面的共有点。因此说求截交线的问题，实质上是求截平面与立体表面的全部共有点的集合问题。

由于立体分为平面立体和曲面立体两种类型，所以求立体表面截交线的常用方法也分为求平面立体截交线的方法和求曲面立体截交线的方法两类。

（1）平面立体截交线的求法　截平面与平面立体相交，其截交线是由直线组成的封闭多边形。多边形顶点的数目，取决于立体与截平面相交棱线的数目。求平面立体截交线的方法有如下两种：

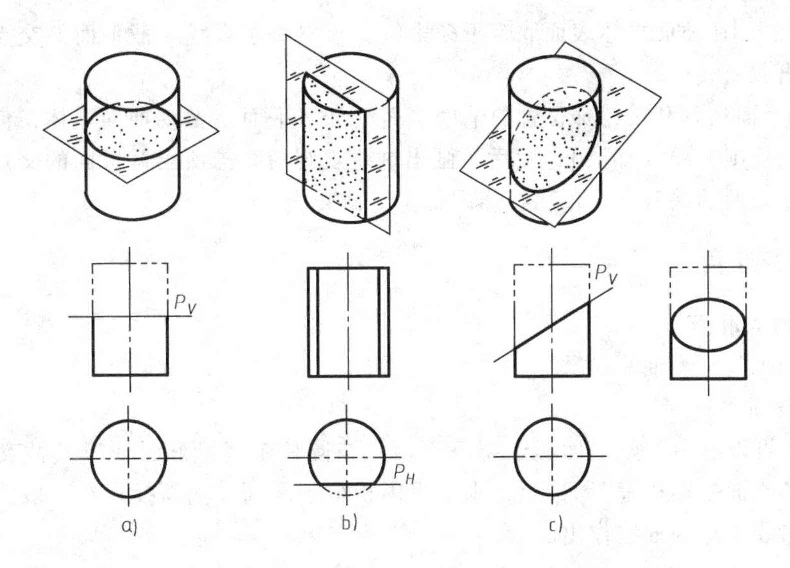

图 4-4 圆柱的截交线

1）求各棱线与截平面的交点——棱线法。

2）求各棱面与截平面的交线——棱面法。

上述两种方法实质是一样的，都是求立体表面与截平面的共有点、共有线。作图时，两种方法有时也可相互结合使用。下面以例题来说明。

例 4-1 正垂面 P 与正四棱柱相交，求截交线（见图 4-5）。

截平面 P 为正垂面，利用 P_V 的积聚性可以看出，P 平面与四棱柱的顶面、底面及 B、D 棱线相交。四棱柱的顶面为水平面，它与 P 平面相交，产生的交线必为正垂线，其正面投影 1′（2′）积聚为一点；水平投影 1－2 为可见直线。同理，四棱柱的底面也是水平面，它与 P 平面的交线也是正垂线，正面投影 5′（4′）积聚为一点，水平投影 5、4 也可直接按投影规律求出。P 平面与 B、D 两棱线的交点Ⅵ、Ⅲ的正面投影 6′、3′和水平投影 6、3 可直接找出。将求出的交点顺次连接，即得所求截交线。

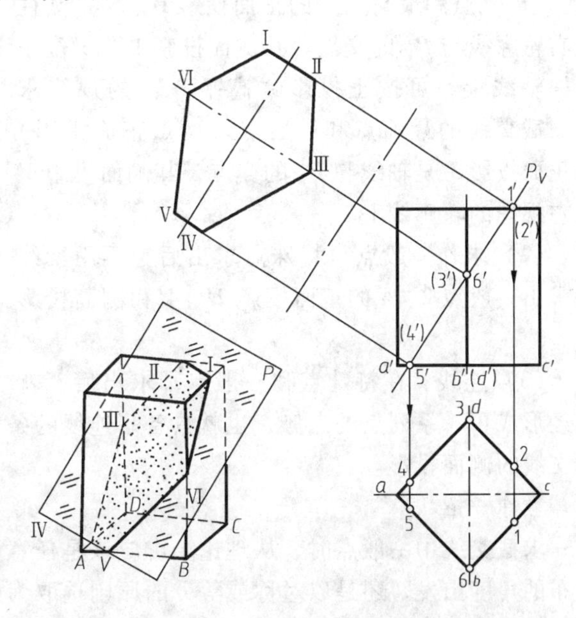

图 4-5 平面与四棱柱相交的截交线

（2）曲面立体截交线的求法 截平面与曲面立体相交，截交线为平面曲线，曲线上的每一点，都是截平面与曲面立体表面的共有点。所以，若要求截交线，就必须找出一系列共有点，然后用光滑曲线把这些点的同名投影连接起来，即得所求截交线的投影。

求曲面立体截交线，常用以下两种方法：

1）素线法。在曲面立体表面取若干条素线，求出每条素线与截平面的交点，然后依次相连即可作出截交线。

2）辅助平面法。利用特殊位置的辅助平面（如水平面）截切曲面立体，使得到的交线为简单易画的规则曲线（如圆），然后再画出这些规则曲线与所给截平面的交点，即为截平面与曲面立体表面的共有点，依次相连即可作出截交线。

四、任务准备

1. 绘图前的准备

准备绘图工具、图纸等。

2. 绘图分析

从图4-2可以看出，截平面属于正垂面，且与圆柱轴线倾斜，所以其截交线应该为椭圆，截交线的正面投影积聚于P_V上，水平投影积聚于圆周。侧面投影在一般情况下为一椭圆，需通过素线求点的方法作出。

五、任务实施

如图4-6所示，求正垂面与圆柱相交的截交线步骤如下：

（1）求作特殊点　截交线的最左点和最右点（也是最低点和最高点）的正面投影1′、5′是圆柱左右轮廓线与P_V的交点。其侧面投影1″、5″位于圆柱轴线上，可按正投影“高平齐”的规律求得。截交线的最前点和最后点（两点正面重影）的正面投影3′是轴线与P_V的交点，其侧面投影3″在左视图的轮廓线上。

（2）求作一般点　特殊点求出后，再用素线法求出一般点2、4的正面投影2′、4′和侧面投影2″、4″。

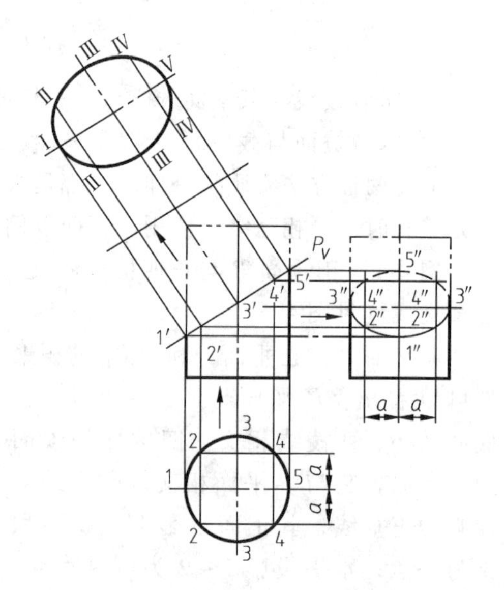

图4-6　正垂面与圆柱的截交线

（3）连线　在特殊点和一般点都求出后，就已经形成了一系列点的态势，也就具备了连线的条件，将各点光滑连成椭圆曲线，即为所求截交线的侧面投影。

教你一招

求截交线中一般点时，从理论上讲应该是任意选取的，但从作图方便以及各连接点均匀分布的角度出发，还是以对称或等分的原则选取为好。

任务2　画切割圆锥体的三视图

一、任务描述

前面任务1中学习了用正垂面切割圆柱体求截交线的问题，现在研究用正垂面切割圆锥体，其截交线的求取问题，如图4-7所示。具体任务是；已知被切割圆锥体的主视图，补画出俯视图和左视图。

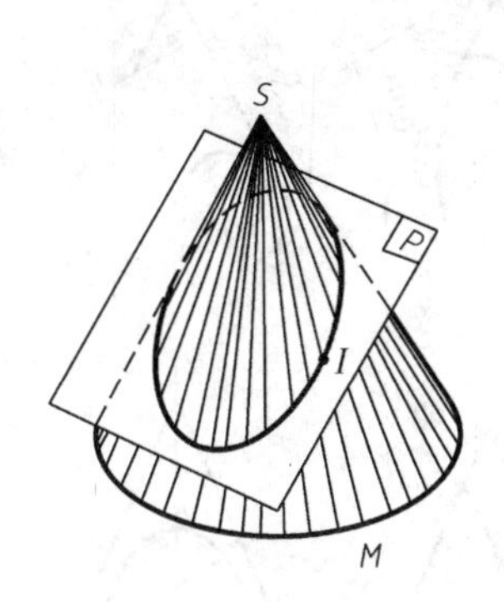

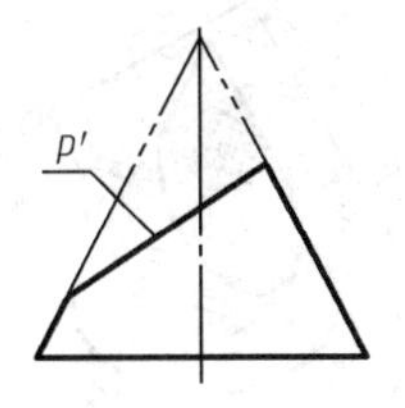

图 4-7　正垂面切割圆锥体

二、任务分析

通过完成本任务，能掌握求取圆锥体表面的截交线的方法，对截交线的概念、性质及求截交线的方法有了更进一步地深入了解。本任务涉及的主要知识点如下：

1）圆锥体表面截交线的形式。

2）求圆锥体表面截交线的方法。

3）三视图的投影规律。

三、相关知识

圆锥体表面截交线的形式

平面与圆锥相交，根据平面与圆锥的相对位置不同，其截交线分为以下五种情况：

（1）圆　截平面与圆锥轴线垂直（见图 4-8a）。

（2）椭圆　截平面与圆锥轴线倾斜，并截圆锥所有素线（见图 4-8b）。

（3）抛物线和直线段　截平面与圆锥母线平行而与圆锥轴线相交（见图 4-8c）。

（4）双曲线和直线段　截平面与圆锥轴线平行（见图 4-8d）。

（5）相交两直线　截平面通过锥顶（见图 4-8e）。

四、任务准备

1. 绘图前的准备

准备绘图工具、图纸等。

2. 绘图分析

从图 4-7 可以看出，截平面 P 属于正垂面，与圆锥体的轴线倾斜，并与所有素线相交，故知截交线为椭圆。截交线的正面投影积聚于 P_V 上，而水平投影和侧面投影可用素线法或辅助平面法求出，本例选用素线法。

五、任务实施

如图 4-9 所示，求正垂面与圆锥体相交的截交线过程如下：

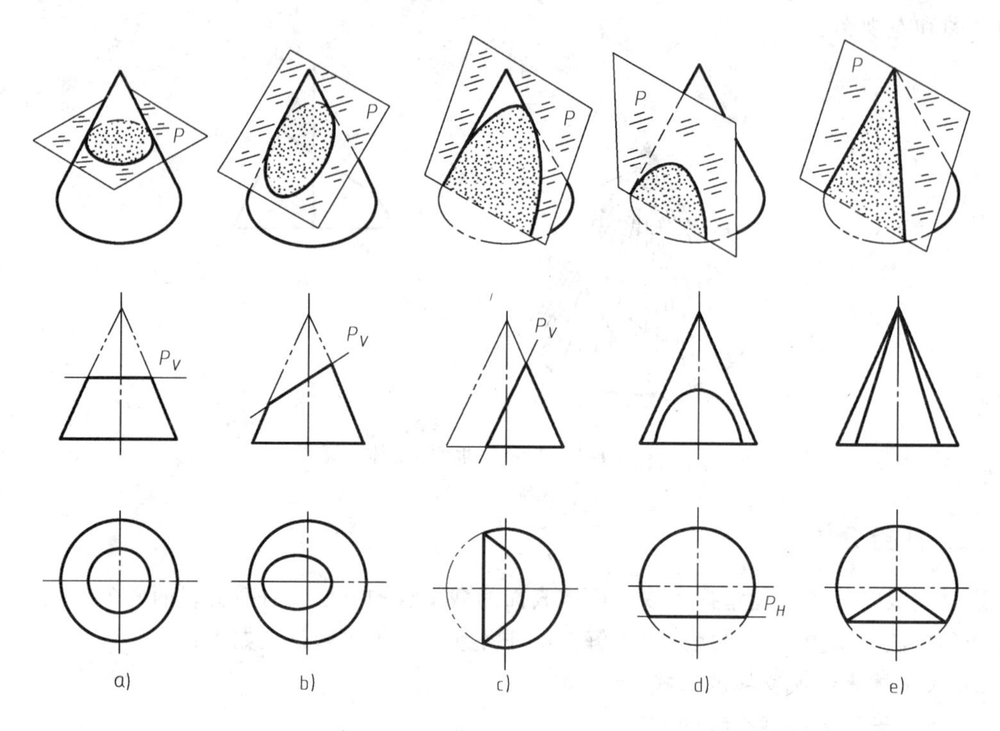

图 4-8　圆锥体的截交线

(1) 求作特殊点　平面 P 与圆锥母线的正面投影交点为 1′、5′，其水平投影在俯视图水平中心线上，按“长对正”的投影规律可直接求出 1、5 两点。1′5′线的中点 3′是截交线的最前点和最后点（两点正面投影重合），可过 3′点引圆锥表面素线，并作出该素线的水平投影，则 3′点的水平投影必在该素线的水平投影上，可按“长对正”规律作出。

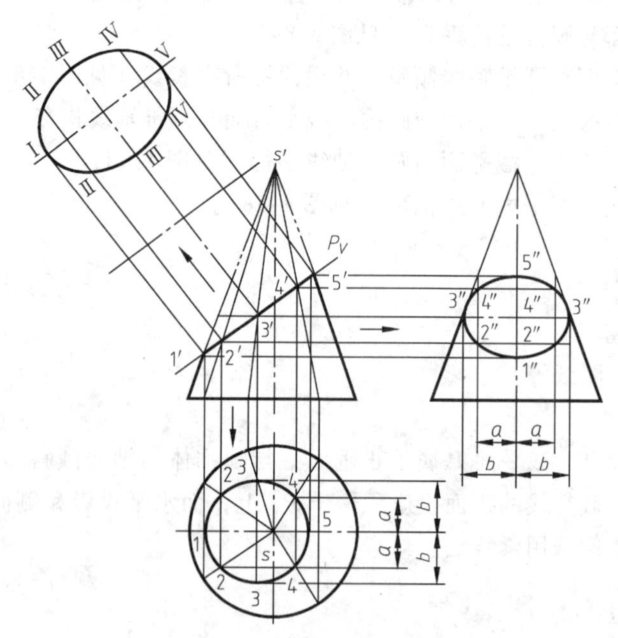

图 4-9　素线法求圆锥体截交线

（2）求作一般点　用同样的方法，求出一般点2′、4′对应的水平投影2、4。

（3）连线　将各点光滑连成椭圆曲线，即得截交线的水平投影。

（4）求侧面投影　对于圆锥体截交线的侧面投影，可根据其正面投影和水平投影，按三视图正投影的“三等”关系求出。

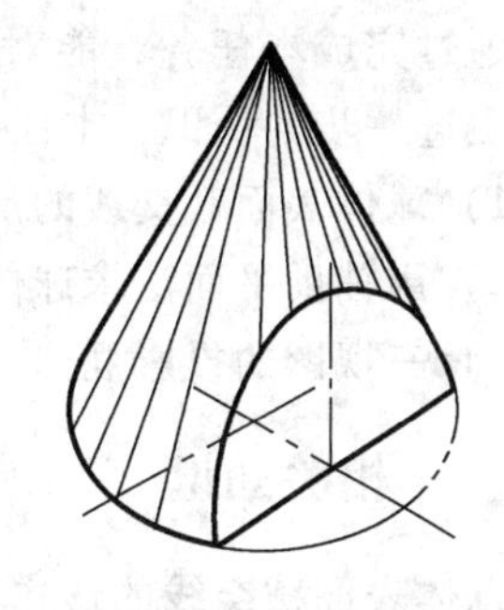

图4-10　铅垂面P截切圆锥体

六、扩展知识

圆锥体被铅垂面切割（见图4-10）。

求作截交线的过程和方法如下：

如图4-11所示，由于P平面为铅垂面且平行于圆锥轴线，故截交线为双曲线和直线段。截交线的水平投影与P_H重合，即图中的ae段。先在有积聚性投影的水平面上选取a、b、c、d、e五个点，然后利用圆锥表面取点的方法，分别作出A、B、C、D、E的正面投影和侧面投影。这里需要说明的是，c点为ae线段的中点，因距锥顶最近，所以空间点C是截交线的最高点，也就是双曲线的顶点。因取点已经较密，否则尚需求一些一般点，按照顺序依次连接各同面投影点，并判别可见性，不可见的线要画成虚线。

值得注意的是，正面右转向线终止于d'，侧面投影转向线终止于b''。

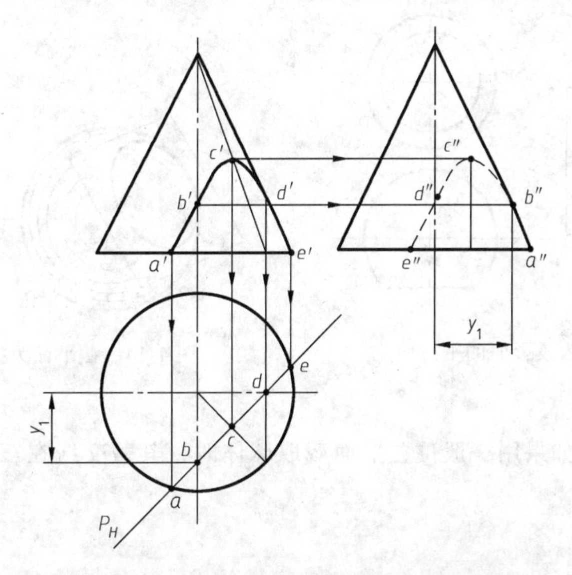

图4-11　铅垂面P截切圆锥体的截交线

任务3　画切割球体的三视图

一、任务描述

基本几何体主要有柱体、锥体和球体三类，我们现在要研究的是球体被正垂面切割，求截交线的问题，如图4-12所示。具体任务是：已知球体的主视图，补画出俯视图和左视图。

二、任务分析

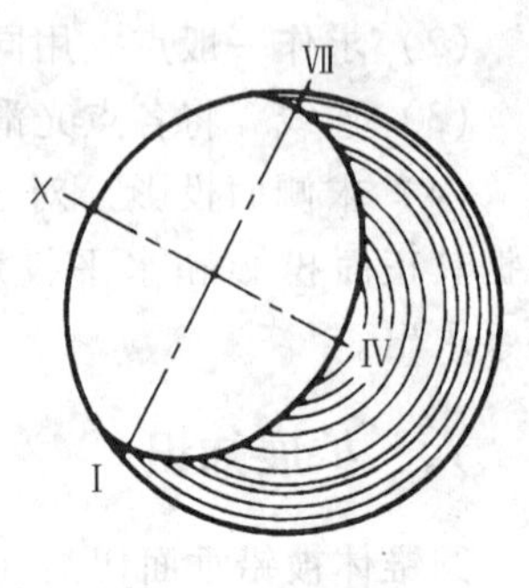

图 4-12　正垂面切割球体

通过完成本任务，能对基本几何体表面截交线的求取方法有更进一步的认识，本任务涉及的主要知识点有：

1）球体表面截交线的形式。

2）用辅助平面法求球体表面截交线的方法。

3）三视图的投影规律。

三、相关知识

球体表面截交线的形式

球体被任意方向的截平面截切，其截交线均为圆。但若用不同位置的截平面截切球体时，就会得到处于不同位置的截交线，因此，其截交线的投影形状可能是直线、圆或椭圆。现在根据截平面的相对位置不同，总结出球体的截交线形式如下：

1）有一面投影反映实形（圆）截平面为投影面的平行面，如图 4-13 所示。

2）一面投影有积聚性，另两面投影为椭圆。截平面为投影面的垂直面，如图 4-14 所示。

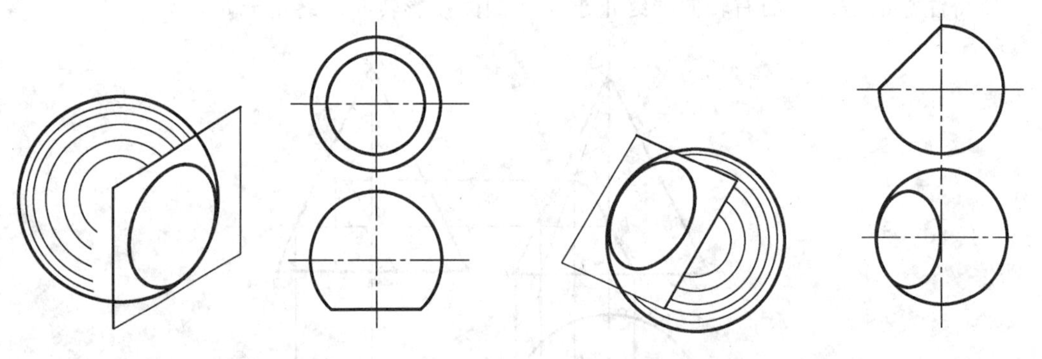

图 4-13　截平面为投影面的平行面　　　图 4-14　截平面为投影面的垂直面

想一想

如图 4-15 所示，如果用一般位置平面截取球体时，其截交线在三面视图中的投影会是怎样的呢？

四、任务准备

1. 绘图前的准备

准备绘图工具、图纸等。

2. 绘图分析

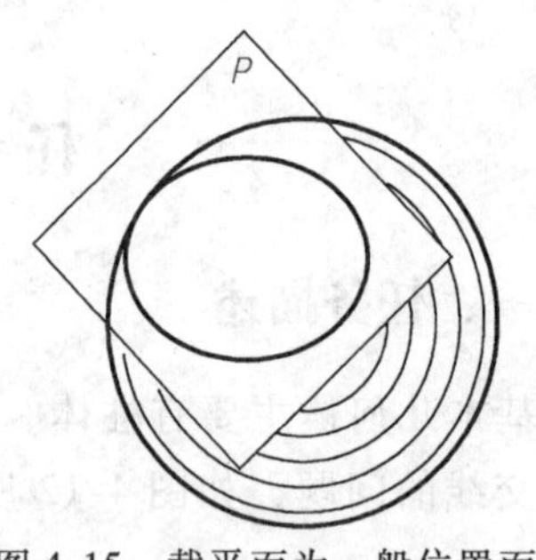

图 4-15　截平面为一般位置面

如图 4-12 所示，由于截平面是正垂面，所以截交线的正面投影应该积聚于直线上，水平投影和侧面投影均为椭圆，不反映实形。

以正面投影为基础，利用求球体表面上点的投影方法以及辅助平面法，再根据点的投影规律，可作出截交线的水平投影和侧面投影。

五、任务实施

如图4-16所示，求正垂面与球体相交的截交线过程如下：

（1）求作特殊点　正面投影中的1′和7′两点是截平面与球体的正面轮廓线的交点，也是截交线上的最低和最高点，应该是特殊点，它们的水平投影1、7和侧面投影1″、7″为截交线投影（椭圆）的短轴端点。

取正面投影1′7′的中间点4′、10′，在水平投影和侧面投影中取4、10以及4″、10″，保证它们的距离等于1′7′（因为球的截交线是圆，而1′7′为圆的直径），即为截交线投影的长轴端点，如图4-16a所示。

2、12、6、8以及2″、12″、6″、8″分别是球体的水平轮廓线及侧面轮廓线与截平面的交点的水平投影和侧面投影。画图时截交线的水平投影与球体的水平投影相切于2和12，截交线的侧面投影与球体的侧面投影相切于6″和8″。

（2）求作一般点　作出辅助平面P、Q（这两个辅助平面都是水平面）截切球体，求出一般点3、5、9、11以及3″、5″、9″、11″，如图4-16b所示。

（3）连线　将所求出的各点的同面投影用一条光滑的曲线（椭圆）连接起来，即可得到所求截交线的三面投影图，如图4-16c所示。

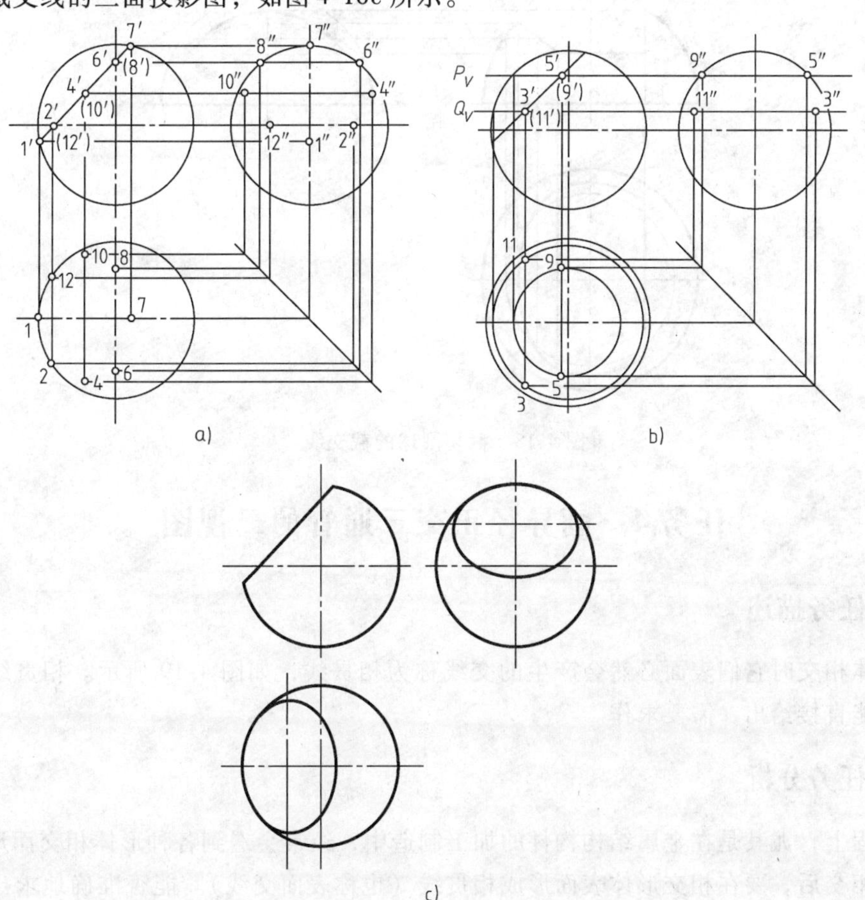

图4-16　正垂面截切球体的截交线

六、扩展知识

完成圆球被截切后的水平投影和侧面投影，如图 4-17 所示。

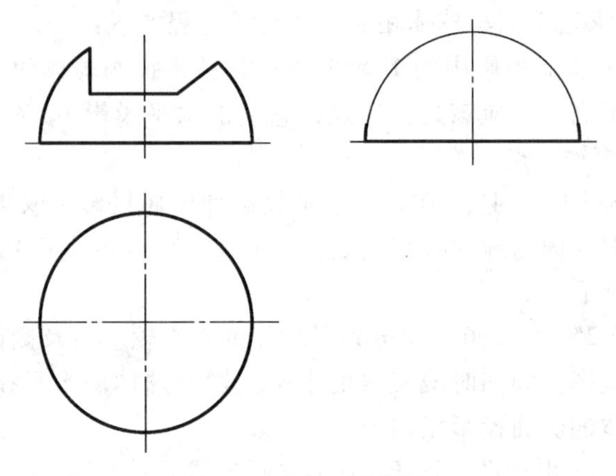

图 4-17　截切后的圆球

完成圆球被截切后的水平投影和侧面投影的作图过程，如图 4-18 所示。

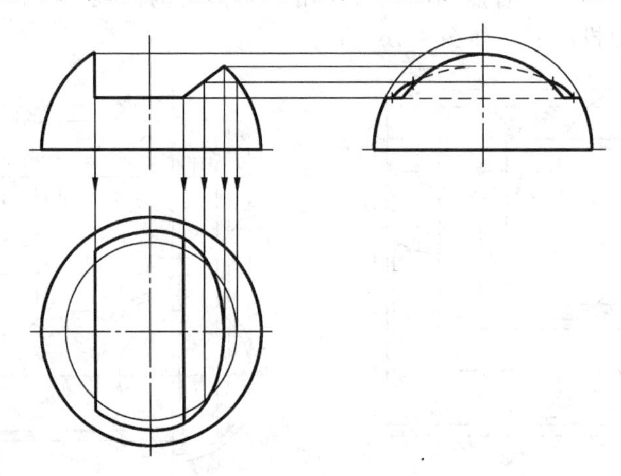

图 4-18　截切圆球的截交线

任务 4　画异径正交三通管的三视图

一、任务描述

两立体相交时它们表面必然会产生的交线称为相贯线，如图 4-19 所示。相贯线一般在图样中不能直接给出，需要求作。

二、任务分析

在工程上，尤其是在金属结构构件的加工制造中，经常会遇到各种形体相交而形成的构件，形体相交后，要在相交形体表面形成相贯线（也称表面交线）。能否准确地求出其相贯线，是正确制造金属结构构件的重要前提，也是本次任务所要解决的主要问题。求取相贯线所涉及的主要知识点如下：

1）相贯线的概念。

2）相贯线的性质。

3）求作相贯线的方法和步骤。

三、相关知识

1. 相贯线的概念

由两个或两个以上的立体相交后，在其表面上所产生的交线称为相贯线。

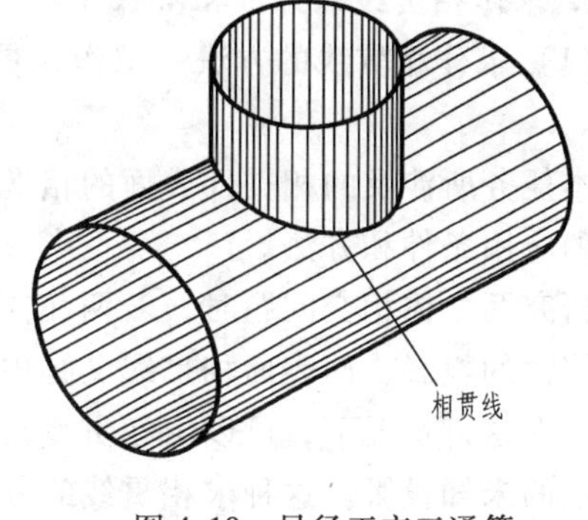

图4-19　异径正交三通管

由于立体分为平面立体与曲面立体，所以两立体相交分为以下三种情况：

1）两平面立体相交，如图4-20a所示。

2）平面立体与曲面立体相交，如图4-20b所示。

3）两曲面立体相交，如图4-20c所示。

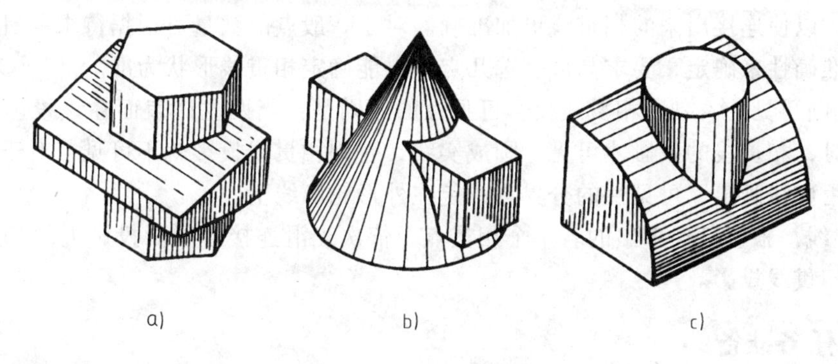

图4-20　立体与立体相交

本任务只讨论两曲面立体相交求作相贯线的问题。

2. 相贯线的性质

由于组成相交形体的各基本形体的几何形状和相对位置不同，相贯线的形状也就各异。但任何相交形体的相贯线，都具有如下性质：

1）相贯线是相交两形体表面的共有线，也是相交两形体表面的分界线，所以相贯线上的点是两相交形体表面上的共有点。

2）由于形体都有一定的范围，所以相贯线都是封闭的。

3）当两个曲面立体相贯时，相贯线在一般情况下为封闭的空间曲线，但在特殊情况下也可能是平面曲线或直线。

根据相贯线的性质可知，求相贯线的实质，就是首先在相交两形体表面上找出一定数量的一系列共有点，判断出可见性，然后将这些共有点依次光滑地连接起来（见图4-21），就是所求相贯线。

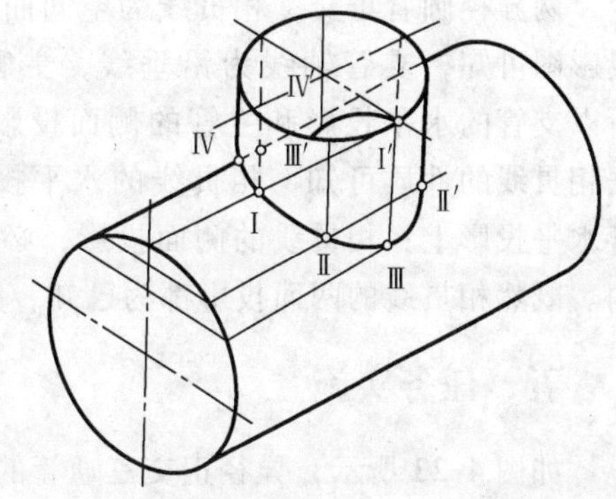

图4-21　形体表面共有点构成相贯线

3. 求作相贯线的方法和步骤

（1）求作相贯线的方法　求作相贯线的方法主要有素线法、辅助平面法和辅助球面法三种。

本任务所涉及的相贯件表面的相贯线应用素线法求作，所以这里只介绍用素线法求作相贯线的应用条件和方法。

研究两立体相交问题时，若两相交立体中有一个为柱（管）体，则因其表面可以获得有积聚性的投影，而表面相贯线又必积聚其中，故这类相交立体的相贯线，定有一面投影为已知。在这种情况下，可以由相贯线已知的投影，通过用素线在形体表面定点的方法，求出相贯线的未知投影。这种求相贯线的方法，称为素线法。

（2）求作相贯线的步骤

1）求作特殊点。特殊点主要是指相贯线的最高点、最低点、最左点、最右点以及最前点和最后点，这些点决定着相贯线的形状和大小及其可见性，有时也是相贯线的转向点，所以必须全部求出。

2）求作一般点。一般点决定着相贯线的伸展趋势。求作一般点的目的是使相贯点的数量足够多，以使连接出来的相贯线更加准确。对于一般点的数量可根据待求相贯线的复杂性和要求的准确性来确定，要求高应多选几点，以能确定相贯线形状为准。

3）判断可见性。判断相贯线投影可见性的原则是：当两立体表面在该投影面上的投影均为可见时，相贯线的投影才可见，画成实线，否则相贯线投影就不可见，对于不可见的相贯线投影用虚线画出，可见性的分界点一定在外形轮廓线上。

4）连线。根据已经求出的若干个相贯点，依次光滑连接各同面投影上的相贯点即得各投影面的相贯线投影。

四、任务准备

1. 绘图前工具的准备

准备绘图工具、图纸等。

2. 识图、明确绘图任务

图4-22所示为异径正交三通管的三面视图，求作其相贯线。

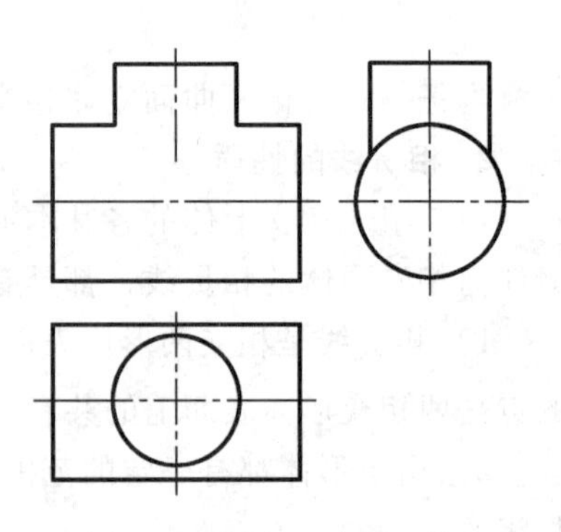

图4-22　异径正交三通管

3. 绘图分析

两异径圆管正交，相贯线为空间曲线。由图4-22的投影图可知，支管轴线为铅垂线，主管轴线为侧垂线，所以支管的水平投影和主管的侧面投影都积聚成圆。根据相贯线的性质可知，相贯线的水平投影，必积聚在支管水平投影上；相贯线的侧面投影，必积聚在主管的侧面投影上，并只在相交部分的圆弧内。既然相贯线的两面投影都为已知，则其正面投影便可用素线法求出。

五、任务实施

如图4-23所示，异径正交三通管的相贯线求作过程如下：

（1）求作特殊点　所求相贯线的正面投影应该由最左点、最右点以及最高点、最低点决定其范围。由水平投影可以看出，1、2 两点是最左点和最右点，它们也是两圆柱正面投影外形轮廓线上的交点 1′、2′，求出了 1、2、1′和 2′点的两面投影后，就可根据三视图的“三等”投影规律，很方便地求出侧面投影 1″、(2″)，从侧面投影图可以看出，1 和 2 点也是相贯线的最高点；支管的侧面投影外形轮廓线与主管表面的交点为 3″、4″，应该是相贯线的最低点，由 3″、4″可直接对应求出 3、4 和 3′(4′)。

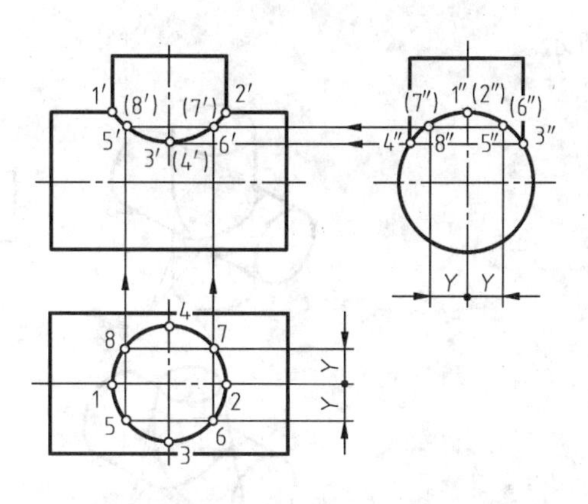

图 4-23　异径正交三通管的相贯线求法

(2) 求作一般点　在水平投影上任取对称点 5、6、7、8，然后求出侧面投影 5″ (6″)、8″、(7″)，最后求出正面投影 5′ (8′)、6′ (7′)。

(3) 判断可见性　在正面投影中，两圆柱前半面的正面投影均可见，曲线由 1′、2′点分界，前半部分 1′5′3′6′2′可见，应该用粗实线画出，不可见的后半部分 1′8′4′7′2′与前半部分重影。

(4) 连线　按各点的投影顺序，依次将各点的正面投影用一条光滑的曲线连接起来，即得所求相贯线的正面投影。

六、扩展知识

相贯线的特殊情况

一般来说，两回转体相交其相贯线为空间曲线，但在特殊情况下，相贯线可能会变为平面曲线或直线段，常见的有如下几种情况：

1) 当两回转体同轴时，其相贯线为一垂直于该轴线的圆，属于平面曲线，若公共轴线平行于某投影面，则相贯线在该投影面上的投影积聚为一直线段，如图 4-24 所示。

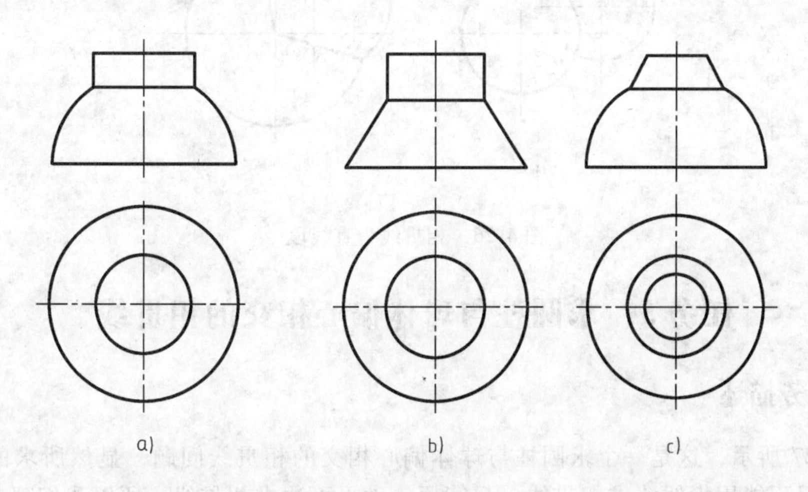

图 4-24　相贯线为圆

a) 圆柱与半圆球相贯　b) 圆柱与圆锥台相交　c) 圆锥台与半圆球相交

2) 当两相交回转体外切于同一球面时，其相贯线便为平面曲线（椭圆）。此时，若两回转体的轴线平行于某一投影面，则相贯线在该投影面上的投影为相交两直线，如图 4-25

所示。

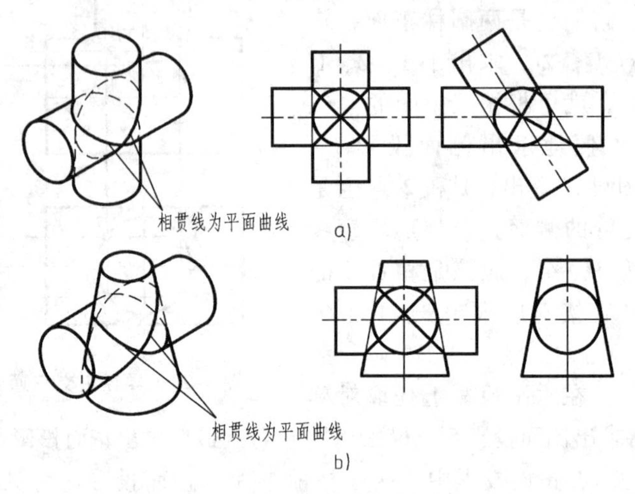

图 4-25　相贯线为椭圆

3）当两个回转体的轴线平行或两圆锥共锥顶时，其相贯线为两条直线段，如图 4-26 所示。

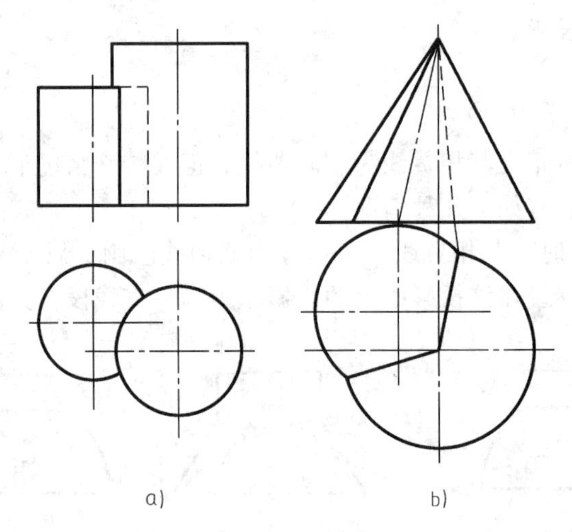

图 4-26　相贯线为直线段

任务 5　求圆柱与球体偏心相交的相贯线

一、任务描述

如图 4-27 所示，这是一个求圆柱与球体偏心相交的相贯线问题，显然所求的相贯线为空间曲线，但不能用素线法求相贯线，只能用辅助平面法求相贯线，所以我们现在就来学习用辅助平面法求相贯线的方法。

二、任务分析

求相贯线的方法有三种，前面已经学习了用素线法求相贯线的方法，今天要解决的问题是如何用辅助平面法求相贯线。本任务所涉及的主要知识点是：辅助平面法求相贯线的原理和方法。

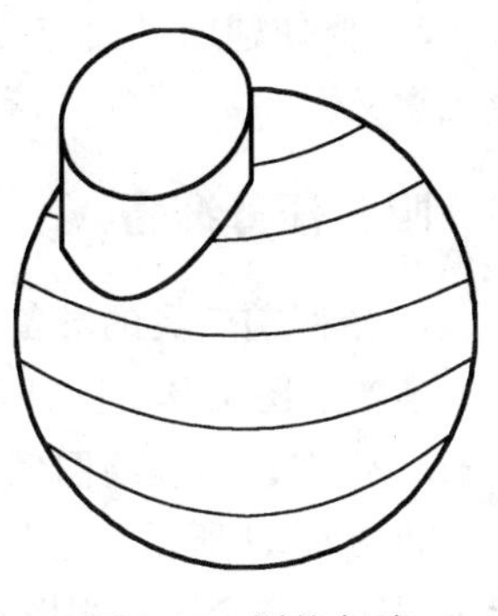

图 4-27 圆柱与球体偏心相交

三、相关知识

辅助平面法求相贯线的原理和方法

（1）辅助平面法　辅助平面法就是由绘图者选取一个辅助平面，在相贯体的交接区域内假想地截取两个相交立体，所得到的两段截交线的交点，既在该辅助平面内，又在两个立体表面上，因而是三面共有点，所以可以肯定地说，这个交点就是相交两个立体表面的共有点，即相贯点。当以若干个辅助平面去截取两个相交立体，以求得足够多的表面共有点后，即可连成完整的相贯线，这就是辅助平面法求相贯线的作图原理。

图 4-28 所示为用辅助平面法求圆管正交圆锥管的相贯线的一个实例。

（2）选择辅助平面的原则

1）要使辅助平面与两立体截交线的投影都是简单、规则、易画的图形，如直线和圆等，为了满足这一要求，实际上就限定了辅助平面应选特殊位置平面，如水平面、正平面等。

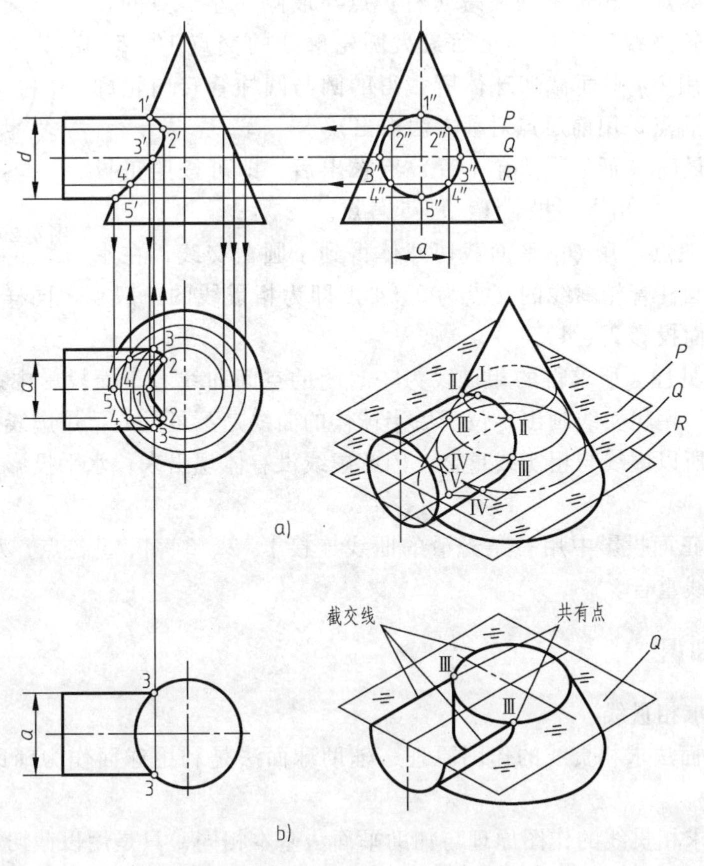

图 4-28 用辅助平面法求相贯线示例

2）要使辅助平面与两个立体的截交线都有交点。即必须满足三面共点，否则对求相贯线无意义。

四、任务准备

1. 绘图前工具的准备

准备绘图工具、图纸等。

2. 识图、明确绘图任务

如图 4-29 所示，这是一个圆柱与球体偏心相交的相贯构件，给出了主、俯两面视图，俯视图线条齐全，主视图相贯线没有画出，需要我们求作。

3. 绘图分析

圆柱面与球面偏心相交，其相贯线为空间曲线。由于圆柱面的轴线为铅垂线，因此相贯线的水平投影积聚成圆为已知。相贯线的正面投影，必须用辅助平面法求取。

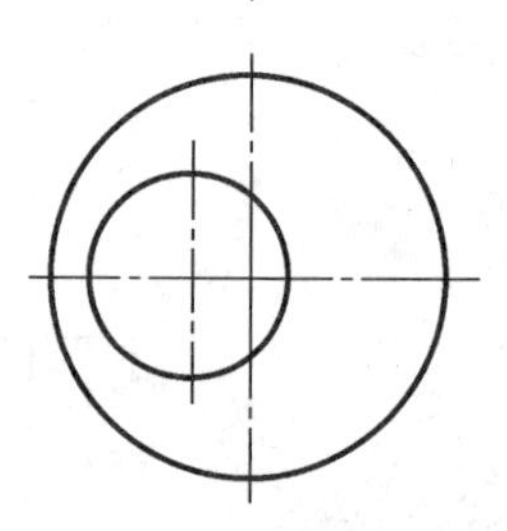

图 4-29　圆柱与球相贯

五、任务实施

如图 4-30 所示，求圆柱与球体偏心相交的相贯线的作图过程如下：

（1）求作特殊点　相贯线的最高（右）点与最低（左）点的正面投影为圆柱管轮廓线和球体的正面最大圆轮廓线的交点 1′、5′；最前（后）点为用 P_H 平面截切球体所截得的圆与圆柱管转向轮廓线的交点 3′（最后点采用前后点对称方法求出）。

正面投影的最高（低）、最前（后）点求出后，即可按照正投影规律（长对正），求出水平投影 1、3、5 各点。

（2）求作一般点　用 Q_H 平面截切球体得到了圆截交线，在水平面内，该圆与圆柱管轮廓线的交点为 2、4 点即为相贯线的一般点，同样利用“长对正”原理，可求出正面投影 2′、4′。

（3）判断可见性　所求得的相贯线为一封闭的空间曲线。正面投影中，位于前半球体的曲线是可见的，用粗实线画出，位于后半球体的曲线是不可见的，用虚线画出，但由于相贯线前后对称，所以虚线与粗实线重合，因此虚线没有体现出来；水平投影中，相贯线均可见为粗实线。

（4）连线　正面投影中用一条光滑的曲线连接 1、2、3、4、5 各点，水平投影的相贯线与圆柱管轮廓线重合。

六、扩展知识

辅助球面法求相贯线

（1）辅助球面法求相贯线的作图原理　辅助球面法是利用球面作为辅助面来求相贯线上的点的方法。

辅助球面法求相贯线的作图原理与辅助平面法基本相同，只是用以截切相贯体的不是平面了而是球面。为了更清楚地说明其原理，先来分析回转体与球相交的一个特殊情况。如

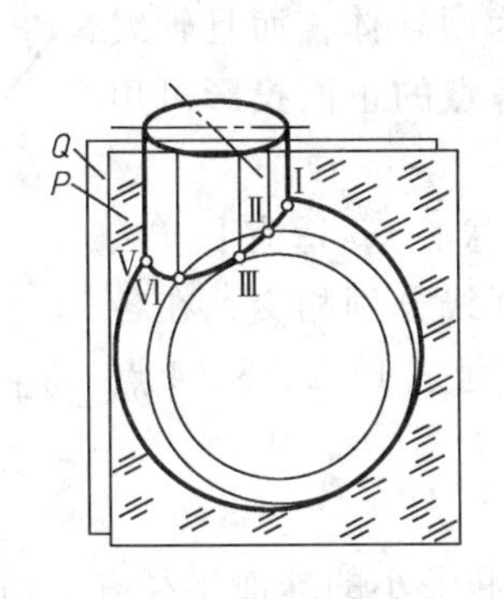

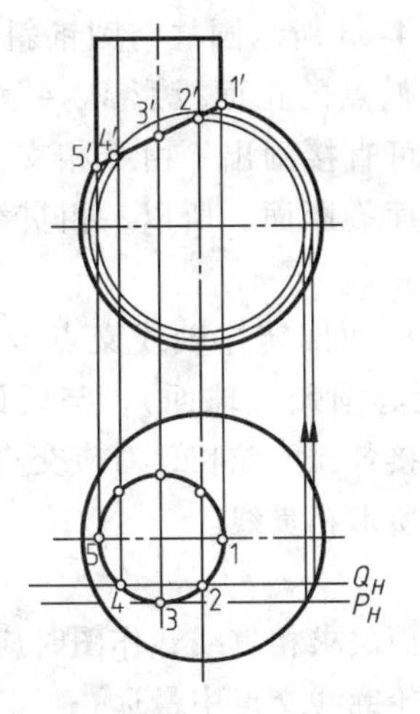

图 4-30 求圆柱与球相贯的相贯线

图 4-31所示，当回转体轴线通过球心与球相交时，其交线为平面曲线——圆，特别是当回转体轴线又平行于某一投影面（图 4-31 中为正面）时，则交线在该投影面的投影为一条直线。回转体与球相交的这一特殊性质，为我们提供了用辅助球面作图的方法。

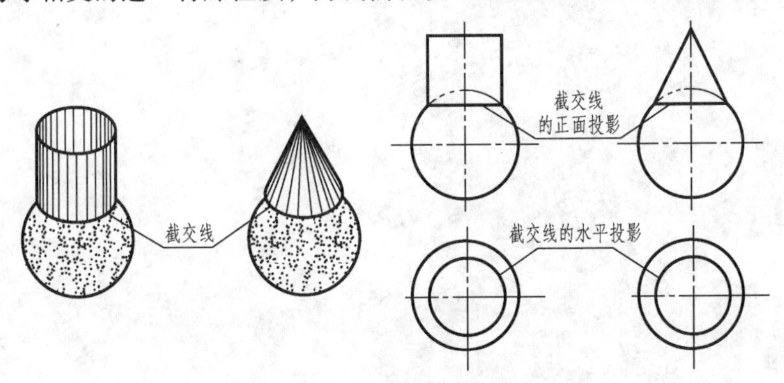

图 4-31 回转体与球相交的特殊情况

如图 4-32 所示，当两相交回转体轴线相交，且平行于某一段投影面时，可以以两轴线交点为球心，在相贯区域内用一辅助球面（在投影图中为一半径为 R 的圆）截切两回转体，然后求出各回转体的截交线（这截交线在投影图中表现为直线），两截交线的交点 A、B 就是相交两回转体的表面共有点，即相贯点。当以必要多的辅助球面截切相贯体时，就可求出足够多的相贯点。将各相贯点连成光滑曲线，就是所求相贯线。这便是辅助球面法求相贯线的作图原理。

（2）应用辅助球面法求相贯线的条件

1）相交的两个立体必须都是回转体。

2）两个回转体的轴线必须相交，并同时平行于某一投影面。

例 4-2 求圆柱斜交圆锥的相贯线。

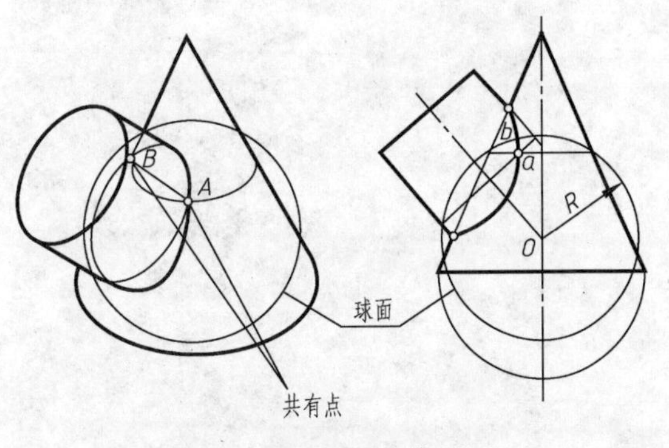

图 4-32 辅助球面法作图原理

分析 如图4-33所示圆柱与圆锥斜交，相贯线为空间曲线。相贯线的最高点和最低点的正面投影1、4为圆柱轮廓线与圆锥母线的交点，作投影图时可直接画出。由于相交两形体均为回转体，而且轴线相交并平行于正面投影面，所以，相贯线上其他各点的正面投影可用辅助球面法求得。

具体作法 以两回转体轴线交点 O 为圆心（球心），适宜长 R_1、R_2 为半径画两同心圆弧（球面），与两回转体轮廓线分别相交，在各回转体内分别连接各弧的弦长，对应交点为2、3。通过1、2、3、4点连成曲线，即为所求相贯线。

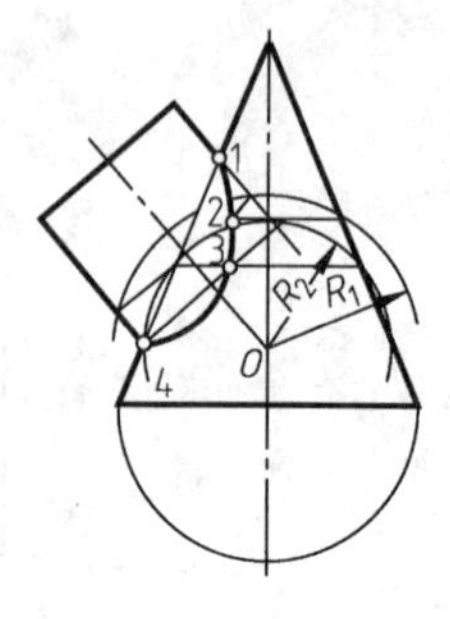

图4-33 圆柱斜交圆锥的相贯线求法

教你一招

应用辅助球面法求相贯线，作图时应对最大的和最小的球面半径有个估计。一般来说，由球心至两曲面轮廓线交点中最远一点的距离，就是最大球的半径，因为再大就找不到共有点了。从球心向两曲面轮廓线作垂线，两垂线长度中较长的就是最小球的半径，因为再小的话，辅助球面与某一曲面就不能相交了。

单元5 轴测图

5

知识目标：

1. 掌握正等轴测图和斜二轴测图的概念。
2. 掌握绘制正等轴测图和斜二轴测图的方法。

技能目标：

能画出不同立体的正等轴测图和斜二轴测图。

任务1 绘制等径正交三通管的正等轴测图

一、任务描述

轴测图直观性强，是实际生产中的辅助性图样。学习绘制轴测图可帮助培养和发展空间想象能力。本单元要求熟悉轴测图的基本概念，掌握正等轴测图和斜二轴测图的画法。

由于计算机绘图给轴测图的绘制带来了极大的方便，轴测图的分类已不像以前那样重要，工程上使用最普遍的两种轴测图是正等测和斜二测。所以下面重点讲解正等测和斜二测的基本知识和画法。

首先研究绘制正等轴测图的轴测投影的基本知识和画法。

二、任务分析

本任务所涉及的主要知识点有：

1）轴测图的概念。

2）轴测图的作用。

3）轴测图的形成和轴测投影的基本性质。

4）轴测图的分类。

5）正等轴测图的基本知识和画法。

三、相关知识

1. 轴测图的概念

轴测图是把空间物体和确定其空间位置的直角坐标系按平行投影法沿不平行于任何坐标平面的方向，投影到单一投影面上所得的图形。

2. 轴测图的作用

工程上一般采用正投影法绘制物体的投影图，即主、俯、左投影视图，它能完整、准确地反映物体的形状和大小，作图简单，但立体感不强，需受过专业训练的人才看得懂。有时工程上还需采用一种立体感较强的图来表达物体，即轴测图。轴测投影属于单面平行投影，它能同时反映立体的正面、侧面和水平面的形状，因而立体感较强，它接近人们的视觉习惯，但不能准确地反映物体真实的形状和大小，并且作图较复杂，因而在工程设计和工业生产中常用作辅助图样，用来帮助人们读懂正投影视图。

在制图教学中，轴测图也是培养空间立体感能力的手段之一。通过画轴测图可以帮助人们想象物体的形状，培养空间想象能力。

3. 轴测图的形成和轴测投影的基本性质

轴测图的投影面称为轴测投影面（P）。确定空间物体的坐标轴 OX、OY、OZ 在 P 面上的投影 O_1X_1、O_1Y_1、O_1Z_1 称为轴测投影轴（简称轴测轴）。轴测轴之间的夹角 $\angle X_1O_1Y_1$、$\angle Y_1O_1Z_1$、$\angle Z_1O_1X_1$ 称为轴间角，如图 5-1 所示。

由于确定物体空间位置的直角坐标系的三个坐标轴对轴测投影面的倾斜角度不同，所以在轴测图上各条轴线长度的变化程度也不一样，我们把轴测轴上的单位长度与相应空间坐标轴上的单位长度之比，称为轴向伸缩系数。X_1、Y_1、Z_1 的轴向伸缩系数分别用 p_1、q_1、r_1 表示。

由于轴测图投影是采用平行投影法，所以轴测图具有平行投影的特性。

1）平行性：物体上互相平行的线段，在轴测图上仍互相平行。

2）定比性：物体上两平行线段或同一直线上的两线段长度之比，在轴测图上保持不变。

3）实形性：物体上平行轴测投影面的直线和平面，在轴测图上反映实长和实形。

归纳总结，得出轴测图轴测投影的基本性质：

1）空间相互平行的两条直线，其轴测投影仍保持平行关系。

2）空间直线平行于空间某坐标轴时，其轴测投影也平行对应的轴测轴，且轴测投影长度等于空间该坐标轴的轴向伸缩系数与空间对应线段长度的乘积。

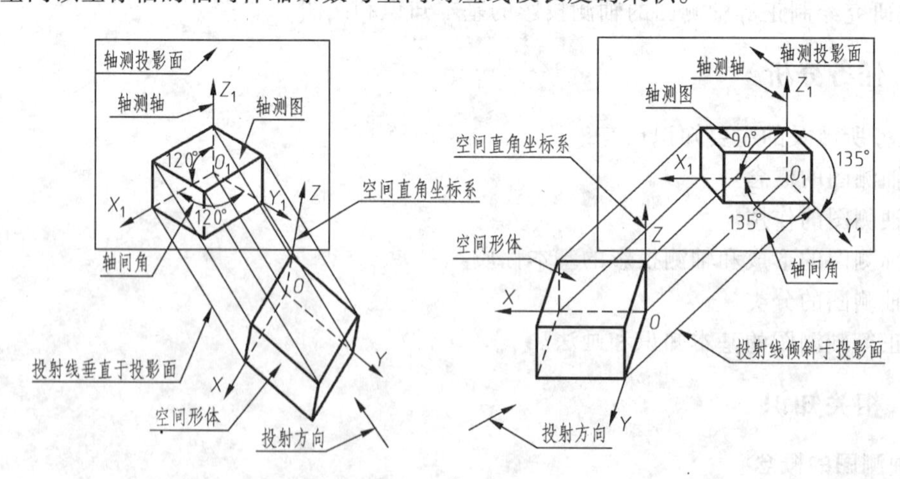

图 5-1　轴测图的形成

根据以上性质，若已知各轴向伸缩系数，即可绘制平行于轴测轴的线段，这就是轴测图中“轴测”两字的含义。

4. 轴测图的分类

轴测图根据投射线方向和轴测投影面的位置不同可分为两大类：

（1）正轴测图投射线方向垂直于轴测投影面所得到的轴测图。

（2）斜轴测图投射线方向倾斜于轴测投影面所得到的轴测图。

根据不同的轴向伸缩系数，每类又可分为三种：

（1）正轴测图　正等轴测图（简称正等测）：$p_1=q_1=r_1$；正二轴测图（简称正二测）：$p_1=r_1\neq q_1$；正三轴测图（简称正三测）：$p_1\neq q_1\neq r_1$。

（2）斜轴测图　斜等轴测图（简称斜等测）：$p_1=q_1=r_1$；斜二轴测图（简称斜二测）：$p_1=r_1\neq q_1$；斜三轴测图（简称斜三测）：$p_1\neq q_1\neq r_1$。

5. 正等轴测图的基本知识和画法

将空间物体和空间坐标系放置成使空间三个坐标轴与轴测投影面具有相同的倾斜角度，然后向轴测投影面作正投影，用这种方法作出的轴测图称为正等轴测图。

（1）正等轴测图的轴间角　由于将物体和空间坐标系放置成使空间三个坐标轴与轴测投影面具有相同的倾斜角度（35°16′），采用的又是正投影法，所以三个轴测轴的轴间角均为120°。

（2）正等轴测图的轴向伸缩系数　由于将物体和空间坐标系放置成使空间三个坐标轴与轴测投影面具有相同的倾斜角度，采用的又是正投影法，所以三个轴测轴的轴向伸缩系数相同。

三个轴测轴的实际轴向伸缩系数为 $p_1=q_1=r_1=\cos 35°16'\approx 0.82$。根据轴测图的作用和为了作图方便，工程中将正等轴测图的轴向伸缩系数简化为1，即 $p=q=r=1$，如图5-2所示。

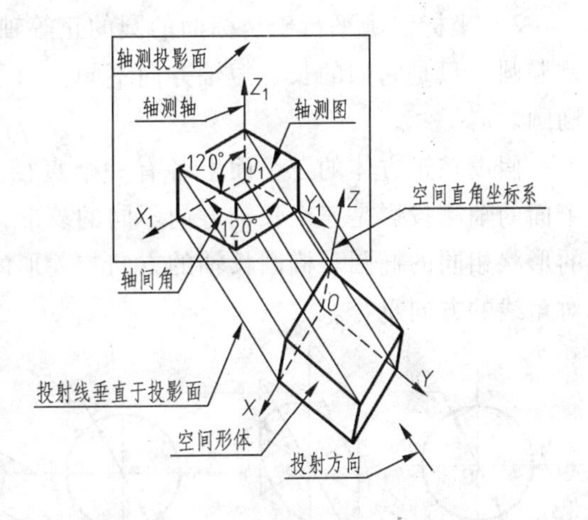

图5-2　正等轴测图的形成

（3）正等轴测图画法　常用画轴测图的方法有坐标法、叠加法和切割法三种。下面介绍用坐标法画正等轴测图。

画轴测图时，根据物体的不同特点，先在物体三视图中确定坐标原点和坐标轴，然后按物体上各点的坐标关系采用简化轴向变形系数，依次画出各点的轴测图，然后将各点连线从而得到物体的轴测图，此方法称为坐标法。坐标法是画轴测图最基本的方法。

1）坐标法画平面立体的正等轴测图。

例5-1　已知正六棱柱的三视图，画其正等轴测图，如图5-3所示 。

作图方法和步骤如下：

① 根据正六棱柱的特点，在视图上确定坐标原点和坐标轴，如图5-3a所示

② 画出正等轴测轴，然后根据轴测图轴测投影的基本性质，按简化轴向伸缩系数分别作出正六棱柱顶面各点的轴测投影1、2、3、4、5、6、7、8，依次连接起来，即得顶面的轴测图，如图5-3b所示。

③ 过顶面上各点1、2、4、5、6、8分别作 OZ 的平行线，并在其上向下量取六棱柱高

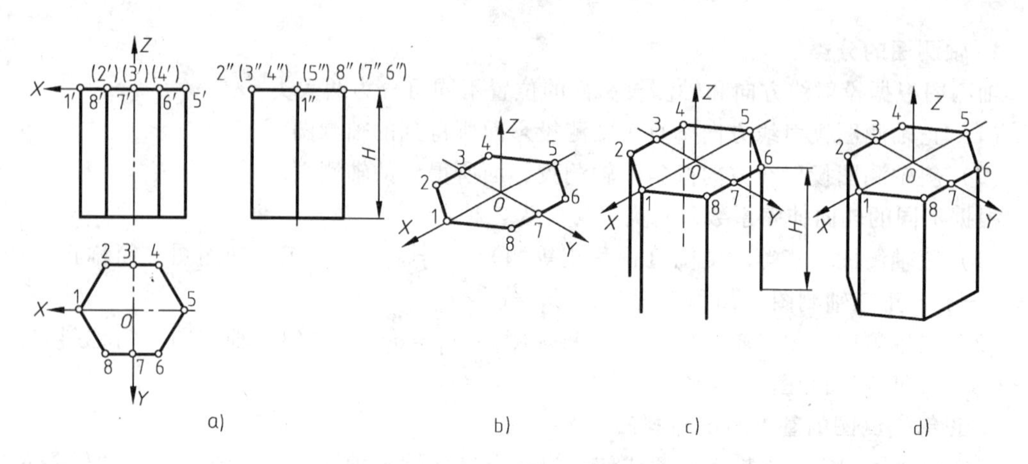

图 5-3　用坐标法画六棱柱的正等轴测图

度 H，得出各棱的轴测投影，如图 5-3c 所示。

④ 依次连接各棱的截点，得出底面的轴测图，擦去多余的作图线和不可见的虚线，并加深图线，即完成了正六棱柱的正等轴测图，如图 5-3d 所示。

2）坐标法画平行于坐标面的圆的正等轴测图。坐标面或其平行面上的圆的正等轴测图是椭圆。只是它们的长、短轴方向不同。为了简化作图，工程上常采用四心椭圆法近似绘制椭圆。

假设在正方体的三个面上各有一个直径为 100mm 的内切圆，如图 5-4 所示，那么这三个面的轴测投影是三个长轴方向不同的菱形，而三个面上内切圆的正等轴测图为内切于菱形的形状相同的椭圆。椭圆长轴的方向与菱形的长对角线的方向重合，短轴的方向与菱形的短对角线的方向重合。

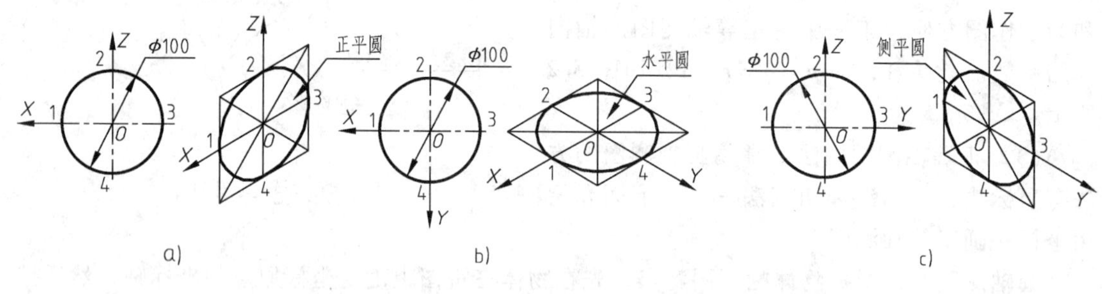

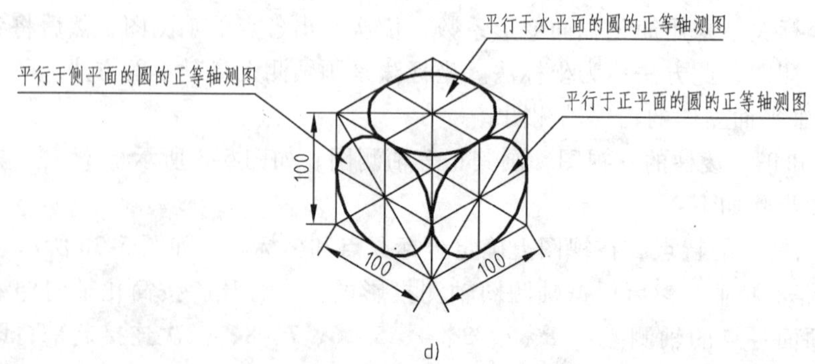

图 5-4　平行于坐标面圆的正等轴测图画法

3）坐标法画曲面立体的正等轴测图。

例 5-2 已知圆柱的主、俯视图，画其正等轴测图，如图 5-5 所示。

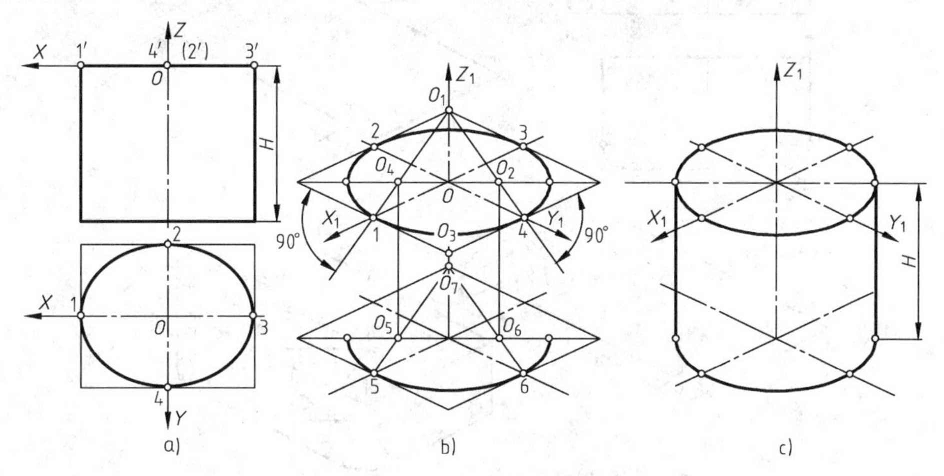

图 5-5 圆柱正等轴测图的画法

作图方法和步骤如下：

① 以圆柱上表面圆心 O 为坐标原点，两条中心线为坐标轴 OX、OY。画出圆的外切正四边形，如图 5-5a 所示。

② 画出正等轴测轴 OX_1、OY_1、OZ_1，在轴测轴 OX_1、OY_1 上以圆的半径为度量长度，量出 OX_1 轴测轴上的 1 点和 3 点。量出 OY_1 轴测轴上的 2 点和 4 点，过 2、4 点作平行于 OX_1 线段，过 1、3 点作平行于 OY_1 线段，得出其菱形，如图 5-5b 所示。

③ 连接菱形长对角线，连接 1 点和 O_1 点交菱形长对角线于 O_4 点，连接 4 点和 O_1 点交菱形长对角线于 O_2，以 O_4 为圆心，以 O_4 和 2 点连线为半径，画出 1 点和 2 点之间的小圆弧，以 O_2 为圆心，以 O_2 和 3 连线为半径，画出 3 点和 4 点之间的小圆弧，以 O_1 为圆心，以 O_1 和 1 点连线为半径，画出 1 点和 4 点之间的大圆弧，以 O_3 为圆心，以 O_3 和 2 点之间的距离为半径，画出 2 点和 3 点之间的大圆弧，得出圆柱上表面的椭圆正等轴测图，如图 5-5b所示。

④ 画底面圆。底面椭圆与顶面椭圆的大小形状完全一样，且底圆前半圆可见，后半圆不可见，因此我们可以用移心法直接将顶面的前半圆的三个圆心连同轴测轴从顶面上平移下来，在 Z_1 轴方向向下平移圆柱的高度，同时 O_1、O_2、O_4 三点也复制平移下来。即 O_1、O_2、O_4 三点，在 Z_1 轴方向向下量出圆柱的高度，得到底面椭圆三段圆弧的圆心 O_7、O_6、O_5，分别画出两段小圆弧和一段大圆弧，如图 5-5b 所示。

⑤ 作上、下两个圆的公切线，公切线的长度等于圆柱的高度。擦去不必要的作图线，加深可见轮廓线，完成圆柱正等轴测图，如图 5-5c 所示。

4）坐标法画圆角的正等轴测图。

例 5-3 已知带圆角的四棱柱的主、俯视图，画其正等轴测图，如图 5-6 所示。

圆角的正等轴测图的画法和步骤如下：

① 先画出物体上表面正等轴测图，并根据给出圆角半径 R，画出四个切点，1 点、2 点、3 点、4 点，如图 5-6a、b 所示。

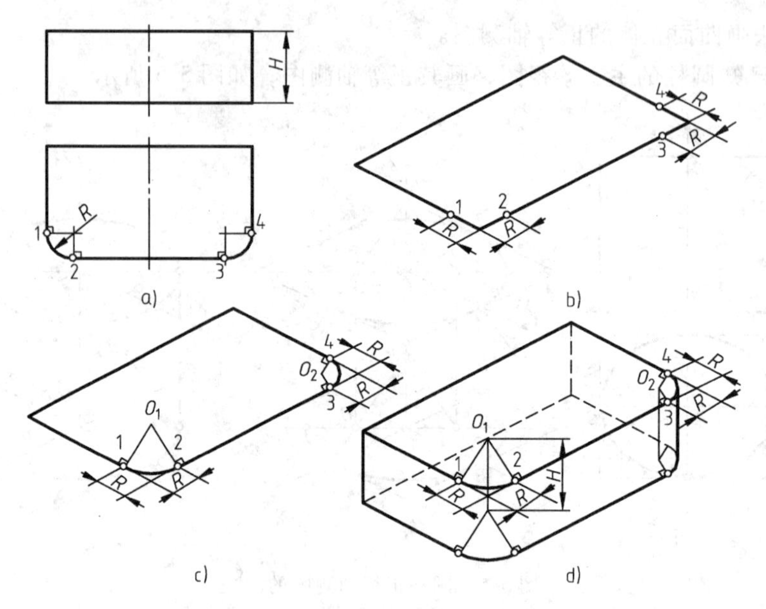

图 5-6　圆角的正等轴测图的画法

② 过每个切点作相应边的垂线，得到上表面圆角的圆心 O_1 和 O_2。过圆心以圆心到切点的距离为半径画圆弧切于切点，并擦掉多余的图线，如图 5-6c 所示。

③ 因为物体上、下两表面平行，所以物体下表面的圆角的正等轴测图和上表面同侧圆角的正等轴测图相同，采用移心法，从圆心处向下量取物体的厚度 H，得到下底面的圆心，用同样方法画圆弧，然后作物体上、下表面右侧两段圆弧的公切线，并擦掉多余的作图线，最后加深，得到圆角的正等轴测图，如图 5-6d 所示。

四、任务准备

1. 准备绘图工具、图纸等

2. 绘图分析

等径正交三通管的正等轴测图的绘制，其中正交是指两圆柱的轴线垂直相交。等径正交三通管的内外相贯线均是特殊相贯线。根据平行坐标面的圆的正等轴测图画法绘制等径正交三通管的正等轴测图。

五、任务实施

已知等径三通的三视图，画出其正等轴测图，如图 5-7a 所示。

（1）作出水平管正等轴测图　根据平行侧平面的圆的正等轴测图画法，画出水平管左端面和右端面侧平面圆的正等轴测图，然后做出公切线，得出水平管的正等轴测图，如图 5-7b 所示。

（2）作出垂直管正等轴测图　根据平行水平面的圆的正等轴测图画法，画出垂直管上表面圆的正等轴测图，如图 5-7c 所示。

（3）作出水平管和垂直管的相贯线　由于等径管垂直正交，所以物体的正面相贯线和背面相贯线相同，且背面相贯线不可见，因此只需画出正面的相贯线即可。

1）用截平面法求曲面立体表面上点的方法，先求出相贯线上的特殊点，1 点、5 点和 7 点，如图 5-7d、f 所示。

2）用截平面求曲面立体表面上一般点的方法，求出相贯线上的一般点，6 点和 8 点，如图 5-7e、f 所示。

3）将相贯线上的可见点光滑连线，即得出水平管和垂直管的相贯线，如图 5-7g 所示。

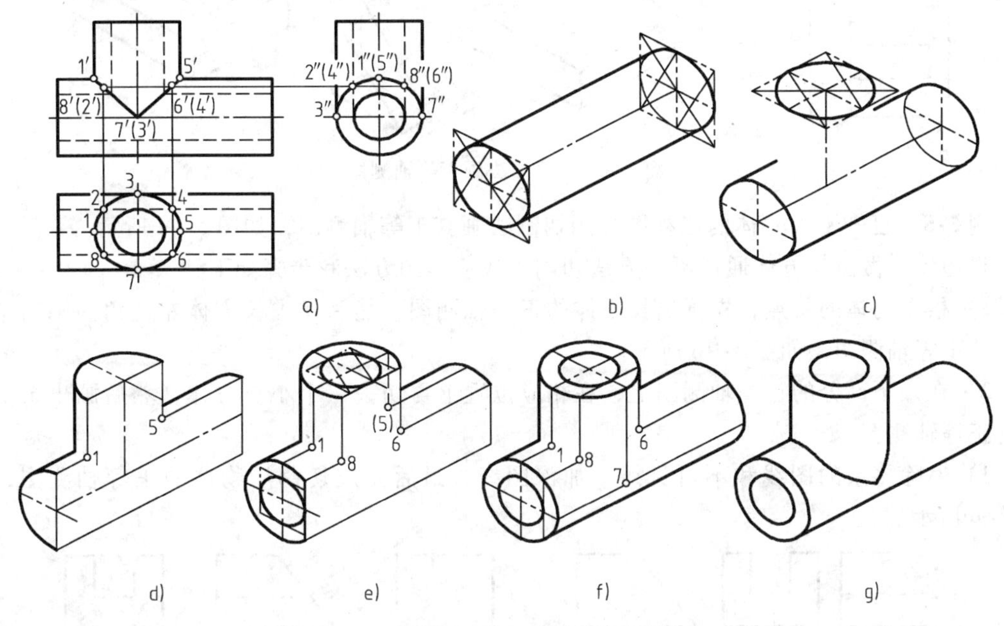

图 5-7 等径三通的正等轴测图画法

六、扩展知识

1. 叠加法

对于由基本体叠加而成的物体，运用形体分析法将物体分成几个简单的形体，分别画出各简单形体的轴测图，然后根据各形体之间的位置关系画出该物体的轴测图。最后根据各形体面与面的位置关系，处理共面上多余的线段即可得到完整物体的轴测图。

例 5-4 已知平面立体的三视图，用叠加法画其正等轴测图，如图 5-8 所示。

作图方法和步骤如下：

将物体看做由Ⅰ、Ⅱ、Ⅲ三部分叠加而成。

1）定原点位置画轴测轴，定原点位置，画出Ⅰ部分的正等轴测图。

2）在Ⅰ部分的正等轴测图的相应位置上（1 点）画出Ⅱ部分的正等轴测图，去除共面线。

3）在Ⅰ和Ⅱ部分组合体的正等轴测图相应位置上（2 点）画出Ⅲ部分的正等轴测图，然后去除多余和不可见的图线、加深即得这个物体的正等轴测图。

2. 切割法

任何物体都可以看成是由长方体通过不同的方法切割而成的。对于切割物体，首先把物体看成是长方体，并画出其正等轴测图，然后再按照物体的形成过程，逐一切割，相继画出被切割后物体的形状，最后完成切割后的整体轴测图。

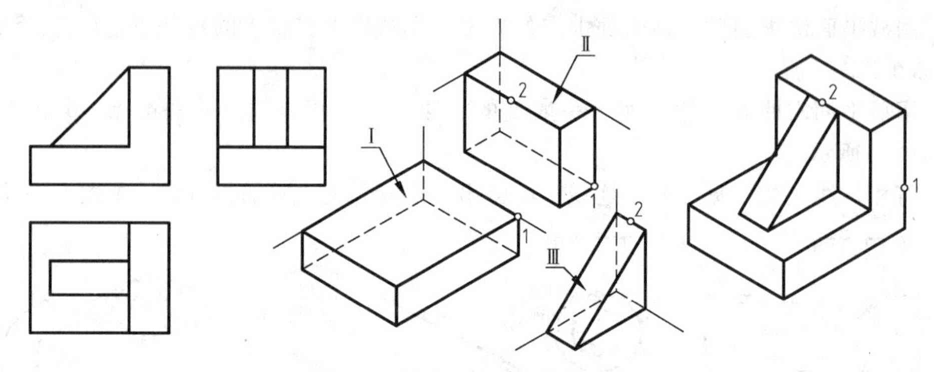

图 5-8　用叠加法画正等轴测图

例 5-5　已知平面立体的三视图，用切割法画其正等轴测图，如图 5-9a 所示。

将物体看做由长方体通过不同方法切割而成。作图方法和步骤如下：

1）根据物体的特点，先画出长方体的正等轴测图，然后切去长方体左上角。画出余下部分的正等轴测图，如图 5-9b 所示。

2）在余下部分的正等轴测图上，在相应位置上再切去一个小长方体，然后画出余下部分的正等轴测图。

3）擦除多余的图线和不可见线，加深图线，最后完成切割后物体的正等轴测图，如图 5-9c所示。

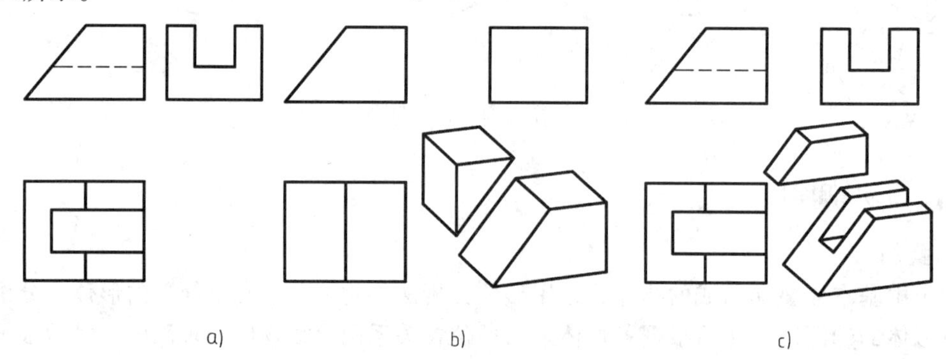

图 5-9　用切割法画正等轴测图

任务 2　绘制组合体的斜二轴测图

一、任务描述

当物体上的一些表面同时平行于某一坐标面时，一般采用斜二轴测图。下面来研究绘制斜二轴测图的方法。

二、任务分析

本任务所涉及的主要知识点如下：

1）斜二轴测图的定义。

2）斜二轴测图的形成和斜二轴测图的特点。

3）平行于坐标面的圆的斜二轴测图画法。

三、相关知识

1. 斜二轴测图的定义

用斜投影的方法将物体和确定其空间位置的直角坐标系，投射到与空间直角坐标系的 XOZ 坐标面平行的轴测投影面上，则 X_1 轴测轴、Z_1 轴测轴和 Y_1 轴测轴上的轴向伸缩系数关系为 $p_1=r_1\neq q_1$，$\angle X_1O_1Z_1=90°$、$\angle X_1O_1Y_1=\angle Y_1O_1Z_1=135°$，这样所得到的轴测投影图称斜二轴测图，简称斜二测。

2. 斜二轴测图的形成和斜二轴测图的基本知识及特点

（1）斜二轴测图的形成（见图 5-10）

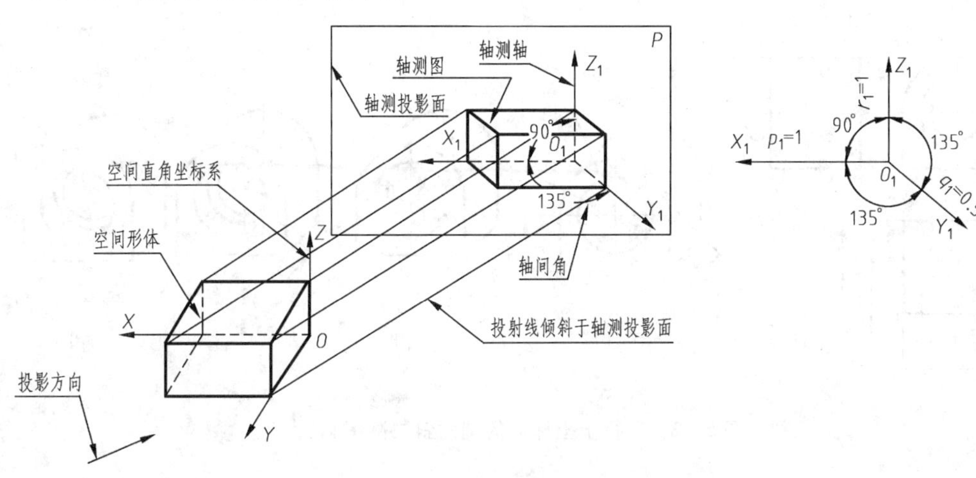

图 5-10 斜二轴测图的形成

（2）斜二轴测图的特点 由于斜二轴测图的 $X_1O_1Z_1$ 面与物体空间坐标系的 XOZ 面平行，所以物体上与正面平行的平面的轴测投影均反映实形。

斜二轴测图的轴间角 $\angle X_1O_1Y_1=\angle Y_1O_1Z_1=135°$，$\angle X_1O_1Z_1=90°$。

在 O_1X_1、O_1Z_1 方向上，其轴向伸缩系数是 1，在 O_1Y_1 方向上轴向伸缩系数是 0.5（即 $p_1=r_1=1$，$q_1=0.5$），如图 5-11 所示。

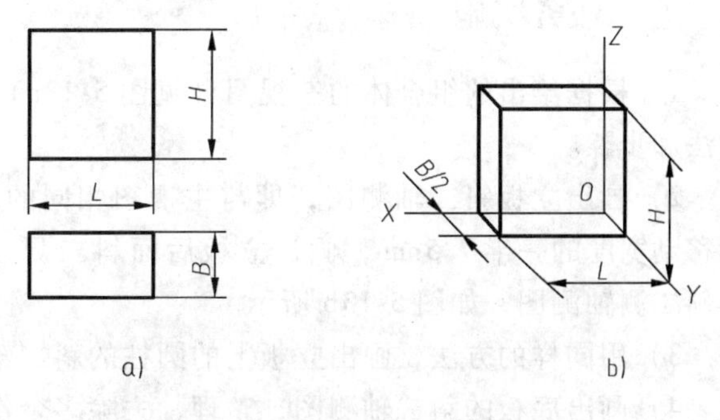

图 5-11 斜二轴测图的画法

a）长方体正投影视图 b）长方体斜二轴测图

由斜二轴测图的特点可知，立体上平行于正面的圆，经斜二测投影后保持不变，为作图方便，对于那些在相互平行的平面内有较多曲线（如圆或圆弧等）且形状复杂的立体，常采用斜二轴测投影，并且作图时一般把这些平面定为正平面。

3. 斜二测轴测图的画法

平行于坐标面的圆的斜二轴测图画法：

1）根据给出的三视图，分析物体特点，如图 5-12a 所示。

2）根据斜二测投影的特点，将主视图和空间坐标系的 XOZ 面平行于轴测投影面，在轴测投影 $X_1O_1Z_1$ 面上具有显实性，且轴测轴 X_1 轴和 Z_1 轴的轴向伸缩系数为 1，画出物体前面的轴测投影，轴测轴 Y_1 轴的轴向伸缩系数为 0.5，采用移心法，沿 Y_1 轴方向向后移动宽度 50mm 的一半 25mm，画出物体后面斜二测，作公切线和宽度连线，如图 5-12b 所示。

3）同理采用移心法，沿 Y_1 轴方向向后移 10mm，画出 ϕ40mm 和 ϕ30mm 圆可见部分的投影，如图 5-12c 所示。

4）在 ϕ40mm 孔底面画出 ϕ30mm 同心圆，再采用移心法，沿 Y_1 轴方向向后移 15mm，画出 ϕ30mm 圆可见部分的投影，如图 5-12d 所示。

5）最后整理，去掉多余的线，描深，得到物体的斜二轴测图，如图 5-12e 所示。

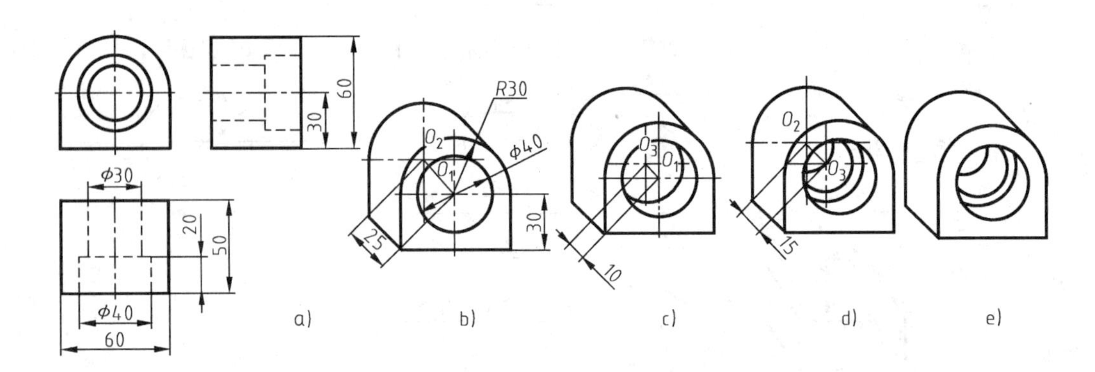

图 5-12　平行于坐标面的圆的斜二测图画法

四、任务准备

准备绘图工具、图纸等。

五、任务实施

1）根据给出的组合体的三视图（见图 5-13a），分析物体的结构形状特点，制订作图的方法和步骤。

2）画出立板斜二轴测图，即与主视图相同的图形，然后采用移心法，沿 Y_1 轴测轴向后移动宽度的一半 7.5mm，画出立板后面斜二测，作宽度公切线，去除多余的线，得出立板斜二测轴测图，如图 5-13b 所示。

3）用同样的方法，画出立板上的圆柱的斜二轴测图，去除多余的线，如图 5-13c 所示。

4）画出底板的斜二轴测图，整理，去除多余作图线并描深，如图 5-13d 所示。

小结：

由平行投影的实形性可知，平行于 XOZ 平面的任何图形，在斜二轴测图上均反映实形。因此平行于 XOZ 坐标面的圆和圆弧，其斜二测投影仍是圆和圆弧。平行于 XOY、YOZ 坐标面的圆，其斜二测投影均是椭圆，这些椭圆作图较繁。

因此，斜二轴测图主要用于表示仅在一个方向上有圆或圆弧的物体，当物体在两个或两个以上方向有圆或圆弧时，通常采用正等测的方法绘制轴测图。

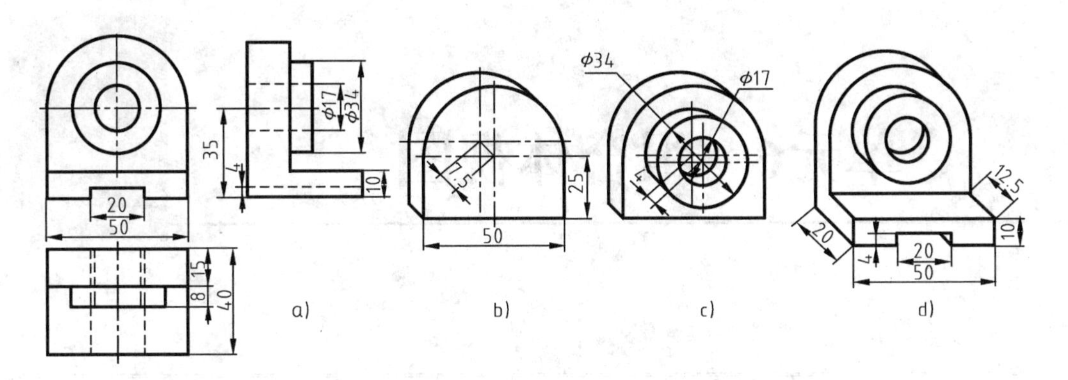

图 5-13　组合体的斜二测图画法

单元6　组合体视图

6

知识目标：

1. 了解组合体的概念及表面连接关系。
2. 掌握形体分析法和面形分析法的两种读图方法。
3. 掌握组合体尺寸标注的基本要求。

技能目标：

1. 能正确选择主视图。
2. 能绘制组合体的三视图。
3. 能正确选择尺寸基准并标注组合体的尺寸。

任务1　绘制板架构件的三视图

一、任务描述

任何机器零件，从形体角度分析，都是由一些基本体经过叠加、切割或穿孔等方式组合而成的。这种由两个或两个以上的基本体组合构成的整体称为组合体。掌握组合体的画图和读图的基本方法十分重要，将为进一步识读和绘制零件图打下基础。下面研究组合体视图的绘制方法与步骤。

二、任务分析

基本体是构成机件的最基本几何形体，板架构件就可以看成是由一些基本形体叠加组合而成的，此任务主要解决的问题是根据基本形体的三视图投影知识来绘制组合体板架构件的三视图，涉及的知识点主要有以下几点：

1）组合体的概念。

2）组合体的组合形式。

3）组合体的表面连接关系及画法。

4）形体分析法。

5）组合体三视图的画法。

三、相关知识

1. 组合体的概念

由若干个基本体按照一定的形式组合而成的复杂形体称为组合体。

2. 组合体的组合形式

组合体的组合形式有叠加和切割两种基本形式。叠加型组合体可看成是由若干基本形体叠加而成的，如图6-1a所示。切割型组合体可看成是将一个完整的基本体经过切割或穿孔后形成的，如图6-1b所示。多数组合体则是既有叠加又有切割的综合型，如图6-1c所示。

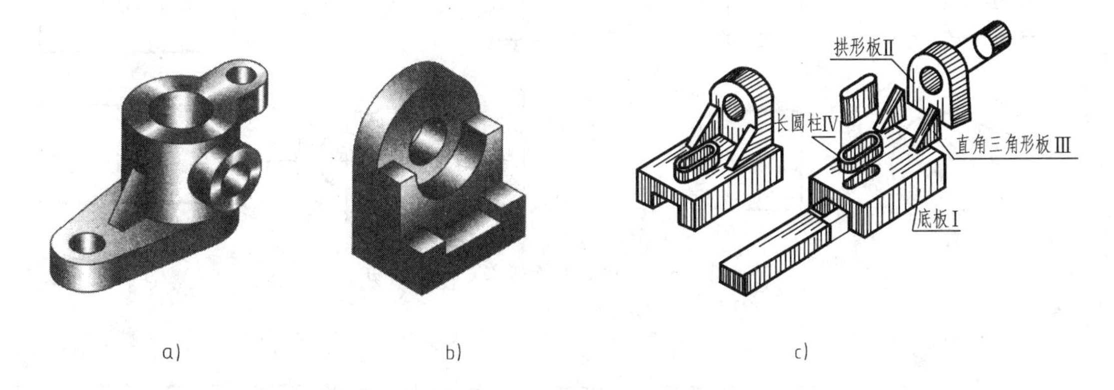

图6-1　组合体的组合形式

3. 组合体的表面连接关系及画法

无论哪种类型的组合体，各基本形体之间有一定的相对位置关系，各形体表面之间也存在一定的连接关系。其连接形式可分为不平齐、平齐、相切和相交四种情况。

（1）不平齐　两基本形体表面不平齐时，两形体的投影间应有线隔开。如图6-2a所示，它由下底板和上立板叠加而形成，前、后表面不平齐，所以在视图中其分界处有线隔开。

（2）平齐　当两形体表面连接处平齐时，两形体的表面相互构成一个完整的平面，其连接处的轮廓线消失。在视图中，此处不应该再画出轮廓线。如图6-2b所示，它的上、下两个板的前后表面是平齐的，所以其主视图在两形体连接处没有轮廓线。

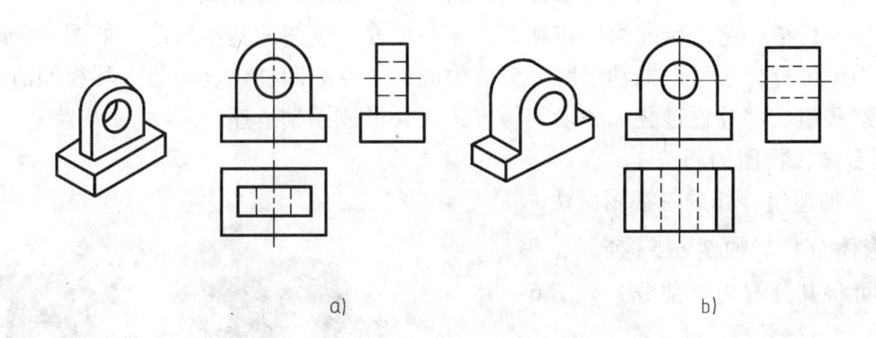

图6-2　形体表面连接关系——不平齐、平齐

（3）相切　两个相邻的表面（平面与曲面或曲面与曲面）光滑过渡的关系称为相切。相切处不存在轮廓线，所以不应画线。但应注意相切处有关其他线条的投影依然符合投影规律，画到准确的位置，机件上的其他部分仍按照各自的投影来画，如图6-3所示。

（4）相交　两形体相交时，其相邻表面必产生交线，在相交处应画出交线的投影。由于两形体结构形状不同，其交线的形状也不一样，如图 6-4 所示。

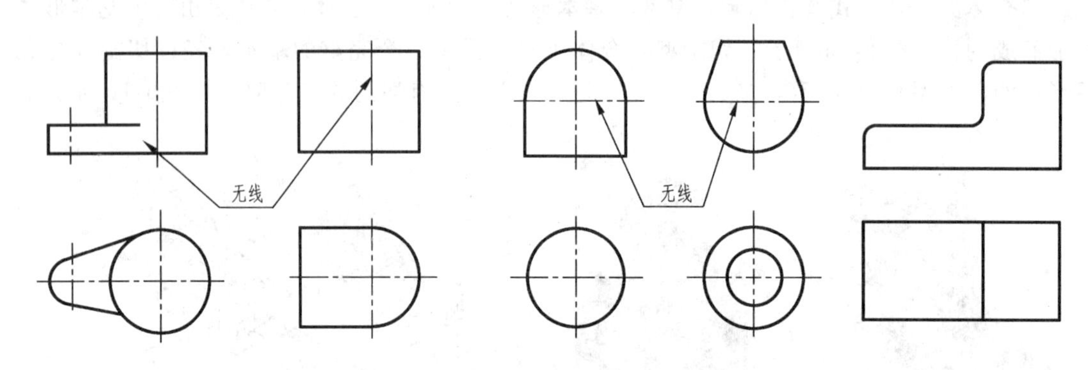

图 6-3　形体表面连接关系——相切

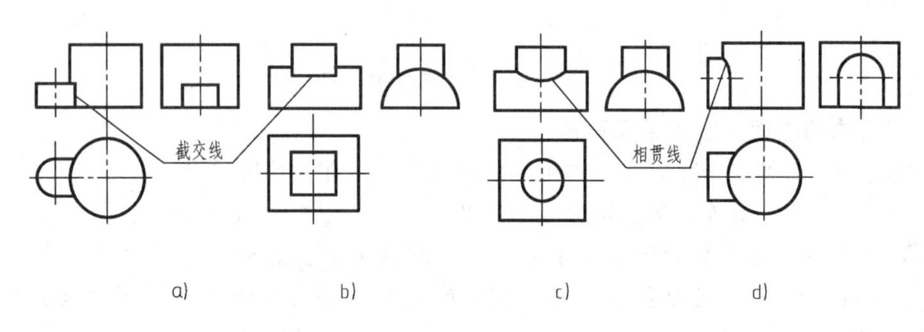

图 6-4　形体表面连接关系——相交

4. 形体分析法

为了正确而迅速地绘制和读懂组合体的三视图，通常在画图、标注尺寸和读组合三视图的过程中，假想把组合体分解成若干个组成部分，分析清楚各组成部分的结构形状、相对位置、组合形式以及各表面之间的连接方式，这种把复杂形体分解成若干个简单形体的分析方法称为形体分析法。它是研究组合体画图、标注尺寸和读图的基本方法。如图 6-5 所示的轴承座，运用形体分析法可以把轴承座分解成为底板、空心圆柱体、肋板、耳板和凸台五个组成部分，这些组成部分通过叠加和切割等方式组合形成了轴承座。

5. 组合体三视图的画法

（1）叠加型组合体的三视图画法

1）形体分析。如图 6-5a 所示，根据其特点，可将其分解为五部分，如图 6-5b 所示。

从图 6-5a 可以看出：肋板的底面与底板的顶面叠合，底板的两侧面与圆柱体相切，肋板与耳板的侧面均与圆柱体相交，凸台的轴线与圆柱体的轴线的垂直相交，两圆柱的通孔连通。

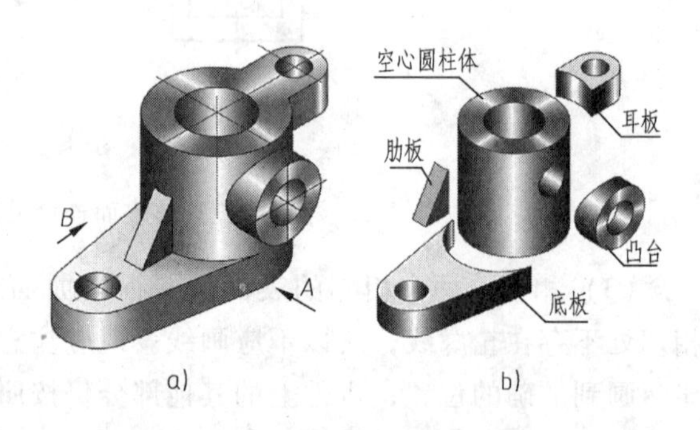

图 6-5　轴承座立体图及其形体分析

2）选择主视图。如图6-5a所示，轴承座按自然位置安放后，比较箭头所示两个投射方向，选择A向作为主视图的投射方向显然比B向好。A向更能清晰地表达组成轴承座的各基本形体及它们之间的相对位置关系，而且能够反映轴承座的形状特征。

3）画图步骤：

① 选比例、定图幅。主视图的投射方向确定后，应根据实物大小和复杂程度，按标准规定选择画图的比例和图幅。在一般情况下，尽量采用1∶1的比例。确定图幅大小时，除了要考虑画图面积大小外，还应留足标注尺寸和画标题栏等的空间。

② 布置视图，画出作图基准线。布置图形位置时，应根据各个视图每个方向的最大尺寸，在视图之间留足标注尺寸的空隙，使视图布局合理，排列均匀，画出各视图的作图基准线。

③ 开始画图。绘制底稿时，要一个形体一个形体地画三视图，且要先画它的特征视图。每个形体要先画主要部分，后画次要部分；先画可见部分，后画不可见部分；先画圆、圆弧，后画直线。

检查描深时，要注意组合体的组合形式和连接方式，边画图边修改，以提高画图的速度，还能避免漏线或多线。

下面按照上述的画图方法，绘制如图6-5所示轴承座的三视图。其主视图的投射方向如图6-5所示，作图步骤如图6-6所示。

1）画各视图的主要中心线和基准线，如图6-6a所示。

2）画主要形体直立空心圆柱体，如图6-6b所示。

3）画凸台，如图6-6c所示。

4）画底板，如图6-6d所示。

5）画肋板和耳板，如图6-6e所示。

6）检查并擦去多余的作图线，按要求描深，如图6-6f所示。

（2）切割型组合体的三视图画法　如图6-7所示，组合体可看成是由长方体切去基本形体1、2、3而形成的。切割型组合体三视图的画法可在形体分析的基础上结合面形分析法作图。

所谓面形分析法，是根据表面的投影特性来分析组合体表面的性质、形状和相对位置，从而完成画图和读图的方法。

画图时应注意两个问题：

1）作每个切口投影时，应先从反映形体特征轮廓且具有积聚性投影的视图开始画图，再按投影关系画出其他视图。例如第一次切割时，先画切口的主视图，再画出俯视图和左视图中的图线，如图6-7b所示；第二次切割时，先画圆槽的俯视图，再画出主视图和左视图中的图线，如图6-7c所示；第三次切割时，先画梯形槽的左视图，再画出主视图和俯视图中的图线，如图6-7d所示。

2）注意切口截面投影的类似性，如图6-7d中的梯形槽与斜面P相交而形成的截面，其水平投影P与侧面投影P''应为类似形。

四、任务准备

1. 形体分析

如图6-8所示，根据形体特点，可将板架构件分解为六部分即一个空心立板、一个空心

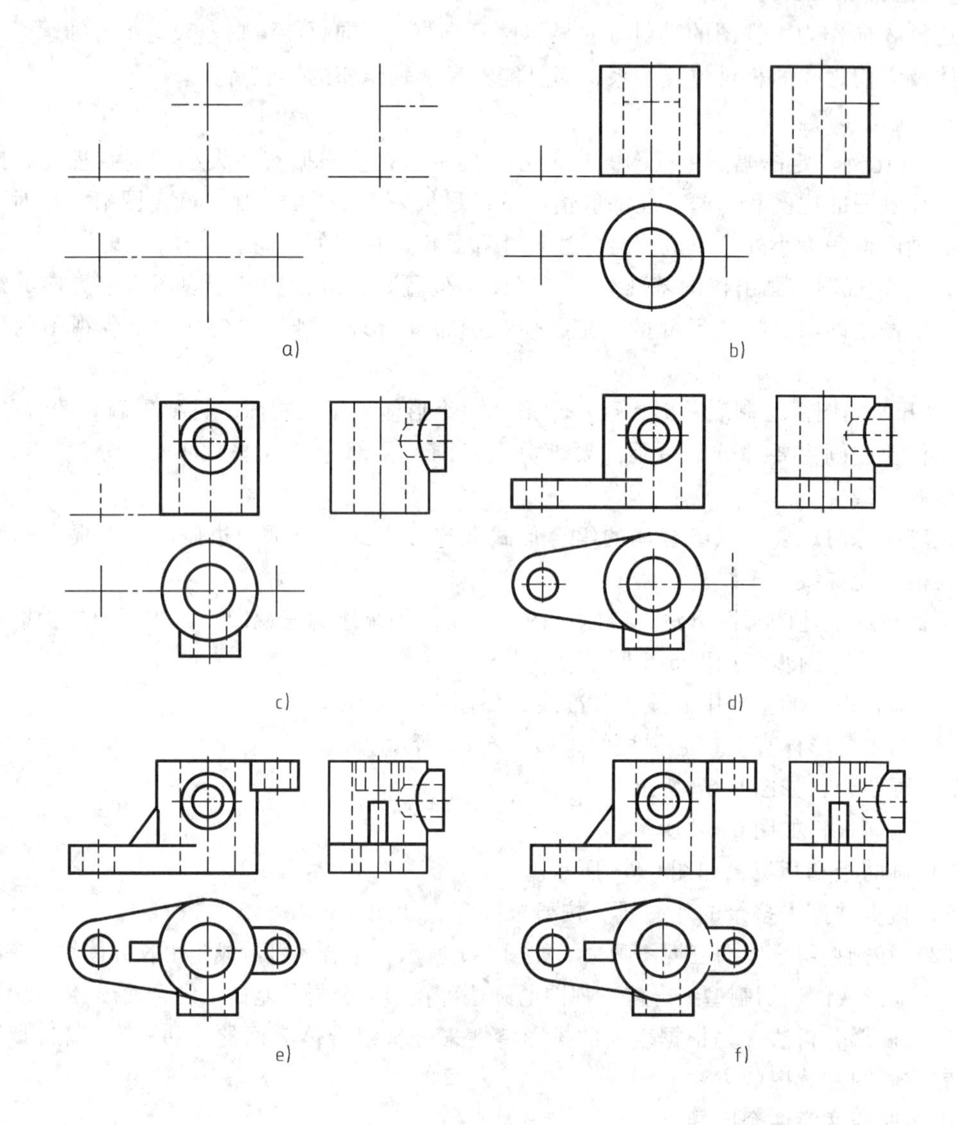

图6-6　轴承座的画图步骤

四棱柱和四个肋板，从图6-8中可以看出，四个肋板和空心四棱柱的上下面叠加，空心立板和空心四棱柱叠加。

2. 选择视图

如图6-8所示，将板架构件按自然位置安放后，比较箭头所示两个投射方向，选择*A*向作为主视图的投射方向显然比*B*向好，因为组成板架构件的基本形体及它们之间的相对位置关系在*A*向表达最清晰，能反映板架的结构形状特征。

3. 选择比例和图幅

根据板架构件的大小，选好适当的比例和图纸幅面，然后确定视图位置。按形体分析法，从主要的形体空心立板入手，并按各组成部分之间的相对位置关系，逐个画出各部分的三视图，最后综合起来即为板架构件的三视图。

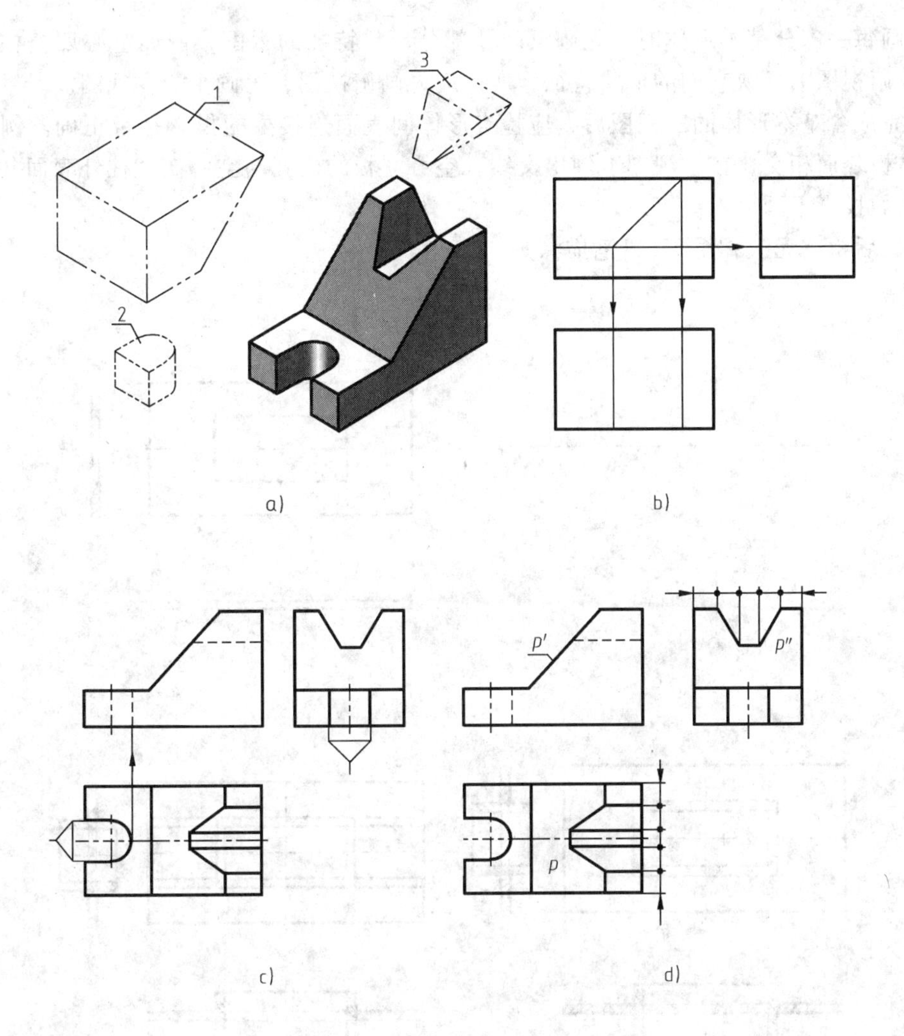

图 6-7 切割型组合体的画图步骤

a）切割型组合体 b）第一次切割 c）第二次切割 d）第三次切割

五、任务实施

根据各视图的位置，画出各视图的主要中心线和基准线。按形体分析法，从主要的形体着手，并按各基本形体的相对位置，逐个画出它们的三视图。具体作图步骤如下（见图 6-9）：

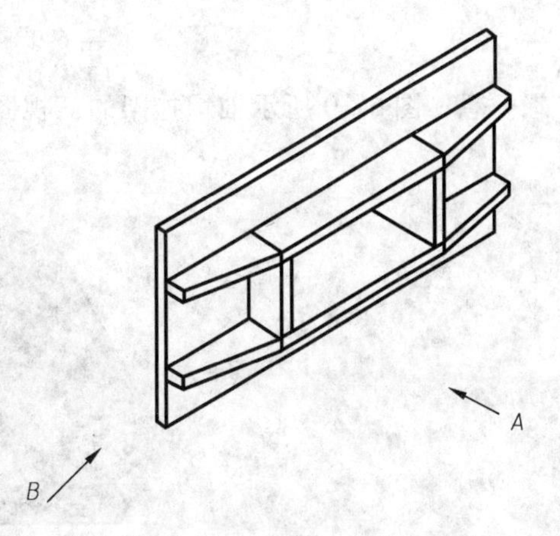

图 6-8 板架的立体图

1）运用形体分析法，逐个画出各部分基本形体，同一形体的三视图应按投影关系同时进行，而不是先画完组合体的一个视图后再画另一个视图。这样可以减少投影作图错误，也能提高绘图速度。

2）画每一部分基本形体时，先画反映该部分形状特征的视图，例如空心四棱柱、肋板等都是在俯视图上反映它们的形状特征，所以应先画俯视图，再画主、左视图。

3）完成各基本形体的三视图后，应检查形体间表面连接处的投影是否正确。例如肋板与空心立板表面相交，在主视图上画出交线，空心立板的内孔与空心四棱柱外表面共面，在主视图上的投影不画分界线等。

4）最后检查无误，用2B铅笔描深。

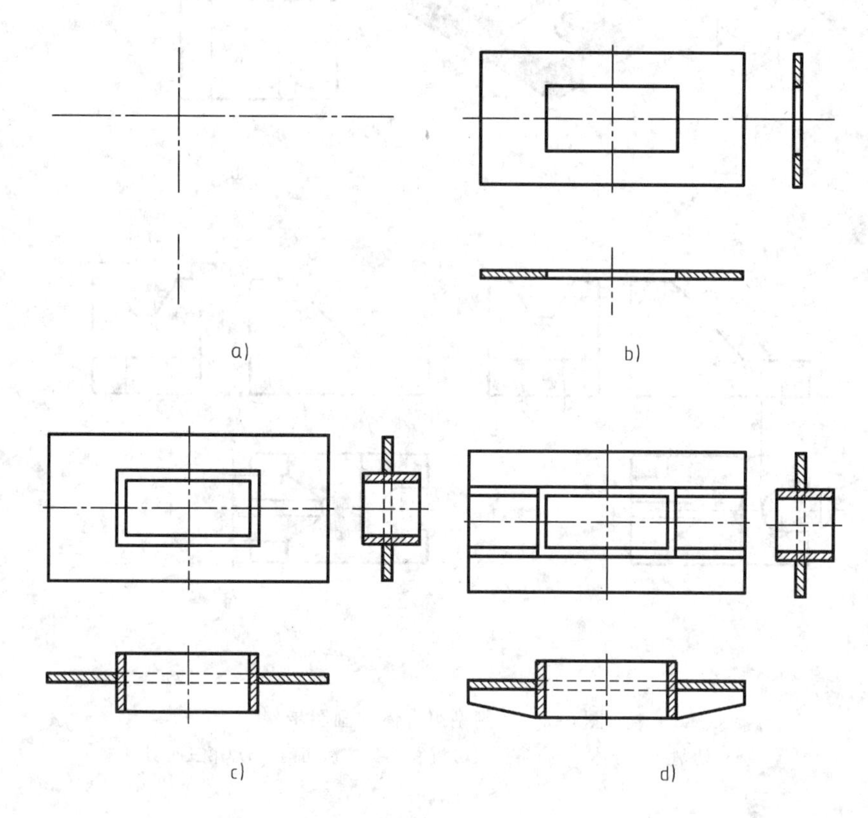

图6-9　板架的三视图

想一想：图6-10所示轴承挂架的三视图是什么样的？

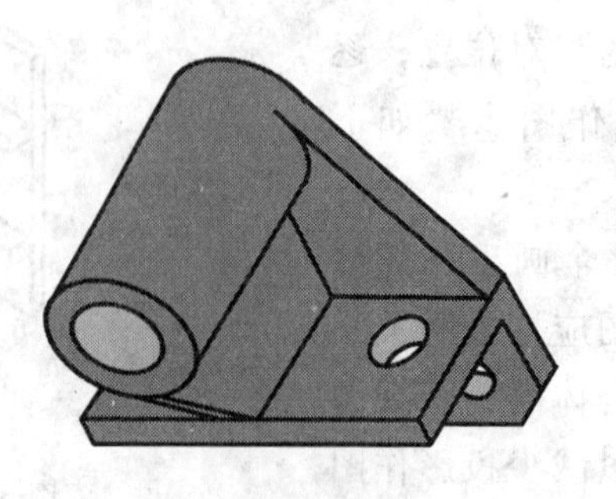

图6-10　轴承挂架

任务2 标注板架构件三视图的尺寸

一、任务描述

组合体标注尺寸的基本要求是：正确、完整、清晰、合理。正确是指要严格遵守 GB/T 4458.4—2003《机械制图 尺寸注法》的基本规则和方法；完整是指所注尺寸必须完全确定组合体各基本形体的大小和相对位置，不能遗漏和重复；清晰是指尺寸的布局要整齐清晰，方便阅读和查找相关尺寸；合理是指既要符合设计要求，又要便于加工测量。如何达到这一基本要求，是今天要解决的问题。

二、任务分析

为了满足组合体尺寸标注的基本要求，应逐个标出构成板架构件的每个基本形体的尺寸，因此本任务涉及的主要知识点如下：

1）基本体的尺寸标注。

2）组合体的尺寸标注。

三、相关知识

1. 基本体的尺寸标注

任何物体都可以看成由若干基本体组合而成，基本体包括平面立体和曲面立体两类。平面立体的每个表面都是平面，如棱柱、棱锥等；曲面立体至少有一个表面是曲面，如圆柱、圆锥、圆球等。基本体的大小通常由长、宽、高三个方向的尺寸来确定。

（1）平面立体 如图 6-11 所示，给出了棱柱、棱锥、棱台的尺寸注法。

棱柱、棱锥应注出确定底平面形状大小的尺寸和高度尺寸，棱台应注出上下底平面的形状大小和高度尺寸。注正方形底面的尺寸时，可在正方形边长尺寸数字前加注符号“□”，也可以注成“16×16”的形式。

如图 6-11 所示，对正棱柱和正棱锥的尺寸标注，考虑作图和加工方便，一般应注出其底面外接圆的直径和高度尺寸，也可以根据需要注成其他形式。

（2）曲面立体的尺寸标注 圆柱、圆锥应标注底圆直径和高度尺寸，直径尺寸最好注在非圆视图上，在直径尺寸数字前要加注“ϕ”，圆球体标注直径或半径尺寸时，在“ϕ”、“*R*”前加注“*S*”，如图 6-12 所示。

（3）带切口形体的尺寸标注 对于带切口的形体，除了标注基本形体的尺寸外，还要注出截平面的位置尺寸。必须注意，由于形体与截平面的相对位置确定后，切口的交线已完全确定，因此不应在交线上标注尺寸。如图 6-13 所示，“*X*”即为多余尺寸。

2. 组合体的尺寸标注

（1）尺寸基准 标注尺寸前应该先确定尺寸基准。所谓尺寸基准就是标注尺寸的起点。由于组合体都有长、宽、高三个方向的尺寸，因此在每个方向上都至少要有一个尺寸基准。

选择组合体的尺寸基准，必须要体现组合体的结构特点，并在标注尺寸后使其度量方便。因此，通常选择组合体上的轴线、对称面、底面、重要的工作面、台阶面或较大的端面作为尺寸基准。根据这一要求，图 6-14b 中表示出了组合体所选择的各方向上的尺寸基准。

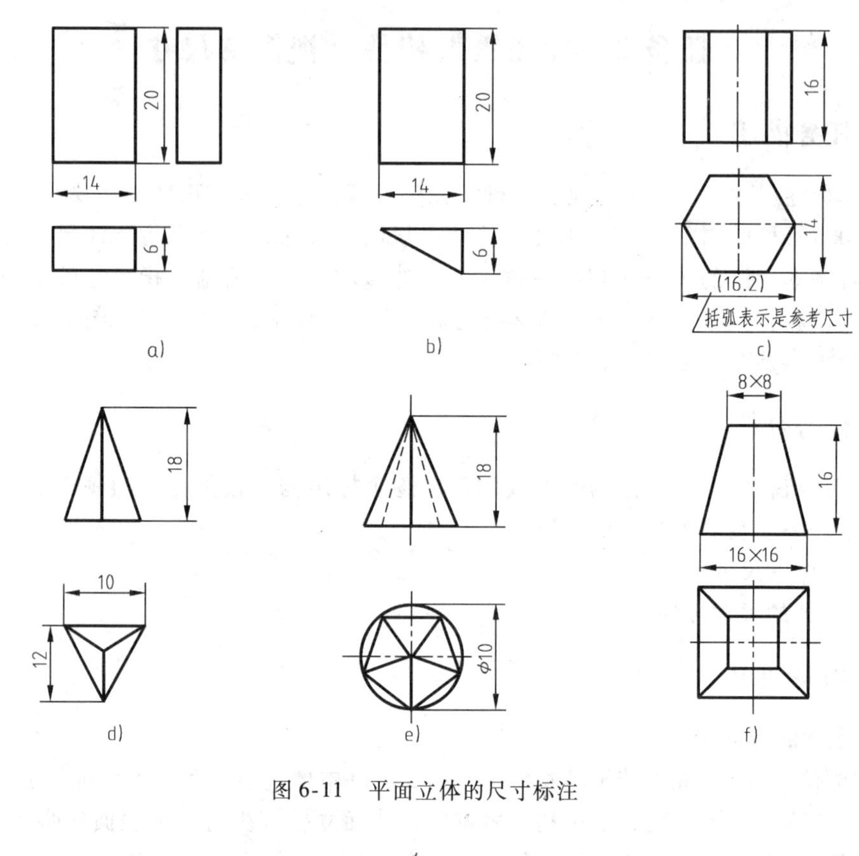

图 6-11　平面立体的尺寸标注

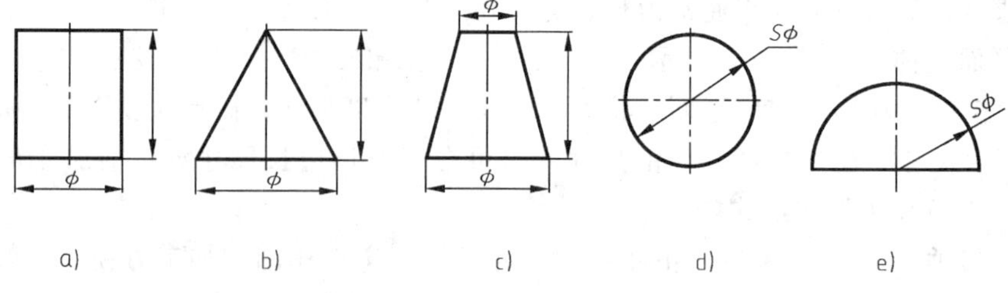

图 6-12　曲面立体的尺寸标注

（2）尺寸种类

1）定形尺寸。指确定组合体各组成部分形状大小的尺寸。常见的定形尺寸主要有线段的长度、圆的直径、圆弧的半径和角度尺寸四类。图 6-14a 所示注出了组成轴承座的各部分的定形尺寸。

2）定位尺寸。指确定组合体各组成部分之间相对位置的尺寸。如图 6-14b 所示，尺寸 32 是确定圆筒中心相对于底平面的高度方向的位置尺寸；尺寸 6 是确定圆筒后端面偏离宽度基准的位置尺寸；尺寸 48 和 16 分别是确定底板上两个圆孔在长度方向和宽度方向的位置尺寸。

3）总体尺寸。是指确定组合体外形的总长、总宽、总高尺寸。如图 6-14b 所示，尺寸 60、22 + 6、32 + 11 即分别为轴承座的总长、总宽和总高。从这里可以看出，组合体的总体尺寸有时就是某个组成部分的定形尺寸。注意不要重复标注，图 6-14b 中标注出的尺寸 60

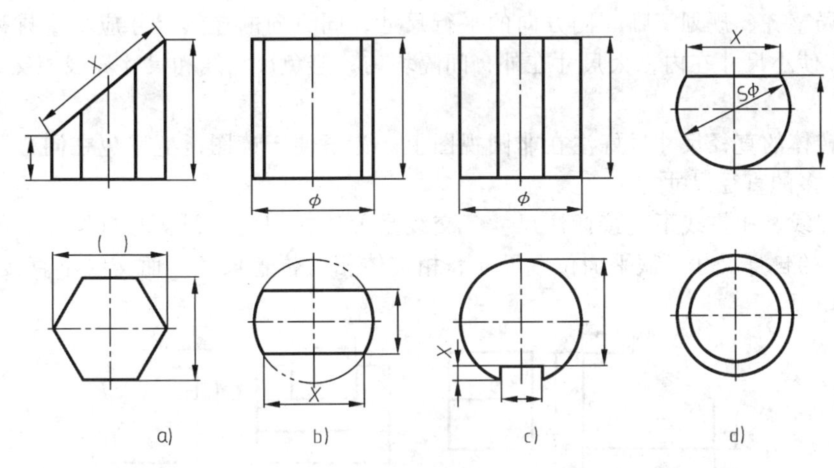

图 6-13 带切口形体的尺寸标注

既是底板的定形尺寸又是总体尺寸。

(3) 尺寸标注的基本要求

1) 尺寸完整。要使尺寸完整，既不遗漏也不重复，应先按形体分析法注出各基本形体的大小即定形尺寸，再注出确定它们之间相对位置的定位尺寸，最后根据组合的结构特点注出总体尺寸。

2) 尺寸清晰。为了便于读图和查找相关尺寸，尺寸的布置必须整齐清晰，下面以尺寸已经标注齐全的组合体为例，说明尺寸布置应注意的几个方面：

① 标注在特征视图上。表示同一形体的定形尺寸应尽量标注在反映该部分形状特征的视图上，如图 6-14b 中的尺寸 $R6$、$\phi14$ 和 $2\times\phi6$。尽可能避免在虚线上标注尺寸。

② 同一形体有关尺寸相对集中。每部分形体的有关定形尺寸、定位尺寸应尽量集中标注、并尽量标注在该形体的两视图之间，以便于读图时查找对照及想象形体的空间结构形状，如图 6-14b 中的尺寸 $2\times\phi6$、16 和 48。

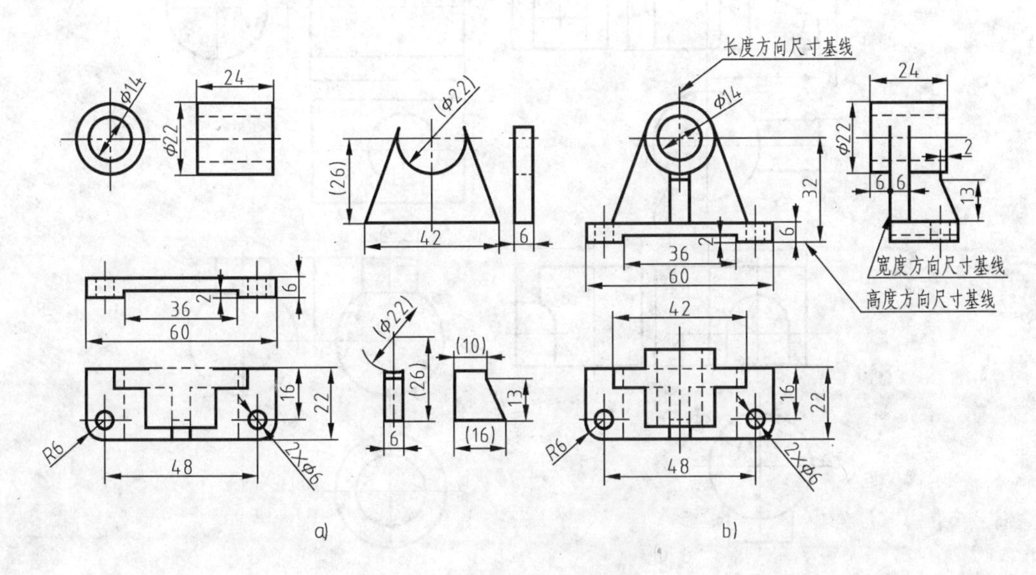

图 6-14 组合体的尺寸标注

③ 布局整齐、规划清晰。同方向的平行尺寸，同方向的连续尺寸应尽量排列在同一条直线上。应使小尺寸在内，大尺寸在外，间隔均匀，避免尺寸线和尺寸界线相交，保持图面清晰美观。

④ 回转体的直径尺寸最好注在非圆视图上。为了便于读图，应避免在同心圆较多的视图上标注过多的直径尺寸。

⑤ 截交线、相贯线不直接标注尺寸。交线是形体在切割、相交时自然形成的，应注出基本体各自的自身尺寸、截平面位置尺寸、相贯体相对位置尺寸，而交线不直接标注尺寸，如图 6-15 所示。

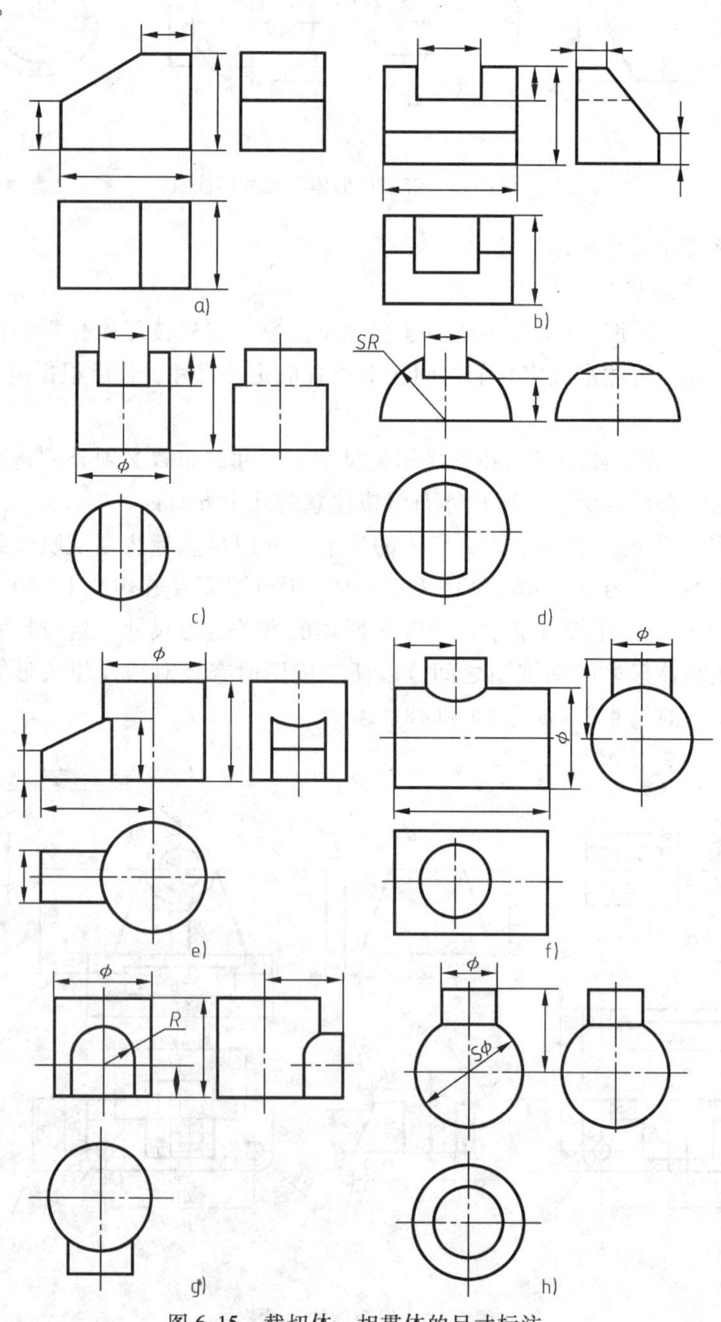

图 6-15　截切体、相贯体的尺寸标注

在组合体中有一些常见底板、法兰盘形体，其平面图形的尺寸标注，如图 6-16 所示。

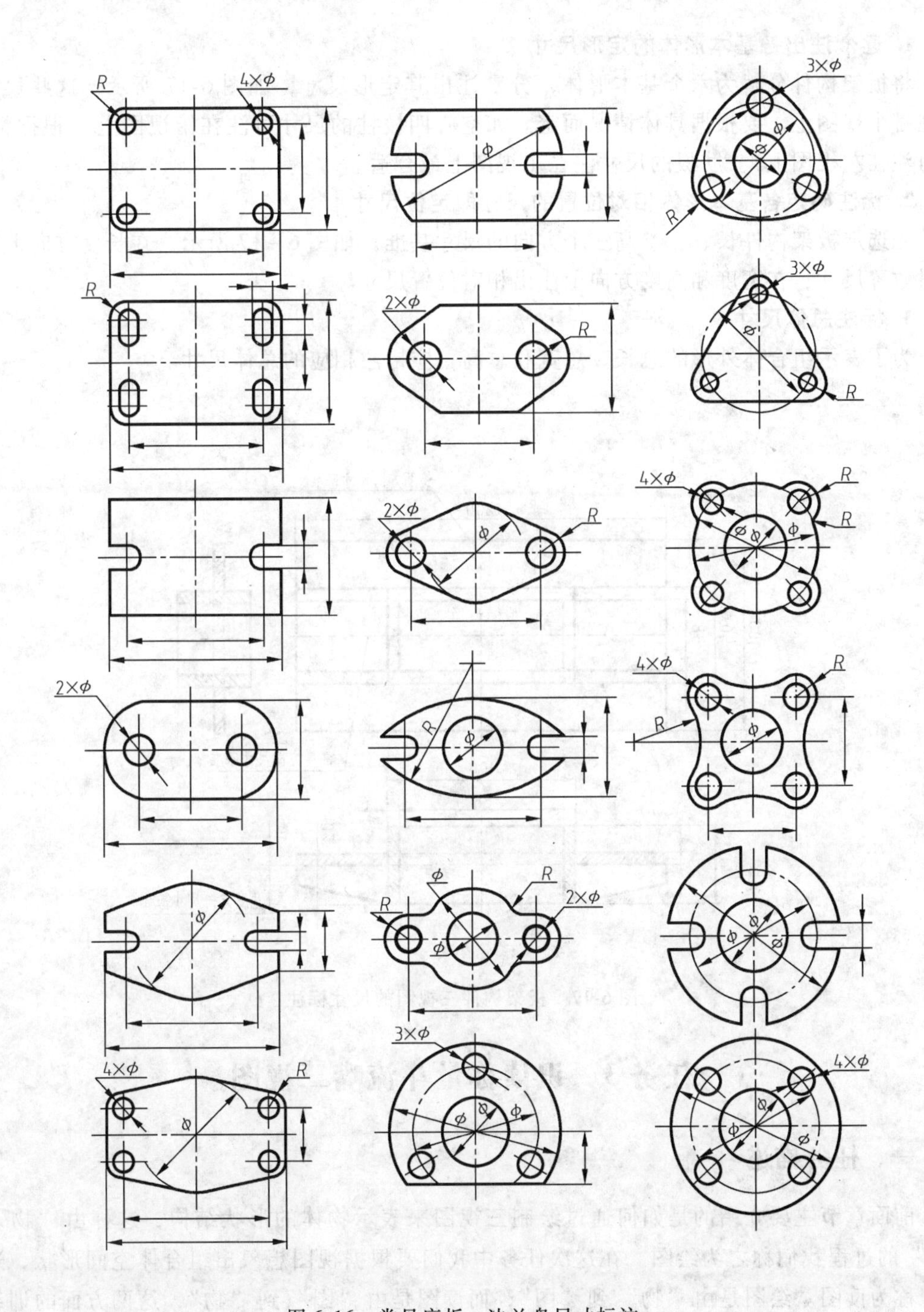

图 6-16 常见底板、法兰盘尺寸标注

四、任务准备

准备绘图工具。

五、任务实施

1. 逐个注出各基本形体的定形尺寸

将板架构件分解为六个基本形体，分别注出其定形尺寸，如图 6-17 所示。这些尺寸标注在哪个视图上，要根据具体情况而定。如空心四棱柱的尺寸可注在俯视图上（根据情况，也可注在左视图上）。肋板的尺寸注在主视图上最合适。

2. 标注确定各基本形体相对位置的尺寸即定位尺寸

先选定板架构件长、宽、高三个方向的尺寸基准，如图 6－17 所示，在长度方向上注出相对位置尺寸；在宽度和高度方向上注出相对位置尺寸。

3. 标注总体尺寸

为了表示组合体外形的总长、总宽和总高，应标注相应的总体尺寸。

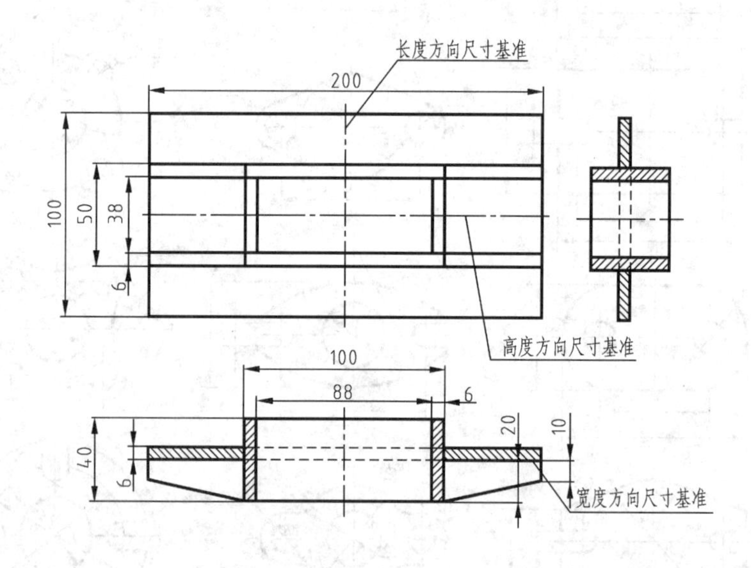

图 6-17　板架构件三视图的尺寸标注

任务 3　识读称量斗流嘴三视图

一、任务描述

前面章节主要介绍的是如何通过绘制三视图来表示物体的形状结构，这种由“物”到“图”的过程我们称之为绘图。在这次任务中我们要根据视图想象出组合体空间形状，这一过程称为读图。绘图是由“物”到“图”，而读图是由“图”到“物”，这两方面的训练都是为了培养和提高制图的空间想象能力和构思能力，并且它们是相辅相成、不可分割的。

二、任务分析

在前两个任务研究了板架构件的三视图画法及尺寸标注，在此次任务中根据图 6-18 所示称量斗流嘴三视图确定空间立体形状，涉及的主要知识点如下：

1）读图的基本要领。

2）读图的基本方法。

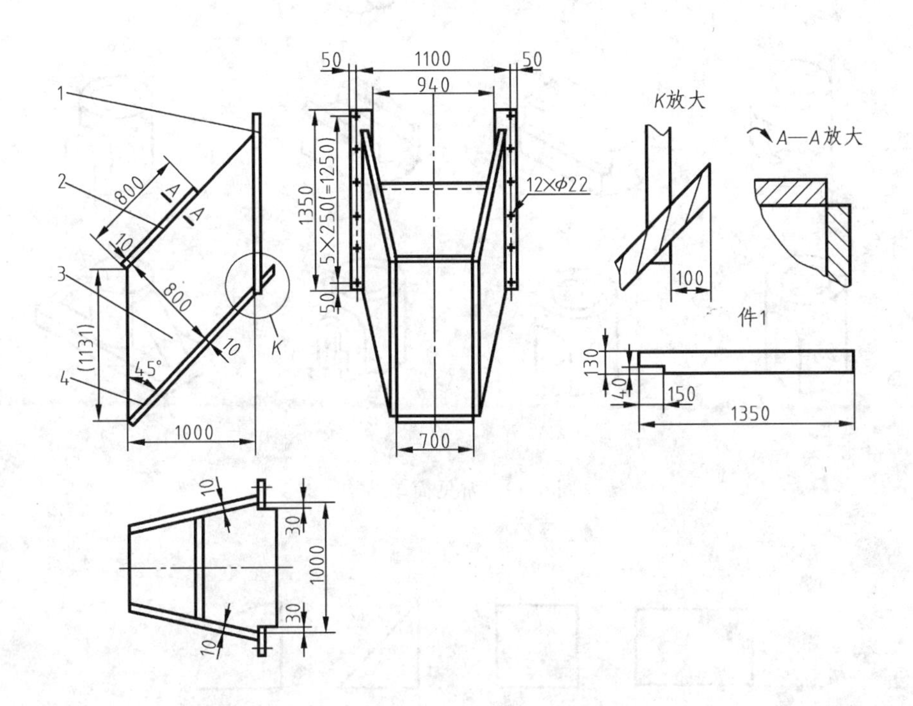

图 6-18 称量斗流嘴三视图

三、相关知识

1. 读图的基本要领

（1）掌握常见的构成组合体的简单结构（见图 6-19）

（2）把几个视图联系起来分析 在机械图样中，机件的形状一般是通过几个视图来表达的，每个视图只能反映机件一个方向的形状，即一个视图不能唯一确定物体的形状，如图 6-20所示，主视图、俯视图形状相同，但物体的形状可不同。

通常一个视图或两个视图不能确定较复杂的物体形状，因此在读图时，要根据几个视图，运用投影规律，想象出空间物体的形状。如图 6-21 所示，主视图、左视图形状相同但立体形状不同。

又如图 6-22 所示的四组图形，它们的主视图、俯视图均相同，但同样是不同形状的物体。

（3）弄清视图上每条线和线框的含义 如图 6-23、图 6-24 所示，视图上的一个线框可以代表一个形体，也可以代表物体的一个连续表面。构成视图的线框、线条可以代表有积聚性的表面或线。

如图 6-25 所示，视图中线的含义可能有以下几种情况：

图 6-19　常见简单结构

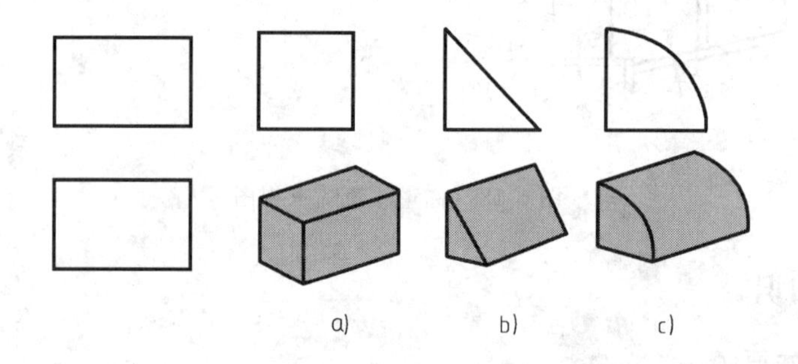

图 6-20　主视图、俯视图形状相同

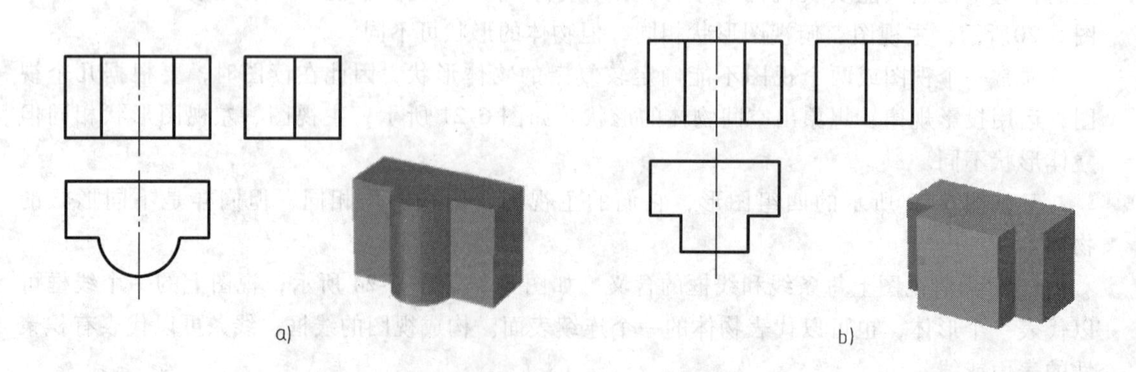

图 6-21　主视图、左视图形状相同

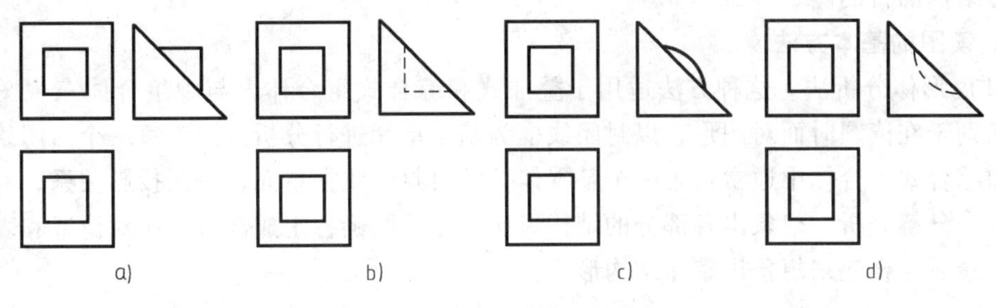

图 6-22 主视图、俯视图相同

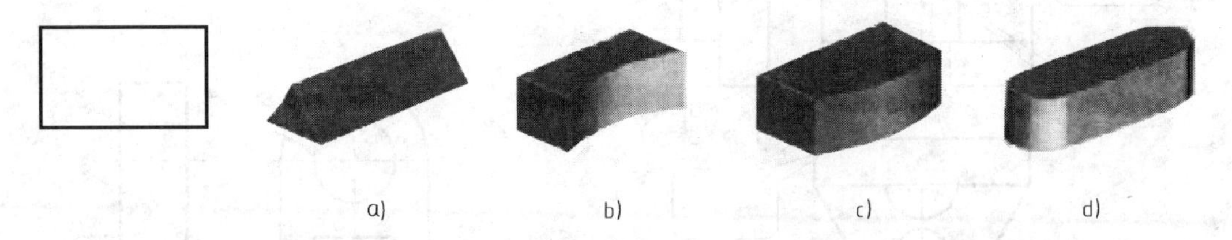

图 6-23 视图上方形线框可能的含义

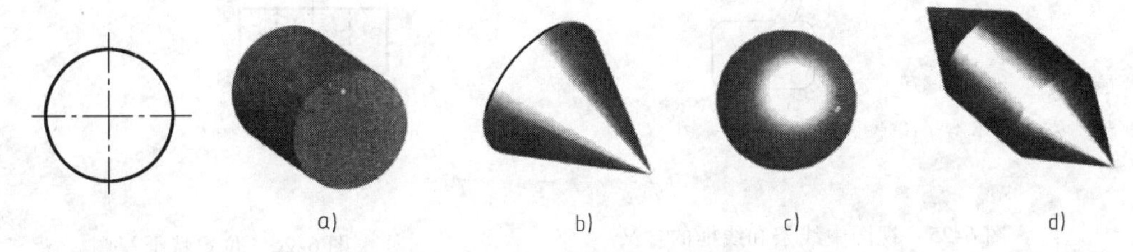

图 6-24 视图上的圆可能的含义

1) 垂直面的投影。
2) 两面的交线。
3) 曲面的转向轮廓线。

视图上每一个封闭线框的含义可能有以下几种情况：

1) 平面。
2) 曲面。
3) 平面与曲面相切。
4) 物体上的通孔或凸台。

相邻两封闭线框的关系可能是：

1) 物体上两个相交的表面，如图 6-25 中的 *A* 面和 *B* 面。
2) 物体上两个同向错开的表面，如图 6-25 中的 *C* 面和 *F* 面。

(4) 从反映形状和位置特征最明显的视图入手 在组合体的三视图中，主视图是最能反映物体的形状和位置特征的视图，但一个视图往往不能完全确定物体的形状和位置特征，必须按投影对应关系与其他视图配合对照，才能完整、确切地反映物体的形状结构和位置特征。如图 6-26 所示，组合体的形状特征在主视图上，而位置特征在左视图上。因此读图时，抓住这些特征，联系其他视图，充分发挥想象力，准确而高质量地完成读图过程，以达到读视图想结构的目的。

2. 读图的基本方法

(1) 形体分析法　这种方法适用于叠加式和综合式组合体，与画组合体三视图的形体分析区别于在读图时面对图形，以封闭线框为基本单元进行分析。因为每一个封闭线框在叠加式和综合式组合体中通常代表一个基本体，针对封闭线框单元，按照投影关系，对照其他视图逐个分解分析，想象出各部分的结构形状。然后明确各组成部分的相对位置和表面连接关系，最后综合起来想象出整体结构形状。

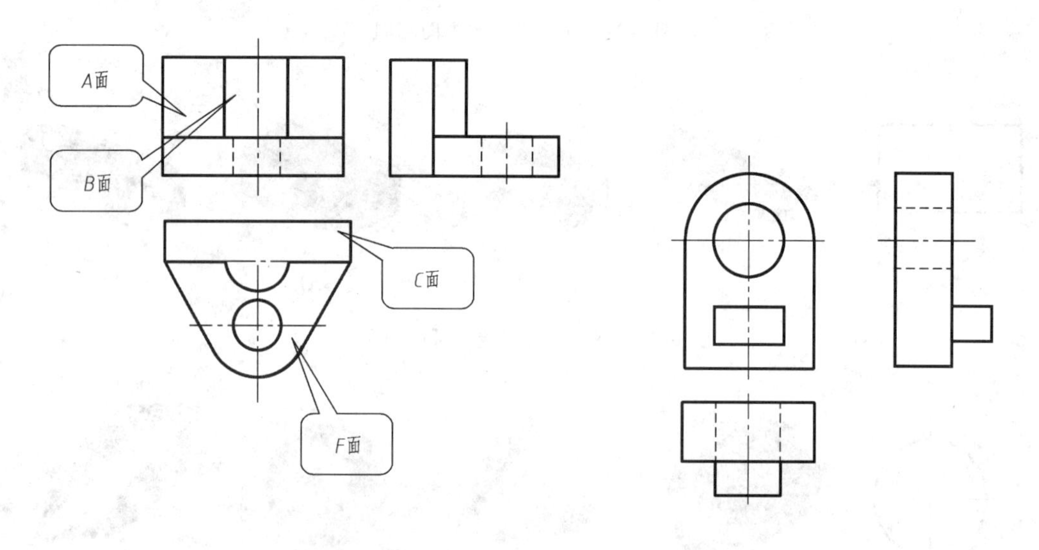

图 6-25　视图中线条和线框的含义

图 6-26　位置特征视图

如图 6-27a 所示，具体步骤如下：

1）画线框，分形体。从最能反映明显特征的视图（一般为主视图）入手，将该组合体按线框分为三部分，如图 6-27b 所示。

2）对投影，想形状。从主视图开始，分别把每个线框所对应的其他投影找出来，想象出每组投影所表示的立体形状，如图 6-27c、d、e、f 所示。

3）综合起来想整体。根据各部分的相对位置和组合形式，综合想象出该物体的整体形状，如图 6-27g 所示。

(2) 线面分析法　根据直线和平面的投影特性，对视图上的某些线、面进行投影分析，以确定组合体该部分形状的方法。此方法适合于识读切割型组合体。切割面通常有两种情况：

1）视图外形轮廓有缺口。

① 由具有积聚性投影的截切面切割形成，如图 6-28a 所示。

② 由倾斜面切割形成，如图 6-28b 所示。

从缺口视图入手，联系其他视图判断截切面状态，想象形体结构形状。

2）视图外形轮廓没有缺口。

① 由具有积聚性投影的截切面在形体外部未切透或在形体内部切割形成，如图 6-28c 所示。

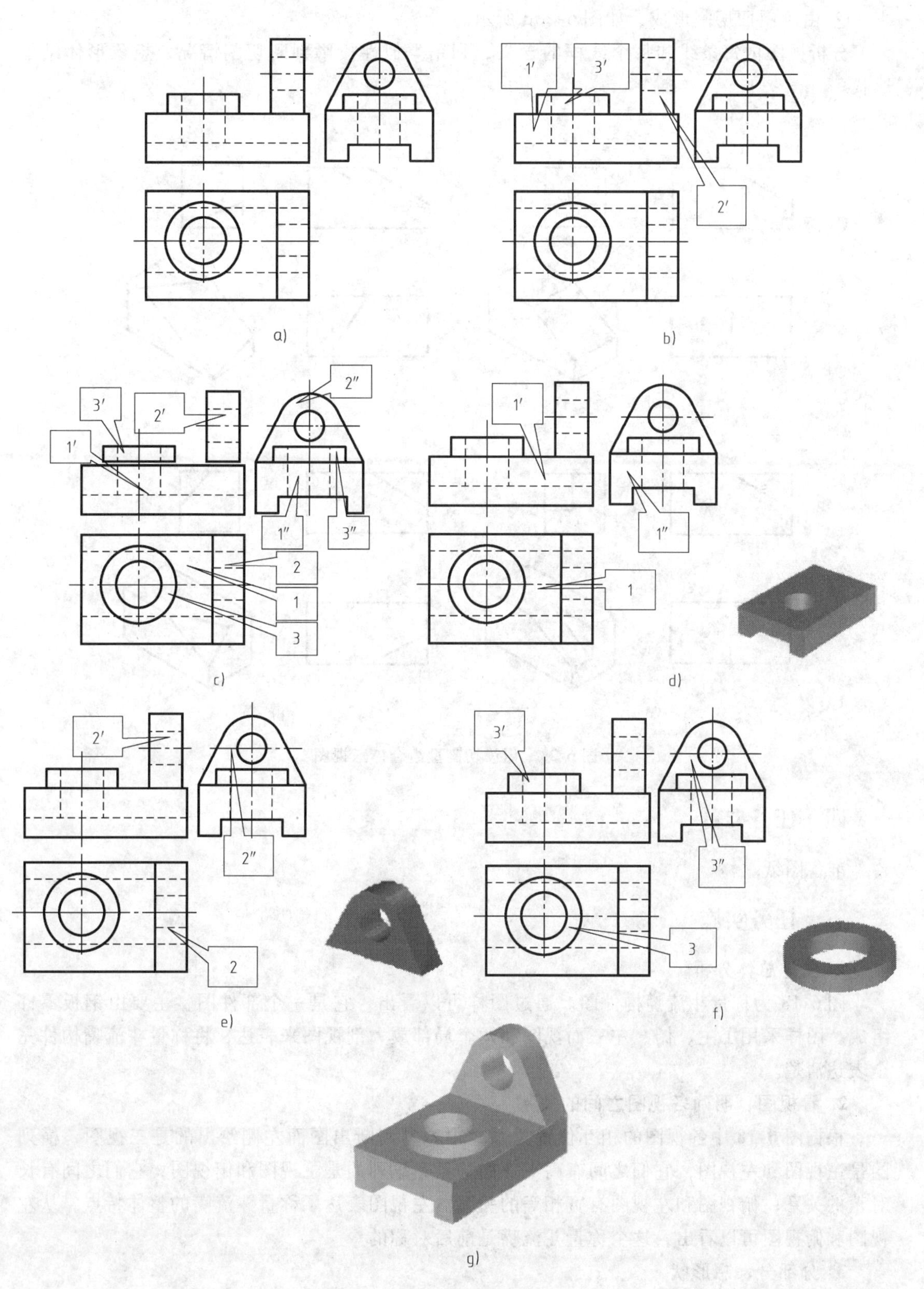

图 6-27　用形体分析法读图

② 由倾斜面切割形成，如图 6-28d 所示。

分析视图内每条线和每个线框的含义，利用类似性投影判断切割情况，想象形体结构形状。

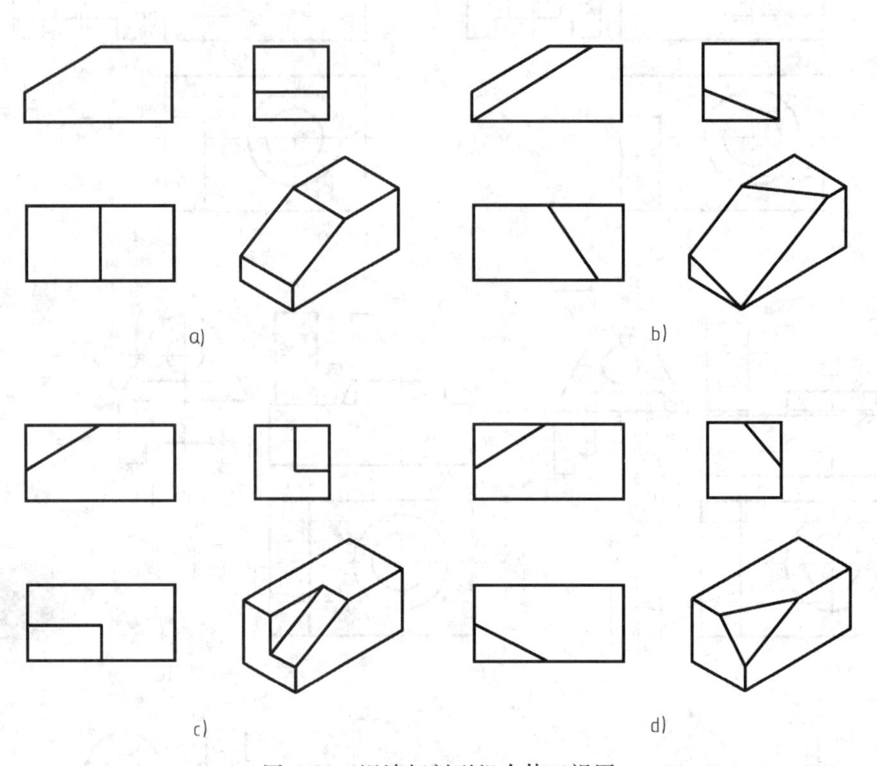

图 6-28 识读切割型组合体三视图

四、任务准备

准备图纸。

五、任务实施

1. 图样总体分析

图 6-18 为称量斗流嘴构件图。通过图样可以看出，它是一个部件图，主要由钢板零件组成。图样采用了主、俯、左三面视图和两个局部放大剖视图来表达，将称量斗流嘴构件完全表达清楚。

2. 看视图，明确各视图之间的关系

根据图 6-18 中各视图的相互位置关系，很容易判断出图面左侧给出的是三视图，横列的是主视图和左视图，它们之间有高平齐的关系；纵列的是主视图和俯视图，它们之间有长对正的关系；俯视图和左视图有宽相等的关系。左视图表达了称量斗流嘴的整体特点，从左视图和俯视图可以看出，这个称量斗流嘴是前后对称的。

3. 分部分、想形状

由于主视图比较清楚地表达了称量斗流嘴各组成零件的相互位置关系，所以在主视图中将称量斗流嘴分成四个组成零件（用1、2、3、4标明）。下面我们就对各个组成零件进行投影分析，并想象出它们的真实形状。

（1）零件1的投影分析　从三视图中可以看出，零件1有两件，其形状是矩形，上面均布6个孔，又从给出的零件1详图中可知，零件1是一端削去一个方角的不完整矩形（见图6-29a）。

（2）零件2的投影分析　从三视图中可以非常容易看出，零件2是一个等腰梯形钢板（见图6-29b）。

（3）零件3的投影分析　零件3的形状为平行四边形，这一点在主视图中表现的比较明显（见图6-29c）。

（4）零件4的投影分析　零件4的形状为等腰梯形，但在右侧的两端各切去了一个方角，所以零件4的形状应该是一个不完整的等腰梯形（见图6-29d）。

4. 合起来、想整体

通过上述分析，得知称量斗流嘴是由四种零件（六块钢板）组成的箱体式部件。根据这四种零件在视图中的相互位置关系，可以得出其组合方式是：称量斗流嘴的两块侧板（零件3）分别与零件1（两件）相连接，在两侧板上面用一块盖板（零件2）连接，两侧板的下方用底板（零件4）封闭。从图样中给出的局部放大剖视图中可知，盖板及底板与两侧板的连接形式均为两板材的边棱相接触。

下面就将已分析的各个零件连接起来，以形成整体的形状，如图6-29e所示。

六、扩展知识

用面形分析法读组合体视图

已知压板的主、俯视图，补画左视图，如图6-30a所示。

分析　主视图中三个封闭线框 a'、b'、e'，对应俯视图在压板前半部分的三个平面 A、B、E 积聚成直线的投影 a、b、e。其中 A 和 E 是正平面，B 是铅垂面。俯视图中两个封闭线框 c 和 d，对应主视图中两个平面 C 和 D 积聚成直线的投影 c' 和 d'。其中，C 是正垂面，D 是水平面。俯视图中压板前半部分由虚线与实线组成的封闭线框 f，对应主视图中平面 F 积聚成直线的投影 f'。显然 F 是水平面。由此可想象压板是一个长方体左端被三个平面切割，底部被前后对称的两组平面切割，如图6-30b所示。

作图步骤如下：

1）长方体被正垂面 C 切去左上角，由主视图补画左视图，如图6-30c所示。

2）长方体被两个铅垂面切去前后对称的两个角，按长对正、高平齐、宽相等，且前后对应的投影关系补画左视图，如图6-30d所示。须注意的是：正垂面 C 的水平投影 c 应与其侧面投影 c'' 类似；铅垂面 B 的正面投影 b'（与后半部分铅垂面重影）应与其侧面投影 b'' 类似。

3）下部分别被前后对称的两组水平面 F 和正平面 E 切去前后对称的两块，F 和 E 在左视图上均有积聚性，由高平齐、宽相等作出它们的左视图，如图6-30e所示。

综上所述，对压板主、俯视图作面形分析，就可想象出压板的整体形状，并补画出压板的左视图。

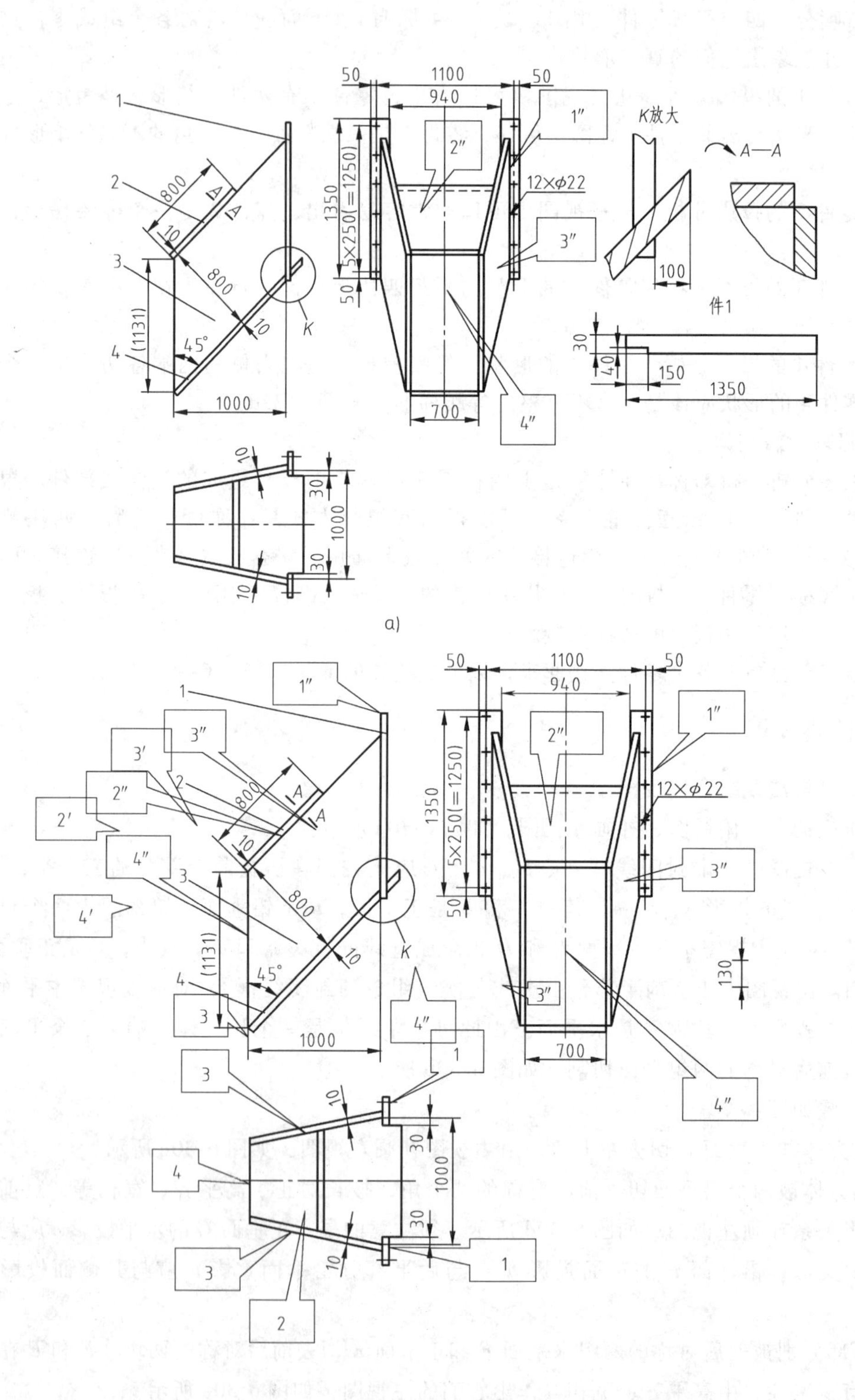

图 6-29　读图分析

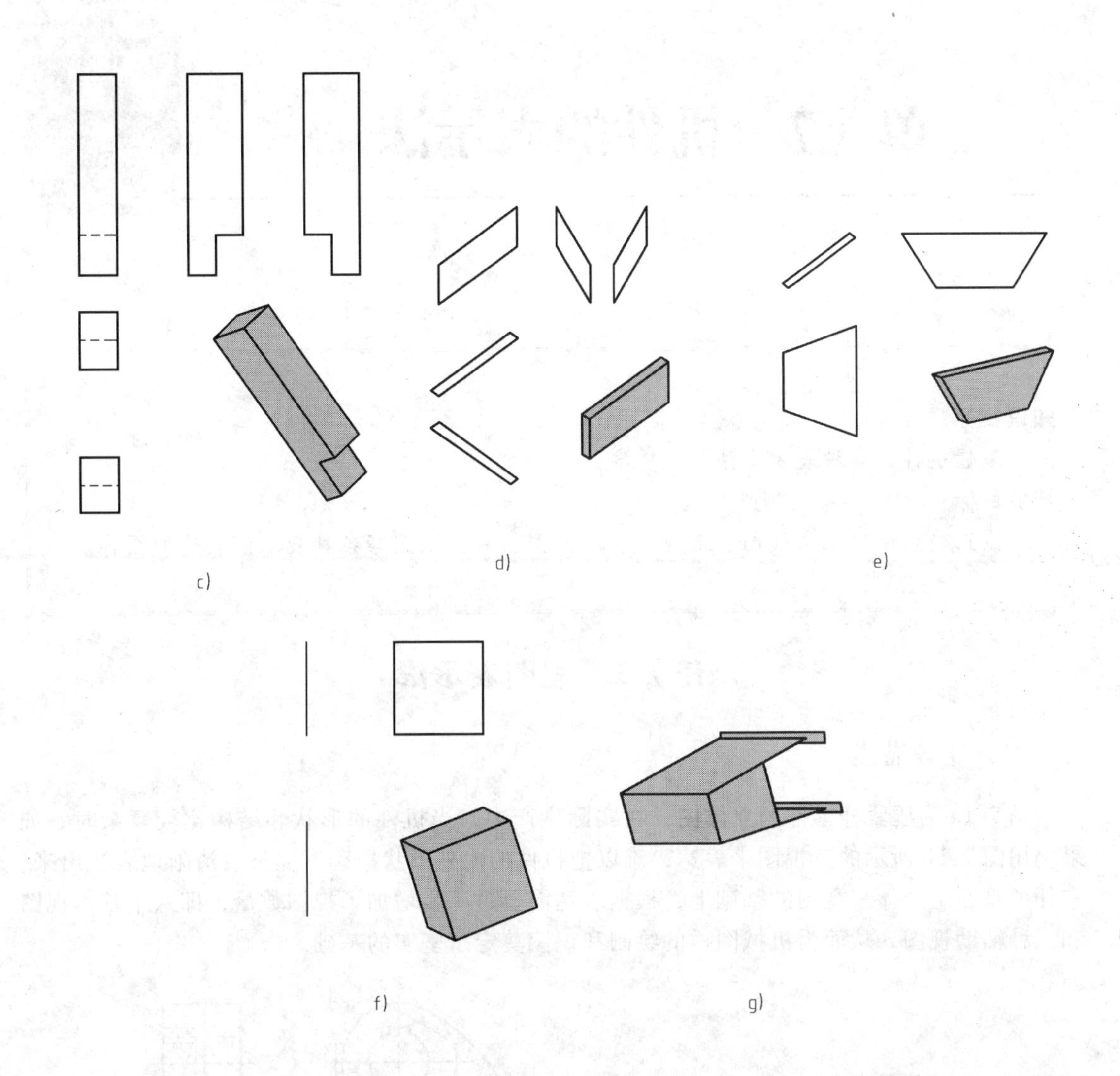

图 6-29 读图分析（续）

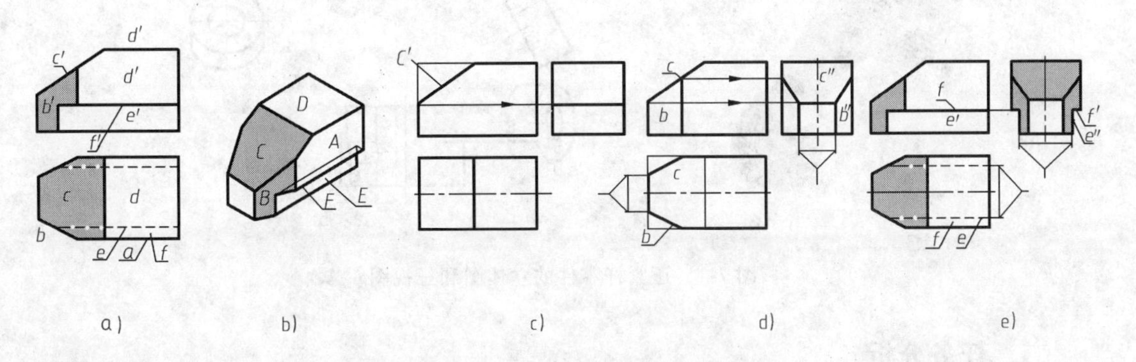

图 6-30 面形分析法读组合体视图

单元7　机件的表示法

7

知识目标：

掌握机件的各种表示方法。

技能目标：

能正确识读用基本视图、剖视图、断面图、局部视图等各种表示法表达的图样。

任务1　视图表示法

一、任务描述

图 7-1a 为压紧杆零件的立体图，在实际生产中，当机件的形状和结构比较复杂时，如果仍用图 7-1b 所示的三视图来表达，难以把机件的内外形状准确、完整、清晰地表达出来。本任务是在组合体三视图的基础上，根据表达需要进一步增加了视图数量，即六个基本视图和三种辅助视图，从而为机械图样的绘制和识读奠定了坚实的基础。

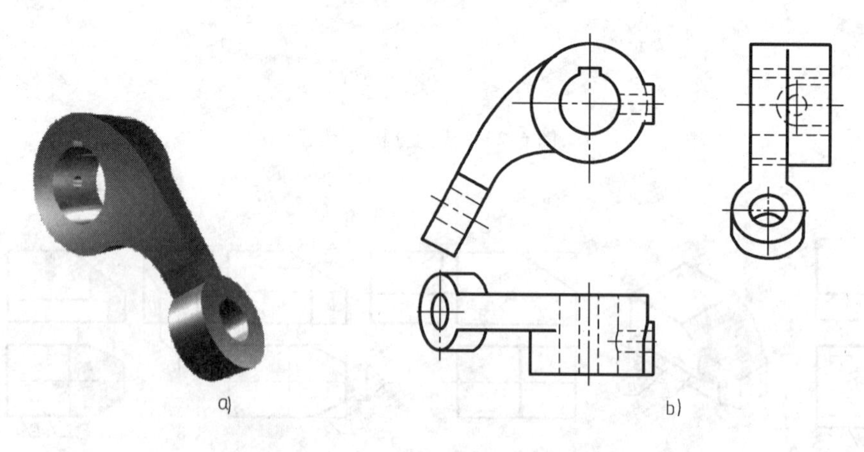

图 7-1　压紧杆零件的立体图和三视图

二、任务分析

如图 7-1 所示，工程实际中机件的形状是多种多样的，有些机件的内、外形状都比较复杂。如果只用三视图来表示往往不能表达清楚，为此国家标准又增加几种表达机件外部结构形状的视图。此任务主要研究的问题是各种视图的画法，涉及的知识点主要有：

1）基本视图。

2）向视图。

3）局部视图。

4）斜视图。

三、相关知识

1. 基本视图

（1）基本视图的形成　为了清晰地表达机件六个方向的形状，可在 H、V、W 三个投影面的基础上，再增加三个基本投影面，即正立面、水平面、侧立面、前立面、顶面、右侧立面。这六个基本投影面组成了一个方箱，把机件围在当中，如图 7-2a 所示。从机件的上、下、左、右、前、后六个方向分别向基本投影面投射，机件在每个基本投影面上的投影，称为基本视图。除主、俯、左视图外，从右向左投射得到的投影称为右视图，从下向上投射得到的投影称为仰视图，从后向前投射得到的投影称为后视图。为使六个基本视图位于同一平面内，可将六个基本投影面按图 7-2b 所示方法展开。

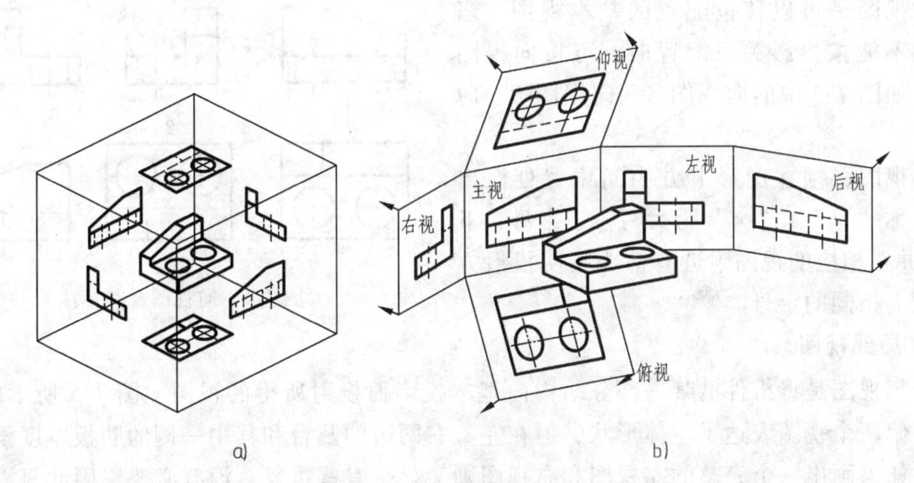

图 7-2　六个基本视图和展开图

六个基本视图的配置关系和视图名称如图 7-3 所示。在一张图纸内的基本视图按图 7-3 所示位置配置，一律不注视图名称。

（2）基本视图的投影规律

六个基本视图之间，仍然保持着与三视图相同的投影规律，即：

主、俯、仰、后——长对正；

主、左、右、后——高平齐；

俯、左、仰、右——宽相等。

六个基本视图的方位对应关系如图 7-3 所示，除后视图外，在围绕主视图的俯、仰、左、右四个视图中，远离主视图的一侧表示机件的前方，靠近主视图的一侧表示机件的后方。

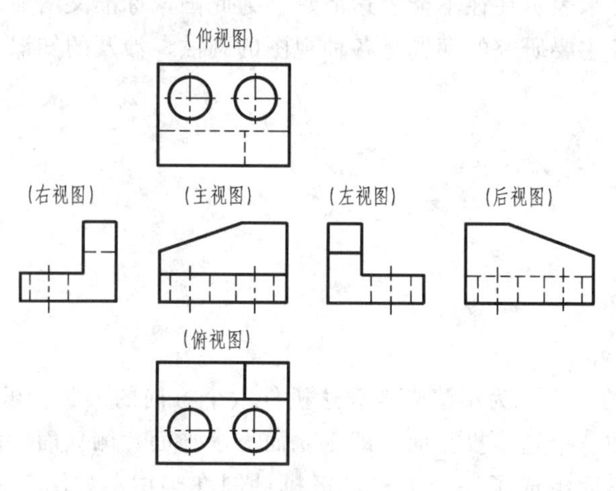

图 7-3　六个基本视图的配置及方位对应关系

实际作图时，无需将六个基本视图全部画出，应根据机件的复杂程度和表达需要，选用其中必要的几个基本视图，若无特殊情况，优先选用主、俯、左视图。

2. 向视图

向视图是可以移位配置的基本视图。当某视图不能按投影关系配置时，可按向视图绘制，如图 7-4 中的向视图 *A*、向视图 *B*、向视图 *C*。

向视图必须在图形上方中间位置处注出视图名称“×”（“×”为大写拉丁字母，下同），并在相应的视图附近有箭头指明投射方向，注上相同的字母。

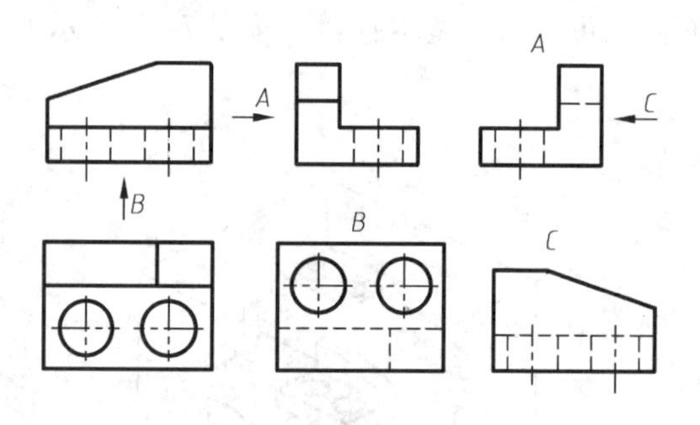

图 7-4　向视图及其标注

3. 局部视图

局部视图是将机件的某一部分结构向基本投影面投射所得的视图。图 7-5 所示的机件，用主、俯两个视图表达了主体形状，但在左、右两边的凸台和其中一侧的肋板厚度没有表达清楚。如果画出一个完整的左视图和右视图则又显得有些重复，没有必要，因此只需要画出 *A* 和 *B* 两个局部视图来表达这两个凸台形状，这样既简练又突出重点。

1）局部视图的画法。局部视图的断裂边界用波浪线或双折线表示，如图 7-5b 所示。当所表达的局部结构是完整的且该结构轮廓又呈封闭形状时，波浪线可省略不画，如图 7-5b 中的 *B* 向局部视图。

2）局部视图的标注。当局部视图按向视图配置时，要在上方用大写的字母标出视图的名称“×”，在相应的视图附近用箭头指明投射方向，并注上同样的字母，如图 7-5b 中的“*B*”；当局部视图按投影关系配置而中间又没有其他图形隔开时，可以省略标注，如图 7-5b 中的 *A* 向局部视图。

3）对称机件的视图可只画一半或四分之一，并在对称中心线的两端画两条与其垂直的平行细实线，如图 7-6 所示。这种简化画法（用细点画线代替波浪线作为断裂边界线）是局部视图的一种特殊画法。

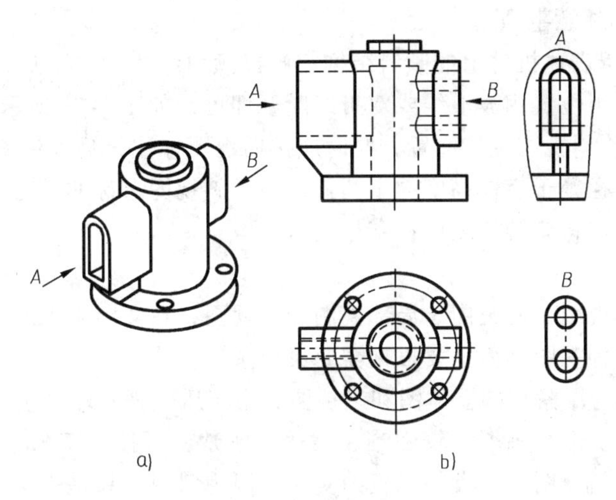

图 7-5 局部视图

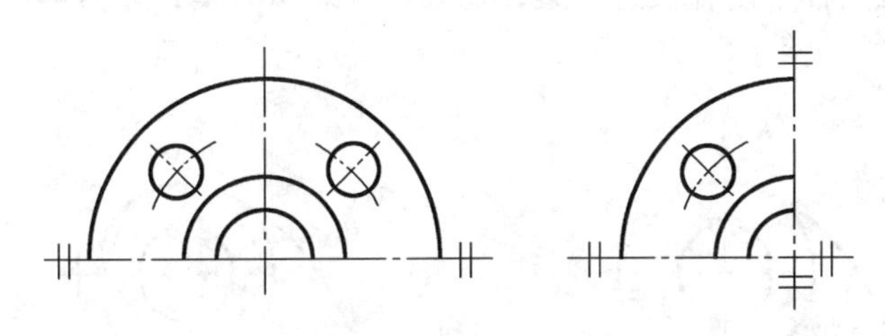

图 7-6 对称机件的局部视图

4. 斜视图

将机件向不平行于任何基本投影面的平面投射所得的视图称为斜视图。

如图 7-7 所示，当机件上某局部结构不平行于任何基本投影面，在基本投影面上不能反映该部分结构的实际形状，也不便于标注真实尺寸，为了得到它的实形，可增加一个与倾斜部分平行且垂直于一个基本投影面的辅助投影面，将该倾斜面向辅助投影面投射，然后将此投影面按投射方向旋转到与其垂直的基本投影面上，如图 7-7a、b 所示。

（1）斜视图的配置与标注　斜视图通常按向视图的配置形式配置并标注，用带大写拉丁字母的箭头指明表达部位和投射方向，在斜视图上方注明斜视图的名称“×”，如图 7-7a 所示。

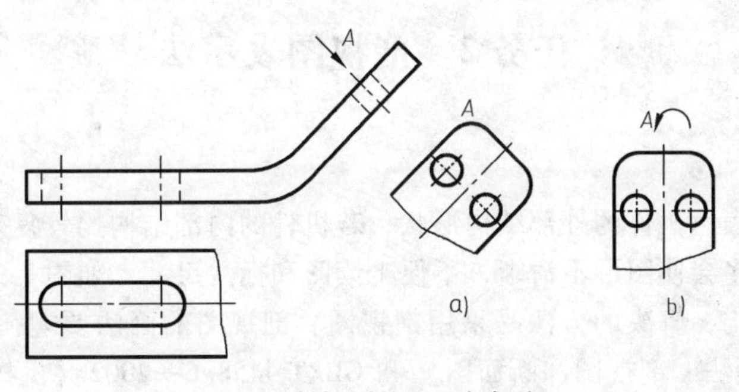

图 7-7 斜视图的配置与标注

（2）画斜视图的注意事项

1）斜视图常用于表达机件上的倾斜结构。画出倾斜结构的实形后，机件的其余部分不必画出，此时可在适当位置用波浪线或双折线断开即可，如图 7-7a 所示。

2）必要时允许将斜视图旋转配置，此时应按向视图标注，且加注旋转符号，如图 7-7b 所示。旋转符号为半径等于字体高度的半圆弧，表示斜视图名称的大写拉丁字母应靠近旋转符号的箭头端，也允许将旋转角度标在字母之后。

5. 综合实例

以上介绍了基本视图、向视图、局部视图和斜视图，在实际画图时，并不是每个机件的表达方案中都有这四种视图，而是要根据需要灵活选用。

图 7-1a、b 所示为压紧杆的立体图和三视图，由于压紧杆左端耳板是倾斜的，所以俯视图和左视图都不反映实形，画图比较困难，表达不清楚，可按图 7-8a 所示在平行于耳板的正垂面上作出耳板的斜视图，以反映耳板的实形。因为斜视图只是表达压紧杆倾斜结构的局部形状，所以画出耳板的实形后用波浪线断开，其余部分的轮廓线不必画出。

图 7-8 所示为压紧杆的两种表达方案，比较两种表达方案，显然第二种方案的视图布置更加紧凑。

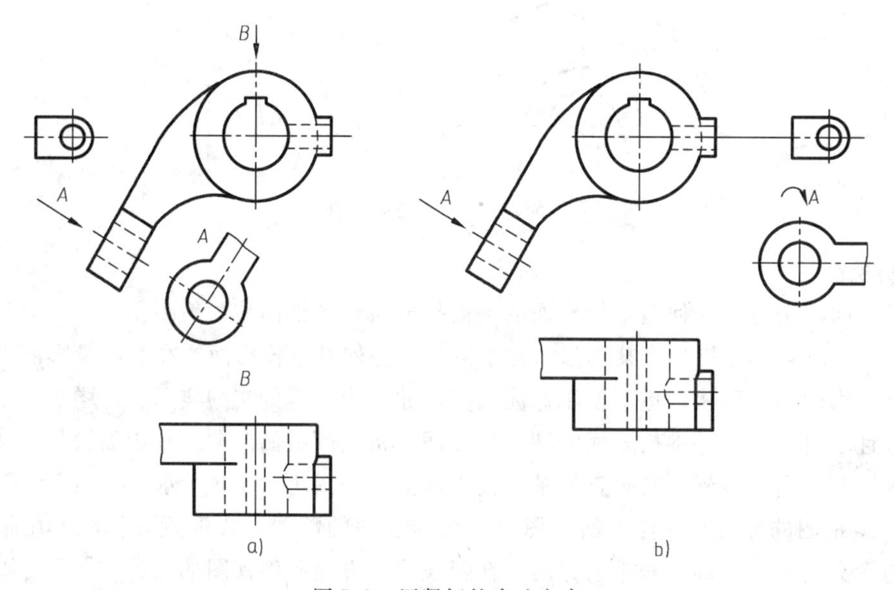

图 7-8　压紧杆的表达方案

任务 2　剖视图表示法

一、任务描述

视图主要用来表达机件的外部结构形状，若机件的内部结构比较复杂时，视图上会出现较多虚线，虚线过多会使图形不清晰，不便于读图和标注尺寸，如图 7-9 所示。如何清晰地表达机件的内部结构，解决的方法是采用剖视图。剖视图的画法要遵循 GB/T 17452—1998《技术制图　图样画法　剖视图和断面图》和 GB/T 4458. 6—2002《机械制图　图样画法　剖视图和断面图》的规定。

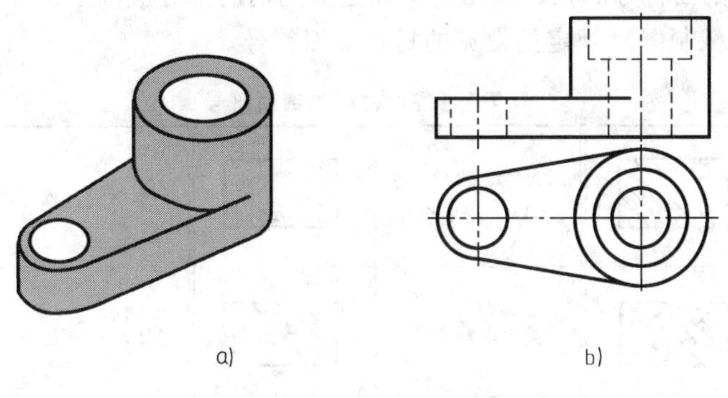

图 7-9 支座的视图

二、任务分析

为了清晰地表达零件的内部形状和结构，便于识图，采用了“剖视“的方法表达机件。因此本任务主要研究的问题是剖视图的画法，涉及的主要知识点如下：

1）剖视图的形成、画法及标注。

2）剖视图的种类。

3）剖切面的种类。

三、相关知识

1. 剖视图的形成、画法及标注

（1）剖视图的形成　假想用一个剖切平面剖开机件，然后将处在观察者和剖切平面之间的部分移去，而将其余部分向对应的基本投影面投影所得的图形，称为剖视图（简称剖视）。剖视图的形成过程如图 7-10a 所示，图 7-10b 中的主视图即为机件的剖视图。

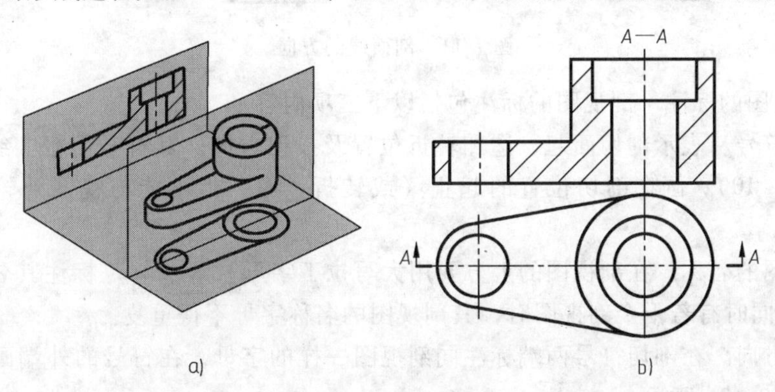

图 7-10 剖视图的形成

（2）剖视图的画法　画剖视图时，首先要选择适当的剖切位置，使剖切平面尽量通过较多的内部结构（孔、槽等）的轴线或对称平面，并平行于选定的投影面。例如在图 7-10a 中，以机件的前后对称平面为剖切平面。

其次，内外轮廓要画全。机件剖开后，处在剖切平面之后的所有可见轮廓线都应画出来，不得遗漏。

最后，要画上剖面符号。在剖视图中，凡是被剖切的部分应画上剖面符号。表 7-1 列出了由国家标准《机械制图》规定的常见的材料剖面符号。

表 7-1　各种材料的剖面符号

金属材料（已有规定剖面符号者除外）		型砂、填砂、粉末冶金、砂轮、陶瓷刀片、硬质合金刀片等		木材纵剖面	
非金属材料（已有规定剖面符号者除外）		钢筋混凝土		木材横剖面	
转子电枢变压器和电抗器等的叠钢片		玻璃及供观察用的其他透明材料		液体	
线圈绕组元件		砖		木质胶合板（不分层数）	
				格网（筛网、过滤网）	

金属材料的剖面符号，应画成与水平方向成 45°的互相平行、间隔均匀的细实线。同一机件各个视图的剖面符号应相同。但是如果图形的主要轮廓线与水平方向成 45°或接近 45°时，该图剖面线应画成与水平方向成 30°或 60°，其倾斜方向仍应与其他视图的剖面线一致，如图 7-11 所示。

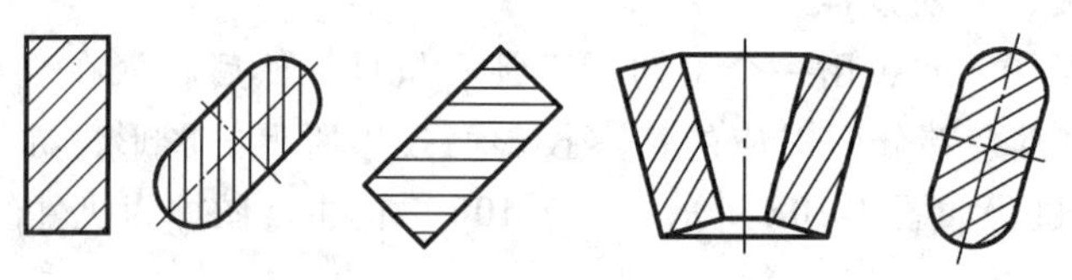

图 7-11　剖面线的方向

（3）剖视图的标注　剖视图的标注包括以下三项内容：

1）剖切符号。表示剖切面起、迄和转折位置及投射方向。其符号用粗实线（线宽 1 ~ 1.5b，线长 5 ~ 10），画在剖切位置的起止（或转折）处，但不能与视图外轮廓相交，如图 7-10b所示。

2）剖视图的名称。在剖视图的上方要用大写拉丁字母“×—×”标注其名称，如果在同一图样上，同时有若干个剖视图时，其剖视图的名称字母不得重复。

3）投射方向。在剖切符号两端标注同剖视图一样的字母，在符号的外端画箭头指明投射方向，如图 7-10b 所示。

剖视图省略标注有以下两种情况：

1）当剖视图按投影关系配置而中间又没有其它图形隔开时，可省略标注中的箭头，

2）当剖切平面通过机件的对称平面或基本对称平面，剖视图按投影关系配置，中间又没有其他图形隔开时，可省略标注。

（4）画剖视图应注意的问题

1）剖切平面的选择：通过机件的对称面或轴线且平行或垂直于投影面。

2）剖切是一种假想，实际上并没有真的切去，因此其他视图仍应完整画出，并可取剖视，如图7-12中俯视图仍画完整视图。

3）机件剖开后，剖切面后方的可见部分要全部画出，不能遗漏，如图7-12所示，主视图上漏画了圆柱孔的台阶面。

4）在剖视图上已经表达清楚的结构，在其他视图上此部分结构的投影为虚线时，其虚线省略不画。只有当机件的结构没有完全表达清楚，若画出少量的虚线可减少视图数量时，允许画少量必要的虚线。如图7-13所示中相互垂直的两条虚线应画出。

5）在画剖视图时，不仅可以在一个视图上取剖视，而且还可以根据需要同时将几个视图画成剖视，它们之间相互独立，各有所用，互不影响，如图7-14中主左视图都画成剖视图。

6）对机件中的肋、轮辐等结构的剖切方法，在后续的剖视图中将会遇到，其具体要求在后续知识中介绍。

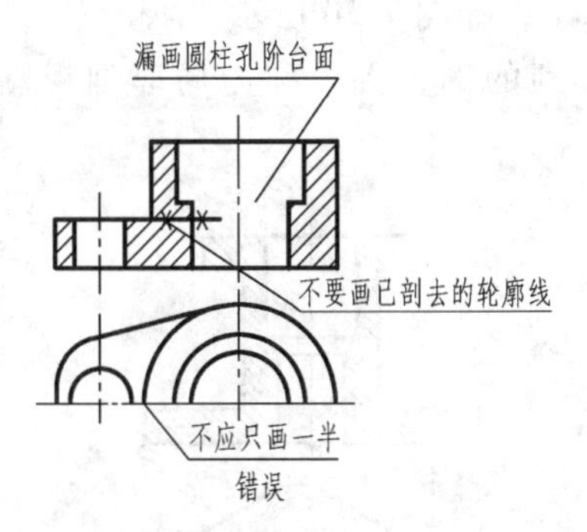

图7-12　画剖视图注意事项（一）

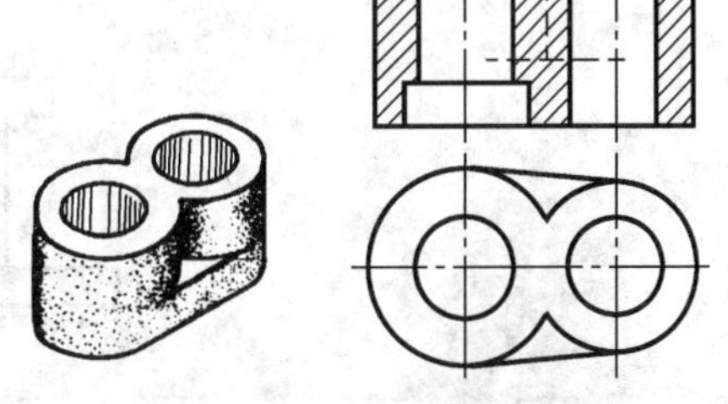

图7-13　画剖视图注意事项（二）

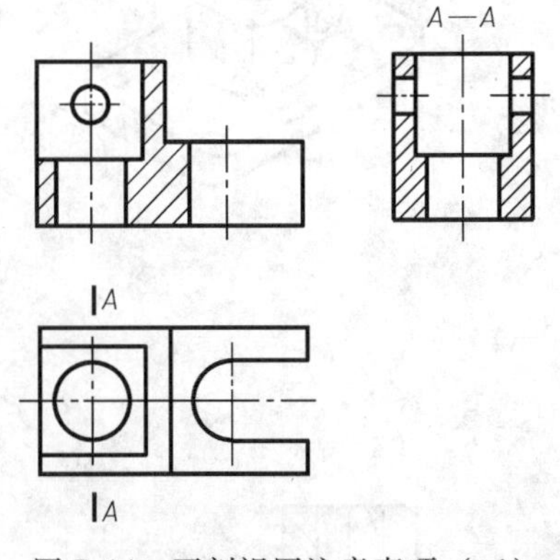

图7-14　画剖视图注意事项（三）

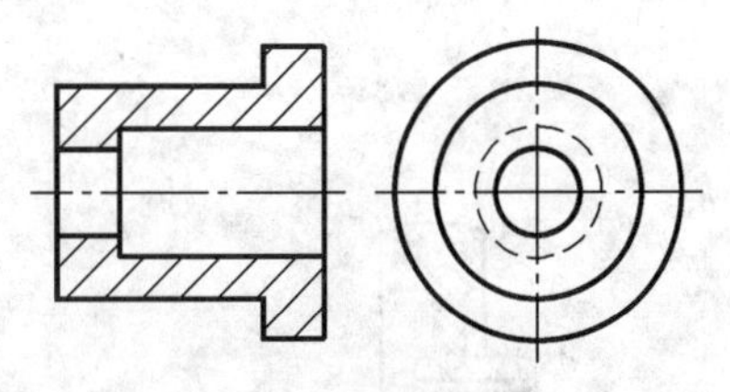

图7-15　全剖视图

2. 剖视图的种类

根据剖切范围的大小，剖视图可分为全剖视图、半剖视图和局部剖视图三种。

(1) 全剖视图　用剖切面完全的剖开机件所得的剖视图称为全剖视图。全剖视图一般适用于外开比较简单而内部结构又比较复杂的机件，如图7-10所示。

全剖视图当剖切平面通过机件的对称（或基本对称）平面，且剖视图按投影关系配置中间又无其他图形隔开时，可省略标注，如图7-14中的主视图；而图7-14中的左视图上全剖视图不具备此条件，则必须按规定方法标注。对于一些具有空心回转体的机件，即使结构对称，但由于外形简单，也常采用全剖视图 ，如图 7-15 所示。

（2）半剖视图　当机件具有对称平面时，在垂直于对称平面的投影面上投射所得的图形，以对称中心线为界，一半画成剖视图，另一半画成视图，这种图形称为半剖视图，如图 7-16所示。

半剖视图主要适用于内、外形状结构都需要表达且图形又基本对称的机件。当机件的形状接近对称且不对称的部分已另有图形表达清楚时，也可画成半剖视图，如图 7-17 所示。

画半剖视图时应注意以下问题：

1）半个视图与半个剖视图的分界线用细点画线表示，而不能画成粗实线。

2）机件的内部形状已在半剖视图中表达清楚时，在另一半表达外形的视图中一般不再画细虚线，如图 7-18 所示。

3）画半剖视视图，不影响其他视图的完整性，如图 7-19 所示。

4）半剖视图的标注方法与全剖视图的标注方法相同 ，如图 7-20 所示。

（3）局部剖视图　用剖切面局部的剖开机件所得到的剖视图，称为局部剖视图，如图 7-21所示。

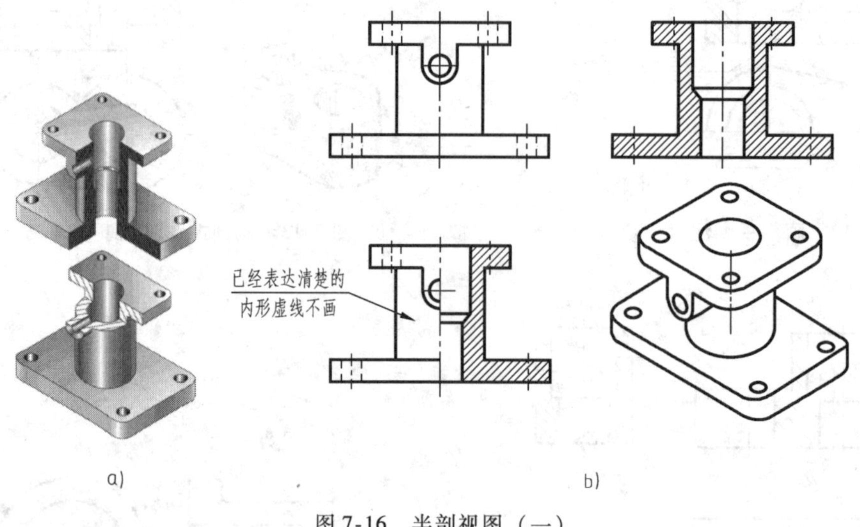

图 7-16　半剖视图（一）

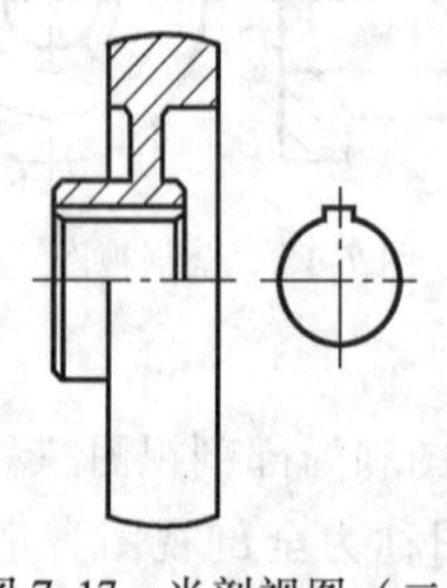

图 7-17　半剖视图（二）

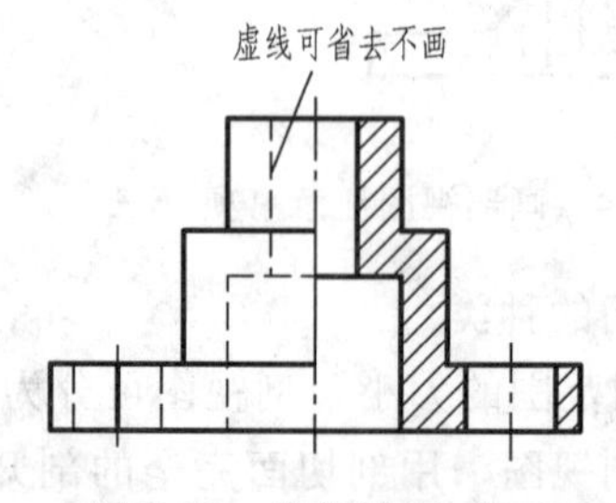

图 7-18　半剖视图（三）

局部剖视图主要用于当不对称机件的内、外形状均需要表达（见图 7-21a、b）或对称机件不适宜采用半剖视时（见图 7-22），可采用局部剖视。局部剖视图中，剖视部分与视图部分之间应以波浪线或双折线作为分界线，波浪线或双折线也是机件断裂处的边界线。

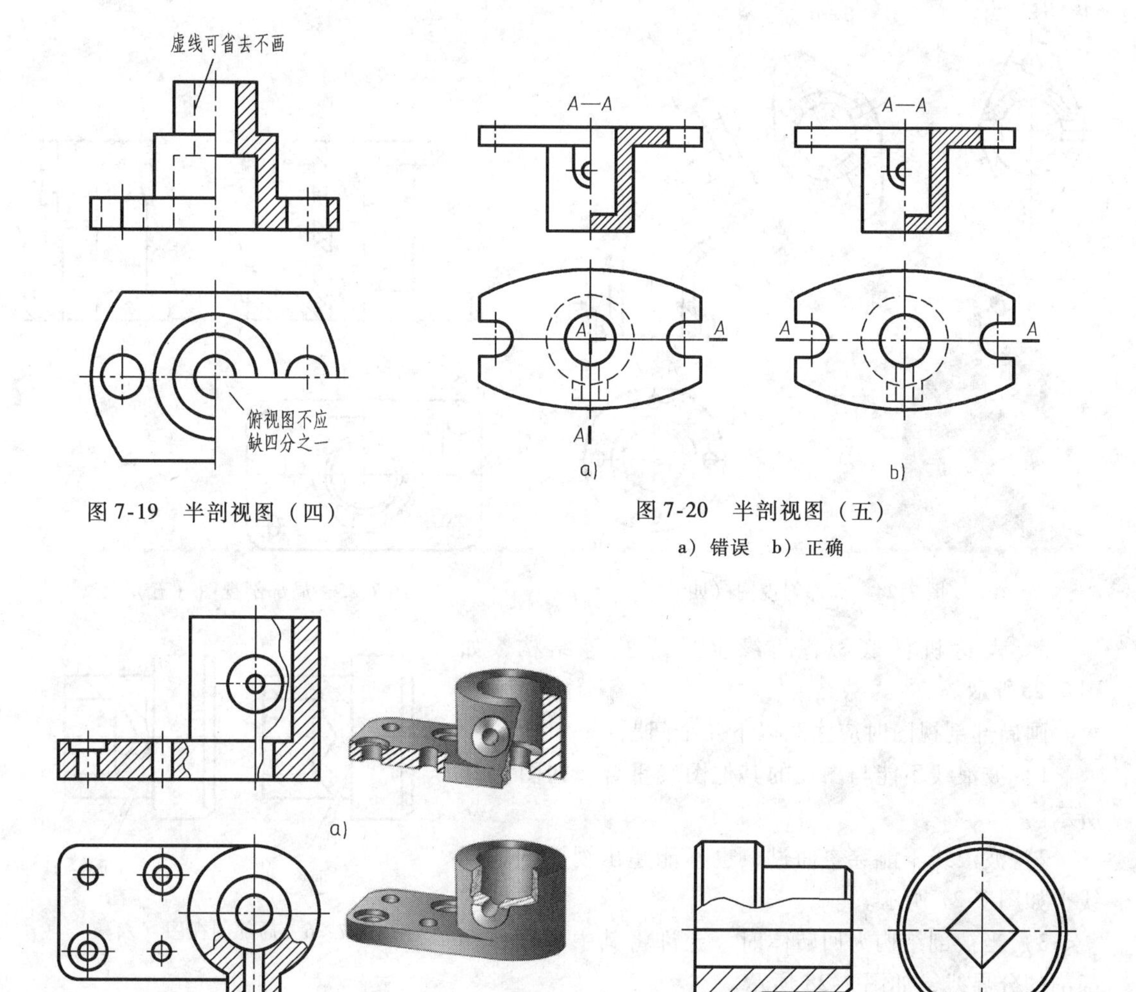

图 7-19　半剖视图（四）

图 7-20　半剖视图（五）

a）错误　b）正确

图 7-21　局部剖视图（一）

图 7-22　局部剖视图（二）

局部剖视图的适用范围：

局部剖视图能同时表达机件内、外结构，而且不受机件结构是否对称的限制，是一种比较灵活的表达方法，剖切位置、剖切范围可根据需要而定，常用于内外形均需表达的不对称机件。

1）需要同时表达不对称机件的内外形状时，可以采用局部剖视，如图 7-21 所示。

2）当对称机件的轮廓线与中心线重合，不宜采用半剖视时，如图 7-22 所示。

3）实心杆上有孔、槽时，应采用局部剖视，如图 7-23 所示。

4）当机件的内外形都较复杂，而图形又不对称时，如图 7-24 所示。

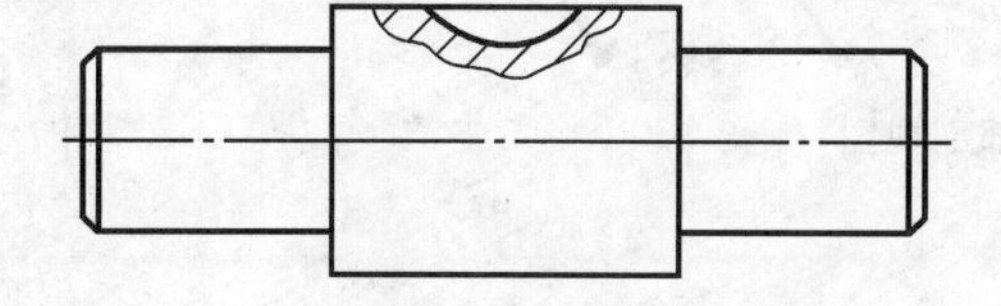

图 7-23　局部剖视图（三）

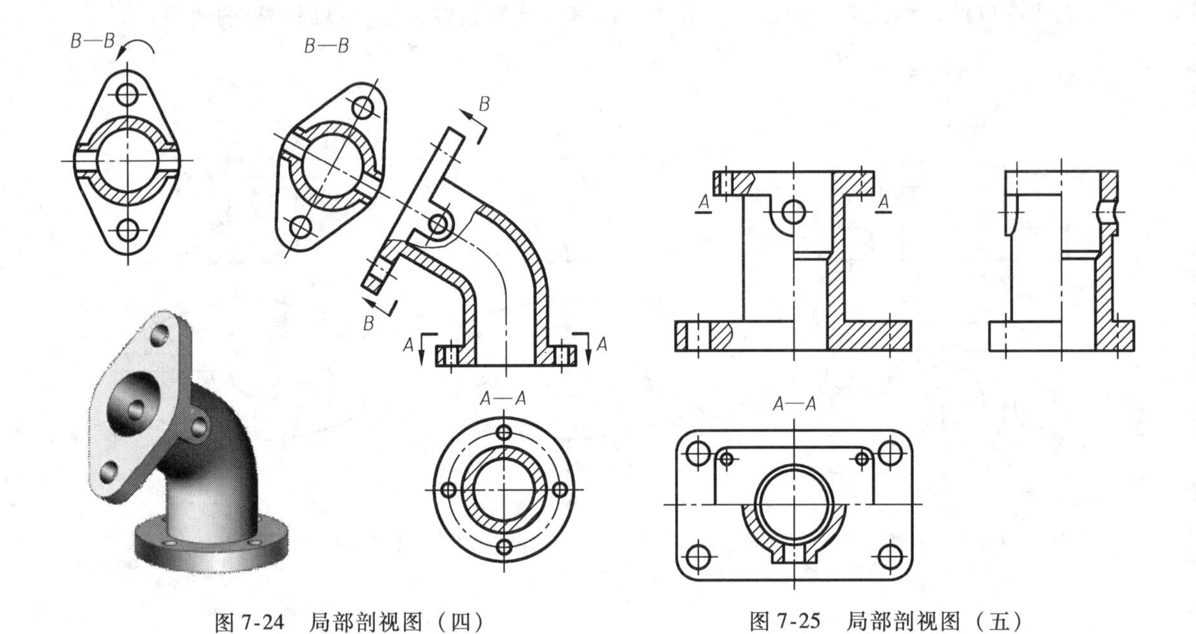

图 7-24　局部剖视图（四）　　图 7-25　局部剖视图（五）

5）表达机件底板、凸缘上的小孔等结构，如图 7-25所示。

画局部剖视图时应注意以下几个问题：

1）波浪线不能与图上的其他图线重合，如图 7-26所示。

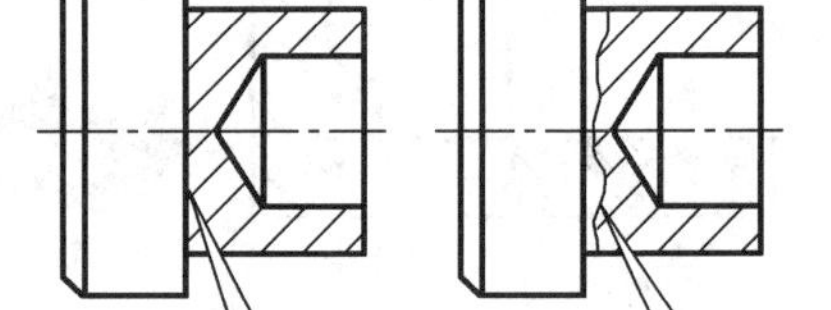

图 7-26　局部剖视图（六）

2）波浪线不能穿空而过，也不能超出视图的轮廓线，如图 7-27 所示。

3）当被剖结构为回转体时，允许将其中心线作局部剖的分界线，如图 7-28 所示。

4）在一个视图中，局部剖的数量不宜过多，在不影响外形表达的情况下，可在较大范围内画成局部剖视，以减少局部剖视的数量。

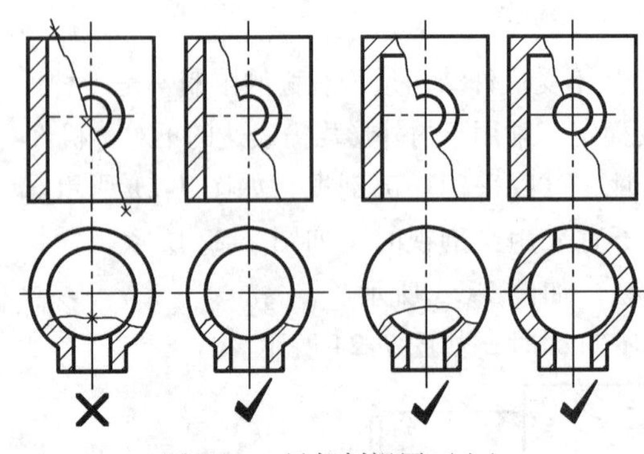

图 7-27　局部剖视图（七）

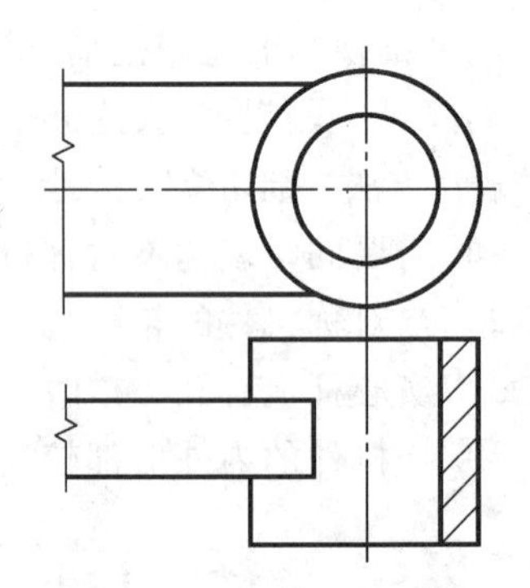

图 7-28　局部剖视图（八）

3. 剖切面的种类

剖视图是假想将机件剖开后而得到的视图。前面叙述的全剖视图、半剖视图和局部剖视图都是平行于基本投影面的单一剖切平面剖切机件而得到的。由于机件内部结构形状的多样性和复杂性，常需选用不同数量和位置的剖切面来剖开机件，才能把机件的内部形状表达清楚。国家标准规定，根据机件的结构特点，可选择以下剖切面：单一剖切面、几个平行的剖切平面，几个相交的剖切面（交线垂直于某一投影面）。

（1）单一剖切面　单一剖切面可以是平行于基本投影面的剖切平面，如前所述的全剖视图、半剖视图和局部剖视图，所举图例大多数是用这种剖切面剖开机件而得到的剖视图。单一剖切面也可以是不平行于基本投影面的斜剖切平面，通常称为斜剖视图，如图 7-24 中的“*B—B*”。斜剖视图一般应按投影关系配置在与剖切符号相对应的位置上，必要时也可将它配置在其他位置上。在不致引起误解时，允许将图形旋转，但此时必须进行标注，其标注的字母一律水平书写。

（2）几个平行的剖切平面　这种剖切面可以用来表达位于几个平行平面上的机件内部结构，通常称为阶梯剖视。图 7-29 所示的机件，内部结构（前后各有一光孔，中部有沉孔）较多，又不处于同一平面内，并且要表达的结构无明显的回转中心，如果用单一剖切面则不能完全表达其内部结构，这时采用两个平行的剖切面剖开机件，能准确地表达其结构。

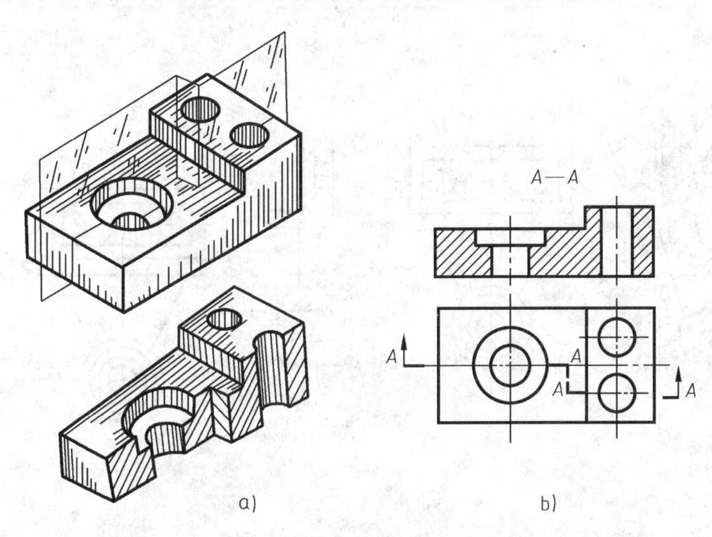

图 7-29　阶梯剖视图（一）

画阶梯剖视图时应注意以下几点：

1）因为剖切面是假想的，所以不应画出剖切面转折处的投影，如图 7-30 所示。

2）必须在相应视图上用剖切符号表示剖切起止和转折处，并用相同的大写拉丁字母标出，在剖切符号的起止处用箭头指明投射方向，并在相应剖视图上方用相同字母注上剖视图的名称“×—×”。

3）当阶梯剖视图按投影关系配置，中间又没有其他图形隔开时，可省略箭头，如图 7-30所示。

4）要恰当地选择剖切位置，不应出现不完整的要素，如图 7-31 所示。

5）当两个要素具有公共对称中心线或轴线时，可以对称中心线或轴线为界各画一半，如图 7-32 所示。

（3）几个相交的剖切面　用两个相交的剖切面（交线垂直于某一基本投影面）剖开机

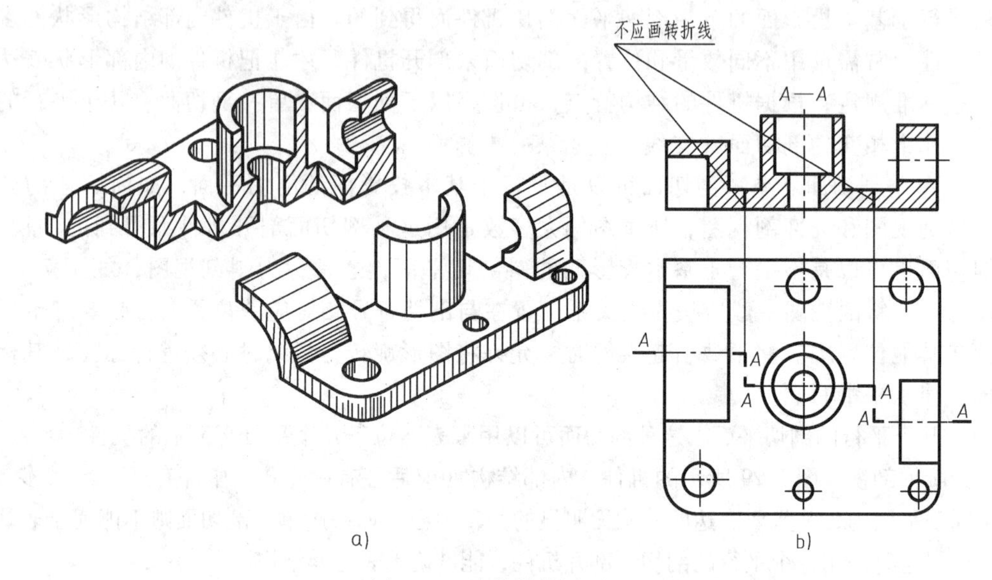

图 7-30　阶梯剖视图（二）

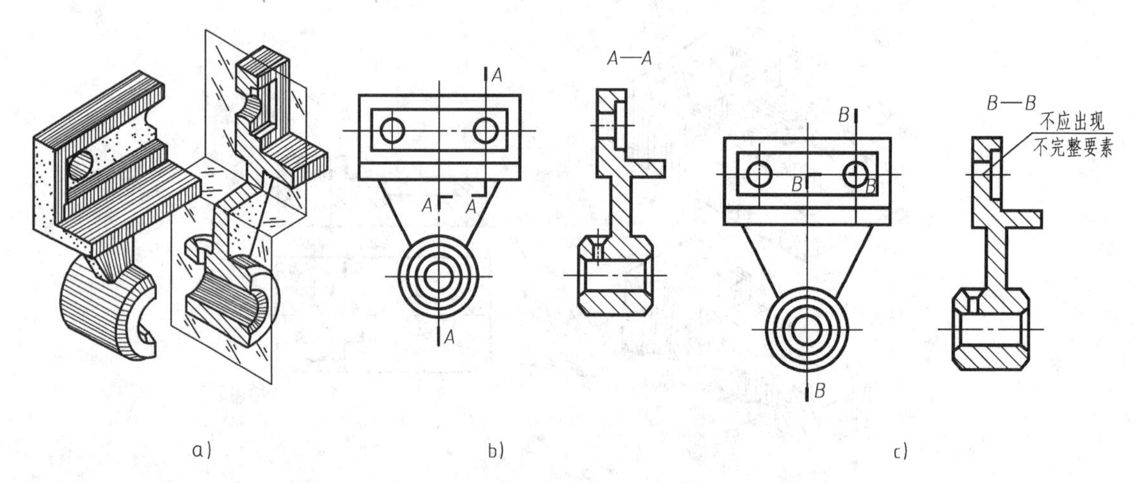

图 7-31　阶梯剖视图（三）

件，以表达具有回转轴的机件的内部形状，通常称为旋转剖视，如图 7-33 所示。

旋转剖视适用于内部结构形状用一个剖切平面不能表达完全而又具有回转轴的机件，即两剖切平面正好相交于机件的轴线处。

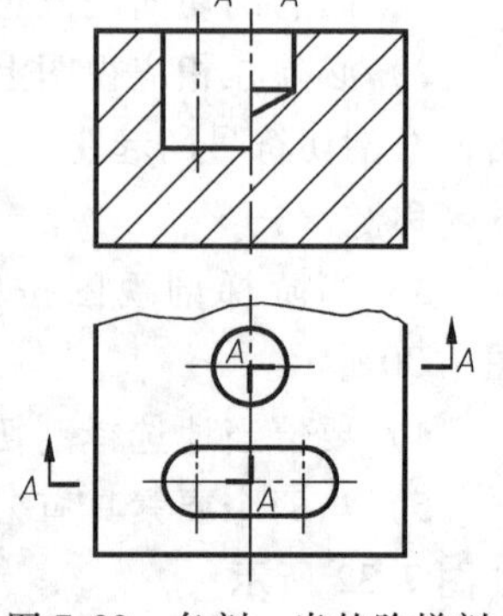

图 7-32　各剖一半的阶梯剖

画旋转剖视图时应注意以下几点：

1）相邻两剖切平面的交线应垂直于某一投影面。

2）用两个相交的剖切面剖开机件绘图时，应先剖切后旋转，使剖开的结构及其有关部分旋转至与某一选定的投影面平行时再投射。此时旋转部分的某些结构与原图形不再保持投影关系，如图 7-33 所示机件中的倾斜部分的剖视图。在剖切面后的其他结构一般仍应按原来位置投射，如图 7-33 中剖切平面后的小圆孔。

3）采用这种剖切面剖切后，应对剖视图加以标注。剖切符号的起讫及转折处用相同字母标出，但当转折处空间狭小又不致引起误解时，转折处允许省略字母。

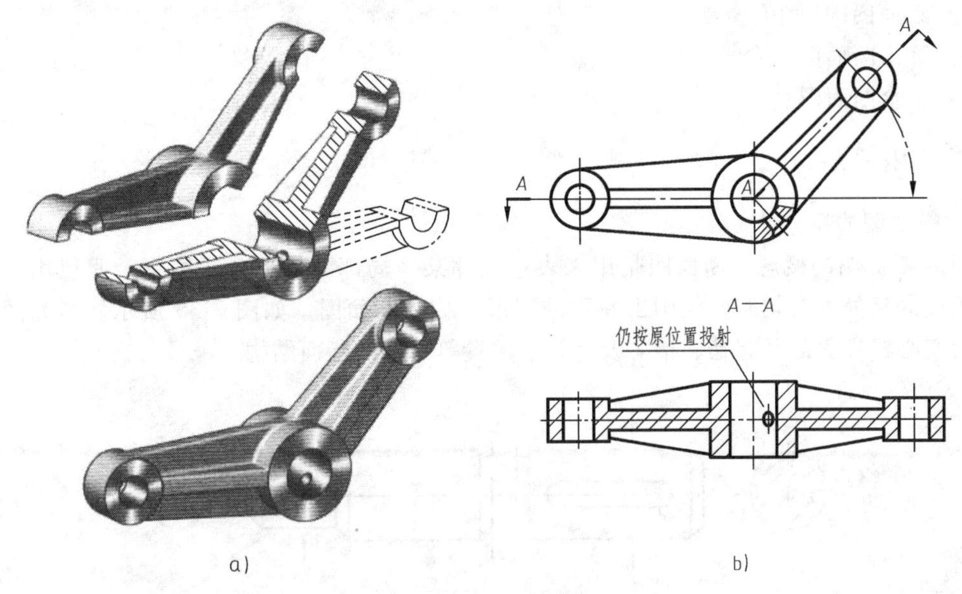

图 7-33　旋转剖视图

任务3　断面图表示法

一、任务描述

图 7-34 为阶梯轴的立体图，如果按照以往所学的视图知识来表达该轴的结构，可以看到图上出现了很多虚线，而且很多虚线重叠在一起，不便于读图。因此在本任务中引入了断面图画法来更加清楚的表达其结构形状。

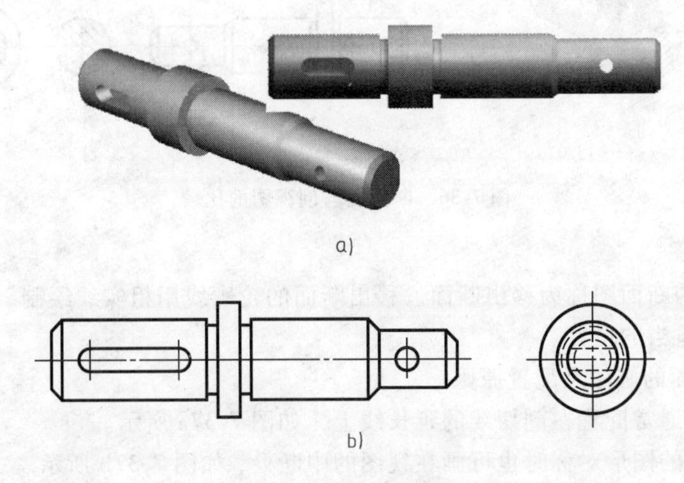

图 7-34　阶梯轴的立体图和视图

二、任务分析

本任务主要研究的知识点主要有以下 3 点：

1）断面图的概念。

2）移出断面图。

3）重合断面图。

三、相关知识

1. 断面图的概念

（1）断面图的概念　断面图是用来表达机件某一局部断面形状的图形。假想用剖切平面将机件的某处垂直切断，仅画出断面的图形，称为断面图，如图 7-35 所示。断面图常用来表示实心杆件表面开有孔、槽等及肋板、薄壁等零件的断面结构。

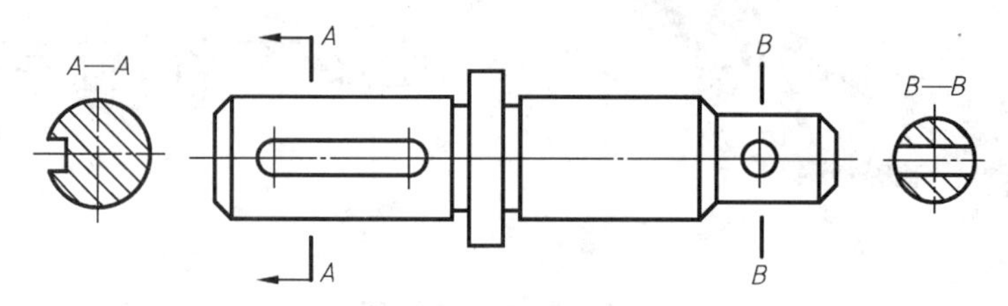

图 7-35　阶梯轴的断面图

（2）断面图与剖视图的区别　断面图与剖视图是两种不同的表示法，两者虽然都是用假想的剖切面剖开机件后投射，但是剖视图不仅要画出被剖切面切到的部分，一般还应画出剖切面后的可见部分，如图 7-36d 所示，而断面图则仅画出被剖切面切断的横截面的形状，如图 7-36c 所示。

根据国家标准（GB/T 17452—1998）规定常用的断面有移出断面和重合断面两种类型。

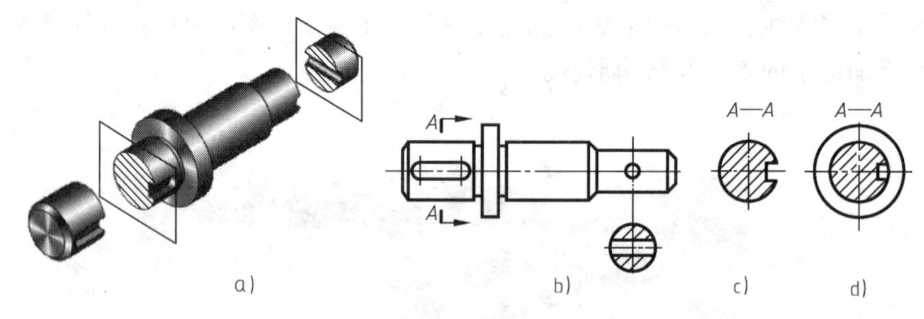

图 7-36　断面图与剖视图的比较

2. 移出断面图

画在视图外的断面图称为移出断面。移出断面的轮廓线用粗实线绘制，配置在剖切线的延长线上或其他适当的位置。

（1）移出断面的画法及配置原则

1）移出断面通常配置在剖切线的延长线上，如图 7-37a 所示。

2）移出断面的图形对称时也可画在视图的中断处，如图 7-37b 所示。

3）必要时移出断面图可配置在其他适当位置，如图 7-37c 所示。

4）由两个或多个相交的剖切平面剖切得出的移出断面图，中间一般应断开，如图 7-37d 所示。

5）当剖切平面通过回转面而形成的孔或凹坑的轴线时，则这些结构按剖视图绘制，如图 7-37e、f 所示。

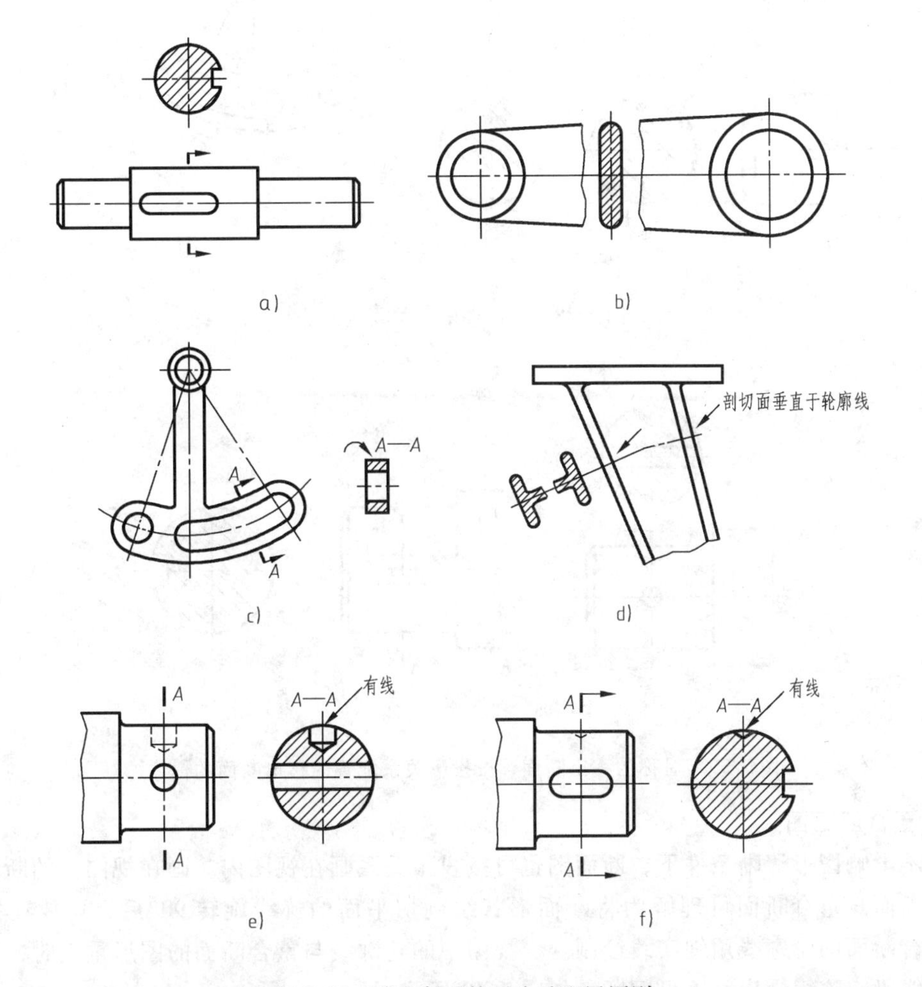

图 7-37　移出断面的画法及配置原则

（2）有关规定　当剖切面通过回转面形成的孔或凹坑的轴线时（见图 7-38a），或通过非圆孔会导致出现完全分离的断面时（见图 7-38b），这些结构应按剖视绘制。

（3）移出断面的标注

1）移出断面一般用剖切符号表示剖切位置，用箭头表示投射方向，并注上字母，在断面图的上方用同样的字母标出相应的名称“×—×”。

2）配置在剖切符号延长线上的不对称移出断面不必标注字母，如图 7-39a 所示。

3）配置在剖切线延长线上的对称移出断面，以及配置在视图中断处的对称移出断面均不必标注。

4）不配置在剖切符号延长线上的对称移出断面、按投影关系配置的不对称移出断面，均可省略箭头，如图 7-39b 所示。

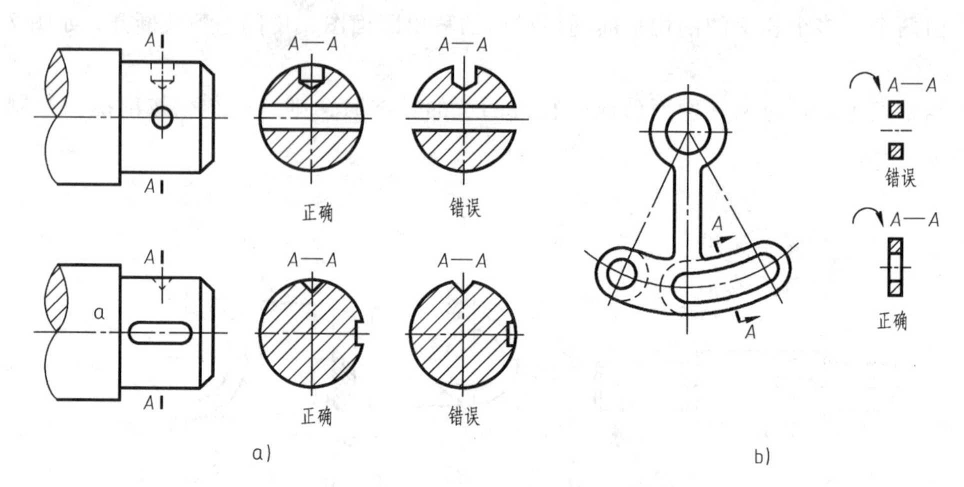

图 7-38　断面图的有关规定画法

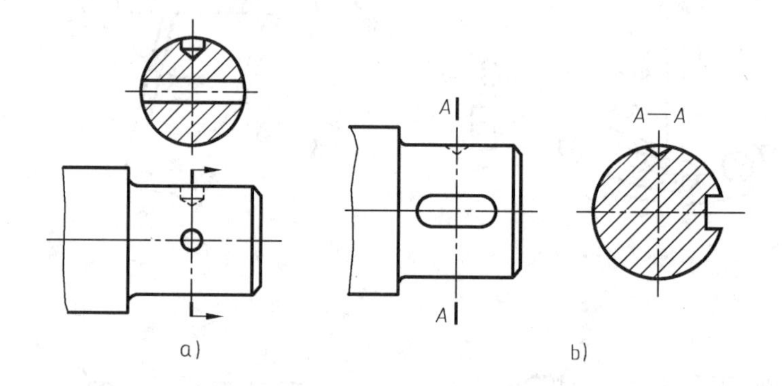

图 7-39　对称的移出断面、按投影关系配置的移出断面的标注

3. 重合断面图

在不影响图形清晰条件下，断面图也可按投影关系画在视图内。画在视图内的断面图称为重合断面。重合断面可理解为将断面形状绕剖切平面的迹线旋转 90°后，再放在视图之内。重合断面的轮廓线用细实线绘制。当视图中的轮廓线与重合断面的图形重叠时，视图中的轮廓线仍应连续画出，不可间断，如图 7-40 所示。

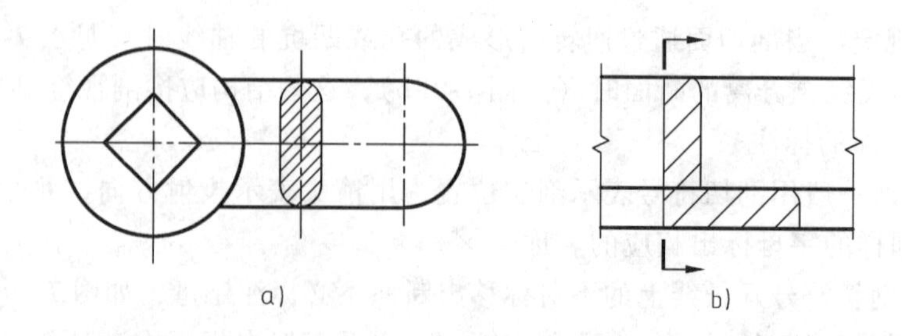

图 7-40　重合断面图

因重合断面的位置固定而配置在剖切符号上的不对称重合断面，不必标注字母。对称的重合断面也不必标注，如图 7-41 所示。

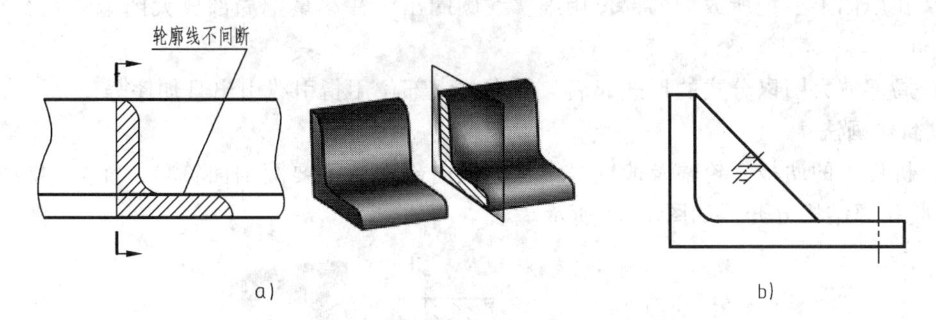

图 7-41 重合断面图的标注

任务4 其他表示法

一、任务描述

机件除了采用前面所述的几种画法来表示结构形状外，还有一些其他表示法，如细小结构的表示、简化画法等，下面来学习它们。

二、任务分析

为了充分的表示零件的结构形状，除了应用前面所介绍的表示方法以外，在生产实践中，有些结构还可以根据其特点用其他方法来表示。这次任务主要研究的就是解决这些问题的要领，涉及的知识点主要有以下三个：

1）局部放大图。

2）简化画法。

3）第三角画法。

三、相关知识

1. 局部放大图

（1）概念　机件上某些细小结构在视图中表达的还不够清楚，或不便于标注尺寸时，可将这些部分结构用大于原图形所采用的比例画出，这种图称为局部放大图，如图 7-42 所示。

（2）标注　局部放大图必须标注，标注方法是：在视图上画一细实线圆，标明放大部位，在放大图的上方注明所用的比例，即图形大小与实物大小之比（与原图上的比例无关），如果放大图不止一个时，还要用罗马数字编号以示区别。

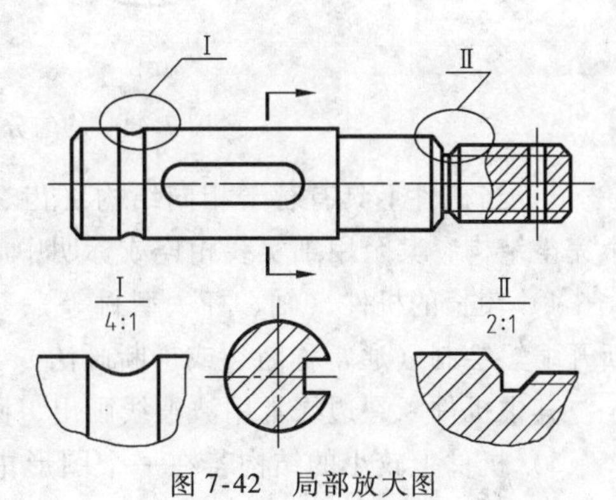

图 7-42 局部放大图

（3）表达方法

1）局部放大图可画成视图、剖视图、断面图。

2）在原图上要把所放大的部位用细实线圆圈出，并尽量把局部放大图配置在被放大部位的附近。

3）局部放大图以分式的形式起名，并在放大部位用指引线引出且加序号。

2. 简化画法

1）机件上的肋板、轮辐及薄壁等结构，纵向剖切都不要画剖面符号，而且用粗实线将它们与其相邻结构分开，如图7-43所示。

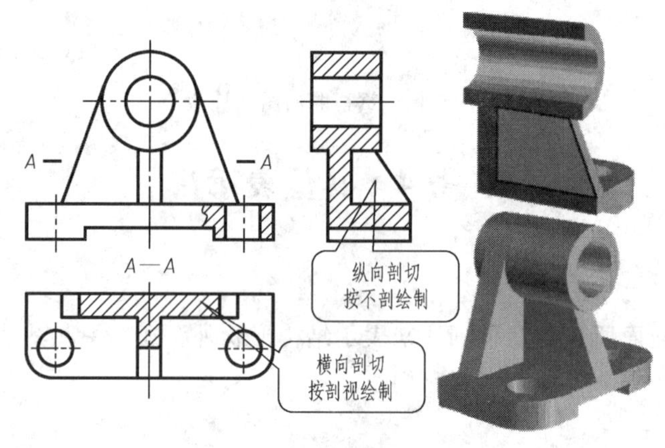

图7-43 肋板的剖视画法

2）当回转体上均匀分布的肋板、轮辐、孔等结构不处于剖切平面上时，可将这些结构假想旋转到剖切平面上画出，如图7-44所示。

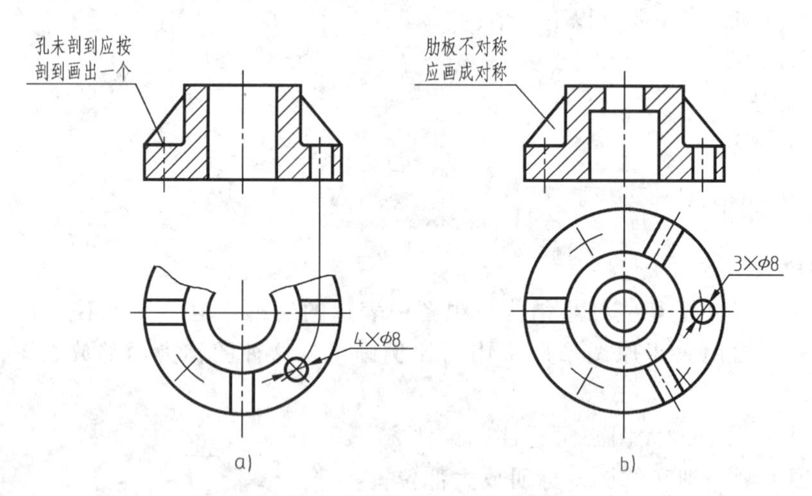

图7-44 均匀分布的肋板、孔的剖切画法

3）当机件上具有若干相同结构（齿、槽、孔等），并按一定规律分布时，只需画出几个完整结构，其余用细实线相连或标明中心位置，并注明总数，如图7-45所示。

4）较长的机件（轴、杆、型材等），沿长度方向的形状一致或按一定规律变化时，可断开缩短绘制（通常称断裂或折断画法），但必须按原来实长标注尺寸，如图7-46所示。

其中机件断裂边缘常用波浪线画出，圆柱断裂边缘常用花瓣形画出，如图7-47所示。

5）机件上较小的结构若在一个图形中已表示清楚时，在其他图形中可以简化或省略，

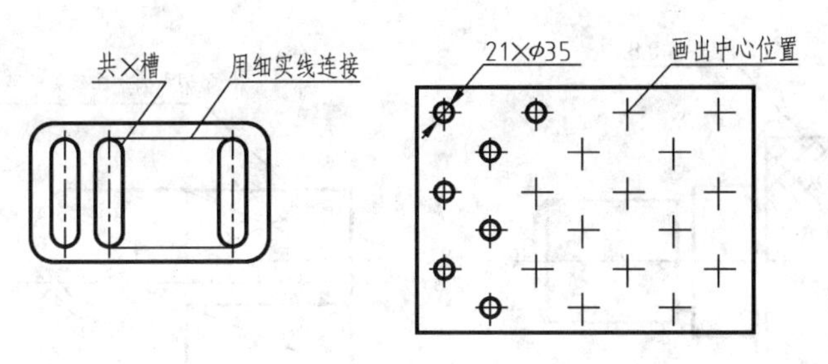

图 7-45　相同结构的简化画法

在不致引起误解时，图形中的相贯线允许简化。例如，用圆弧或直线代替非圆曲线，如图 7-48所示。

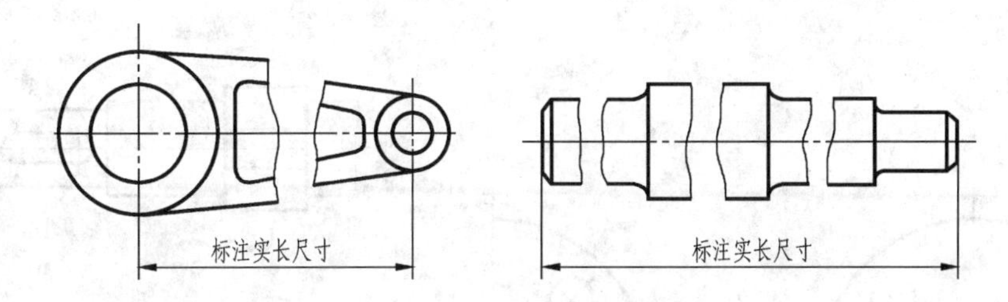

图 7-46　较长机件的折断画法

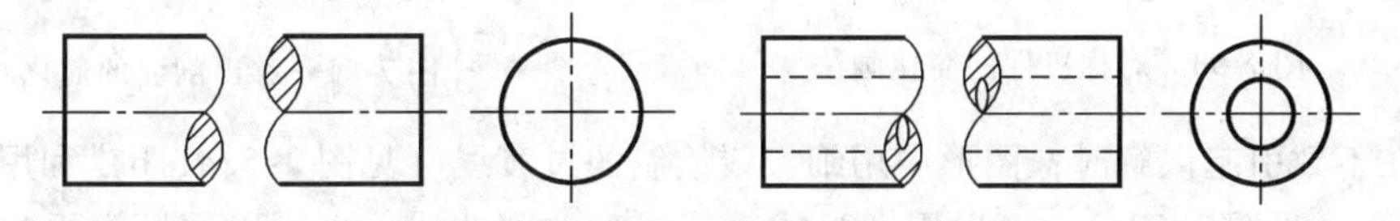

图 7-47　圆柱与圆筒的断裂处画法

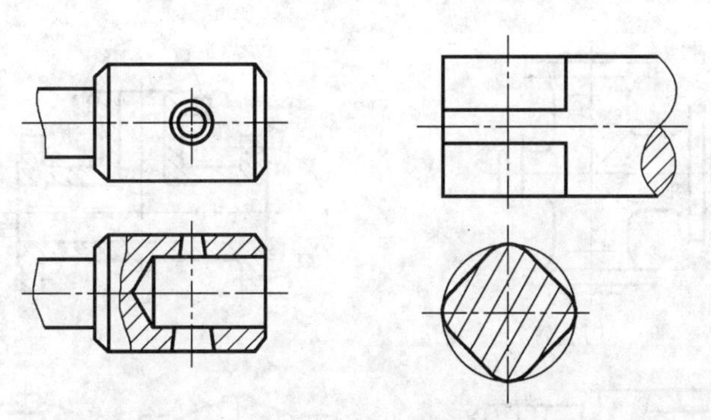

图 7-48　较小结构的简化画法

6）网状物、编织物或机件上的滚花部分，可在轮廓线附近用细实线示意画出，并标明其具体要求。图 7-49a 所示即为滚花的示意画法。当图形不能充分表达平面时，可以用平面符号（相交细实线）表示，如图 7-49b 所示。如已表达清楚，则可不画平面符号。

7）在不致引起误解时，对于对称机件的视图可以只画一半或四分之一，并在对称中心线的两端画出两条与其垂直的平行细实线，如图 7-50 所示。

8）在不致引起误解时，零件图中的移出断面，允许省略剖面符号，但剖切位置和断面

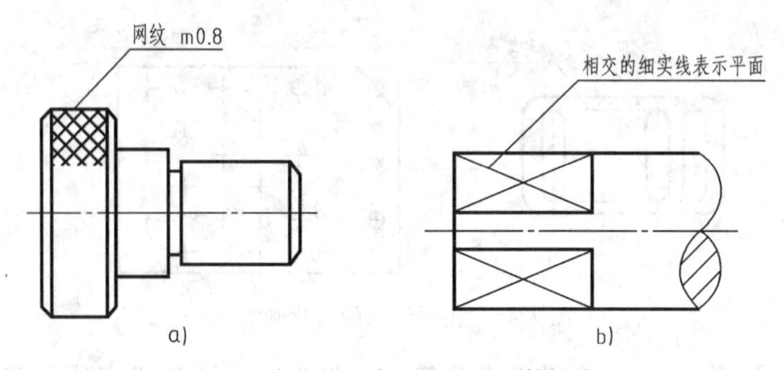

图 7-49　滚花的示意画法和平面符号表示法

图的标注，必须按规定的方法标出，如图 7-51 所示。

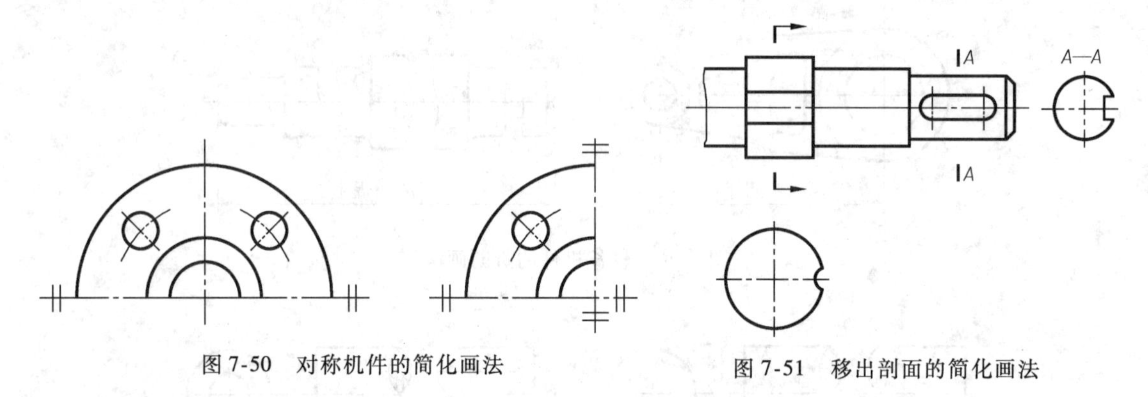

图 7-50　对称机件的简化画法

图 7-51　移出剖面的简化画法

9）在不致引起误解时，图形中用细实线绘制的过渡线（见图 7-52a、b）和用粗实线绘制的相贯线（见图 7-52c），可以用圆弧或直线代替非圆曲线，也可以用模糊画法表示相贯线（见图 7-52d）。

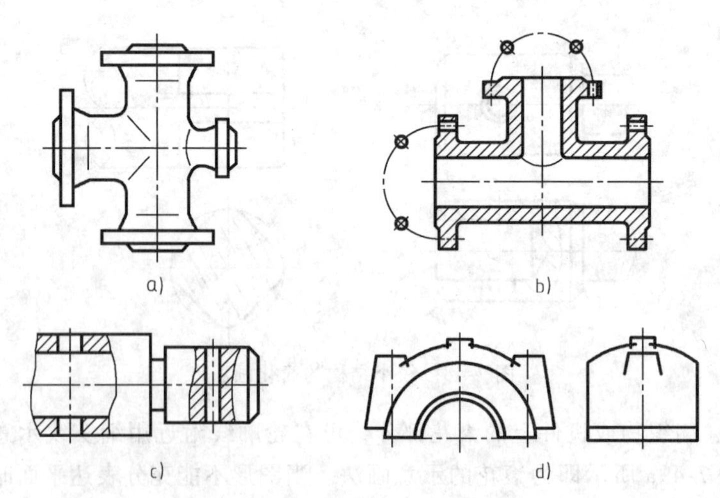

图 7-52　过渡线和相贯线的简化画法

10）零件上对称结构的局部视图的绘制方法，如图 7-53a 所示。

11）机件上的较小结构，如键槽处截交线的投影可画成直线；小斜度的结构，一个图表达清楚时，其他图形按小端画，如图 7-53b 所示。

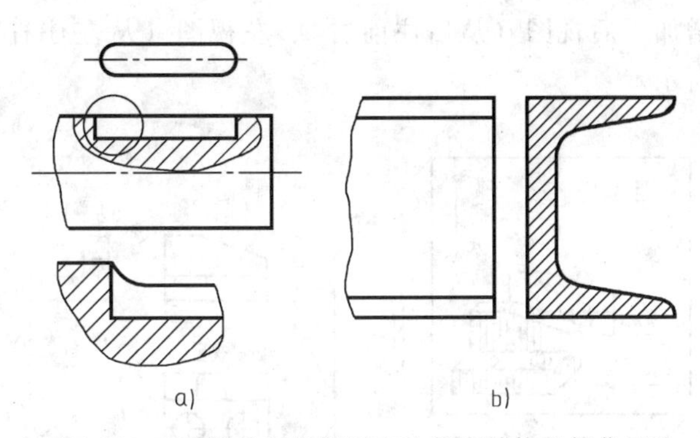

图 7-53 对称结构局部视图和小斜度结构的简化画法

12）与投影面倾斜角度等于或小于 30°的圆或圆弧，其投影可用圆或圆弧代替，如图 7-54所示。

3. 第三角画法

GB/T 17451—1998《技术制图　图样画法　视图》规定："技术图样应采用正投影法绘制，并优先选用第一角画法。"世界上大多数国家，如中国、法国、英国、德国等都是采用第一角画法。但是，美国、加拿大、日本、澳大利亚等国家采用第三角画法。为了便于今后的工作与技术交流，有必要掌握第三角画法，因此，GB/T 14692—2008《技术制图　投影法》中规定："必要时允许使用第三角画法"。

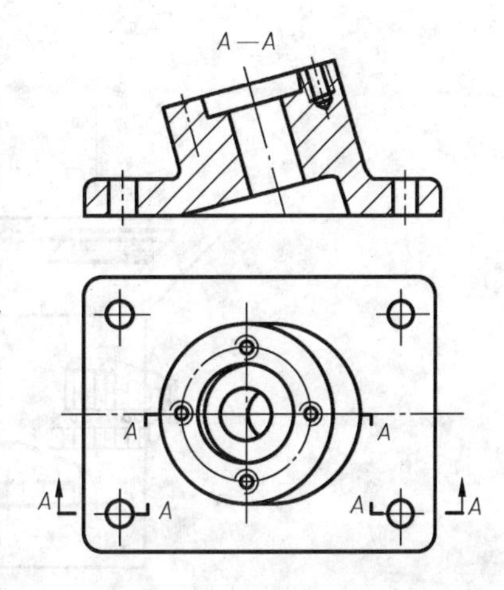

图 7-54 倾斜圆的简化画法

（1）第三角投影法的概念　如图 7-55 所示，由三个互相垂直相交的投影面组成的投影体系，把空间分成了八个部分，每一部分为一个分角，依次为Ⅰ、Ⅱ、Ⅲ、Ⅳ、…、Ⅷ分角。将机件放在第一分角进行投影，称为第一角画法。而将机件放在第三分角进行投影，称为第三角画法。

（2）第三角画法与第一角画法的区别　第三角画法与第一角画法的区别在于人（观察者）、物（机件）、图（投影面）的位置关系不同。采用第一角画法时，是把物体放在观察者与投影面之间，从投影方向看是"人、物、面"的关系，如图 7-56 所示。而采用第三角画法时，是把投影面放在观察者与物体之间，把投影面近似地看成是透明的，从投影方向看是"人、面、物"的关系，如图 7-57 所示。投影时就好像隔着"玻璃"看物体，将物体的轮廓形状印在"玻璃"（投影面）上。

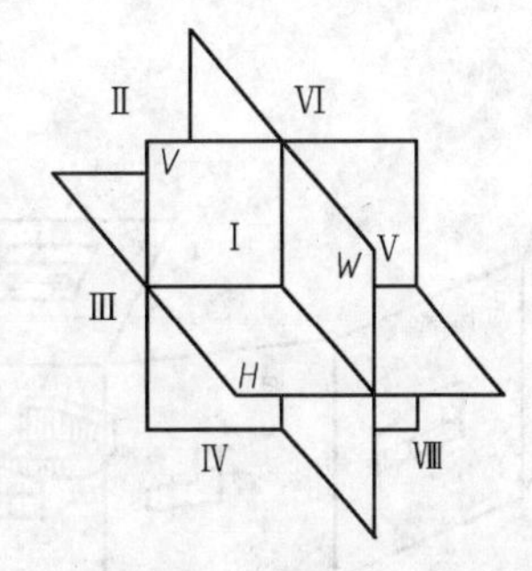

图 7-55 空间的八个分角

（3）第三角投影图的形成　采用第三角画法时，从前面观察物体在 V 面上得到的视图称为前视图；从上面观察物体在 H 面上得到的视图称为顶视图；从右面观察物体在 W 面上得到的视图称为右视图。各投影面的展开方法是：V 面不动，H 面向上旋转 90°，W 面向右旋转 90°，使三投影面处于同一平面内。采用第三角画法时也可以将物体放在正六面体中，分别从物体的六个方向向各投影面进行投影，得到六个基本视图，即在三视图的基础上增加了后视图（从后往前看）、左视图（从左往右看）、底视图（从下往上看），如图7-58所示。

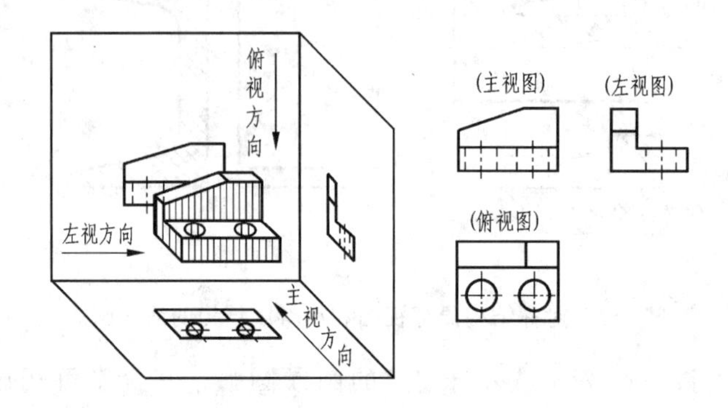

图7-56 第一角画法原理

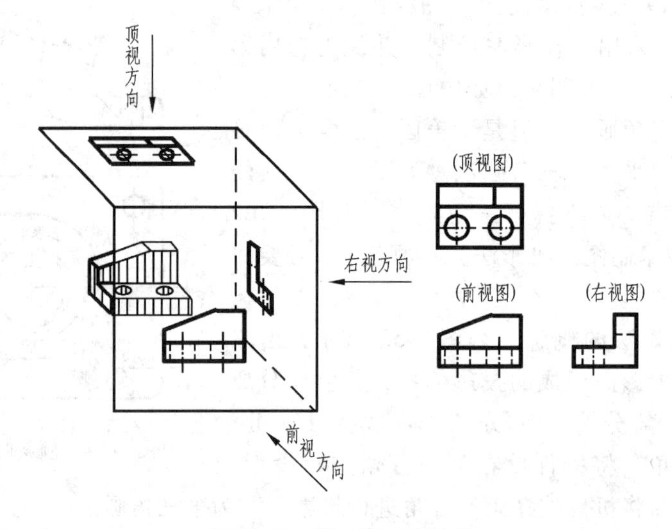

图7-57 第三角画法原理

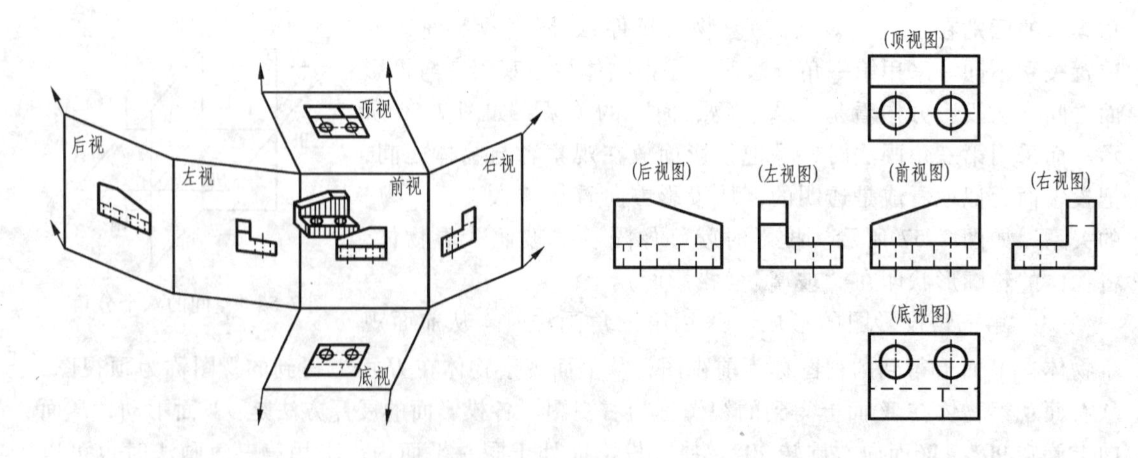

图7-58 第三角画法投影面展开及视图的配置

（4）第三角画法与第一角画法的区别在各自的投影面体系中，人、物、投影面三者之间的相对位置不同，决定了它们六个基本视图配置关系的不同，从图 7-59 所示两种画法的对比中，可以很清楚地看到：

第三角画法的顶视图和底视图与第一角画法的俯视图和仰视图位置对换。

第三角画法的左视图和右视图与第一角画法的左视图和右视图位置对换。

第三角画法的前、后视图与第一角画法的主、后视图一致。

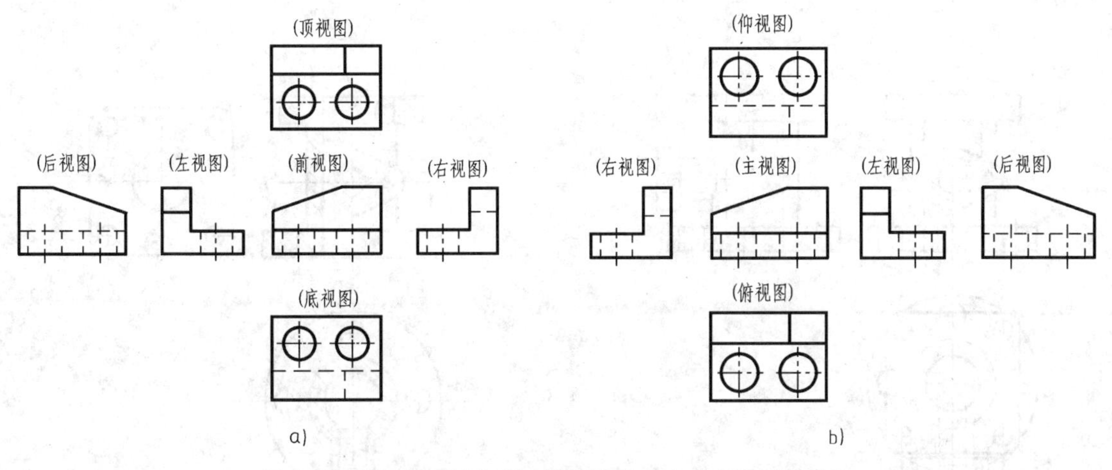

图 7-59　第三角画法与第一角画法的六个基本视图的对比

a）第三角画法　b）第一角画法

（5）第一角和第三角画法的识别符号　在国际标准中规定，可以采用第一角画法，也可以采用第三角画法。为了区别这两种画法，规定在标题栏中专设的格内用规定的识别符号表示，符号如图 7-60 所示。

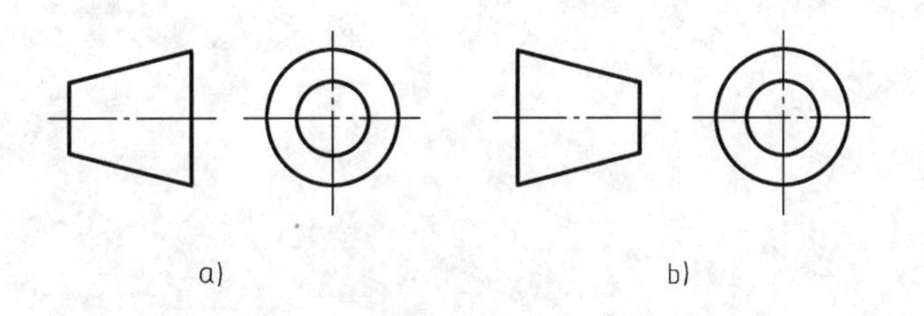

图 7-60　两种画法的识别符号

a）第一角画法用　b）第三角画法用

四、扩展知识

各种表示法的综合应用

将机件的内、外结构形状及形体间的相对位置完整、清晰地表达出来，常要运用视图、剖视图、断面图、简化画法等各种表示法。因此确定表达方案时，应根据机件的结构特点，首先考虑在看图方便且能完整清晰地表达机件的结构形状的前提下，力求作图简便，一般可同时拟定几种方案，经过分析、比较，最后选择一个最佳方案。

例 7-1　根据图 7-61 所示机件的三视图，重新选择合适的表达方案。

由图 7-61 可知，该机件由正方形顶板、圆形底板、中间圆筒及前部菱形凸缘四部分组成。在顶板和底板上均有四个小孔，圆筒与菱形凸缘间也有孔相通。

由于图 7-61 中主视图的图形是左右对称的，所以可将其画成半剖视图，既反映内形，又保留了菱形凸缘的外形。为清楚地反映圆筒与菱形凸缘孔相通的情况、底板的形状及底板上四孔的分布情况，其俯视图可采用沿凸缘孔轴线剖切的全剖视图；剩下顶板的形状及顶板上四孔的分布情况，可用局部视图表达，而原左视图省略不画，完整的表达方案如图 7-62 所示。

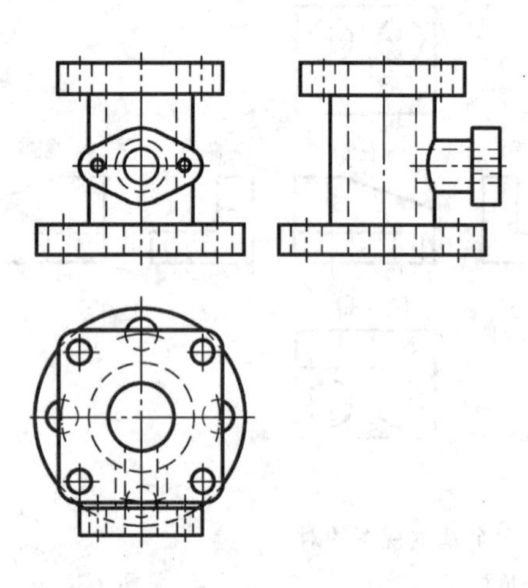

图 7-61　机件的三视图

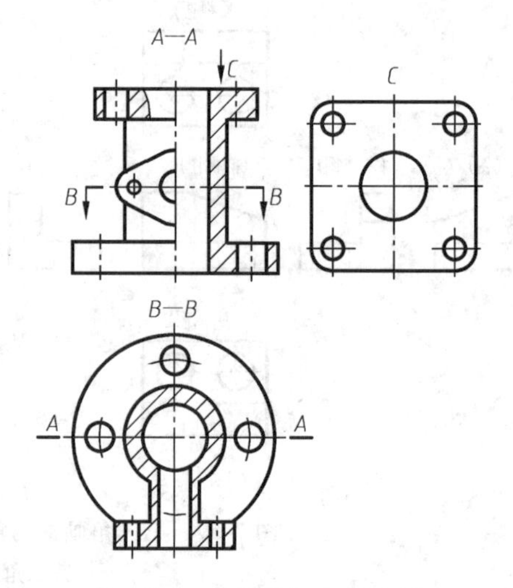

图 7-62　选择表达方案示例

单元8　标准件与常用件的规定画法

8

知识目标：

掌握标准件与常用件的规定画法。

技能目标：

能正确绘制标准件与常用件。

任务1　螺纹的规定画法

一、任务描述

在机械设备和仪器仪表的装配及安装过程中，广泛使用螺栓、螺钉、螺母、键、销、滚动轴承等零件，由于这些零件应用广、用量大，国家标准对这些零件的结构、规格尺寸和技术要求作了统一规定，实行了标准化，所以统称为标准件。此外，齿轮等常用机件仅对其部分结构要素实行了标准化。由于已经标准化，在制造这些零件时，便可组织专业化协作，使用专用机床和标准的刀具、量具，进行高效率、大批量生产，从而获得质优价廉的产品；在设计、装配和维修机器时，可以方便地按规格更换；在绘图时，为了提高效率，对上述零件的某些结构和形状，不必按其真实投影画出，而是根据相应的国家标准所规定的画法、代号和标记进行绘图和标注。

二、任务分析

本次任务主要研究和解决的问题主要有以下几点：

1）螺纹的形成。

2）螺纹的结构要素。

3）螺纹的规定画法。

4）螺纹的标注。

三、相关知识

1. 螺纹的形成

螺纹是在圆柱或圆锥表面上，沿螺旋线所形成的具有规定牙型的连续凸起或沟槽。在圆柱或圆锥外表面上形成的螺纹称为外螺纹，在内表面上形成的螺纹称为内螺纹。

螺纹的加工方法很多，如图 8-1a 所示，在车床上车削外螺纹。内螺纹也可以在车床上加工，如图 8-1c 所示。若加工直径较小的螺孔，可按如图 8-1b 所示，先用钻头钻孔（由于钻头顶角约为 120°，所以钻孔的底部应画成 120°），再用丝锥攻制加工内螺纹。

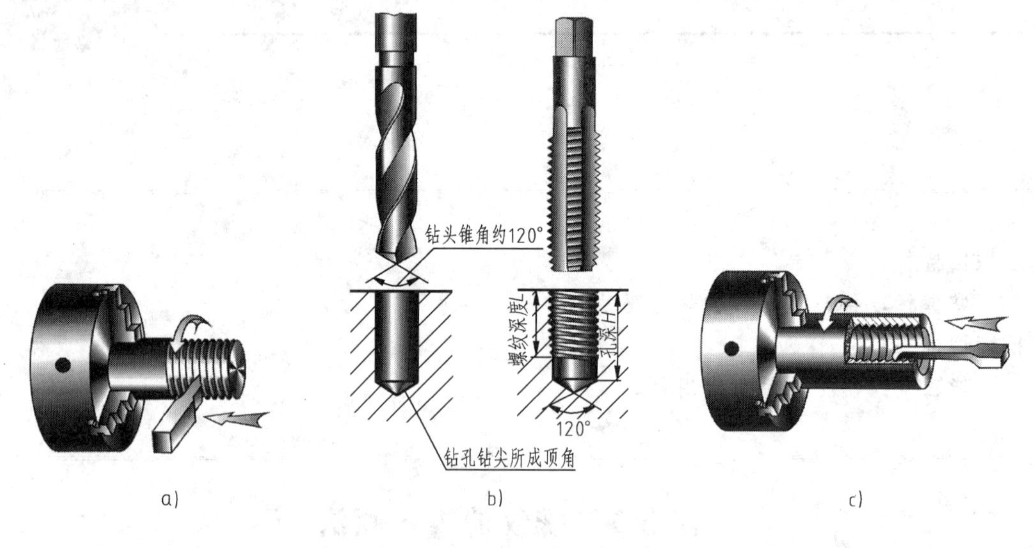

图 8-1　螺纹的形成

2. 螺纹的结构要素

内、外螺纹总是成对使用的，只有当内外螺纹的牙型、公称直径、螺距、线数和旋向五个要素完全一致时，才能正常地旋合。

（1）牙型　通过螺纹轴线断面上的螺纹轮廓形状称为牙型，常见的螺纹牙型有三角形、梯形、锯齿形和矩形，其中，矩形螺纹尚未标准化，其余牙型的螺纹均为标准螺纹。

（2）螺纹的直径有大径、小径和中径（见图 8-2）　大径是指与外螺纹牙顶或内螺纹牙底相切的假想圆柱或圆锥的直径（即螺纹的最大直径），内、外螺纹的大径分别用 D 和 d 表示，是螺纹的公称直径。小径是指与外螺纹牙底或内螺纹牙顶相切的假想圆柱或圆锥的直径，内、外螺纹的小径分别用 D_1 和 d_1 表示。中径是指母线通过牙型上沟槽和凸起宽度相等处的假想圆柱或圆锥的直径，内、外螺纹的中径分别用 D_2 和 d_2 表示

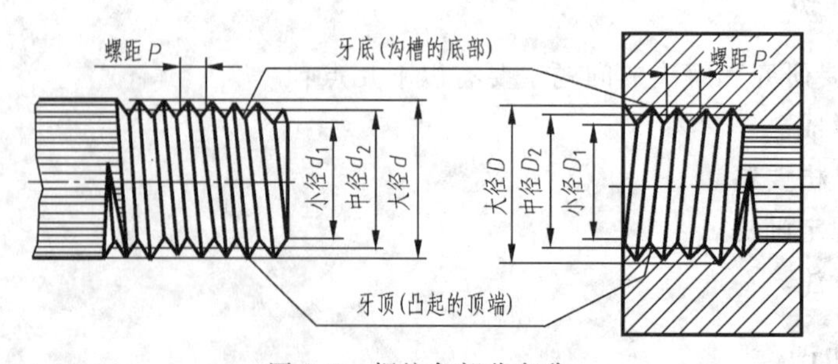

图 8-2　螺纹各部分名称

（3）线数　螺纹有单线和多线之分。沿一条螺旋线形成的螺纹为单线螺纹；沿两条或两条以上螺旋线形成的螺纹为双线或多线螺纹，如图 8-3 所示。

（4）螺距或导程　螺纹上相邻两牙在中径线上对应两点间的轴向距离称为螺距（P）；沿同一条螺旋线形成的螺纹，相邻两牙在中径线上对应两点间的轴向距离称为导程（Ph），如图 8-3 所示，对于单线螺纹，导程等于螺距；对于线数为 n 的多线螺纹，导程等于螺距的 n 倍。

（5）旋向　螺纹有右旋和左旋两种，判别方法如图 8-4 所示，工程上常用右旋螺纹。

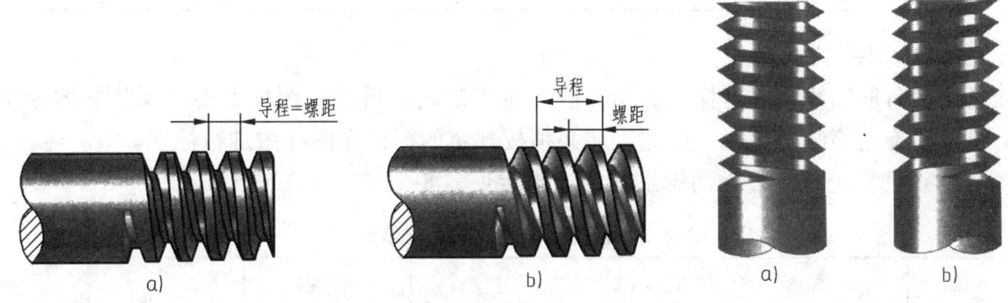

图 8-3　螺纹的线数、导程和螺距

图 8-4　螺纹的旋向

a）左旋——左边高　b）右旋——右边高

3. 螺纹的规定画法

螺纹属于标准结构要素，如按其真实投影绘制将会非常烦琐，为此 GB/T 4459.1—1995《机械制图　螺纹及螺纹紧固件表示法》中规定了螺纹的画法，见表 8-1。

表 8-1　螺纹的规定画法

表示对象	画法规定	说　明
外螺纹	牙底线 牙顶线 螺纹终止线 大径 小径 倒角 a) 螺纹终止线 画到大径处 b)	1. 牙顶线(大径)用粗实线表示 2. 牙底线(小径)用细实线表示,螺杆的倒角或倒圆部分也应画出 3. 在投影为圆的视图中,表示牙底的细实线只画约 3/4 圈,此时轴上的倒角投影圆省略不画 4. 螺纹终止线用粗实线表示
内螺纹	螺纹终止线 小径 大径 a) b)	1. 在剖视图中,螺纹牙顶线(小径)用粗实线表示,牙底线(大径)用细实线表示;剖面线画到牙顶线粗实线处 2. 在投影为圆的视图中,牙顶线(小径)用粗实线表示,表示牙底线(大径)的细实线只画约 3/4 圈;倒角圆省略不画
螺纹牙型		当需要表示螺纹牙型时,可采用剖视或局部放大图画出几个牙型

（续）

表示对象	画法规定	说明
螺纹旋合	A A—A A	1. 在剖视图中，内外螺纹的旋合部分按外螺纹的画法绘制 2. 未旋合部分按各自规定的画法绘制，表示大小径的粗实线与细实线应分别对齐

4. 螺纹的标注

无论是三角形螺纹，还是梯形螺纹，按上述规定画出后，在图样上不能反映它的牙型、螺距、线数和旋向等结构要素，因此，还必须按规定的标记在图样中进行标注。

(1) 螺纹的标记规定　常用螺纹的标记规定见表8-2。

表 8-2　常用标准螺纹的标记示例

序号	螺纹类别		标准编号	特征代号	标记示例	螺纹副标记示例	说明
1	普通螺纹		GB/T 197—2003	M	M8×1-LH M8 M16×*Ph*6*P*2-5g6g-L	M20-6H/5g6g M16	粗牙不注螺距，左旋时尾加"-LH" 中等公差精度(如6H、6g)不注公差带代号；中等旋合长度不注N(下同) 多线时注出*Ph*(导程)、*P*(螺距)
2	梯形螺纹		GB/T 5796.4—2005	Tr	Tr40×7-7H Tr40×14(P7)LH-7e	Tr36×6-7H/7e	
3	锯齿形螺纹		GB/T 13576.4—2008	B	B40×7-7e B40×14(P7)LH-8e-L	B40×7-7H/7e	公称直径一律用外螺纹的基本大径表示，仅需给出中径公差带代号，无短旋合长度
4	55°非密封管螺纹		GB/T 7307—2001	G	G1½A G1/2-LH	G1½A	外螺纹需注出公差等级A或B；内螺纹公差等级只有一种，故不注；表示螺纹副时，仅需标注外螺纹的标记
5	55°密封管螺纹	圆锥外螺纹	GB/T 7306.1—2000	R_1	$R_1 3$	$Rp/R_1 3$	内外螺纹均只有一种公差带，故不注；表示螺纹副时，尺寸代号只注写一次
		圆柱内螺纹		Rp	Rp1/2		
		圆锥外螺纹	GB/T 7306.2—2000	R_2	$R_2 3/4$	$Rc/R_2 3/4$	
		圆锥内螺纹		Rc	Rc1/2-LH		

表8-2中，序号1为紧固螺纹，序号2、3为传动螺纹，序号4、5为管螺纹。由表8-2可见，标准规定的各螺纹的标记方法不尽相同。现仅介绍应用最广的普通螺纹的标记规定。

根据GB/T 197—2003规定，普通螺纹的完整标记由螺纹特征代号，尺寸代号，公差带代号，旋合长度代号和旋向代号组成，现以多线的左旋普通螺纹为例，说明其标记中各部分代号的含义及注写规定。

普通螺纹标记示例：

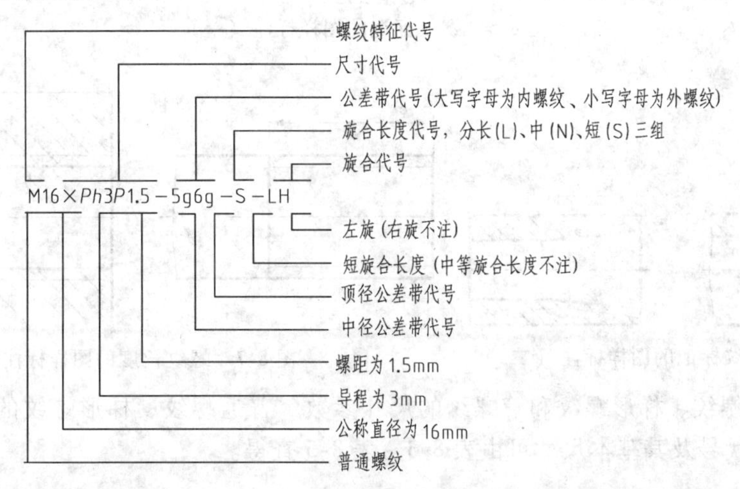

上述示例是普通螺纹的完整标记，当遇有以下情况时，其标记可以简化：

1）螺纹为单线时，尺寸代号为“公称直径×螺距“，此时不必注写 *Ph* 和 *P*；当为粗牙时不注螺距。

2）中径与顶径的公差带代号相同时，只注写一个公差带代号。

3）最常用的中等公差精度螺纹（公称直径≤1.4mm，公差带代号为5H、6h；公称直径≥1.6mm公差带代号为6H、6g）不标注公差带代号。

例如，公称直径为8mm，细牙，螺距为1mm，中径和顶径公差带均为6H的单线右旋普通螺纹，其标记为M8×1；若该螺纹为粗牙（P=1.25mm），则标记为M8。

普通螺纹的上述简化标记规定，同样适用于内外螺纹配合（即螺纹副）的标记。

理解表8-2的标记规定时，还需注意以下两点：

1）无论何种螺纹，旋向为左旋时，均应在规定位置注写“LH“字样；未注“LH“者均指右旋螺纹。

2）各种螺纹标记中，用拉丁字母表示的螺纹特征代号均位于标记的左端，紧随螺纹特征代号之后的数值分两种情况：序号1~3中的数值是指螺纹的公称直径，单位为mm；序号4、5的数值是指螺纹的尺寸代号，无单位，不得称为“公称直径”。

（2）螺纹标记的图样标注　标准螺纹的上述标记，在图样上进行标注时必须遵循GB/T 4459.1—1995的规定。

1）公称直径以mm为单位的螺纹，其标记应直接注在大径的尺寸线上或其引出线上，如图8-5所示。

2）管螺纹的标记一律注在引出线上，引出线应由大径处引出或由对称中心处引出，如图8-6所示。

（3）螺纹长度的图样标注　图样中标注的螺纹长度，均指不包括螺尾在内的有效螺纹长度，如图8-7所示。

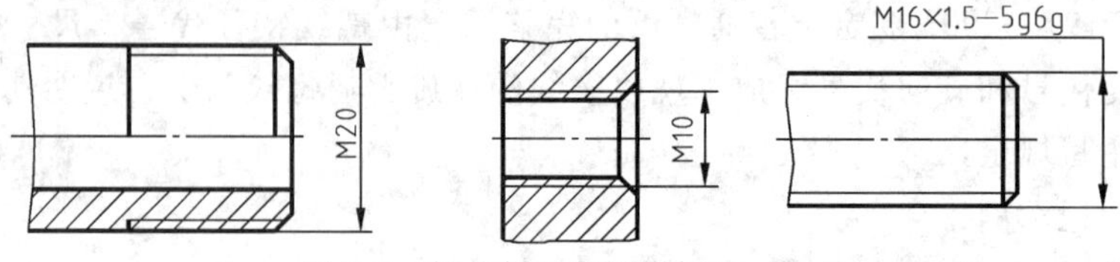

图8-5　螺纹标记的图样标注（一）

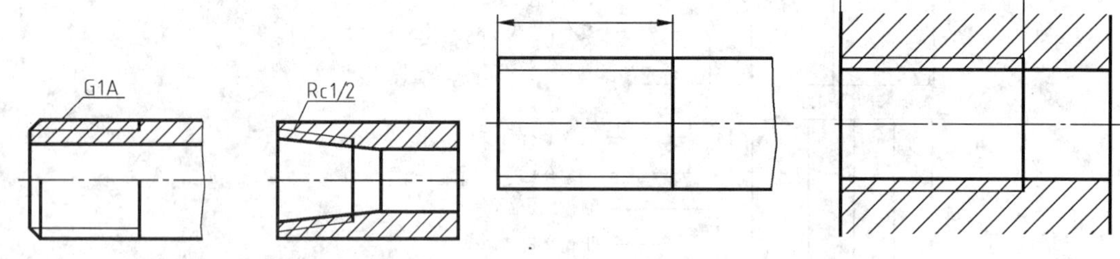

图8-6　螺纹标记的图样标注（二）

图8-7　螺纹长度的图样标注

（4）普通螺纹、梯形螺纹和管螺纹的尺寸参数　普通螺纹、梯形螺纹的直径与螺距和管螺纹的尺寸代号及其基本尺寸可由表8-3～表8-5查得。

表8-3　普通螺纹直径与螺距的基本尺寸（GB/T 193—2003、GB/T 196—2003和GB/T 197—2003）

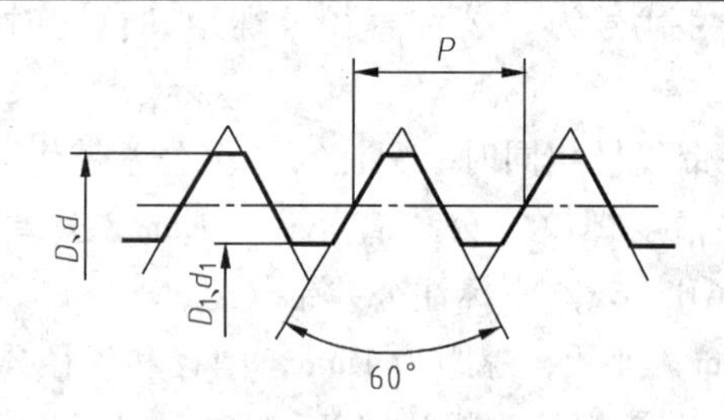

标记示例：

公称直径24mm，螺距3mm，右旋粗牙普通螺纹，公差带代号6g，其标记为：M24

公称直径24mm，螺距1.5mm，左旋细牙普通螺纹，公差带代号7H，其标记为：M24×1.5-7H-LH内外螺纹配合的标记：M24-7H/6g

（单位：mm）

公称直径D、d		螺距P		粗牙小径 D_1、d_1	公称直径D、d		螺距P		粗牙小径 D_1、d_1
第一系列	第二系列	粗牙	细牙		第一系列	第二系列	粗牙	细牙	
3		0.5	0.35	2.459	16		2	1.5、1	13.835
4		0.7	0.5	3.242		18	2.5	2、1.5、1	15.294
5		0.8		4.134	20				17.294
6		1	0.75	4.917		22			19.294
8		1.25	1、0.75	6.647	24		3	2、1.5、1	20.752
10		1.5	1.25、1、0.75	8.376	30		3.5	(3)、2、1.5、1	26.211
12		1.75	1.5、1.25、1	10.106	36		4	3、2、1.5	31.670
	14	2		11.835		39			34.670

注：1. 应优先选用第一系列，括号内尺寸尽可能不用。

2. 外螺纹螺纹公差带代号有6e、6f、6g、8g、5g6g、7g6g、4h、6h、3h4h、5h6h、5h4h、7h6h；内螺纹螺纹公差带代号有4H、5H、6H、7H、8H、5G、6G、7G、8G。

表 8-4 梯形螺纹直径与螺距、基本尺寸（GB/T 5796.2—2005、GB/T 5796.3—2005 和 GB/T 5796.4—2005）

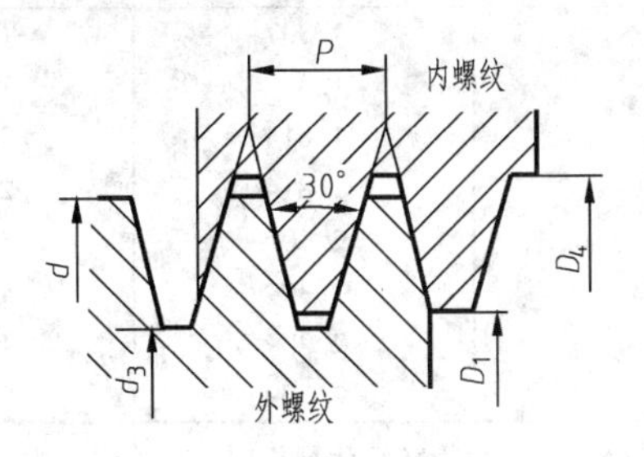

标记示例：

公称直径 28mm、螺距 5mm、中径公差带代号为 7H 的单线右旋梯形内螺纹，其标记为：Tr28×5-7H

公称直径 28mm、导程 10mm、螺距 5mm、中径公差带代号为 7e 的双线左旋梯形外螺纹，其标记为：Tr28×10(P5)LH-7e

内外螺纹旋合所组成的螺纹副的标记为：Tr24×8-7H/7e

（单位：mm）

公称直径		螺距 P	大径 D_4	小径		公称直径		螺距 P	大径 D_4	小径	
第一系列	第二系列			d_3	D_1	第一系列	第二系列			d_3	D_1
16		2	16.50	13.50	14.00	24		3	24.50	20.50	21.00
		4		11.50	12.00			5		18.50	19.00
	18	2	18.50	15.50	16.00			8	25.00	15.00	16.00
		4		13.50	14.00		26	3	26.50	22.50	23.00
20		2	20.50	17.50	18.00			5		20.50	21.00
		4		15.50	16.00			8	27.00	17.00	18.00
	22	3	22.50	18.50	19.00	28		3	28.50	24.50	25.00
		5		16.50	17.00			5		22.50	23.00
		8	23.00	13.00	14.00			8	29.00	19.00	20.00

注：外螺纹螺纹公差带代号有 9c、8c、8e、7e；内螺纹螺纹公差带代号有 9H、8H、7H。

表 8-5 管螺纹尺寸代号及基本尺寸（GB/T 7307—2001）

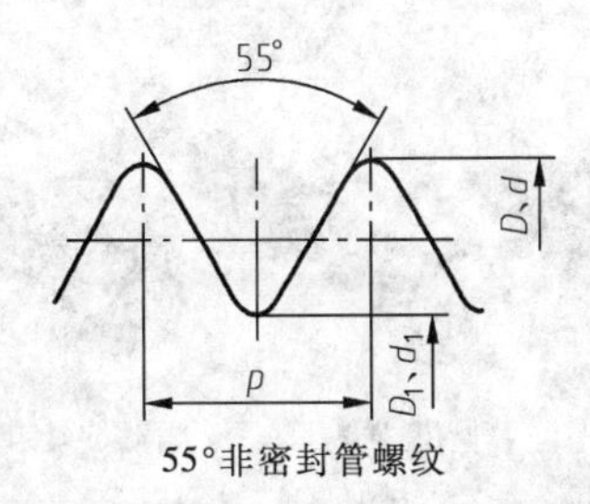

55°非密封管螺纹

标记示例：

尺寸代号为 1/2 的 A 级右旋外螺纹的标记为：G1/2A

尺寸代号为 1/2 的 B 级左旋外螺纹的标记为：G1/2B-LH

尺寸代号为 1/2 的右旋内螺纹的标记为：G1/2

上述右旋内外螺纹所组成的螺纹副的标记为：G1/2A

当螺纹为左旋时标记为：G1/2A-LH

(续)

尺寸代号	每25.4mm内所含的牙数 n	螺距 P/mm	大径 $D=d$/mm	小径 $D_1=d_1$/mm
1/4	19	1.337	13.157	11.445
3/8	19	1.337	16.662	14.950
1/2	14	1.814	20.955	18.631
3/4	14	1.814	26.441	24.117
1	11	2.309	33.249	30.291
1¼	11	2.309	41.910	38.952
1½	11	2.309	47.803	44.845
2	11	2.309	59.614	56.656

注：1. 55°密封圆柱内螺纹的牙型与55°非密封管螺纹牙型相同，尺寸代号为1/2的右旋圆柱内螺纹的标记为Rp1/2；它与外螺纹所组成的螺纹副的标记为Rp/$R_1$1/2，详见GB/T 7306.1—2000。

2. 55°密封圆锥管螺纹大径、小径是指基准平面上的尺寸。圆锥内螺纹的端面向里0.5P处即为基面，而圆锥外螺纹的基准平面与小端相距一个基准距离。

3. 55°密封管螺纹的锥度为1:16，即$\phi=1°47'24''$。

任务2 螺纹紧固件的规定画法

一、任务描述

螺纹紧固件是用一对内、外螺纹来联接和紧固一些零部件的零件。常用的螺纹紧固件有螺钉、螺栓、螺柱、螺母和垫圈等，螺纹紧固件属于标准件，一般并不需要单独在零件图中画出，但由于在零件联接中被广泛应用，在装配图中画它们的机会很多，因此，必须熟练掌握其画法。

二、任务分析

图8-8所示为常用的螺纹紧固件，由于螺纹紧固件的结构和尺寸均已标准化，使用时按规定标记直接外购即可。因此此次任务主要了解以下几个知识点：

1）绘制紧固件的两种方法（比例法和查表法）。

2）螺栓联接。

3）螺柱联接。

4）螺钉联接。

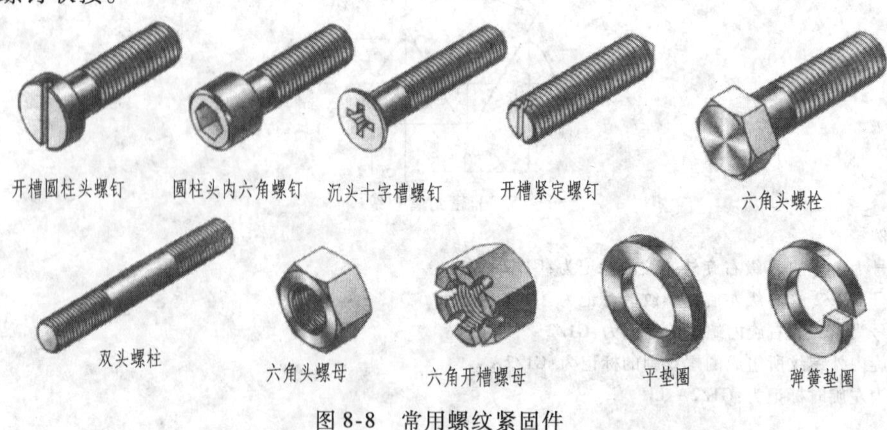

图8-8 常用螺纹紧固件

三、相关知识

1. 绘制紧固件的两种方法（比例法和查表法）

常用螺纹紧固件及其标记见表8-6。在装配图中，常用的螺纹紧固件可按表8-7中的简化画法绘制。

表8-6 常用螺纹紧固件及其标记示例

名称及标准号	图例及规格尺寸	标记示例
六角头螺栓——A级和B级 GB/ T 5782	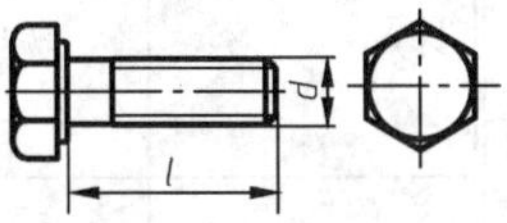	螺栓 GB/T 5782 M8×40 螺纹规格 d = M8、公称长度 l = 40mm、性能等级为8.8级、表面氧化、A级的六角头螺栓
双头螺柱——A级和B级 GB/T 897 GB/T 898 GB/T 899 GB/T 900	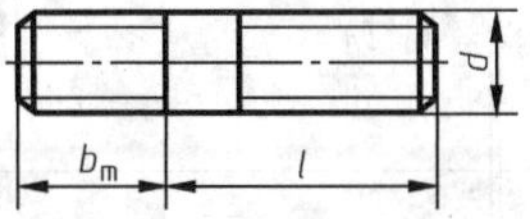	GB/T 897 M8×35 两端均为粗牙普通螺纹、d = 8mm、l = 40mm、性能等级为4.8级、不经表面处理、B型、b_m = 1d 的双头螺柱
1型六角头螺母——A级和B级 GB/T 6170	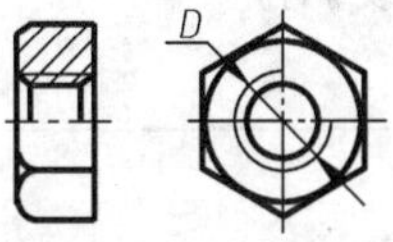	螺母 GB/T 6170 M8 螺纹规格 D = M8、性能等级为10级、不经表面处理、A级的1型六角头螺母
平垫圈——A级 GB/ T 97.1	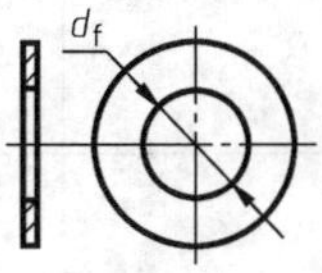	垫圈 GB/T 97.1 8 标准系列、公称规格8mm、由钢制造的硬度等级为200HV级、不经表面处理、产品等级为A级的平垫圈
标准弹簧垫圈 GB/ T 93		垫圈 GB/T 93 8 规格8mm、材料65Mn、表面氧化的标准弹簧垫圈
开槽沉头螺钉 GB/ T 68	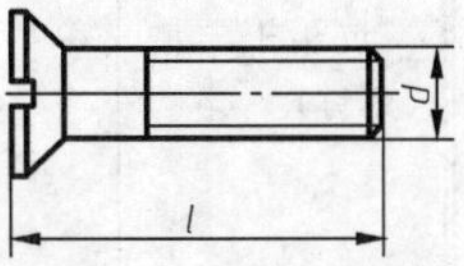	螺钉 GB/T 68 M8×30 螺纹规格 d = M8、公称长度 l = 30mm、性能等级为4.8级、不经表面处理的A级开槽沉头螺钉

表8-7 装配图中螺纹紧固件的简化画法

形式	简化画法	形式	简化画法
六角头（螺栓）	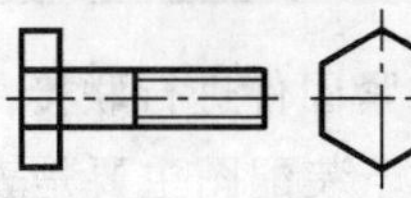	方头（螺栓）	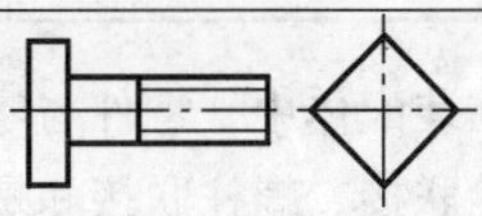

(续)

形式	简化画法	形式	简化画法
圆柱头内六角(螺钉)	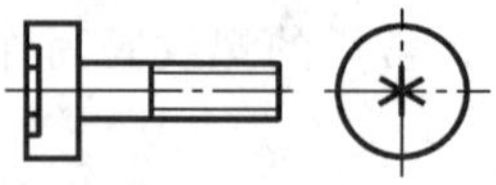	无头内六角(螺钉)	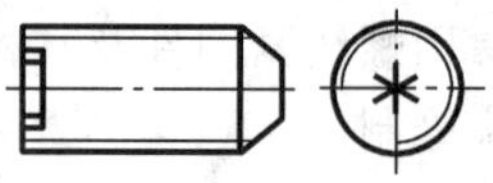
无头开槽(螺钉)	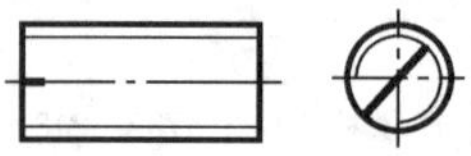	沉头开槽(螺钉)	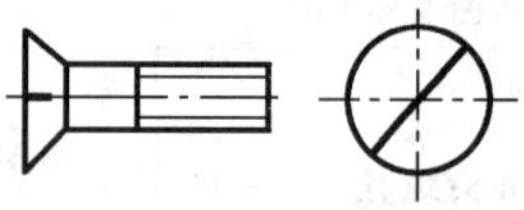
半沉头开槽(螺钉)	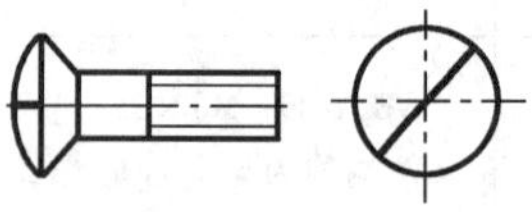	圆柱头开槽(螺钉)	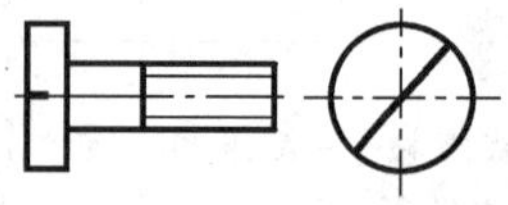
盘头开槽(螺钉)	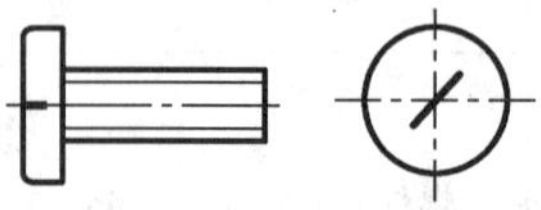	沉头开槽(自攻螺钉)	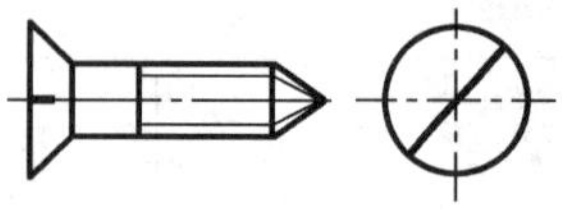
六角(螺母)	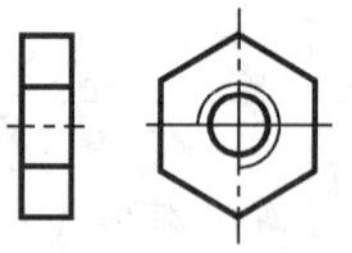	方头(螺母)	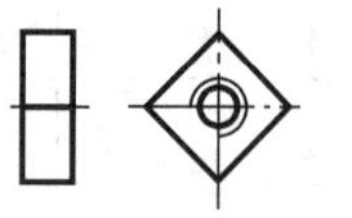
六角开槽(螺母)	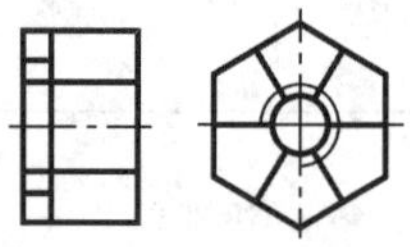	六角法兰面(螺母)	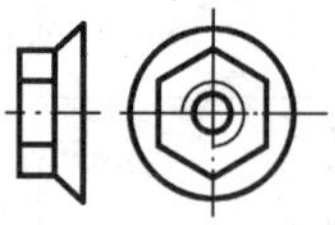
蝶形(螺母)	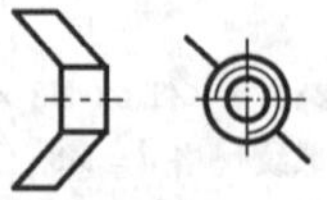	沉头十字槽(螺钉)	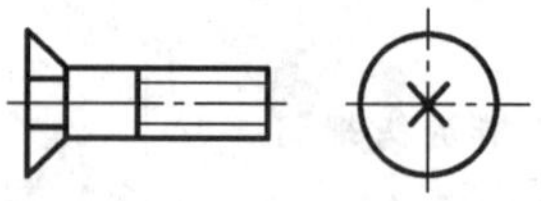
半沉头十字槽(螺钉)	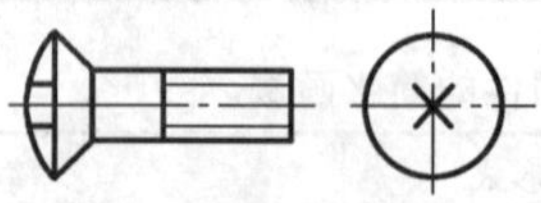		

在装配体中，零件与零件或部件与部件间常用螺纹紧固件进行联接，最常用的联接形式有螺栓联接、螺柱联接和螺钉联接，如图 8-9 所示。由于装配图主要是表达零部件之间的装

配关系，因此，装配图中的螺纹紧固件不仅可按上述画法的基本规定简化地表示，而且图形中的各部分尺寸也可简便地按比例画法绘制。

根据标记可在相应的标准（见表8-8～表8-13）中查出常用螺纹紧固件的有关结构尺寸和技术要求等。

所谓比例画法，即除了有效长度上需要计算，查有关标准确定外，其他各部分尺寸都取与螺纹大径成一定的比例画图。

（1）六角螺母　六角螺母各部分尺寸及其表面上的圆弧表示的曲线，都可以用其与螺纹大径的比例关系画出，如图8-10所示。

（2）六角头螺栓　螺栓由头部及杆部组成，杆部刻有螺纹，端部有倒角。六角头螺栓头部除厚度为0.7d外，其余尺寸关系和画法与螺母相同。六角头螺栓各部分尺寸的比例关系及画法，如图8-11所示。

（3）垫圈　垫圈各部分尺寸仍以相配合的螺纹紧固件的大径为比例画出。为了便于安装，垫圈中间的通孔直径应比螺纹的大径大些，垫圈各部分的尺寸与大径的比例关系和画法，如图8-12所示。

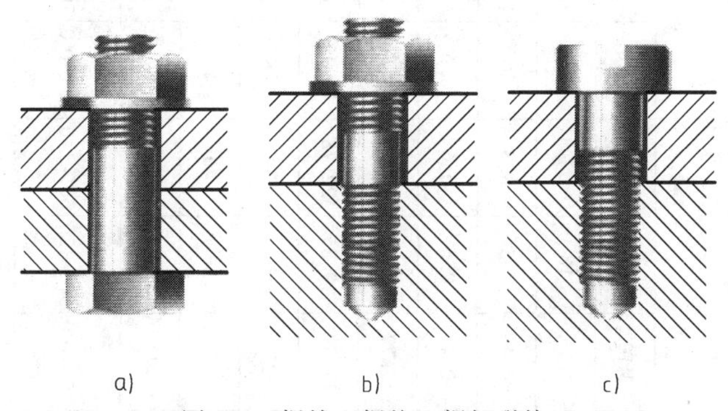

图8-9　螺栓、螺柱、螺钉联接

a）螺栓联接　b）螺柱联接　c）螺钉联接

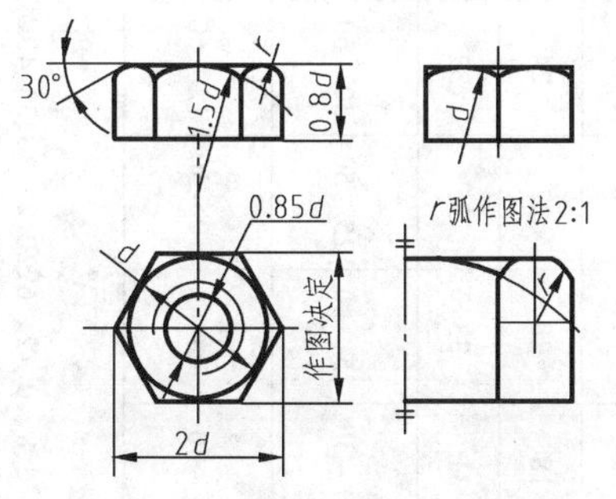

图8-10　六角螺母的比例画法

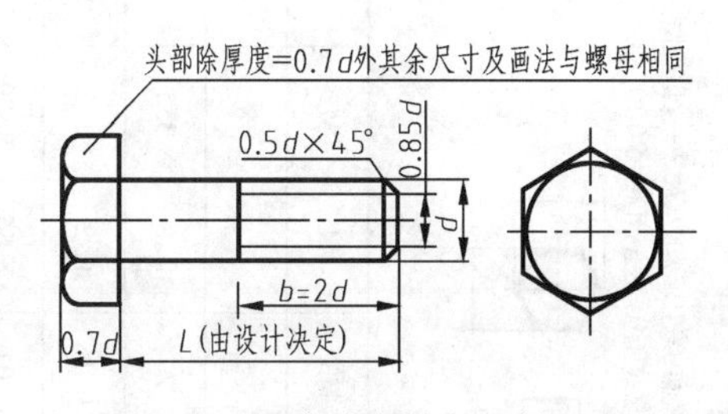

图8-11　六角头螺栓的比例画法

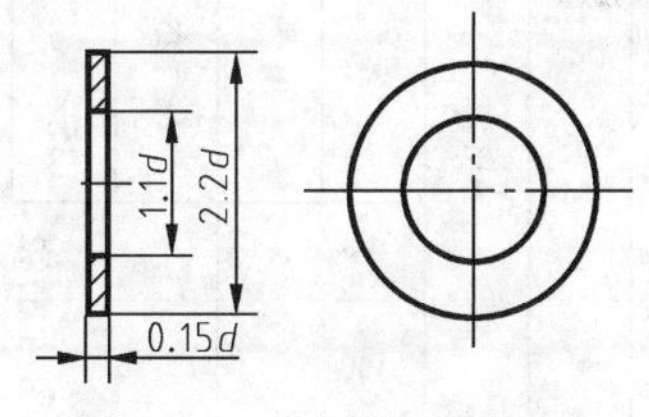

图8-12　垫圈的比例画法

表 8-8　六角头螺栓

（单位：mm）

15°~30° 六角头螺栓—— A级和B级(GB/T 5782—2000)
六角头螺栓—— 全螺纹(GB/T 5783—2000)

标记示例：

螺纹规格 d = M12、公称长度 l = 80mm、性能等级为 8.8 级、表面氧化、产品等级为 A 级的六角头螺栓

螺栓 GB/T 5782　M12 × 80

螺纹规格 d		M3	M4	M5	M6	M8	M10	M12	M14	M16	M18	M20	M22	M24	M27	M30	M36
s 公称：max		5.5	7	8	10	13	16	18	21	24	27	30	34	36	41	46	55
k 公称		2	2.8	3.5	4	5.3	6.4	7.5	8.8	10	11.5	12.5	14	15	17	18.7	22.5
r min		0.1	0.2	0.2	0.25	0.4	0.4	0.6	0.6	0.6	0.6	0.6	1	0.8	1	1	1
e	A	6.01	7.66	8.79	11.05	14.38	17.77	20.03	23.36	26.75	30.14	33.53	37.72	39.98	—	—	—
	B	5.88	7.50	8.63	10.89	14.20	17.59	19.85	22.78	26.17	29.56	32.95	37.29	39.55	45.2	50.85	60.79
(b) GB/T 5782	$l \leqslant 125$	12	14	16	18	22	26	30	34	38	42	46	50	54	60	66	—
	$125 < l \leqslant 200$	18	20	22	24	28	32	36	40	44	48	52	56	60	66	72	84
	$l > 200$	31	33	35	37	41	45	49	53	57	61	65	69	73	79	85	97
l 范围（GB/T 5782）		20 ~ 30	25 ~ 40	25 ~ 50	30 ~ 60	40 ~ 80	45 ~ 100	50 ~ 120	60 ~ 140	65 ~ 160	70 ~ 180	80 ~ 200	90 ~ 220	90 ~ 240	100 ~ 260	110 ~ 300	140 ~ 360
l 范围（GB/T 5783）		6 ~ 30	8 ~ 40	10 ~ 50	12 ~ 60	16 ~ 80	20 ~ 100	25 ~ 120	30 ~ 140	30 ~ 150	35 ~ 150	40 ~ 150	45 ~ 150	50 ~ 150	55 ~ 200	60 ~ 200	70 ~ 200
l 系列		6、8、10、12、16、20、25、30、35、40、45、50、(55)、60、(65)、70、80、90、100、110、120、130、140、150、160、180、200、220、240、260、280、300、400、420、440、460、480、500															

表 8-9　双头螺柱　　（单位：mm）

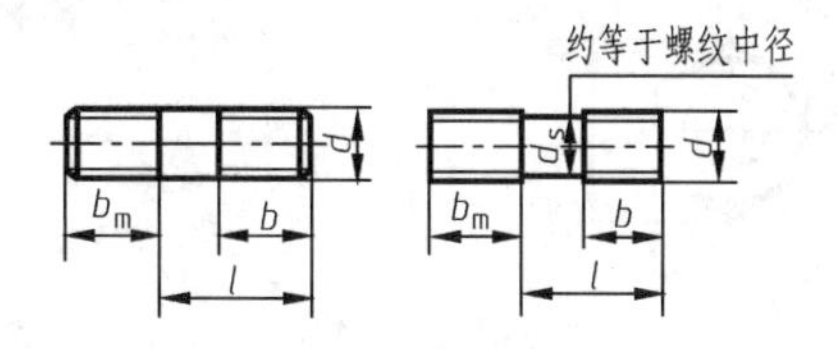

GB/T 897—1988（$b_m = 1d$）
GB/T 898—1988（$b_m = 1.25d$）
GB/T 899—1988（$b_m = 1.5d$）
GB/T 900—1988（$b_m = 2d$）

标记示例：

两端均为粗牙普通螺纹，$d = 10$mm，$l = 50$mm，性能等级为 4.8 级，不经表面处理、B 型、$b_m = 1d$ 的双头螺柱：螺柱 GB/T 897　M10 × 50

若为 A 型，则标记为：螺柱 GB/T 897　A M10 × 50

双头螺柱各部分尺寸

螺纹规格 d		M3	M4	M5	M6	M8
$b_{m公称}$	GB/T 897—1988	—	—	5	6	8
	GB/T 898—1988	—	—	6	8	10
	GB/T 899—1988	4.5	6	8	10	12
	GB/T 900—1988	6	8	10	12	16
$\frac{l}{b}$		$\frac{16 \sim 20}{6}$ $\frac{(22) \sim 40}{12}$	$\frac{16 \sim (22)}{8}$ $\frac{25 \sim 40}{14}$	$\frac{16 \sim (22)}{10}$ $\frac{25 \sim 50}{16}$	$\frac{20 \sim (22)}{10}$ $\frac{25 \sim 30}{14}$ $\frac{(32) \sim (75)}{18}$	$\frac{20 \sim (22)}{12}$ $\frac{25 \sim 30}{16}$ $\frac{(32) \sim 90}{22}$
螺纹规格 d		M10	M12	M16	M20	M24
$b_{m公称}$	GB/T 897—1988	10	12	16	20	24
	GB/T 898—1988	12	15	20	25	30
	GB/T 899—1988	15	18	24	30	36
	GB/T 900—1988	20	24	32	40	48
$\frac{l}{b}$		$\frac{25 \sim (28)}{14}$ $\frac{30 \sim (38)}{16}$ $\frac{40 \sim 120}{26}$ $\frac{130}{32}$	$\frac{25 \sim 30}{16}$ $\frac{(32) \sim 40}{20}$ $\frac{45 \sim 120}{30}$ $\frac{130 \sim 180}{36}$	$\frac{30 \sim (38)}{20}$ $\frac{40 \sim (45)}{30}$ $\frac{60 \sim 120}{38}$ $\frac{130 \sim 200}{44}$	$\frac{35 \sim 40}{25}$ $\frac{45 \sim (65)}{35}$ $\frac{70 \sim 120}{46}$ $\frac{130 \sim 200}{52}$	$\frac{45 \sim 50}{30}$ $\frac{(55) \sim (75)}{45}$ $\frac{80 \sim 120}{54}$ $\frac{130 \sim 200}{60}$

注：1. GB/T 897—1988 和 GB/T 898—1988 规定螺柱的螺纹规格 d = M5 ~ M48，公称长度 l = 16 ~ 300mm；GB/T 899—1988 和 GB/T 900—1988 规定螺柱的螺纹规格 d = M2 ~ M48，公称长度 l = 12 ~ 300mm。

2. 螺柱公称长度 l（系列）：12、（14）、16、（18）、20、（22）、25、（28）、30、（32）、35、（38）、40、45、50、（55）、60、（65）、70、（75）、80、（85）、90、（95）、100 ~ 260（十进位）、280、300，单位为 mm，尽可能不采用括号内的数值。

3. 材料为钢的螺柱性能等级有 4.8、5.8、6.8、8.8、10.9、12.9 级，其中 4.8 级为常用。

表 8-10　1 型六角头螺母（GB/T 6170—2000）　　（单位：mm）

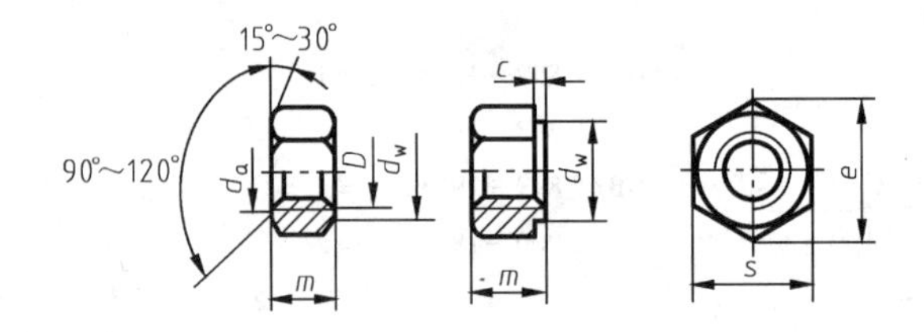

标记示例：
螺纹规格 D = M12、性能等级为 8 级、不经表面处理、产品等级为 A 级的 1 型六角头螺母：螺母　GB/T 6170　M12

螺纹规格 D		M3	M4	M5	M6	M8	M10	M12	M16	M20	M24	M30	M36
e(min)		6.01	7.66	8.79	11.05	14.38	17.77	20.03	26.75	32.95	39.55	50.85	60.79
s	max	5.5	7	8	10	13	16	18	24	30	36	46	55
	min	5.32	6.78	7.78	9.78	12.73	15.73	17.73	23.67	29.16	35	45	53.8
c(max)		0.4	0.4	0.5	0.5	0.6	0.6	0.6	0.8	0.8	0.8	0.8	0.8
d_w(min)		4.6	5.9	6.9	8.9	11.6	14.6	16.6	22.5	27.7	33.2	42.7	51.1
d_a(max)		3.45	4.6	5.75	6.75	8.75	10.8	13	17.3	21.6	25.9	32.4	38.9
m	max	2.4	3.2	4.7	5.2	6.8	8.4	10.8	14.8	18	21.5	25.6	31
	min	2.15	2.9	4.4	4.9	6.44	8.04	10.37	14.1	16.9	20.2	24.3	29.4

表 8-11　平垫圈　A 级（GB/T 97.1—2002）和平垫圈倒角型　A 级（GB/T 97.2—2002）
（单位：mm）

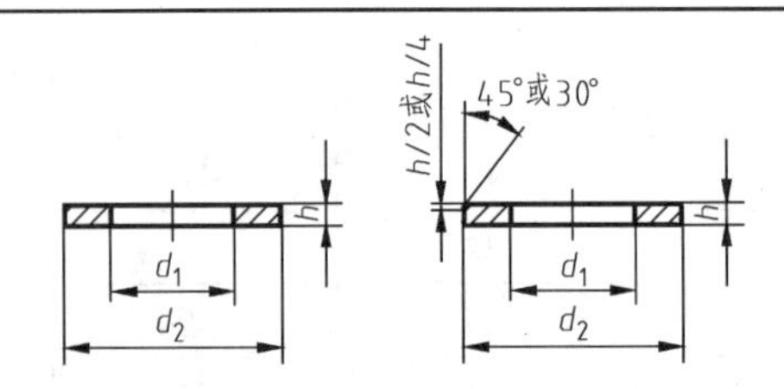

标记示例：
标准系列，公称规格 8mm、钢制、硬度等级为 200HV 级、不经表面处理、产品等级为 A 级的平垫圈：垫圈　GB/T 97.1　8

公称规格(螺纹大径 d)	2	2.5	3	4	5	6	8	10	12	16	20	24	30
内径 d_1　公称	2.2	2.7	3.2	4.3	5.3	6.4	8.4	10.5	13	17	21	25	31
外径 d_2　公称	5	6	7	9	10	12	16	20	24	30	37	44	56
厚度 h　公称	0.3	0.5	0.5	0.8	1	1.6	1.6	2	2.5	3	3	4	4

表 8-12　标准型弹簧垫圈（GB/T 93—1987）和轻型弹簧垫圈（GB/T 859—1987）

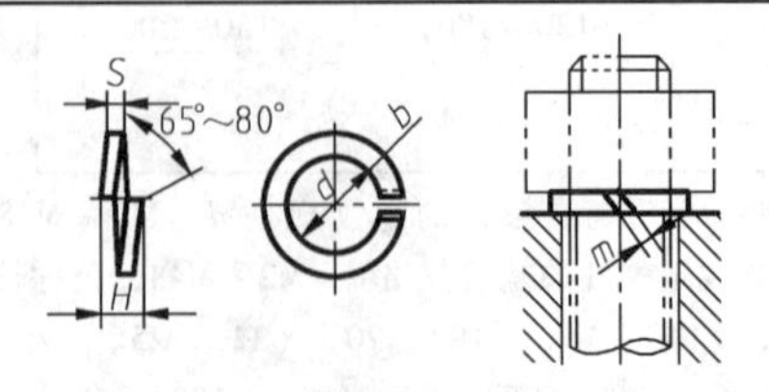

标记示例：
规格 16mm、材料为 65Mn、表面氧化的标准型弹簧垫圈：垫圈：GB/T93　16

（续）

规格（螺纹大径）		2	2.5	3	4	5	6	8	10	12	16	20	24	30	36	42	48
d(min)		2.1	2.6	3.1	4.1	5.1	6.1	8.1	10.2	12.2	16.2	20.2	24.5	30.5	36.5	42.5	48.5
H(min)	GB/T 93—1987	1	1.3	1.6	2.2	2.6	3.2	4.2	5.2	6.2	8.2	10	12	15	18	21	24
	GB/T 859—1987	—	—	1.2	1.6	2.2	2.6	3.2	4	5	6.4	8	10	12	—	—	—
$S(b)$公称	GB/T 93—1987	0.5	0.65	0.8	1.1	1.3	1.6	2.1	2.6	3.1	4.1	5	6	7.5	9	10.5	12
S公称	GB/T 859—1987	—	—	0.6	0.8	1.1	1.3	1.6	2	2.5	3.2	4	5	6	—	—	—
$m \leqslant$	GB/T 93—1987	0.25	0.33	0.4	0.55	0.65	0.8	1.05	1.3	1.55	2.05	2.5	3	3.75	4.5	5.25	6
	GB/T 859—1987	—	—	0.3	0.4	0.55	0.65	0.8	1	1.25	1.6	2	2.5	3	—	—	—
b　公称	GB/T 859—1987	—	—	1	1.2	1.5	2	2.5	3	3.5	4.5	5.5	7	9	—	—	—

表 8-13　开槽螺钉　　（单位：mm）

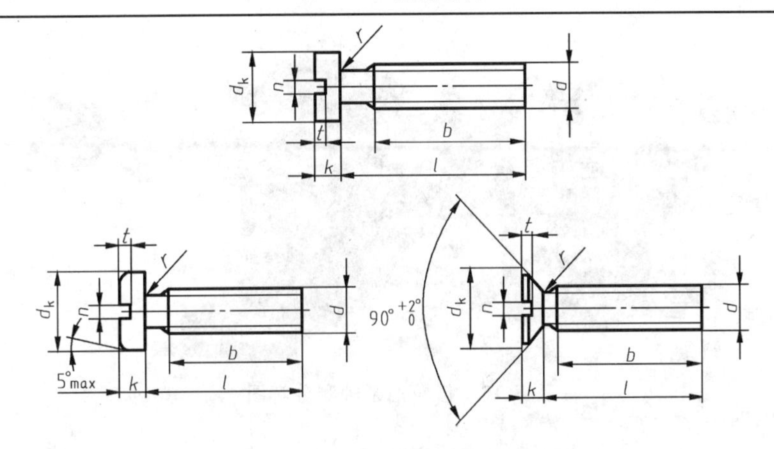

标记示例：

螺纹规格 d = M5、公称长度 l = 20mm、性能等级为 4.8 级，不经表面处理的 A 级开槽圆柱头螺钉：螺钉　GB/T 65　M5 × 20

螺纹规格 d		M1.6	M2	M2.5	M3	M4	M5	M6	M8	M10
GB/T 65—2000	d_k公称	3	3.8	4.5	5.5	7	8.5	10	13	16
	k公称	1.1	1.4	1.8	2	2.6	3.3	3.9	5	6
	t_{min}	0.45	0.6	0.7	0.85	1.1	1.3	1.6	2	2.4
	r_{min}	0.1	0.1	0.1	0.1	0.2	0.2	0.25	0.4	0.4
	l	2 ~ 16	3 ~ 20	3 ~ 25	4 ~ 30	5 ~ 40	6 ~ 50	8 ~ 60	10 ~ 80	12 ~ 80
GB/T 67—2008	d_k公称	3.2	4	5	5.6	8	9.5	12	16	23
	k公称	1	1.3	1.5	1.8	2.4	3	3.6	4.8	6
	t_{min}	0.35	0.5	0.6	0.7	1	1.2	1.4	1.9	2.4
	r_{min}	0.1	0.1	0.1	0.1	0.2	0.2	0.25	0.4	0.4
	l	2 ~ 16	2.5 ~ 20	3 ~ 25	4 ~ 30	5 ~ 40	6 ~ 50	8 ~ 60	10 ~ 80	12 ~ 80
GB/T 68—2000	d_k公称	3	3.8	4.7	5.5	8.4	9.3	11.3	15.8	18.5
	k公称	1	1.2	1.5	1.65	2.7	2.7	3.3	4.65	5
	t_{min}	0.32	0.4	0.5	0.6	1	1.1	1.2	1.8	2
	r_{min}	0.4	0.5	0.6	0.8	1	1.3	1.5	2	2.5
	l	2.5 ~ 16	3 ~ 20	4 ~ 25	5 ~ 30	6 ~ 40	8 ~ 50	8 ~ 60	10 ~ 80	12 ~ 80
n　公称		0.4	0.5	0.6	0.8	1.2	1.2	1.6	2	2.5
b_{min}		25				38				
l系列		2、2.5、3、4、5、6、8、10、12、(14)、16、20、25、30、35、40、45、50、(55)、60、(65)、70、(75)、80								

2. 螺栓联接

螺栓用来联接不太厚的并能钻成通孔的零件。图 8 – 13 所示的齿轮油泵，就是用螺栓联接的。图 8-14 所示为螺栓联接的画法，图 8-14a 所示为联接前的情况，被联接的两块板上钻有直径比螺栓大径略大的孔（孔径≈1.1d)，联接时，先将螺栓装入两个孔中，套上垫圈，再用螺母拧紧。图 8-14b 所示为螺栓联接的装配画法，也可以采用图 8-14c 所示的简化画法，螺栓头部和螺母倒角省略不画。

画螺栓联接时应注意的问题：

1）被联接零件的孔径必须大于螺栓大径（孔径≈1.1d）否则在组装时螺栓装不进通孔。

2）螺栓的螺纹终止线必须画到垫圈之下和被联接两零件接触面的上方，否则螺母可能拧不紧。

图 8-13　齿轮油泵轴测分解图

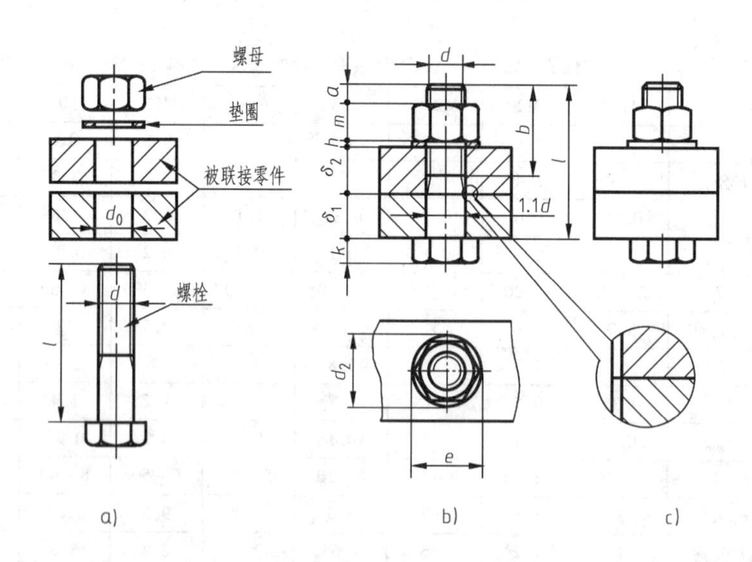

图 8-14　螺栓联接的画法

a）联接前　b）联接后　c）简化画法

3. 螺柱联接

当被联接两零件之一较厚，或不允许钻成通孔而难以采用螺栓联接；或因拆装频繁，又不宜采用螺钉联接时，可采用双头螺柱联接。联接前，先在较厚的零件上制出螺孔，在另一零件上加工出通孔，然后将双头螺柱的一端（称旋入端）旋紧在螺孔内，再在另一端（称紧固端）套上被连接件，加上垫圈，拧紧螺母，即完成了螺柱联接，如图 8-15 所示。

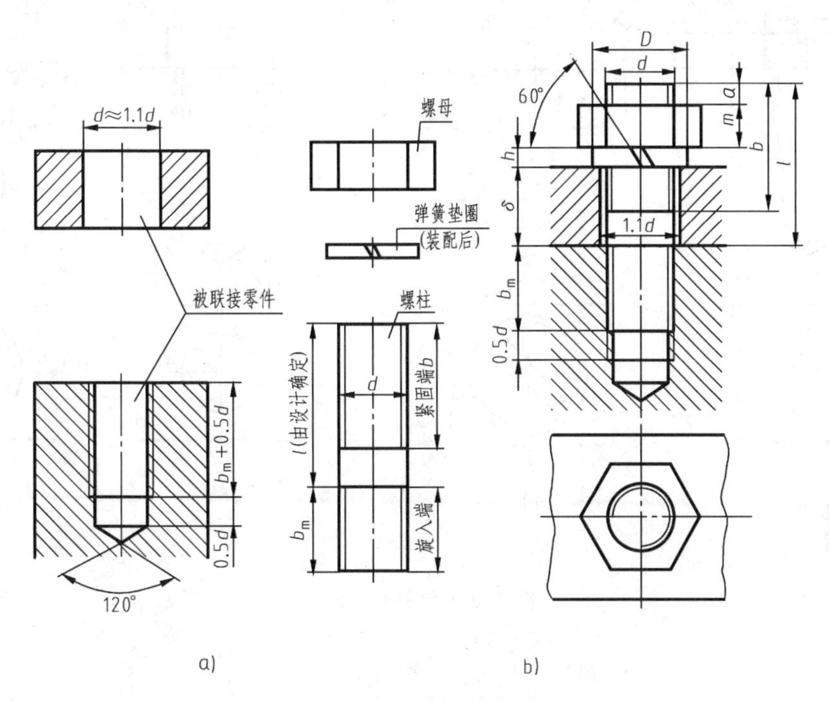

图 8-15 螺柱联接的画法

a）联接前 b）联接后

画螺柱联接时应注意以下问题：

1）为了保证联接牢固，应使旋入端完全旋入螺纹孔中，画图时螺柱旋入端的螺纹终止线应与螺纹孔口的端面平齐。

2）机体上的螺孔深度 h_1 应稍大于螺柱的旋入端深度 b_m，一般可按 $h_1 = b_m + (0.3 \sim 0.5)d$，而钻孔深度 H_1 又应稍大于螺孔深度 h_1，可按 $H_1 = h_1 + (0.3 \sim 0.5)d$ 绘图。

4. 螺钉联接

螺钉联接常用在受力不太大且不经常拆卸的地方。螺钉联接按用途可分为联接螺钉和紧定螺钉两类。前者用于联接零件，后都用于固定零件。

（1）联接螺钉　联接螺钉用于受力不大的场合，将螺杆穿过较薄的被联接零件的通孔后直接旋入较厚的被联接零件的螺孔内，实现两者的联接。联接螺钉画法如图 8-16 所示。

画螺钉联接装配图时应注意以下问题：

1）在螺钉联接中螺纹终止线应高于两个被联接零件的结合面，表示螺钉有拧紧的余地，保证连接紧固；或者在螺杆的全长上都有螺纹。

2）在投影为圆的视图中，螺钉头部的一字槽应画成与水平线成 45°的斜线，槽宽可用加粗的粗实线 2*b*（*b* 表示粗实线宽度）表示。

（2）紧定螺钉　紧定螺钉用来固定两个零件的相对位置，使它们不产生相对运动。如图 8-17 所示中的轴和齿轮（图中齿轮仅画出轮毂部分），用一个开槽锥端紧定螺钉旋入轮毂的螺孔，使螺钉端部的 90°锥顶与轴上的 90°锥坑压紧，从而固定了轴和齿轮的相对位置。

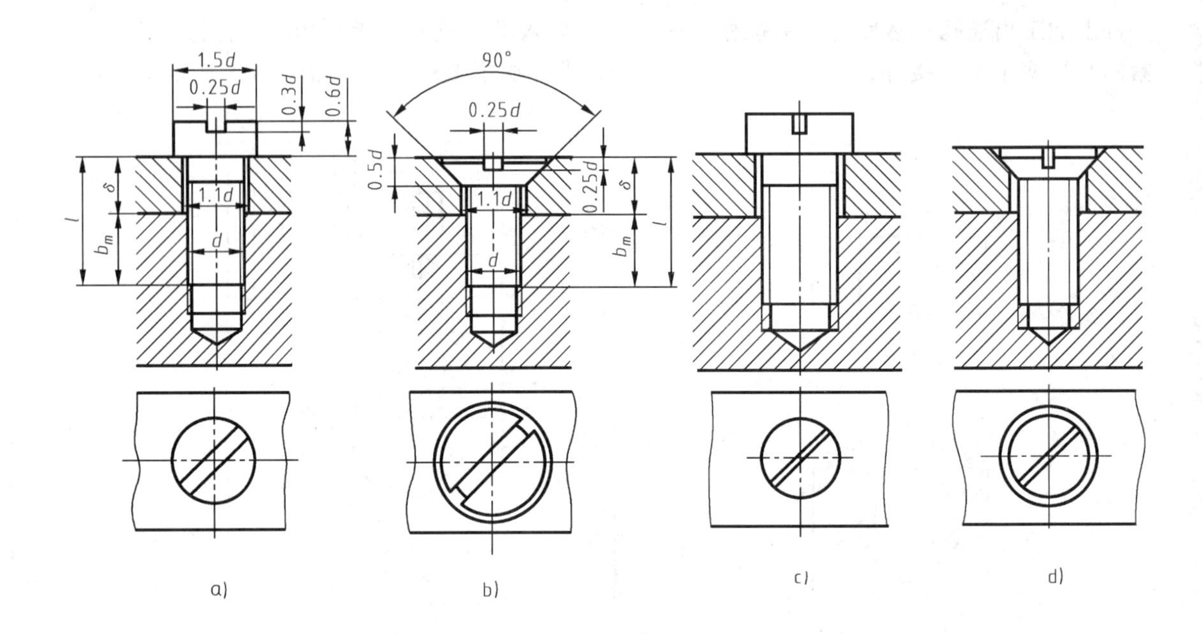

图 8-16　螺钉联接画法

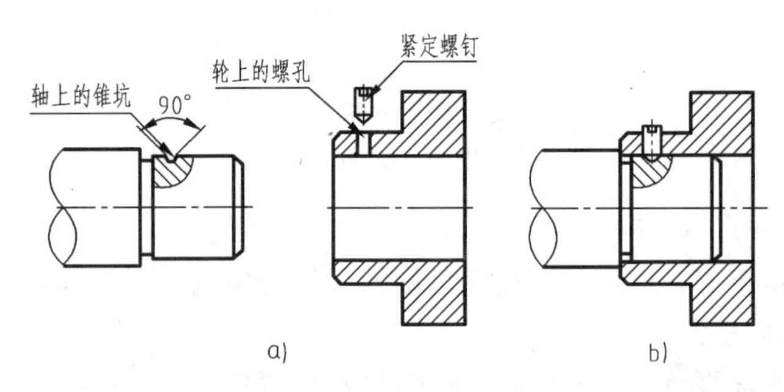

图 8-17　紧定螺钉的联接画法

a）联接前　b）联接后

任务3　键　和　销

一、任务描述

键主要用于联接轴和轴上的传动件（如齿轮、带轮等），使轴和传动件不产生相对运动，保证两者同步旋转，传递转矩和旋转运动。销是标准件，通常用于零件间的联接和定位。

二、任务分析

如图 8-18 所示，由于键联接的结构简单，工作可靠，装拆方便，所以在生产中得到了广泛应用。因此在此次任务中主要研究的问题有以下几点：

1）键和销的种类。

2）键的标记方法和联接画法。

3）销的标记和联接画法。

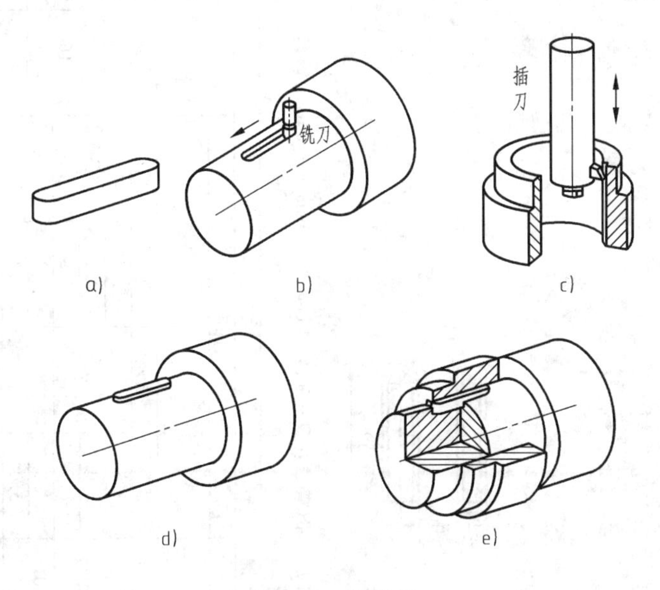

图 8-18 键联接

三、相关知识

1. 键种类

键是标准件，可根据工作原理和使用要求进行分类。键的类型很多，常用的有普通型平键、半圆键和楔键，此任务中主要介绍普通平键。普通平键根据其头部的结构不同可分为三种结构类型：A 型（圆头）、B 型（平头）、C 型（半圆头），如图 8-19 所示。

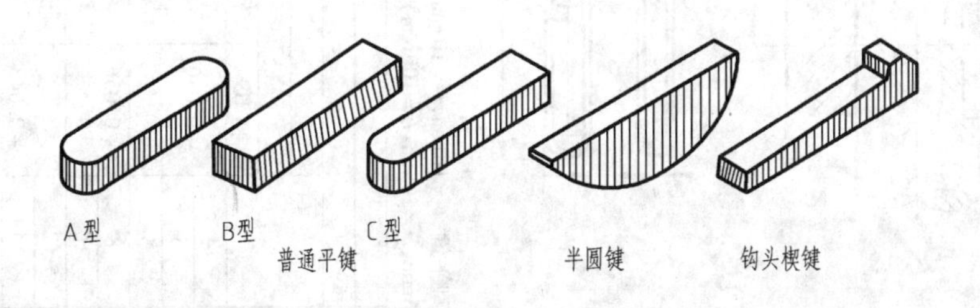

图 8-19 常用的几种键

2. 键的标记方法和联接画法

（1）键的标记方法 键与键槽的形式和尺寸都已标准化，画图时根据有关标准可查得相应的尺寸及结构，见表 8-14。

例如：键 GB/T 1096 18 × 11 × 100

表示 $b=18$mm，$h=11$mm，$L=100$mm 的普通 A 型平键（普通 A 型平键的型号“A”可省略不注，B 型和 C 型要标注“B”或“C”）。

表 8-14 普通平键的尺寸和键槽的断面尺寸（GB/T 1095～1096—2003）（单位：mm）

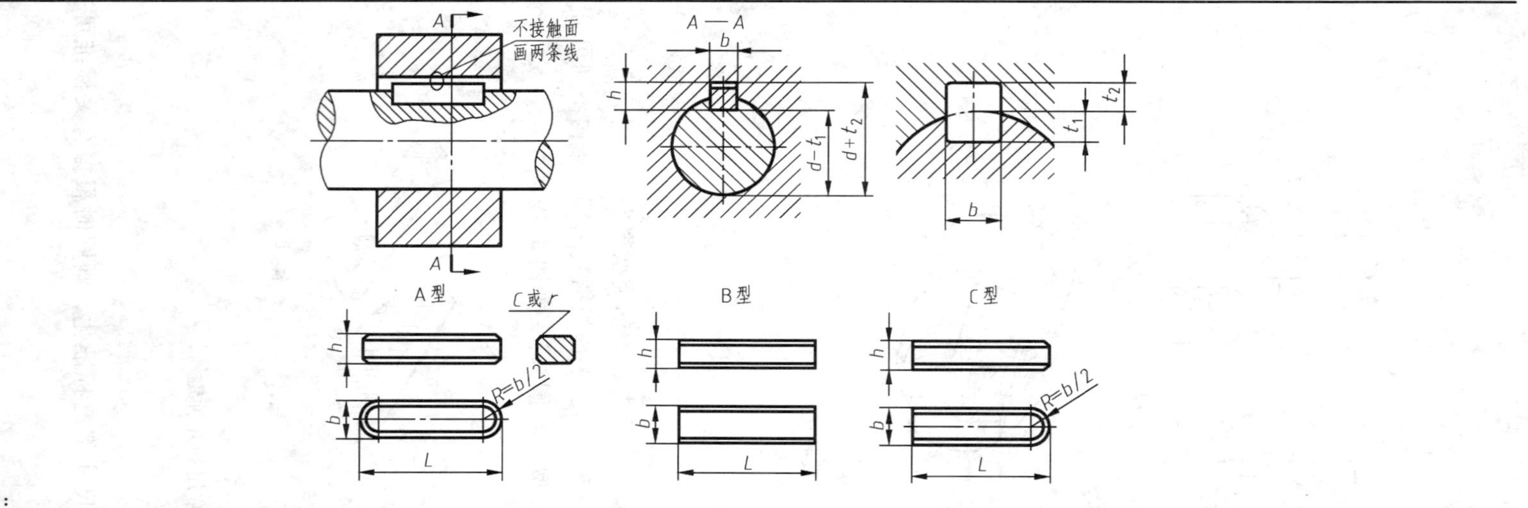

标记示例：

键 GB/T 1096 16×10×100（普通 A 型平键，$b=16\text{mm}$，$h=10\text{mm}$，$L=100\text{mm}$）。键 GB/T 1096 B16×10×100（普通 B 型平键，$b=16\text{mm}$，$h=10\text{mm}$，$L=100\text{mm}$）。键 GB/T 1096 C16×10×100（普通 C 型平键，$b=16\text{mm}$，$h=10\text{mm}$，$L=100\text{mm}$）。

轴	键		键槽											
			宽度 b						深度				半径 r	
				偏差					轴 t_1		毂 t_2			
				松联接		正常联接		紧密联接						
基本直径 d	基本尺寸 $b\times h$	长度 L	基本尺寸 b	轴 H9	毂 D10	轴 N9	毂 JS9	轴和毂 P9	基本	偏差	基本	偏差	最小	最大
>10～12	4×4	8～45	4	+0.030 0	+0.078 +0.030	0 −0.030	±0.015	−0.012 −0.042	2.5	+0.1 0	1.8	+0.1 0	0.08	0.16
>12～17	5×5	10～56	5						3.0		2.3		0.16	0.25
>17～22	6×6	14～70	6						3.5		2.8			
>22～30	8×7	18～90	8	+0.036 0	+0.098 +0.040	0 −0.036	±0.018	−0.015 −0.051	4.0	+0.2 0	3.3	+0.2 0		
>30～38	10×8	22～110	10						5.0		3.3		0.25	0.40
>38～44	12×8	28～140	12	+0.043 0	+0.120 +0.050	0 −0.043	±0.0215	−0.018 −0.061	5.0		3.3			
>44～50	14×9	36～160	14						5.5		3.8			
>50～58	16×10	45～180	16						6.0		4.3			
>58～65	18×11	50～200	18						7.0		4.4			
>65～75	20×12	56～220	20	+0.052 0	+0.149 +0.065	0 −0.052	±0.026	−0.022 −0.074	7.5		4.9		0.40	0.60
>75～85	22×14	63～250	22						9.0		5.4			
>85～95	25×14	70～280	25						9.0		5.4			
>95～110	28×16	80～320	28						10.0		6.4			

（2）键联接画法　因为键是标准件，所以一般不必画出零件图，但要画出零件上与键相配合的键槽，如图 8-20 所示。键槽的宽度 b 可根据轴的直径 d 查表确定，轴上的槽深 t_1 和轮毂上的槽深 t_2 可从键的标准中查得，键的长度 L 应小于或等于轮毂的长度。键槽的画法和尺寸标注如图 8-20 所示。

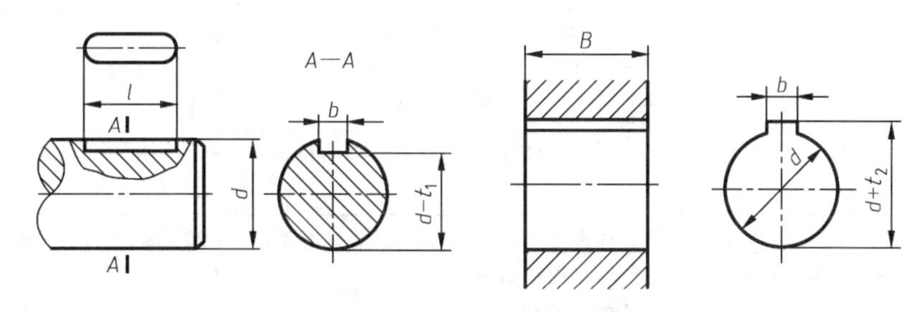

图 8-20　键槽的画法与尺寸标注

表 8-14 中的图所示为普通平键联接的装配画法。主视图中键被剖切面纵向剖切，键按不剖处理。为了表示键在轴上的装配情况，采用了局部剖视。左视图中键被横向剖切，键要画剖面线（与轮的剖面线方向相反，或一致但间隔不等）。由于平键的两个侧面是其工作表面，分别与轴的键槽和轮毂的键槽的两个侧面配合，键的底面与轴的键槽底面接触，故均画一条线，而键的顶面不与轮毂键槽底面接触，因此画两条线。

3. 销的标记和联接画法

（1）销的标记　销是标准件，常用的销有圆柱销、圆锥销、开口销，如图 8-21 所示圆柱销和圆锥销用于零件之间的联接或定位，开口销通常与开槽螺母配合使用，它穿过螺母上的槽和螺杆上的孔，并将销的尾部叉开，以防止螺母松动。常用销的形式和标记见表 8-15、表 8-16。

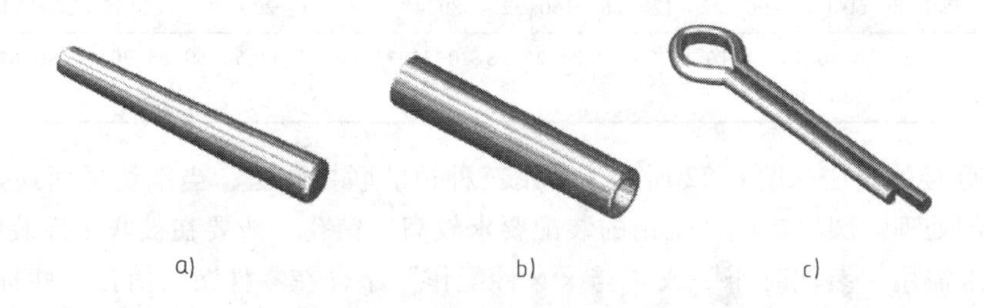

图 8-21　常用的几种销

表 8-15　圆柱销 不淬硬钢和奥氏体不锈钢（GB/T 119.1—2000）、圆柱销 淬硬钢和马氏体不锈钢（GB/T 119.2—2000）　（单位：mm）

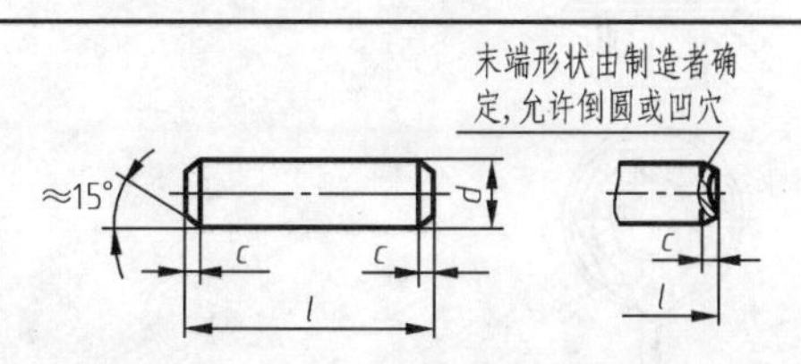

标记示例：

公称直径 d = 6mm、公差 m6、公称长度 l = 30mm、材料为钢、不经淬火、不经表面处理的圆柱销：销 GB/T 119.1 6　m6 × 30

公称直径 d = 6mm、公称长度 l = 30mm、材料为钢、普通淬火（A 型）、表面氧化处理的圆柱销：销 GB/T 119.2　m6 × 30

（续）

公称直径		3	4	5	6	8	10	12	16	20	25	30	40	50
$c\approx$		0.50	0.63	0.80	1.2	1.6	2.0	2.5	3.0	3.5	4.0	5.0	6.3	8.0
公称长度	GB/T 119.1	8～30	8～40	10～50	12～60	14～80	18～95	22～140	26～180	35～200	50～200	60～200	80～200	95～200
	GB/T 119.2	8～30	10～40	12～50	14～60	18～80	22～100	26～100	40～100	50～100	—	—	—	—
l系列		8、10、12、14、16、18、20、22、24、26、28、30、32、35、40、45、50、55、60、65、70、75、80、85、90、95、100、120、140、160、180、200												

注：1. GB/T 119.1—2000 规定圆柱销的公称直径 $d=0.6\sim50$mm，公称长度 $l=2\sim200$mm，公差有 m6 和 h8。
2. GB/T 119.2—2000 规定圆柱销的公称直径 $d=1\sim20$mm，公称长度 $l=3\sim100$mm，公差仅有 m6。
3. 当圆柱销公差为 h8 时，其表面粗糙度 $Ra\geqslant1.6\mu$m。

表 8-16　圆锥销（GB/T 117—2000）　　（单位：mm）

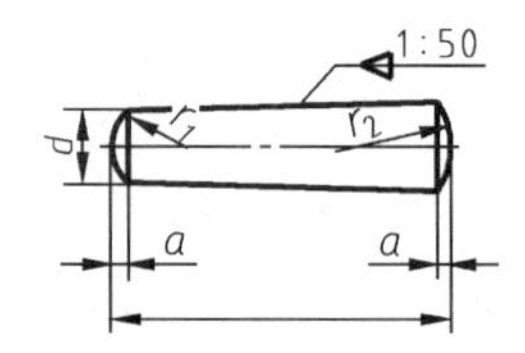

标记示例：
公称直径 $d=10$mm、公称长度 $l=60$mm、材料为 35 钢、热处理硬度 25～38HRC、表面氧化处理的 A 型圆锥销：
销 GB/T 117　10×60

公称直径	4	5	6	8	10	12	16	20	25	30	40	50
$a\approx$	0.5	0.63	0.8	1	1.2	1.6	2	2.5	3	4	5	6.3
公称长度	14～55	18～60	22～90	22～120	26～160	32～180	40～200	45～200	50～200	55～200	60～200	65～200
l系列	2、3、4、5、6、8、10、12、14、16、18、20、22、24、26、28、30、32、35、40、45、50、55、60、65、70、75、80、85、90、95、100、120、140、160、180、200											

（2）销联接的画法　图 8-22 所示为常用三种销的联接画法，当剖切平面通过销的轴线时，销按不剖处理。圆柱销或圆锥销的装配要求较高，销孔一般要在被联接件装配时一起加工。这一要求需用“装配时作”或“与××件配作”字样在零件图的销孔尺寸标注时写明。锥销孔的直径指小端直径，标注时可采用旁注法，如图 8-23 所示。

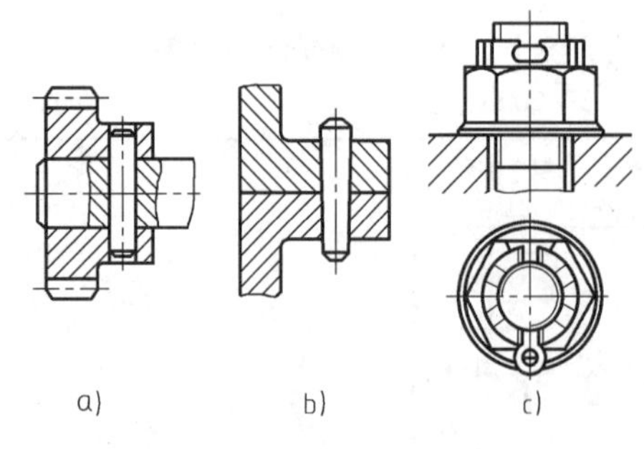

图 8-22　销联接画法
a）圆柱销联接　b）圆锥销联接　c）开口销联接

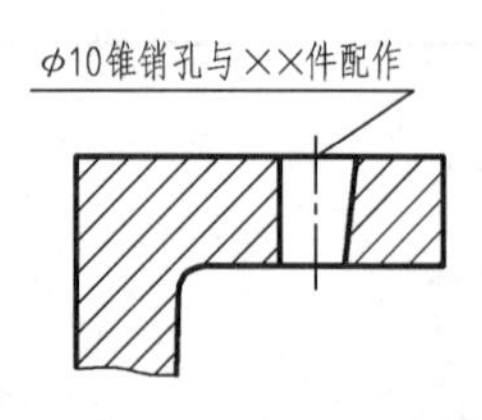

图 8-23　锥销孔的标注

任务4 滚动轴承

一、任务描述

在机器中，滚动轴承是用来支承轴的标准部件。由于它可以大大减小轴与孔之间相对旋转时的摩擦力，且具有机械效率高、结构紧凑等优点，因此应用极为广泛。研究滚动轴承主要是熟悉各种滚动轴承的型号含义。

二、任务分析

本次任务主要研究的问题有以下两点：

1）滚动轴承的结构及表示法。

2）滚动轴承的标记。

三、相关知识

1. 滚动轴承的结构及表示法

滚动轴承的种类繁多，但其结构大体相同，一般由外圈、内圈、滚动体和保持架组成，如图8-24所示。保持架将滚动体均匀隔开，滚动体是轴承的核心件，根据需要制成不同形状，常见滚动体的种类有球、圆柱滚子、圆锥滚子和滚针等。因保持架的形状复杂多变，滚动体的数量又较多，设计绘图时若用真实投影表示，则极不方便，为此，国家标准规定了简化的表示法。

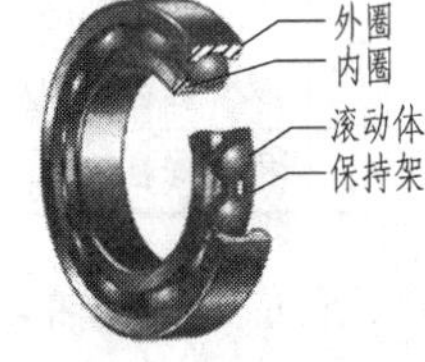

图8-24 滚动轴承的基本结构

滚动轴承的表示法包括三种画法，即通用画法、特征画法和规定画法，前两种画又称简化画法，各种画法的示例见表8-17。

表8-17 常用滚动轴承的表示法

轴承类型	结构形式	通用画法	特征画法	规定画法	承载特征
		均指滚动轴承在所属装配图的剖视图中的画法			
深沟球轴承（GB/T 276—1994）60000型		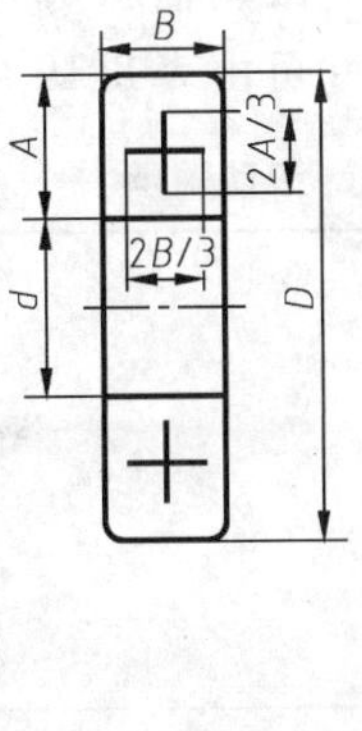	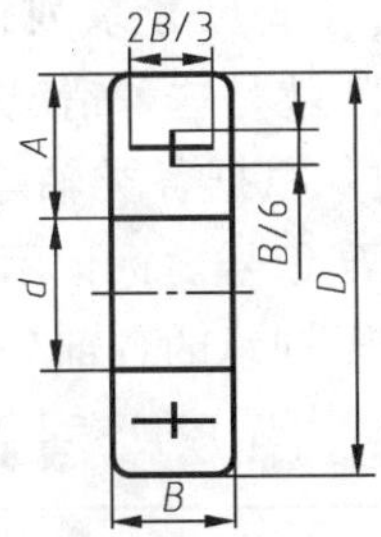	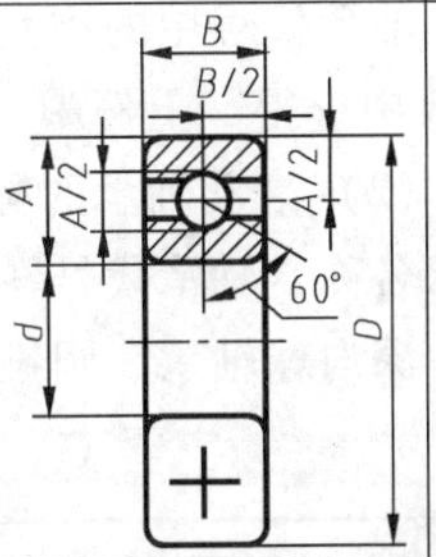	主要承受径向载荷
圆锥滚子轴承（GB/T 297—1994）30000型			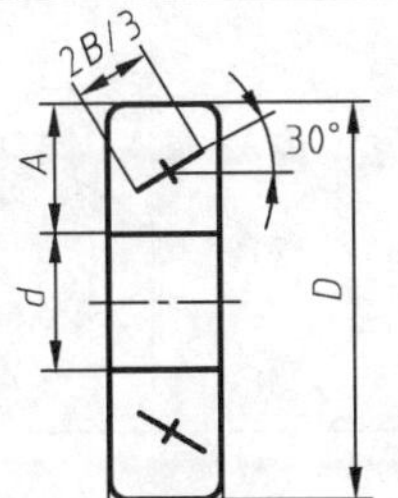	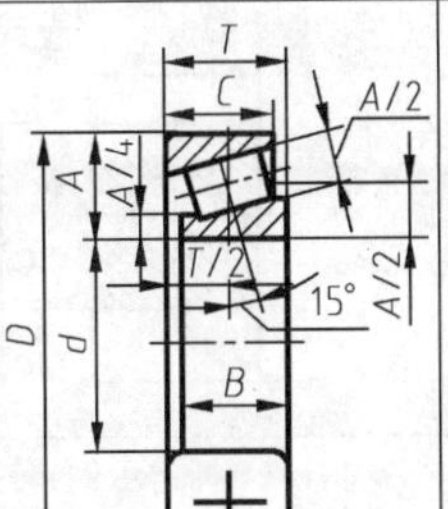	可同时承受径向和轴向载荷

2. 滚动轴承的标记

（1）滚动轴承的代号　按照 GB/T 272—1993 规定，滚动轴承的代号由前置代号、基本代号和后置代号构成，前置代号、后置代号是在轴承结构形式、尺寸和技术要求等有所改变时，在其基本代号前后添加的补充代号。补充代号的规定可由该国家标准及 JB/T 2974—2004 中查得。

轴承的基本代号由类型代号、尺寸系列代号和内径代号组成。基本代号最左边的一位数字或字母为类型代号（见表 8-18）。尺寸系列代号由宽（高）度和直径系列代号组成，具体可从 GB/T 272—1993 中查取。内径代号有两种情况；当内径不小于 20mm 时，则内径代号数字为轴承公称内径除以 5 的商数，当商数为个位数时，需在左边加“0”；当内径小于 20mm 时，则内径代号另有规定。

表 8-18　滚动轴承类型代号（摘自 GB/T 272—1993）

代号	轴承类型	代号	轴承类型
0	双列角接触球轴承	6	深沟球轴承
1	调心球轴承	7	角接触球轴承
2	调心滚子轴承和推力调心滚子轴承	8	推力圆柱滚子轴承
3	圆锥滚子轴承	N	圆柱滚子轴承（双列或多列用字母 NN 表示）
4	双列深沟球轴承	U	外球面球轴承
5	推力球轴承	QJ	四点接触球轴承

下面以滚动轴承代号 6208 为例说明轴承的基本代号。

6——类型代号，表示深沟球轴承。

2——尺寸系列代号“02”，其中“0”为宽度系列代号，按规定省略未写，“2”为直径系列代号，两者组合时注写成“2”。

08——内径代号，表示该轴承内径为 8×5＝40mm，即内径代号是轴承公称内径 40mm 除以 5 的商数 8，再在前面加 0 注写成“08”。

轴承代号中的类型代号或尺寸系列代号有时可省略不写，具体规定可由 GB/T 272—1993 中查得，上例中“2”就是这种情况。

（2）滚动轴承的标记　根据各类轴承的相应标记规定，轴承的标记由三部分组成，即轴承名称、轴承代号、标准编号。标记示例：滚动轴承 6210　GB/T 272—1993。

深沟球轴承、圆锥滚子轴承的各部分尺寸可由表 8-19 中查得。

表 8-19　滚动轴承　　（单位：mm）

深沟球轴承	圆锥滚子轴承
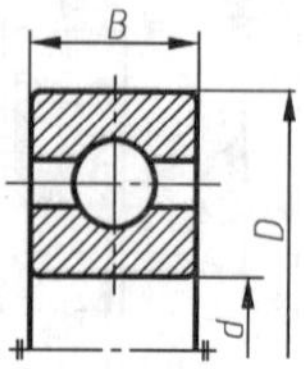 B, D, d	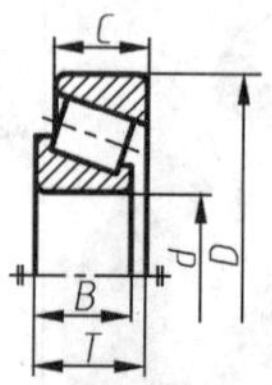 C, D, d, B, T
标记示例： 滚动轴承 6308 GB/T 276	标记示例： 滚动轴承 30209 GB/T 297

（续）

轴承型号	d	D	B	轴承型号	d	D	B	C	T
尺寸系列(02)				尺寸系列(02)					
6202	15	35	11	30203	17	40	12	11	13.25
6203	17	40	12	30204	20	47	14	12	15.25
6204	20	47	14	30205	25	52	15	13	16.25
6205	25	52	15	30206	30	62	16	14	17.25
6206	30	62	16	30207	35	72	17	15	18.25
6207	35	72	17	30208	40	80	18	16	19.75
6208	40	80	18	30209	45	85	19	16	20.75
6209	45	85	19	30210	50	90	20	17	21.75
6210	50	90	20	30211	55	100	21	18	22.75
6211	55	100	21	30212	60	110	22	19	23.75
6212	60	110	22	30213	65	120	23	20	24.75
尺寸系列(03)				尺寸系列(03)					
6302	15	42	13	30302	15	42	13	11	14.25
6303	17	47	14	30303	17	47	14	12	15.25
6304	20	52	15	30304	20	52	15	13	16.25
6305	25	62	17	30305	25	62	17	15	18.25
6306	30	72	19	30306	30	72	19	16	20.75
6307	35	80	21	30307	35	80	21	18	22.75
6308	40	90	23	30308	40	90	23	20	25.25
6309	45	100	25	30309	45	100	25	22	27.25
6310	50	110	27	30310	50	110	27	23	29.25
6311	55	120	29	30311	55	120	29	25	31.5
6312	60	130	31	30312	60	130	31	26	33.5
6313	65	140	33	30313	65	140	33	28	36.0

任务5 齿　　轮

一、任务描述

齿轮的用途非常广泛，主要用来传递动力和运动，并具有改变转速和转向的作用。因此，对于这样一个重要传动件，有必要了解它。图 8-25 为刀具磨床传送机构中减速器的传动系统图。动力经 V 带轮、蜗杆蜗轮、锥齿轮从圆柱齿轮传出，达到改变回转方向和降低回转速度的目的。从图 8-25 中可以看出圆柱齿轮、锥齿轮、蜗杆蜗轮这三种齿轮传动轴线的方向各不相同。

圆柱齿轮——用于平行两轴的传动

锥齿轮——用于相交两轴的传动

蜗杆蜗轮——用于垂直交错两轴的传动

本次任务主要介绍直齿圆柱齿轮（圆柱齿轮有直齿轮、斜齿轮、人字齿轮等，见图 8-26）的基本参数及画法规定。

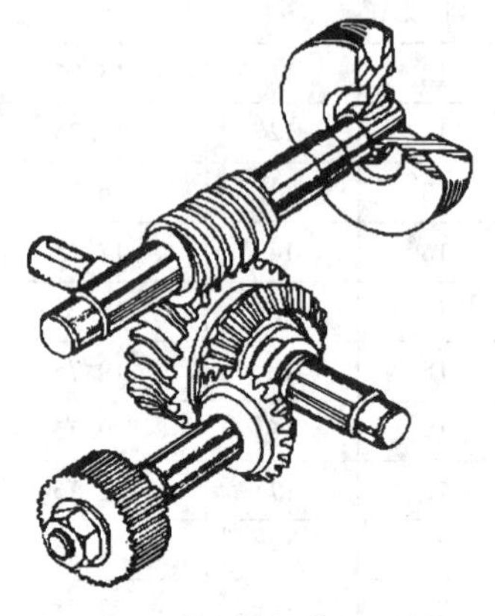

图 8-25　减速器的传动系统图

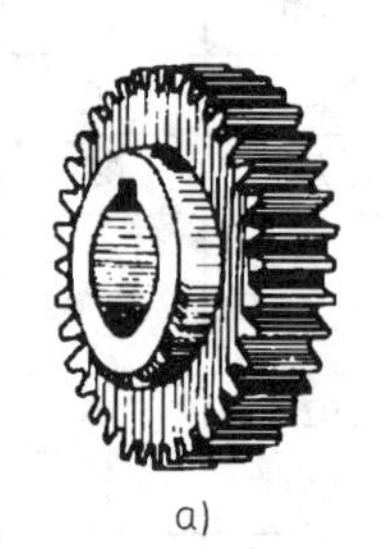
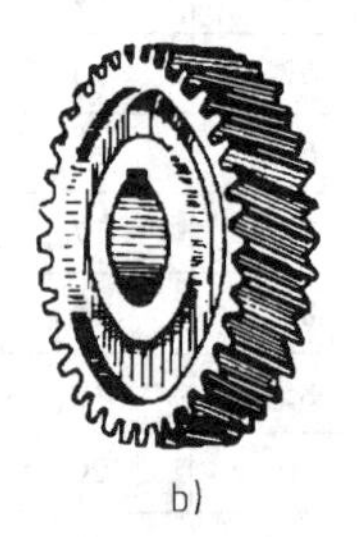
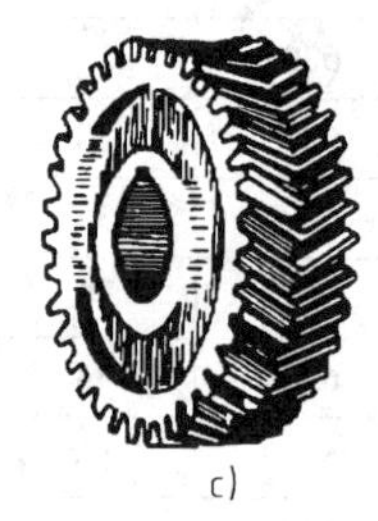

图 8-26　圆柱齿轮
a）直齿轮　b）斜齿轮　c）人字齿轮

二、任务分析

本任务主要研究和解决的问题主要有以下几个：

1）直齿圆柱齿轮的几何要素及尺寸关系。

2）直齿圆柱齿轮几何要素的尺寸计算。

3）圆柱齿轮的画法规定。

三、相关知识

1. 直齿圆柱齿轮的几何要素及尺寸关系（见图 8-27）

（1）齿顶圆直径 d_a　通过轮齿顶部的圆的直径。

（2）齿根圆直径 d_f　通过轮齿根部的圆的直径。

（3）分度圆直径 d　分度圆是一个约定的假想圆，齿轮的轮齿尺寸均以此圆直径为基准确定，该圆上的齿厚与槽宽相等。

（4）齿顶高 h_a　齿顶圆与分度圆之间的径向距离。

（5）齿根高 h_f　齿根圆与分度圆之间的径向距离。

（6）齿高 h　齿顶圆与齿根圆之间的径向距离。

（7）齿厚 s　一个齿的两侧齿廓之间的分度圆弧长。

（8）槽宽 e　一个齿槽的两侧齿廓之间的分度圆弧长。

（9）齿距 p　相邻两轮齿的同侧齿廓之间的分度圆弧长。

（10）齿宽 b　齿轮轮齿的轴向距离。

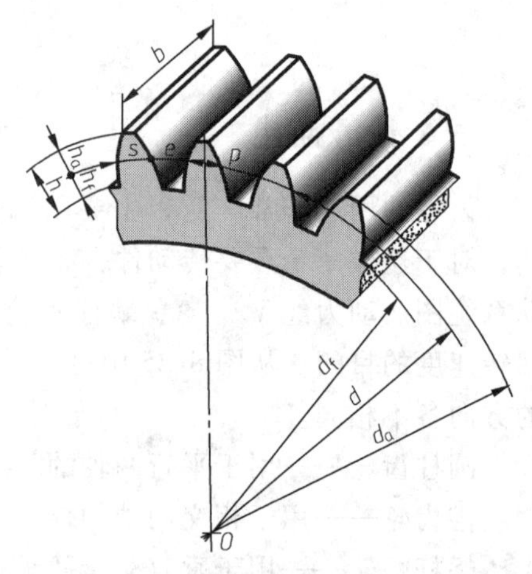

图 8-27　齿轮各部分的名称及代号

（11）齿数 z　一个齿轮的轮齿总数。

（12）模数 m　齿轮的齿数 z、齿距 p 和分度圆直径 d 之间有如下关系：$\pi d = pz$，即 $d = pz/\pi$。令 $p/\pi = m$，则 $d = mz$。m 称为齿轮的模数，因为两啮合齿轮的齿距 p 必须相等，所以啮合两齿轮的模数 m 也必须相等。模数是设计、制造齿轮的重要参数，模数 m 大，齿距 p 也大，齿厚 s、齿高 h 也随之增大，因而齿轮的承载能力增大。为了便于齿轮的设计和制造，模数已经标准化，我国规定的标准模数值见表 8-20。

表 8-20　齿轮模数系列（GB/T 1357—2008）

第一系列	1、1.25、1.5、2、2.5、3、4、5、6、8、10、12、16、20、25、32、40、50
第二系列	1.125、1.375、1.75、2.25、2.75、3.5、4.5、5.5、(6.5)、7、9、11、14、18、22、28、36、45

注：选用模数时，应优先选用第一系列，括号内的模数尽可能不用。

（13）齿形角 α　齿廓曲线和分度圆的交点处的径向与齿廓在该点处的切线所夹的锐角。

（14）传动比 i　传动比为主动齿轮的转速 n_1 与从动齿轮的转速 n_2 之比，即 n_1/n_2。由 $n_1z_1 = n_2z_2$ 可得：$i = n_1/n_2 = z_2/z_1$。

（15）中心距 a　两圆柱齿轮的轴线之间的最短距离称为中心距，即

$$a = (d_1 + d_2)/2 = m(z_1 + z_2)/2$$

2. 直齿圆柱齿轮几何要素的尺寸计算

标准直齿圆柱齿轮各几何要素尺寸的计算公式见表 8-21。

表 8-21　直齿圆柱齿轮几何要素的尺寸计算

名　称	代　号	计算公式
齿顶高	h_a	$h_a = m$
齿根高	h_f	$h_f = 1.25m$
齿高	h	$h = h_a + h_f = 2.25m$
分度圆直径	d	$d = mz$
齿顶圆直径	d_a	$d_a = d + 2h_a = m(z+2)$
齿根圆直径	d_f	$d_f = d - h_f = m(z-2.5)$
标准中心距	a	$a = (d_1 + d_2)/2 = m(z_1 + z_2)/2$

从表 8-21 中可知，已知齿轮的模数 m 和齿数 z，按表所列公式可以计算出各几何要素的尺寸，画出齿轮的图形。

3. 圆柱齿轮的画法规定

（1）单个圆柱齿轮的画法　根据 GB/T 4459.2—2003 规定的齿轮画法，齿顶圆和齿顶线用粗实线绘制，分度圆和分度线用细点画线绘制，齿根圆和齿根线用细实线绘制（也可省略不画），如图 8-28 所示；在剖视图中，当剖切平面通过齿轮的轴线时，轮齿一律按不剖处理，齿根线画成粗实线，当需要表示斜齿或人字齿的齿线形状时，可用三条与齿线方向一致的细实线表示。

（2）啮合圆柱齿轮的画法　在垂直于圆柱齿轮轴线的投影面的视图中，啮合区内齿顶圆均用粗实线绘制（如图 8-29a 所示的左视图），或省略不画（见图 8-29b）。在剖视图中，当剖切平面通过两啮合齿轮的轴线时，在啮合区内，将一个齿轮的轮齿用粗实线绘制，另一个齿轮的轮齿被遮挡的部分用细虚线绘制（如图 8-29a 所示的主视图），被遮挡的部分也可

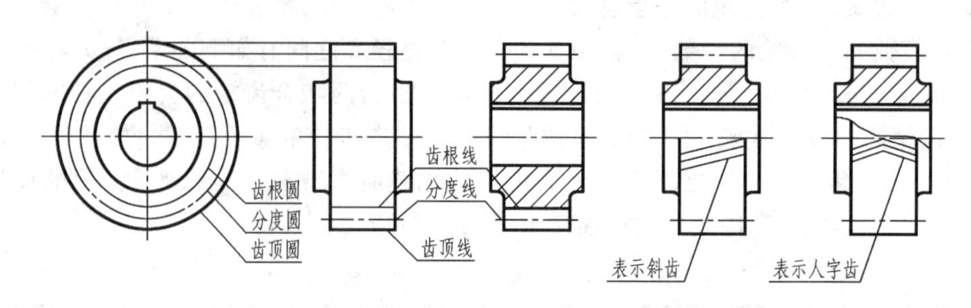

图 8-28　圆柱齿轮的画法

以省略不画。在平行于圆柱齿轮轴线的投影面的外形视图中，啮合区不画齿顶线，只用粗实线画出节线（当一对圆柱齿轮保持标准中心距啮合时，节线是指两分度圆柱面的切线），如图 8-29c 所示。

如图 8-30 所示，在齿轮啮合的剖视图中，由于齿根高与齿顶高相差 0. 25m，因此，一个齿轮的齿顶线和另一个齿轮的齿根线之间，应有 0. 25m 的间隙。

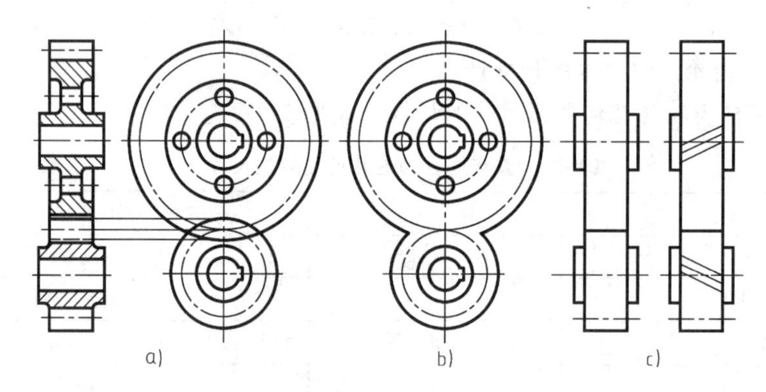

图 8-29　圆柱齿轮啮合的画法

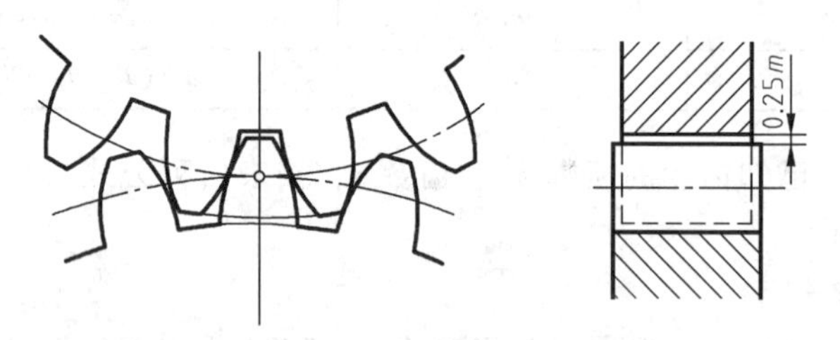

图 8-30　啮合齿轮的间隙

四、扩展知识

锥齿轮、蜗杆与蜗轮的画法

1. 锥齿轮画法和锥齿轮啮合画法

如图 8-31a 所示，单个直齿锥齿轮主视图常采用全剖视，在投影为圆的视图中规定用粗实线画出大端和小端的齿顶圆，用细点画线画出大端分度圆。齿根圆及小端分度圆均不必画出。

如图 8-31b 所示，锥齿轮啮合主视图画成全剖视图，两锥齿轮的节圆锥面相切处用细点画线画出；在啮合区内，应将其中一个齿轮的齿顶线画成粗实线，而将另一个齿轮的齿顶线画成细虚线或省略不画。

2. 单个的蜗杆、蜗轮画法及蜗杆蜗轮啮合画法

单个的蜗杆、蜗轮画法与圆柱齿轮的画法基本相同。

蜗杆的主视图上可用局部剖视或局部放大图表示齿形，齿顶圆（齿顶线）用粗实线画出，分度圆（分度线）用细点画线画出，齿根圆（齿根线）用细实线画出或省略不画，如图 8-32a 所示。

蜗轮通常用剖视图表达，在投影为圆的视图中，只画分度圆和齿顶圆，如图 8-32b 所示。

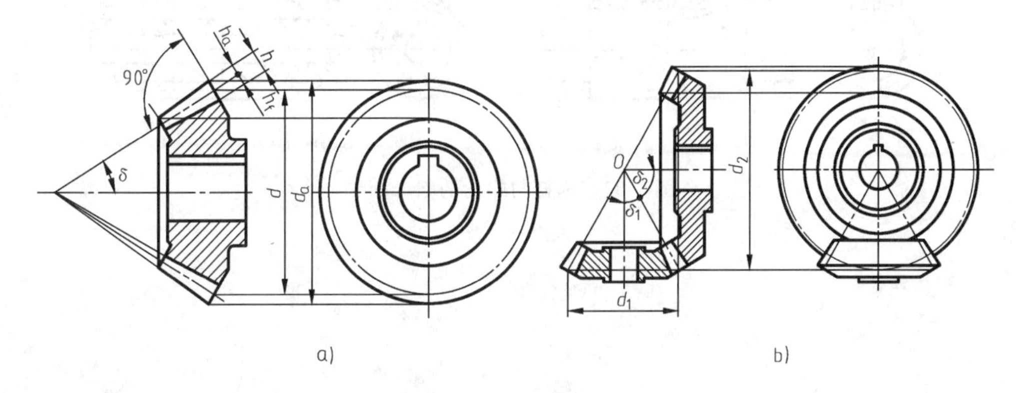

图 8-31 锥齿轮的画法

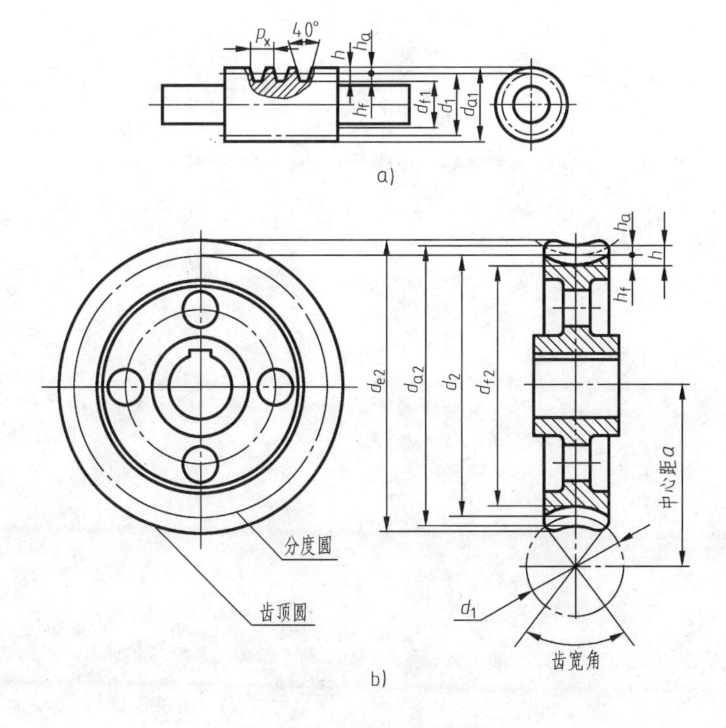

图 8-32 蜗杆与蜗轮画法

图 8-33 所示为蜗杆与蜗轮啮合画法，其中图 8-33a 为啮合时的外形视图，图 8-33b 所示为蜗杆与蜗轮啮合时的剖视画法。画图时要保证蜗杆的分度线与蜗轮的分度圆相切。在蜗轮投影不为圆的外形视图中，蜗轮被蜗杆遮住部分不画；在蜗轮投影为圆的视图中，蜗杆、蜗轮啮合区的齿顶圆都用粗实线画出。

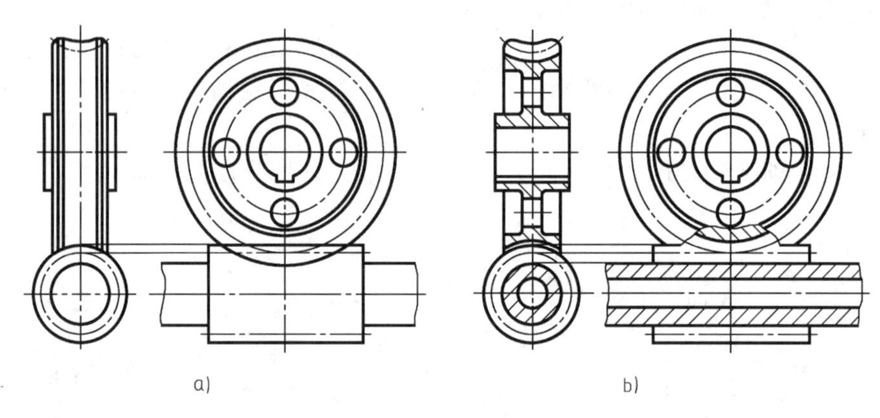

图 8-33　蜗杆与蜗轮的啮合画法

单元9　零　件　图

9

知识目标：

1. 掌握零件图的概念、内容和作用。
2. 掌握零件图标注尺寸的基本原则。
3. 掌握极限与配合的有关知识。
4. 掌握几何公差及表面粗糙度的有关知识。

技能目标：

1. 能识读中等复杂程度的零件图。
2. 能正确绘制零件图。

任务1　学习零件图的入门知识

一、任务描述

图9-1是滑动轴承的轴测图，图9-2为该部件中轴承座的零件图。今天要完成的任务是明确零件图的概念以及零件图的作用和内容。

二、任务分析

不论是零件的设计者还是制造者，都必须掌握绘制和识读零件图的方法，培养绘制和识读零件图的能力。本任务主要是学习零件图的一些基本知识，如零件图的概念、内容和作用等，所涉及的知识点如下：

1）零件图的作用。

2）零件图的内容。

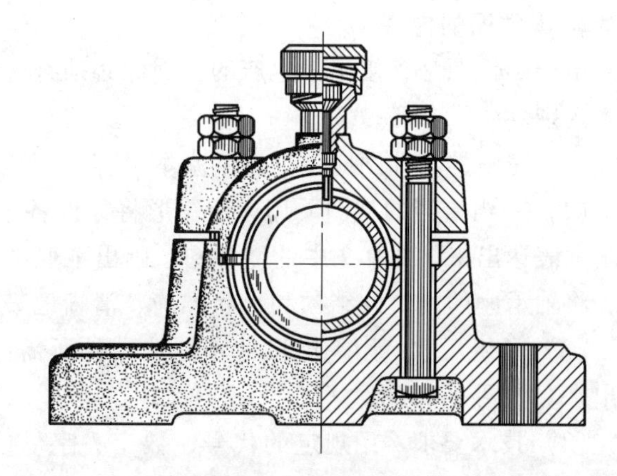

图9-1　滑动轴承

三、相关知识

任何一台机器或一个部件都是由若干个零件按照一定的装配关系和技术要求装配而成的，制造机器或部件时首先要根据零件图加工零件，零件图是表示零件结构、大小及技术要求的图样。

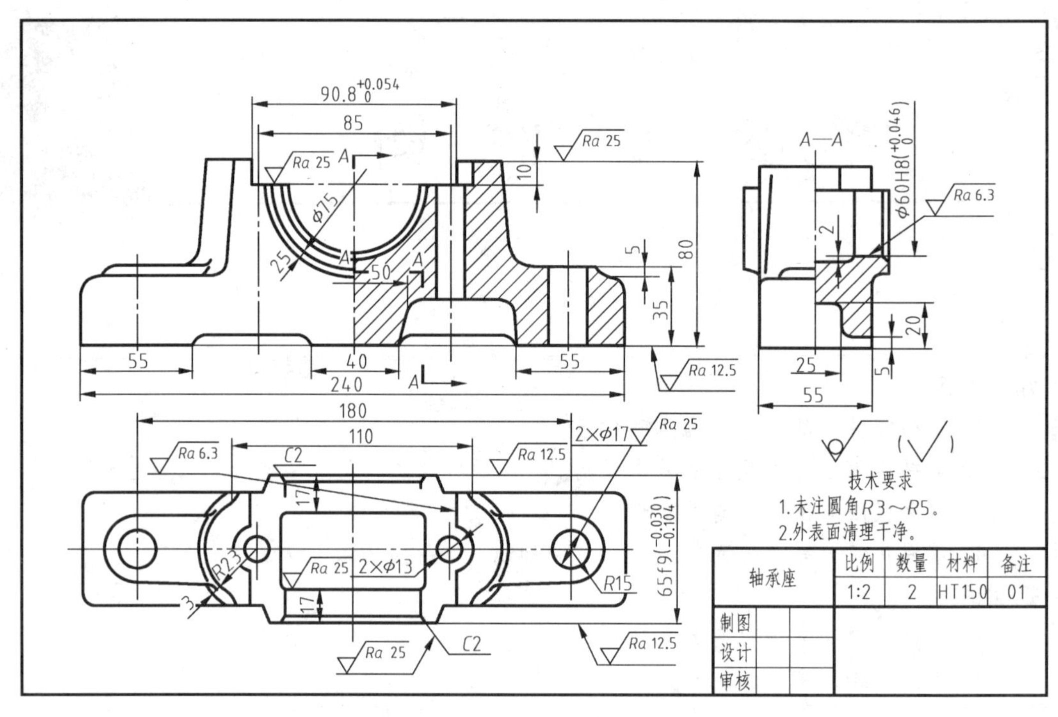

图 9-2　轴承座零件图

1. 零件图的作用

1）在生产过程中，要根据零件图做生产前的一些准备工作，然后按照零件图的内容进行加工制造、检验，所以零件图是组织生产的重要技术文件。

2）零件图是加工制造和检验零件的依据。

3）零件图是设计和生产部门主要技术文件之一。

2. 零件图的内容

由于零件图是直接用于生产的，因此必须符合实际，这是零件图与我们前面所绘图样的根本区别。

一张完整的零件图应包括以下基本内容：

（1）一组恰当的视图　用一组图形将零件各个部分的内、外结构和形状，正确、完整、清晰地表达出来。图 9-2 中的零件图，画出了取半剖的主视图和左视图以及一个未剖的俯视图，将轴承座的内、外结构和形状准确、清晰地表达出来。

（2）一组尺寸　用一组尺寸将制造零件所需的全部尺寸正确、完整、清晰、合理地标注出来，如图 9-2 所示。

（3）技术要求　用规定的代号、数字、字母或另加文字说明，简明、准确地给出零件在制造、检验和使用时应达到的各项技术指标，如尺寸公差、几何公差、表面粗糙度、热处理等。如图 9-2 中注出的表面粗糙度代号、尺寸公差以及其他文字说明等。

（4）标题栏　这是由名称及代号区、签字区、更改区和其他区组成的。具体的填写内容应该根据规定详尽填写。一般情况下应填写单位名称、图样名称、图样代号、材料、绘图比例，以及设计、审核、工艺、批准人员的签名和时间（年、月、日）等。

任务2　零件尺寸的合理标注

一、任务描述

合理标注尺寸是指所注尺寸既要符合设计要求，保证机器的使用性能，又能满足工艺要求，便于加工、测量和检验。

二、任务分析

在前面的单元中，已经介绍了有关标注尺寸的基本规定和尺寸标注的正确性、完整性、清晰性要求。而我们本单元要着重讨论的是在一张零件图中，应该怎样标注才能符合生产实际——合理性问题。

本任务所涉及的知识点如下：

1）正确选择尺寸基准。

2）合理标注尺寸的原则。

3）零件上常见孔的尺寸标注。

三、相关知识

零件图中的尺寸是加工和检验零件的重要依据。尺寸标注要做到正确、完整、清晰和合理。前面有关单元对正确、完整、清晰已经讨论过，这里我们主要讨论尺寸标注的合理性问题。

合理地标注尺寸，是指所注尺寸既符合设计要求，又满足工艺要求。下面就来研究合理标注尺寸的一般原则和要求。

1. 正确选择尺寸基准

尺寸基准是指零件在机器中或在加工测量时用以确定其位置的面或线。一般情况下，零件在长、宽、高三个方向都应有一个主要基准，如图9-3所示。为了便于加工制造，还可以有若干个辅助基准。

尺寸基准一般都选择零件上的一些面和线。图9-3所示轴承座，其高度方向的尺寸基准选择底面（安装面），长度方向的尺寸基准选择对称面，这些都是面基准。图9-4所示的轴，其径向（即高度、宽度方向）的尺寸基准选择了轴线，这是线基准。

标注尺寸时，面基准一般选择零件上的主要加工面、两个零件的结合面、零件的对称面、端面、轴肩等；线基准一般选择轴、孔的轴线等。

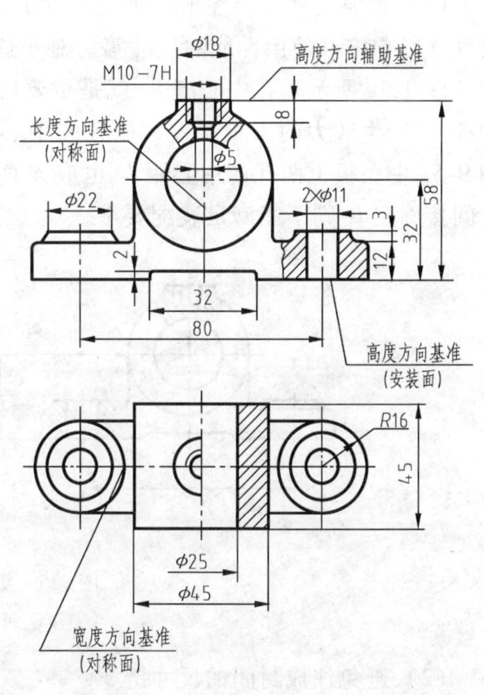

图9-3　轴承座基准的选择

根据基准在生产过程中的作用不同，一

般将基准分为设计基准和工艺基准。

（1）设计基准　设计基准是根据零件的结构和设计要求而选定的基准，是指确定零件在机器或部件中的位置和几何关系的一些面、线、点。如图 9-3 所示，标注轴承孔的中心高尺寸 32，应以底面（安装面）为高度方向基准注出，因此，底面是高度方向的设计基准。标注底板两螺栓孔的定位尺寸 80，其长度方向以左右对称面为基准，以保证两螺栓孔与轴孔对称关系，所以，对称面是长度方向的设计基准。

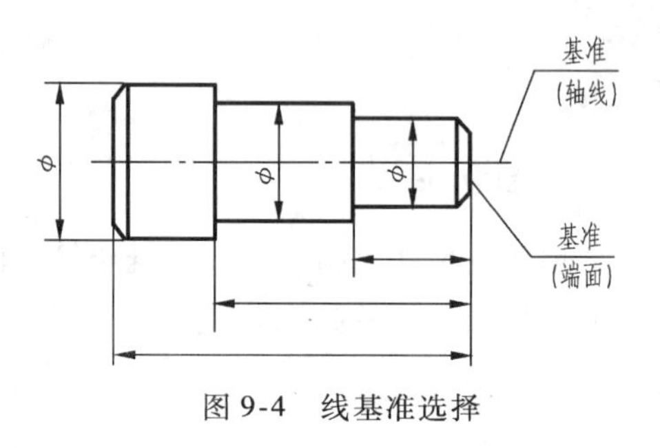

图 9-4　线基准选择

（2）工艺基准　工艺基准就是指零件在加工和检测时所选定的，用来确定零件表面位置的一些面、线、点。如图 9-3 中凸台的顶面就是工艺基准，以此为基准来测量螺孔的深度尺寸 8 就比较方便。

由上述尺寸基准分析可知，选择尺寸基准应遵循下列原则：

零件在长、宽、高三个方向上至少有一个尺寸基准。同一方向上若有几个尺寸基准，其中必有一个主要基准，基准之间应有尺寸关联。

零件上有配合要求、影响零件质量或使用性能的一些主要尺寸，一般都有较高的加工要求，应该从设计基准直接注出，其余尺寸一般可以从工艺基准注出，这样可以便于加工和检测。

设计基准和工艺基准最好能重合，这样既可满足设计要求又能便于加工制造，以减少加工误差，提高加工质量。

2. 合理标注尺寸的原则

（1）重要尺寸直接注出　重要尺寸通常是指有配合功能要求的尺寸、重要的相对位置尺寸、影响零件使用性能的尺寸等，对于这些尺寸必须直接注出。

图 9-5a 所示轴孔中心高 h_1 就是重要尺寸，若按照图 9-5b 所示的形式标注，则尺寸 h_2 和 h_3 将产生较大的累积误差，使孔的中心高度不能满足设计要求。另外，为了安装方便，图 9-5a 中底板上两孔的中心距 l_1 也应该直接注出，若按照图 9-5b 所示标注尺寸，由 l_3 和 l_2 间接确定 l_1 则不能满足装配要求。

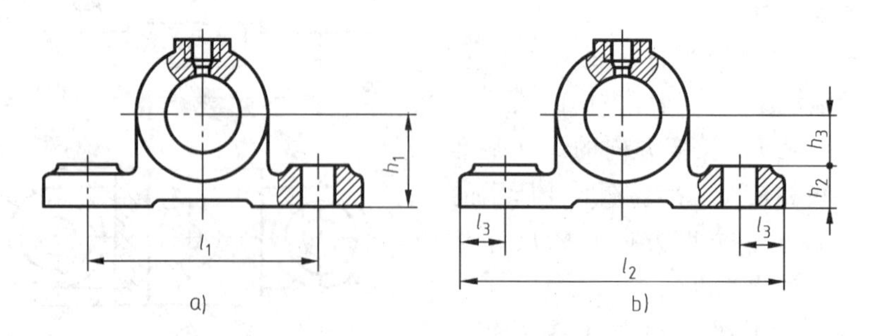

图 9-5　重要尺寸直接注出

a）正确　b）错误

（2）避免注成封闭的尺寸链

1）标注尺寸的形式。同一个零件，由于尺寸注法不同，最后加工出来的零件尺寸也不一样。

图9-6a所示为坐标注法，标注的尺寸从一个基准出发，各轴肩到基准面的尺寸精度不受其他尺寸的影响，这正是坐标法标注的优点。但是，A、B两段的轴向尺寸分别受到两个尺寸误差的影响，所以这两段尺寸应该是非重要尺寸。

图9-6b所示为链状注法，尺寸依次注成链状，前一个尺寸的终止处为后一个尺寸的起点，首尾相接。这种标注法的优点是各段尺寸精度能够得到保证，缺点是各段尺寸误差累积在总体尺寸上，使得总体尺寸精度得不到保证。

图9-6c所示为综合注法，它具有坐标注法和链状注法的优点，对有一定精度要求的尺寸直接注出，而将误差积累在未直接注出尺寸的非重要一段上。综合注法最能适应零件的设计和工艺要求，是工程上常用的一种尺寸标注形式。

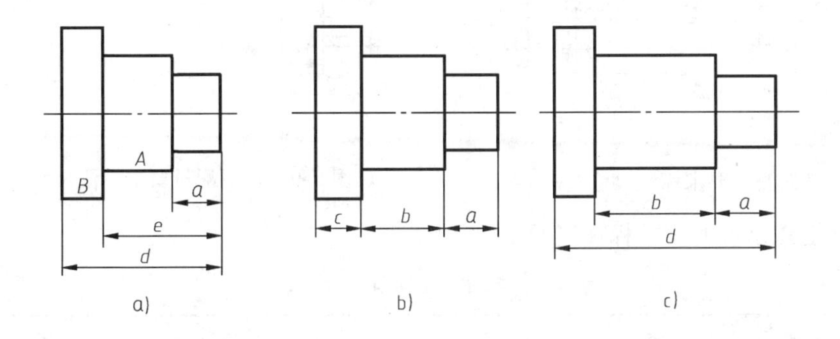

图9-6 尺寸标注形式

2）不能注成封闭的尺寸链。图9-7b中的尺寸l_1、l_2、l_3、l构成一个封闭尺寸链。由于$l=l_1+l_2+l_3$，在加工时，尺寸l_1、l_2、l_3都可能产生误差，每一段的误差都会累积到尺寸l上，使总长l不能保证设计的精度要求。若要保证尺寸l的精度要求，就要提高每一段的精度要求，从而造成加工困难且提高成本。为此，选择其中的一个不重要的尺寸空出不注（这个空出不注尺寸的一段，在尺寸链中称为开口环），使所有的尺寸误差都累积在这一段，以保证重要尺寸段的精度如图9-7a所示。

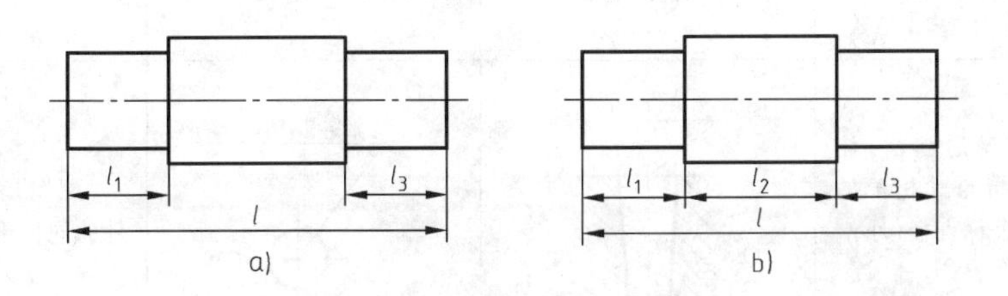

图9-7 不要注成封闭尺寸链

a）正确 b）错误

（3）标注尺寸要便于加工测量 在生产中，为了便于测量，零件图上所标注的尺寸应该尽量能使用普通量具测量，对所注尺寸，应考虑零件在加工过程中方便测量。如图9-8a和图9-9a所示的孔深尺寸就便于测量，而图9-8b所示的尺寸A和尺寸B，以及图9-9b所示的尺寸9就不合理了，不便于测量，也很难测量得准确。

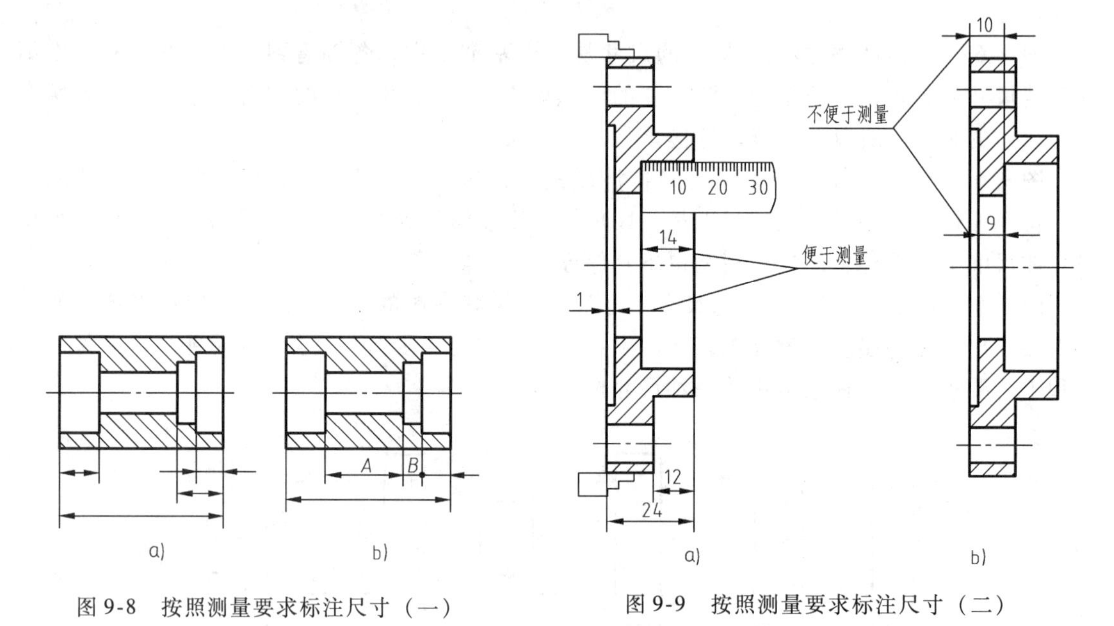

图 9-8 按照测量要求标注尺寸（一）　　图 9-9 按照测量要求标注尺寸（二）

3. 零件上常见孔的尺寸标注（见表 9-1）

表 9-1 零件上常见孔的尺寸标注

类别	普通注法	旁注法		说　明
光孔	4×φ4　10	4×φ4↧10	4×φ4↧10	“↧”为孔深符号
	4×φ4H7　10　12	4×φ4H7↧10 ↧12	4×φ4H7↧10 ↧12	钻孔深度为 12mm，精加工孔（铰孔）深度为 10mm
	该孔无普通注法，注意：φd 是指与其相配的圆锥销的公称直径（小端直径）	锥销孔φ4 配作	锥销孔φ4 配作	“配作”表示该孔与相邻零件的同位锥销孔一起加工
锪孔	φ13 4×φ6.6	4×φ6.6 ⌴φ13	4×φ6.6 ⌴φ13	“⌴”为锪平、沉孔符号 锪孔一般只需锪出圆平面即可，因此沉孔深度一般不标注

（续）

类别	普通注法	旁注法		说　明
沉孔	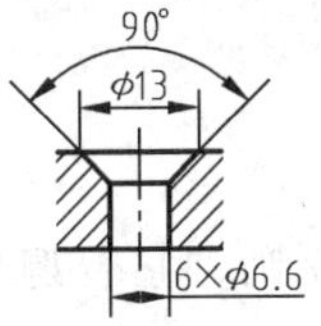 90° φ13 6×φ6.6	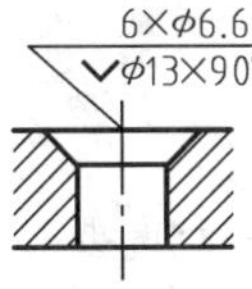 6×φ6.6 ⌵φ13×90°	 6×φ6.6 ⌵φ13×90°	“⌵”为埋头孔符号。该孔为安装开槽沉头螺钉使用，沉孔头部的孔深应注出
	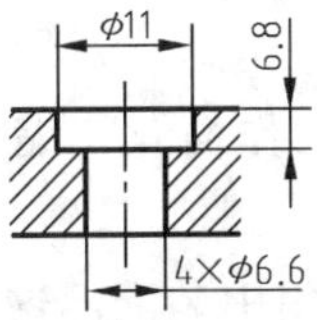 φ11 6.8 4×φ6.6	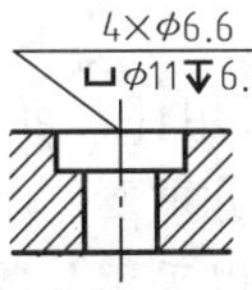 4×φ6.6 ⌴φ11↧6.8	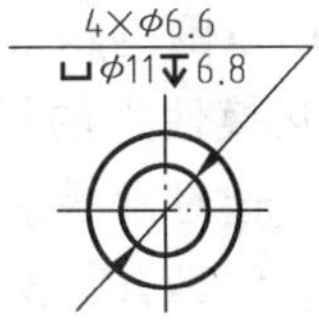 4×φ6.6 ⌴φ11↧6.8	
螺孔	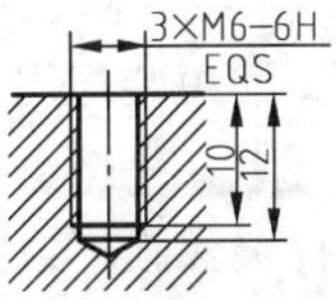 3×M6−6H EQS 10 12	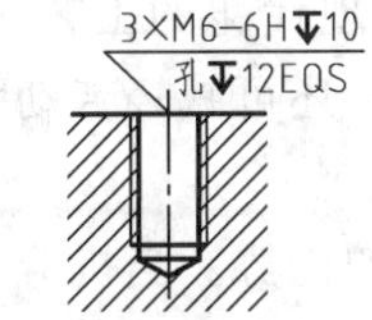 3×M6−6H↧10 孔↧12EQS	 3×M6−6H↧10 孔↧12EQS	“EQS”为均匀分布孔的缩写词
	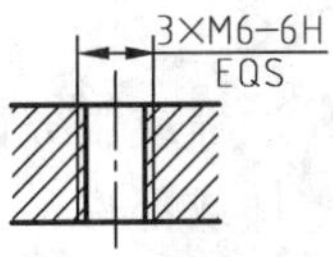 3×M6−6H EQS	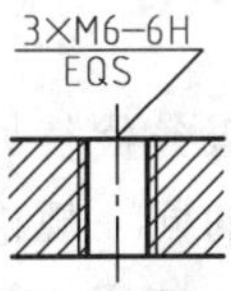 3×M6−6H EQS	 3×M6−6H EQS	
	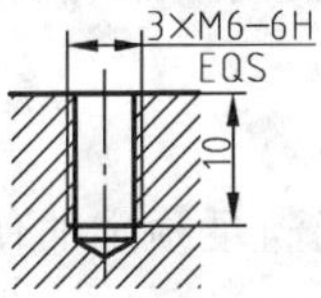 3×M6−6H EQS 10	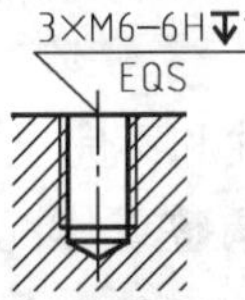 3×M6−6H↧10 EQS	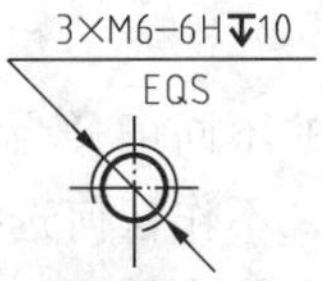 3×M6−6H↧10 EQS	

任务3　零件图上的技术要求

一、任务描述

任何零件，在加工过程中都会有一定的质量标准和制造要求，这就是技术要求。对于零件图样上所提出的技术要求，必须正确理解并能够将其实施在加工零件过程中，这就是本任务的学习核心。

二、任务分析

零件图上除了图形和尺寸外，还有制造该零件时应满足的一些加工要求，通常称为“技术要求”，如尺寸公差、几何公差、表面粗糙度及材料热处理等。技术要求一般是用符号、代号或标记标注在图形上，或用文字注写在图样的适当位置，作为零件的加工制造者，必须正确理解技术要求的意义。

本任务所涉及的主要知识点是尺寸公差、形位公差和表面粗糙度知识。

1）极限与配合。

2）几何公差。

3）表面粗糙度。

三、相关知识

1. 极限与配合

（1）互换性概述　互换性是现代化生产中的一个重要技术经济原则，它普遍应用于机械设备和各种家用机电产品的生产中。随着现代化生产的发展，专业化、协作化生产模式的不断扩大，互换性原则的应用范围也越来越大。

在设计方面，由于采用互换性强的标准件和通用件，可使设计工作简化，缩短设计周期，并便于计算机辅助设计，这对发展系列产品十分重要。

在加工和装配方面，当零件具有互换性时，可以采用分散加工、集中装配。这样有利于组织跨地域的专业化厂际协作生产；有利于使用现代化的工艺装备，并可提高设备的利用率；有利于采用自动化生产线等先进的生产方式；还可减轻劳动强度，缩短装配周期，从而保证装配质量。

在使用和维修方面，互换性也有其不可取代的优势。当机器的零件突然损坏或按计划定期更换时，可迅速用相同规格的零件装上，既缩短了维修时间，又能保证维修质量，从而提高机器的利用率和延长机器的使用寿命。

互换性广义上的定义是："一种产品、过程或服务代替另一产品，过程或服务能满足同样要求的能力。"在机械工业中，互换性是指制成的同一规格的一批零件或部件，不需作任何挑选、调整或辅助加工（如钳工修配），就能进行装配，并能满足机械产品的使用要求的一种特性。

互换性按其程度和范围的不同可分为完全互换性和不完全互换性。

若零件在装配或更换时，不作任何选择，不需调整或修配，就能满足预定的使用要求，则其互换性为完全互换性，也称为绝对互换性。

不完全互换性，就是指在装配前允许有附加的选择，装配时允许有附加的调整但不允许修配，装配后能满足预期的使用要求。不完全互换性又称为有限互换性。当装配精度要求较高，零件加工困难较大时，则可采用不完全互换性。

要保证零件具有互换性，就必须保证零件的几何参数的准确性。但是，零件在加工的过程中，由于机床精度、计量器具精度、操作工人技术水平以及生产环境等诸多因素的影响，其加工后得到的几何参数会不可避免地偏离设计时的理想要求而产生误差。这种误差称为几何量误差。几何量误差包括尺寸误差、形状误差、位置误差和表面微观形状误差——表面粗糙度。

就尺寸而言，互换性要求尺寸的准确性，并不是要求零件都准确地制成一个指定的尺寸，而是限定其在一个合理的范围内变动。对于相互配合的零件，这个范围，一是要求在使用和制造上是合理、经济的；二是要求保证相互配合的尺寸之间形成一定的配合关系，以满足不同的使用要求。前者要以"公差"的标准化——极限制度来解决，后者则以"配合"的标准化来解决，由此而产生了"极限与配合"制度。

（2）公差与配合知识

1）尺寸的术语和定义。

① 尺寸。用特定单位表示线性尺寸值的数值称为尺寸。线性尺寸值包括直径、半径、宽度、高度和中心距等。尺寸由数值和特定单位两部分组成，如 30mm、60μm 等。

② 公称尺寸（D、d）。由图样规范确定的理想形状要素的尺寸。孔和轴的公称尺寸分别用 D 和 d 表示。公称尺寸可以是一个整数或一个小数值。

③ 实际（组成）要素。由接近实际（组成）要素所限定的工件实际表面的组成要素部分。

④ 提取组成要素。按规定方法，由实际（组成）要素提取有限数日的点所形成的实际（组成）要素的近似替代。

⑤ 拟合组成要素。按规定方法，由提取组成要素形成的并具有理想形状的组成要素。

⑥ 提取组成要素的局部尺寸（D_a、d_a）。通过实际测量得到的尺寸称为实际（组成）要素尺寸。一切提取组成要素上两对应点之间的距离统称提取组成要素的局部尺寸，简称提取要素的局部尺寸。孔和轴的提取要素的局部尺寸分别用 D_a 和 d_a 表示。由于工件存在测量误差，提取要素的局部尺寸并非是被测尺寸的真实值。同时由于工件存在形状误差，所以同一个表面不同部位的提取要素的局部尺寸也不相等。

⑦ 极限尺寸（D_{max}、D_{min}、d_{max}、d_{min}）。尺寸要素允许的尺寸的两个极端称为极限尺寸。提取组成要素的局部尺寸应位于其中，也可达到极限尺寸。极限尺寸以公称尺寸为基数来确定。尺寸要素允许的最大尺寸称为上极限尺寸，尺寸要素允许的最小尺寸称为下极限尺寸。孔和轴的上、下极限尺寸分别用 D_{max}、d_{max} 和 D_{min}、d_{min} 表示。

极限尺寸是用来限制加工零件的尺寸变动范围。提取组成要素的局部尺寸在两个极限尺寸之间则为合格，因此，可以表示为

$$D_{min} \leqslant D_a \leqslant D_{max}, d_{min} \leqslant d_a \leqslant d_{max}$$

2）偏差的相关概念。

① 偏差。某一尺寸减其公称尺寸所得的代数差称为尺寸偏差，简称偏差。偏差可分为实际偏差和极限偏差。由于实际（组成）要素和极限尺寸可能大于、小于或等于公称尺寸，所以偏差可以为正值、负值或零值，在书写偏差值时必须带有正负号。

② 极限偏差。极限尺寸减其公称尺寸所得的代数差称为极限偏差。极限偏差有上极限偏差和下极限偏差之分。上极限尺寸减其公称尺寸所得的代数差称为上极限偏差，下极限尺寸减其公称尺寸所得的代数差称为下极限偏差。孔的上、下极限偏差代号用大写字母 ES、EI 表示，轴的上、下极限偏差代号用小写字母 es、ei 表示。

孔的上、下极限偏差：$ES = D_{max} - D$，$EI = D_{min} - D$

轴的上、下极限偏差：$es = d_{max} - d$，$ei = d_{min} - d$

③ 基本偏差。两个极限偏差中靠近公称尺寸的那个偏差称为基本偏差。它可以是上极限偏差，也可以是下极限偏差。

④ 极限偏差的标注。国家标准规定，在图样和技术文件上标注极限偏差数值时，上极限偏差标在公称尺寸的右上角，下极限偏差标在公称尺寸的右下角。特别要注意的是当偏差为零值时，必须在相应的位置上标注“0”，而不能省略，如 $\phi35^{+0.052}_{0}$ 当上、下极限偏差数值相等而符号相反时，可简化标注，如 $\phi50 \pm 0.06$。

3）公差的相关概念。

① 尺寸公差。允许尺寸的变动量称为尺寸公差，简称公差。公差是用以限制误差的。

工件的误差在公差范围内即为合格；反之，则不合格。孔和轴的公差分别用 T_h 和 T_s 表示。尺寸公差等于上极限尺寸减下极限尺寸之差，或上极限偏差减下极限偏差之差。尺寸公差是一个没有符号的绝对值。

孔的公差：$T_h = | D_{max} - D_{min} | = | ES - EI |$

轴的公差：$T_s = | d_{max} - d_{min} | = | es - ei |$

公差是设计时根据零件要求的精度并考虑加工成本，对尺寸的变动范围给定的允许值。而变动只涉及大小，因此在公差值的前面不能标出“+”或“-”号。

因加工误差不可避免，所以公差不能取零值。由此可知，公差用于限制尺寸误差，它是尺寸精度的一种度量。从加工角度看，公称尺寸相同的零件，公差值越小，尺寸的允许变动量就越小，零件的精度也越高，加工就越困难；反之，公差值越大，零件的精度就越低，加工也就越容易。

② 标准公差。在极限与配合的相关国家标准中所规定的任一公差，即大小已经标准化的公差值称为标准公差。

4）尺寸公差带。在公差带图解中，由代表上极限偏差和下极限偏差或上极限尺寸和下极限尺寸的两条直线所限定的一个区域称为尺寸公差带。尺寸公差带一般采用示意图表示，在图中将公差和极限偏差部分放大，从中可以直观地看出公称尺寸、极限尺寸、极限偏差和公差之间的关系，如图 9-10 所示。

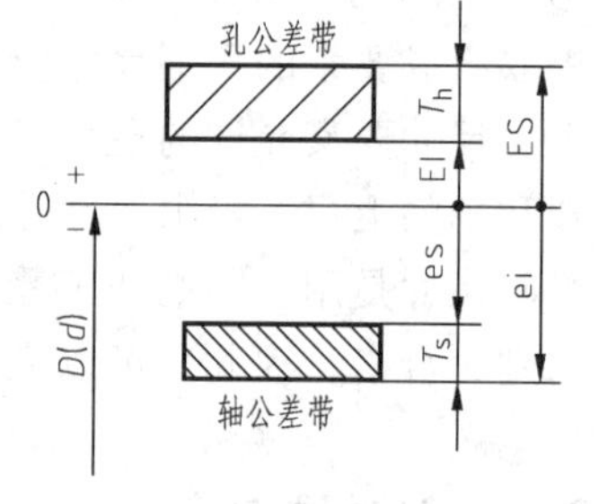

图 9-10　公差带图解

在公差带图中，表示公称尺寸的一条直线称为零线。通常，零线沿水平方向绘制，正偏差位于其上，负偏差位于其下，如图 9-10 所示。

5）配合的概念。

① 配合。公称尺寸相同的并且相互结合的孔和轴公差带之间的关系称为配合。

② 间隙。若孔的尺寸减去相配合的轴的尺寸之差为正时称为间隙，用符号 X 表示，间隙数值前应标“+”号。

③ 过盈。若孔的尺寸减去相配合的轴的尺寸之差为负时称为过盈，用符号 Y 表示，过盈数值前应标“-”号。

6）配合的种类。根据孔、轴公差带相对位置的不同，可将配合分为以下三类：

① 间隙配合。具有间隙（包括最小间隙等于零）的配合称为间隙配合。间隙配合时，孔的公差带在轴的公差带之上，如图 9-11 所示。

a. 最大间隙（X_{max}）。在间隙配合中或过渡配合中，孔的上极限尺寸与轴的下极限尺寸之差称为最大间隙。

b. 最小间隙（X_{min}）。在间隙配合中，孔的下极限尺寸与轴的上极限尺寸之差称为最小间隙。

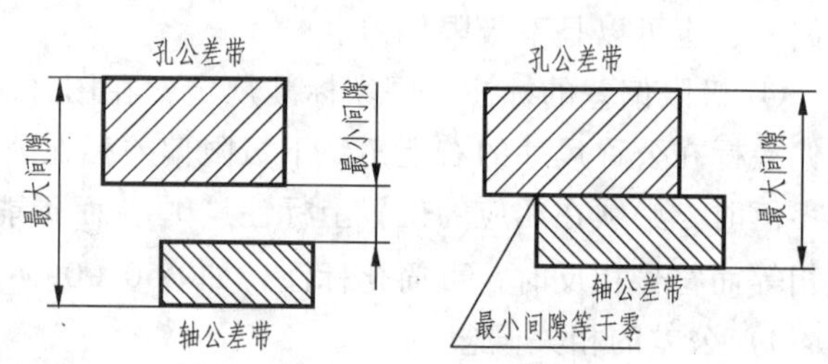

图 9-11　间隙配合

② 过盈配合。具有过盈（包括最小过盈等于零）的配合称为过盈配合。过盈配合时，孔的公差带在轴的公差

带之下，如图 9-12 所示。

a. 最大过盈（Y_{max}）。在过盈配合中或过渡配合中，孔的下极限尺寸与轴的上极限尺寸之差称为最大过盈。

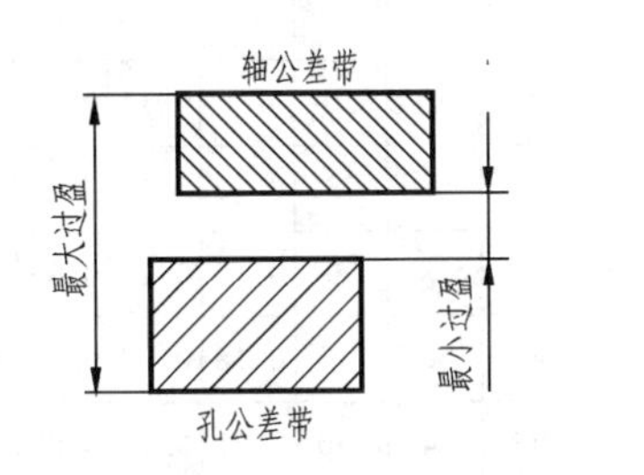

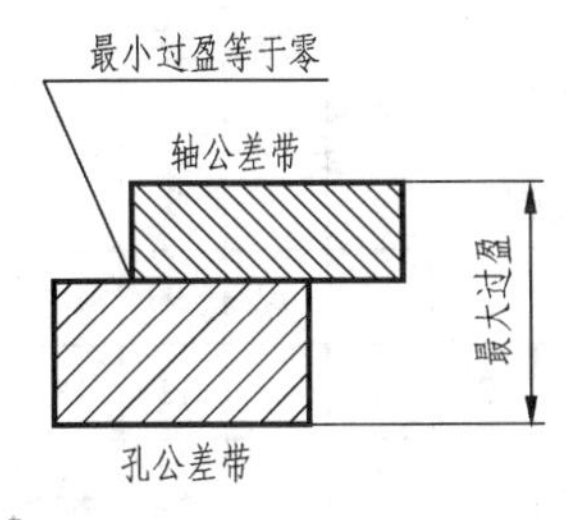

图 9-12 过盈配合

b. 最小过盈（Y_{min}）。在过盈配合中，孔的上极限尺寸与轴的下极限尺寸之差称为最小过盈。

③ 过渡配合。可能具有间隙或过盈的配合称为过渡配合。可以说过渡配合是介于间隙配合与过盈配合之间的一种配合。过渡配合时，孔的公差带与轴的公差带相互交叠，如图 9-13 所示。

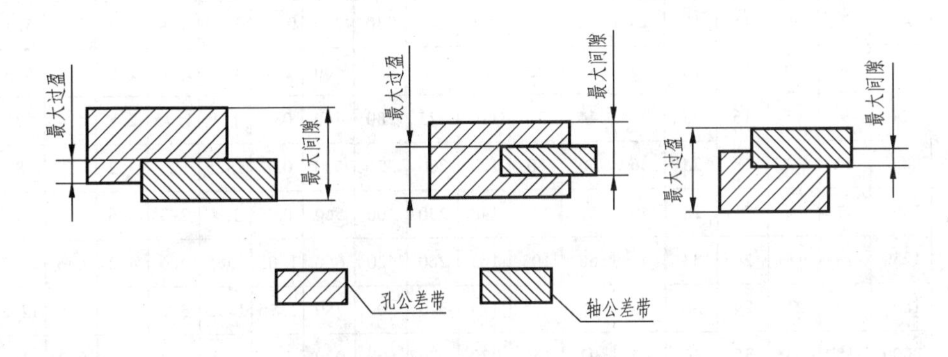

图 9-13 过渡配合

过渡配合的性质用最大间隙 X_{max} 和最大过盈 Y_{max} 表示。

7）标准公差与基本偏差系列。

① 标准公差等级。标准公差等级代号由标准符号 IT 加公差等级数字组成，即 IT01、IT0、IT1、…、IT18。从 IT01 至 IT18 等级依次降低，而相应的标准公差数值依次增大，如图 9-14 所示。

② 标准公差的数值。由公称尺寸和公差等级来确定，其中公差等级确定尺寸的精确程度。

高 公差等级 低

IT01、IT0、IT1、IT2、…、IT18

小 公差数值 大

图 9-14 公差等级

各级标准公差的数值，可查阅表 9-2。从表 9-2 中可以看出，同一公差等级（例如 IT8）对所有公称尺寸的一组公差值由小到大，这是因为随着尺寸的增大，其零件的加工误差也随之增大的缘故，因此它们应该都看做具有相同的精确程度。

表 9-2 公称尺寸至 3150mm 的标准公差数值

公称尺寸/mm		标准公差等级																	
		IT1	IT2	IT3	IT4	IT5	IT6	IT7	IT8	IT9	IT10	IT11	IT12	IT13	IT14	IT15	IT16	IT17	IT18
大于	至	μm											mm						
—	3	0.8	1.2	2	3	4	6	10	14	25	40	60	0.1	0.14	0.25	0.4	0.6	1	1.4
3	6	1	1.5	2.5	4	5	8	12	18	30	48	75	0.12	0.18	0.3	0.48	0.75	1.2	1.8
6	10	1	1.5	2.5	4	6	9	15	22	36	58	90	0.15	0.22	0.36	0.58	0.9	1.5	2.2
10	18	1.2	2	3	5	8	11	18	27	43	70	110	0.18	0.27	0.43	0.7	1.1	1.8	2.7
18	30	1.5	2.5	4	6	9	13	21	33	52	84	130	0.21	0.33	0.52	0.84	1.3	2.1	3.3
30	50	1.5	2.5	4	7	11	16	25	39	62	100	160	0.25	0.39	0.62	1	1.6	2.5	3.9
50	80	2	3	5	8	13	19	30	46	74	120	190	0.3	0.46	0.74	1.2	1.9	3	4.6
80	120	2.5	4	6	10	15	22	35	54	87	140	220	0.35	0.54	0.87	1.4	2.2	3.5	5.4
120	180	3.5	5	8	12	18	25	40	63	100	160	250	0.4	0.63	1	1.6	2.5	4	6.3
180	250	4.5	7	10	14	20	29	46	72	115	185	290	0.46	0.72	1.15	1.85	2.9	4.6	7.2
250	315	6	8	12	16	23	32	52	81	130	210	320	0.52	0.81	1.3	2.1	3.2	5.2	8.1
315	400	7	9	13	18	25	36	57	89	140	230	360	0.57	0.89	1.4	2.3	3.6	5.7	8.9
400	500	8	10	15	20	27	40	63	97	155	250	400	0.63	0.97	1.55	2.5	4	6.3	9.7
500	630	9	11	16	22	32	44	70	110	175	280	440	0.7	1.1	1.75	2.8	4.4	7	11
630	800	10	13	18	25	36	50	80	125	200	320	500	0.8	1.25	2	3.2	5	8	12.5
800	1000	11	15	21	28	40	56	90	140	230	360	560	0.9	1.4	2.3	3.6	5.6	9	14
1000	1250	13	18	24	33	47	66	105	165	260	420	660	1.05	1.65	2.6	4.2	6.6	10.5	16.5
1250	1600	15	21	29	39	55	78	125	195	310	500	780	1.25	1.95	3.1	5	7.8	12.5	19.5
1600	2000	18	25	35	46	65	92	150	230	370	600	920	1.5	2.3	3.7	6	9.2	15	23
2000	2500	22	30	41	55	78	110	175	280	440	700	1100	1.75	2.8	4.4	7	11	17.5	28
2500	3150	26	36	50	68	96	135	210	330	540	860	1350	2.1	3.3	5.4	8.6	13.5	21	33

注：1. 公称尺寸大于 500mm 的 IT1 ~ IT5 的标准公差数值为试行。

2. 公称尺寸小于或等于 1mm 时，无 IT14 ~ IT18。

③ 基本偏差系列。设置基本偏差是为了将公差相对于零线的位置标准化，以满足各个不同配合性质的需要。

a. 基本偏差代号。国家标准规定，孔和轴各有 28 个基本偏差，对孔用大写字母 A、B、C、…、ZC 表示；对轴用小写字母 a、b、c、…、zc 表示。基本偏差系列如图 9-15 所示，图中只画出公差带图的一端，此端即为基本偏差。

b. 基本偏差系列的特点。从基本偏差系列图中可以看出，在孔的基本偏差中，从 A ~ H 为下极限偏差，从 J ~ ZC 为上极限偏差；在轴的基本偏差中、从 a ~ h 为上极限偏差，从 j ~ zc 为下极限偏差；JS 和 js 的上、下极限偏差与零线对称，孔和轴的上、下极限偏差分别是 +2 和 -2，其均可作为基本偏差。

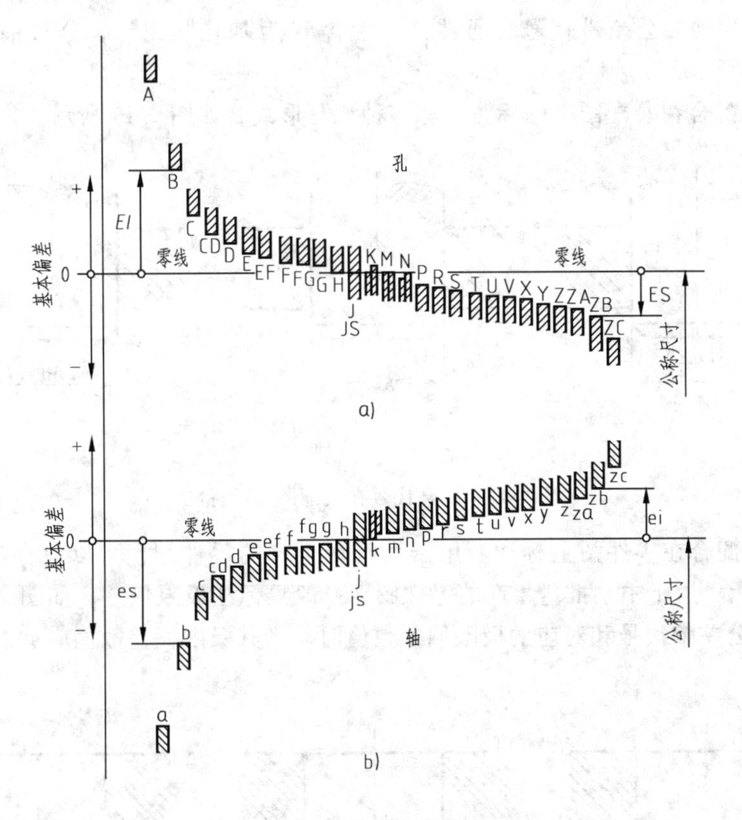

图 9-15 基本偏差系列

a) 孔 b) 轴

④ 公差带代号。孔和轴的公差带代号由基本偏差代号和标准公差等级代号组成。两种代号并列位于公称尺寸之后，并与其字号相同，如图 9-16 所示。

8）配合制。是指同一极限制的孔和轴组成的一种配合制度。

国家标准规定了两种配合制度，即基孔制和基轴制。

① 基孔制配合。基本偏差为一定的孔的公差带，与不同基本偏差的轴的公差带形成各种配合的一种制度，称为基孔制。

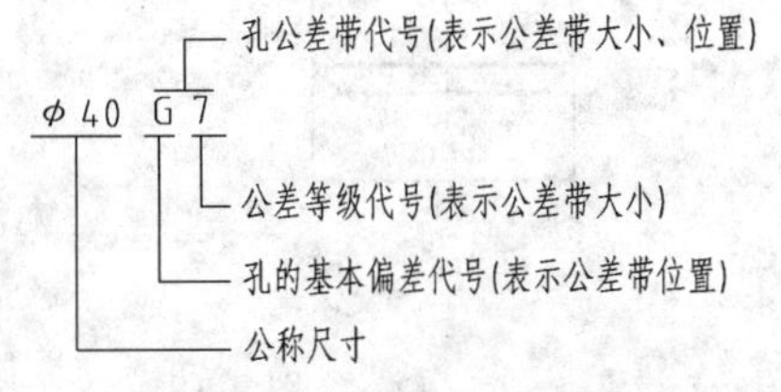

图 9-16 孔公差带代号表示法

在基孔制配合中被选作基准的孔称为基准孔，以其下极限偏差作为基本偏差。基准孔以基本偏差代号 H 表示，其数值为零，上极限偏差为正值，因而其公差带位于零线上方。

② 基轴制配合。基本偏差为一定的轴的公差带，与不同基本偏差的孔的公差带形成各种配合的一种制度，称为基轴制。

基轴制配合中被选作基准的轴称为基准轴，以上极限偏差作为基本偏差。基准轴以基本偏差代号 h 表示，其数值为零，下极限偏差为负值，因而其公差带位于零线下方。

9）极限与配合在图样上的标注。

① 配合代号。采用组合式注法，在公称尺寸后面用分数形式表示，分子为孔的公差

带代号，分母为轴的公差带代号。通常分子中含 H 为基孔制配合，分母中含 h 为基轴制配合。

② 极限与配合在装配图上的标注。有三种注写形式，如图 9-17 所示。

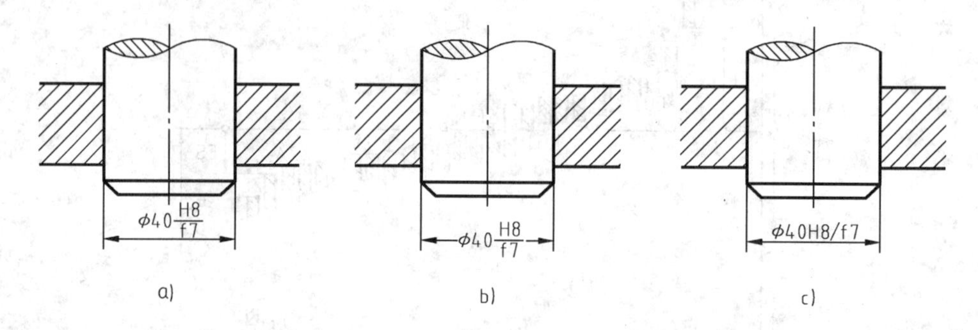

图 9-17　配合代号在装配图上的标注

③ 极限与配合在零件图上标注。用于大批量生产的零件图，可以只标注公差带代号，如图 9-18a 所示；用于中小批量生产的零件图，一般只标注极限偏差，如图 9-18b 所示；如需要同时标注公差带代号和对应的极限偏差数值时，则其极限偏差数值应加上圆括号，如图 9-18c 所示。

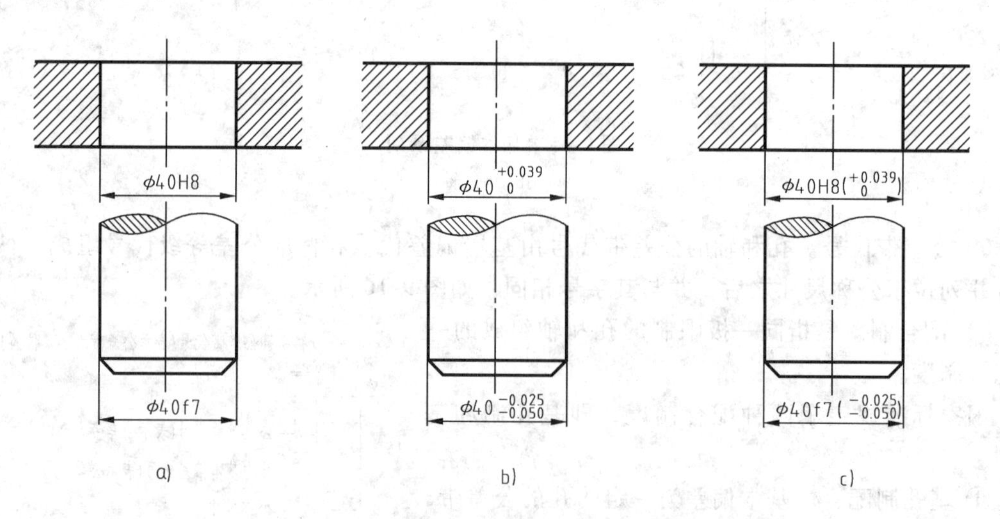

图 9-18　公差带代号、极限偏差在零件图上的标注

10）基孔制优先、常用配合。从经济性出发，为避免刀具、量具的品种、规格过于繁杂，国家标准规定基孔制的常用配合 59 种，优先配合 13 种，见表 9-3。

11）基轴制优先、常用配合。国家标准规定基轴制的常用配合 47 种，优先配合 13 种，见表 9-4。

2. 几何公差

在机械制造中，由于机床精度、工件的装夹精度和加工过程中的变形等多种因素的影响，加工后的零件尺寸和形状及表面质量均不能做到完全理想而会出现加工误差。加工误差分为尺寸误差、形状误差、方向误差、位置误差和跳动误差。图 9-19 所示为车削形成的形状误差，图 9-20 所示为钻削形成的方向误差。

表 9-3 基孔制优先、常用配合

基准孔	轴																				
	a	b	c	d	e	f	g	h	js	k	m	n	p	r	s	t	u	v	x	y	z
	间隙配合								过渡配合			过盈配合									
H6						H6/f5	H6/g5	H6/h5	H6/js5	H6/k5	H6/m5	H6/n5	H6/p5	H6/r5	H6/s5	H6/t5					
H7						H7/f6	◤H7/g6	◤H7/h6	H7/js6	◤H7/k6	H7/m6	◤H7/n6	◤H7/p6	H7/r6	◤H7/s6	H7/t6	◤H7/u6	H7/v6	H7/x6	H7/y6	H7/z6
H8					H8/e7	◤H8/f7	H8/g7	◤H8/h7	H8/js7	H8/k7	H8/m7	H8/n7	H8/p7	H8/r7	H8/s7	H8/t7	H8/u7				
				H8/d7	H8/e8	H8/f8		H8/h8													
H9			H9/c9	◤H9/d9	H9/e9	H9/f9		◤H9/h9													
H10			H10/c10	H10/d10				H10/h10													
H11	H11/a11	H11/b11	◤H11/c11	H11/d11				◤H11/h11													
H12		H12/b12						H12/h12													

注：1. $\frac{H6}{n5}$、$\frac{H7}{p6}$在公称尺寸小于或等于3mm和$\frac{H8}{r7}$在小于或等于100mm时，为过渡配合。

2. 标注◤的配合为优先配合。

表 9-4 基轴制优先、常用配合

基准轴	孔																				
	A	B	C	D	E	F	G	H	JS	K	M	N	P	R	S	T	U	V	X	Y	Z
	间隙配合								过渡配合			过盈配合									
h5						F6/h5	G6/h5	H6/h5	JS6/h5	K6/h5	M6/h5	N6/h5	P6/h5	R6/h5	S6/h5	T6/h5					
h6						F7/h6	◤G7/h6	◤H7/h6	JS7/h6	◤K7/h6	M7/h6	◤N7/h6	◤P7/h6	R7/h6	◤S7/h6	T7/h6	◤U7/h6				
h7					E8/h7	◤F8/h7		◤H8/h7	JS8/h7	K8/h7	M8/h7	N8/h7									
h8				D8/h8	E8/h8	F8/h8		H8/h8													
h9				◤D9/h9	E9/h9	F9/h9		◤H9/h9													
h10				D10/h10				H10/h10													
h11	A11/h11	B11/h11	◤C11/h11	D11/h11				◤H11/h11													
h12		B12/h12						H12/h12													

注：标注◤的配合为优先配合。

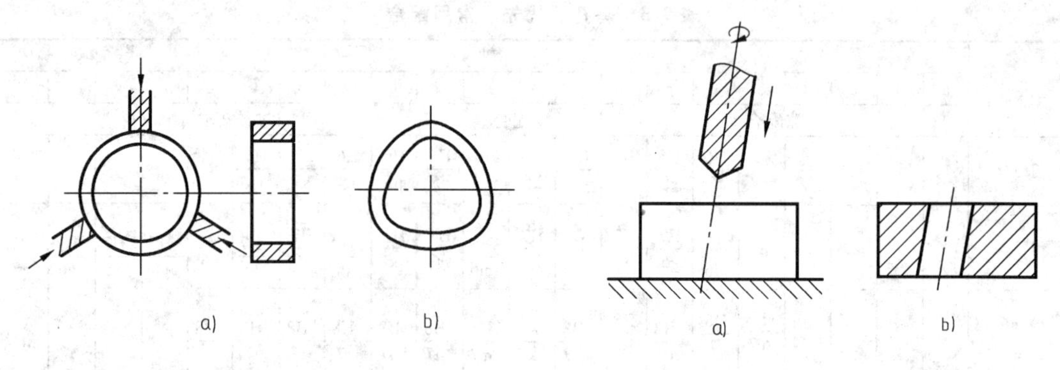

图 9-19　车削形成的形状误差　　图 9-20　钻削形成的方向误差

形状误差、方向误差、位置误差和跳动误差统称为几何误差。几何误差不仅会影响机械产品的质量（如工作精度、连接强度、运动平稳性、密封性、耐磨性、噪声和使用寿命等），还会影响零件的互换性。为了满足零件的使用要求，保证零件的互换性和制造的经济性，就必须合理控制零件的几何误差，即对零件规定几何公差。

（1）零件的几何要素　零件的形状和结构虽然各式各样，但它们却都有一个共同特点，即都是由一些点、线、面按一定几何关系组合而成的。这些构成零件几何特征的点、线、面称为零件的几何要素。如图 9-21 所示的零件可以分解成顶点、球心、中心线、素线、球面、圆锥面和平面等要素。几何公差的研究对象就是这些几何要素。

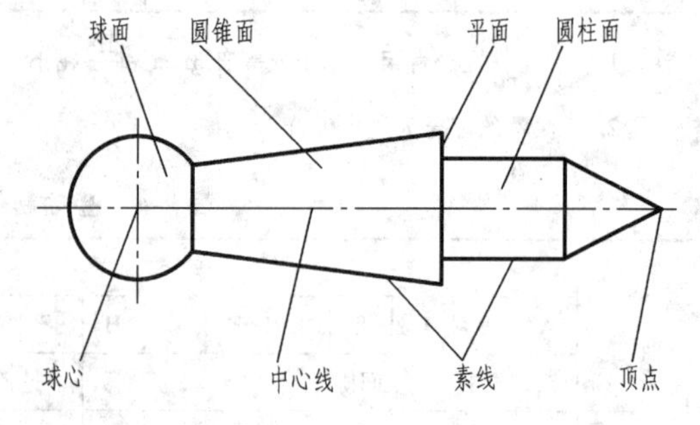

图 9-21　零件的几何要素

零件的几何要素可以按照以下几种方式进行分类：

1）按结构特征不同分为组成要素和导出要素。

① 组成要素。指构成零件外形的点、线、面各要素，如图 9-21 所示的顶点、球面、圆锥面、圆柱面、平面以及圆柱面和圆锥面的素线。

② 导出要素。是指组成要素对称中心所表示的点、线、面各要素，如图 9-21 所示的球心、圆柱面和圆锥面的中心线等。导出要素虽然不能被人们直接感受到，但它们是随着组成要素的存在而客观存在着。

2）按存在的状态不同分为拟合要素和提取要素。

① 拟合要素。指具有几何意义的要素。它不存在任何误差，是理想的几何要素。拟合要素是作为评定提取要素误差的依据。

② 提取要素。指零件上实际存在的要素。测量时由提取要素所代替，可分为提取组成要素和提取导出要素。

3）按检测关系不同分为被测要素和基准要素。

① 被测要素。指图样中有几何公差要求的要素，是检测对象。

② 基准要素。指用来确定被测要素的方向和位置的参照要素，它应是拟合要素。

4）按功能关系不同分为单一要素和关联要素。

① 单一要素。仅对被测要素本身给出形状公差要求。它是独立的，与基准要素无关。

② 关联要素。与零件上其他要素有功能关系的要素，被测要素给出位置、方向、跳动公差要求的，它相对基准要素有位置关系，即与基准相关。

（2）几何公差的几何特征、附加符号及符号　根据国家标准的规定，几何公差的几何特征及符号见表9-5。几何公差标注要求及附加符号见表9-6。

表9-5　几何公差的几何特征及符号

公差类型	几何特征	符号	有无基准	公差类型	几何特征	符号	有无基准
形状公差	直线度	⏤	无	位置公差	位置度	⌖	有或无
	平面度	⏥	无		同心度（用于中心点）	◎	有
	圆度	○	无		同轴度（用于轴线）	◎	有
	圆柱度	⌭	无		对称度	⌯	有
	线轮廓度	⌒	无		线轮廓度	⌒	有
	面轮廓度	⌓	无		面轮廓度	⌓	有
方向公差	平行度	//	有	跳动	圆跳动	↗	有
	垂直度	⊥	有		全跳动	⌰	有
	倾斜度	∠	有				
	线轮廓度	⌒	有				
	面轮廓度	⌓	有				

表9-6　几何公差标注要求及附加符号

符　　号	说　　明	符　　号	说　　明
	被测要素	Ⓕ	自由状态条件（非刚性零件）
A　A	基准要素		全周（轮廓）
φ2/A1	基准目标	CZ	公共公差带
50	理论正确尺寸	LD	小径
Ⓟ	延伸公差带	MD	大径
Ⓜ	最大实体要求	PD	中径、节径
Ⓛ	最小实体要求	LE	线素
Ⓔ	包容要求	NC	不凸起
Ⓡ	可逆要求	ACS	任意横截面

（3）几何公差及几何公差带

1）形状公差。指单一要素的形状所允许的变动全量，即允许的最大形状误差值。

2）方向公差。指关联要素对基准在方向上允许的变动全量。

3）位置公差。指关联要素对基准在位置上允许的变动全量。

4）跳动公差。以测量方法定义的公差项目。跳动公差是指关联要素绕基准回转一周或连续回转时所允许的最大跳动量，即允许测得的最大值与最小值之间的最大差值。

5）几何公差带。几何公差带就是限制被测要素变动的一个包容区域。几何公差对被测要素的限制采用包容制，各项目公差对被测要素的限制可用几何公差带直观、形象地表示。几何公差带具有形状、大小、方向和位置四个要素。

① 公差带的形状。图 9-22 所示为常见的 11 种公差带形状。

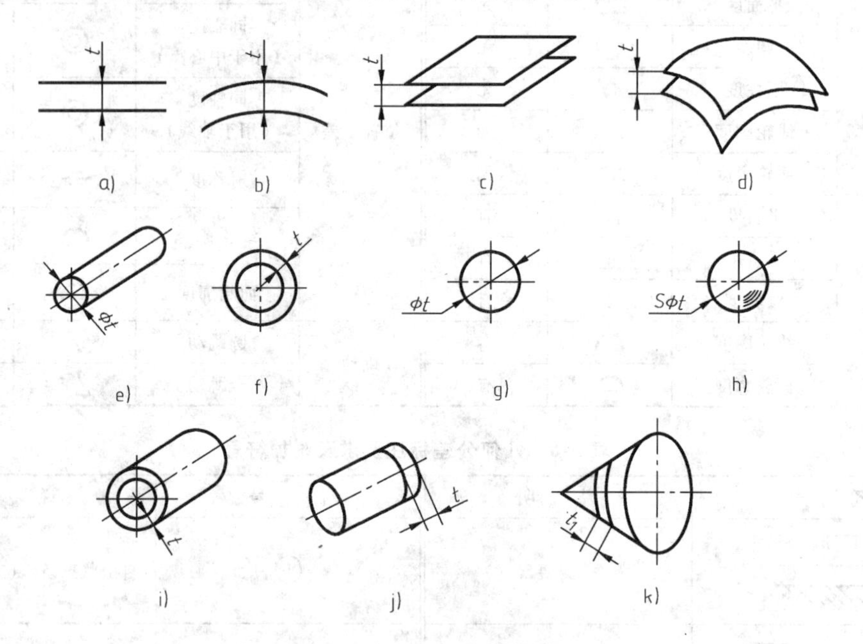

图 9-22　常见几何公差带形状

a）两平行直线　b）两等距曲线　c）两平行平面　d）两等距曲面　e）圆柱面　f）两同心圆
g）一个圆　h）一个球　i）两同心圆柱面　j）一段圆柱面　k ）一段圆锥面

② 公差带的大小。公差带的大小是指公差带的宽度、直径或半径差的大小。由图样上给定的几何公差值确定。

③ 公差带的方向。公差带的方向是指与公差带延伸方向相垂直的方向，即误差变动的方向。

④ 公差带的位置。公差带的位置可分为浮动的和固定的两种。当公差带会随着被测要素的形状、方向、位置的变化而变化时，则说公差带的位置是浮动的；反之则说公差带的位置是固定的。

（4）几何公差的标注　国家标准规定，几何公差的标注结构由几何公差框格、被测要素指引线、几何特征符号、公差值、基准符号和相关要求符号等组成。

1）几何公差框格的标注。

① 公差框格为矩形方框，由两格或多格组成，在图样中只能水平或垂直绘制。框格中

的内容按从左到右或者从下到上的顺序填写，框格中内容由几何特征符号、公差值、基准（形状公差不标注基准）等组成。几何公差框格形式如图9-23所示。

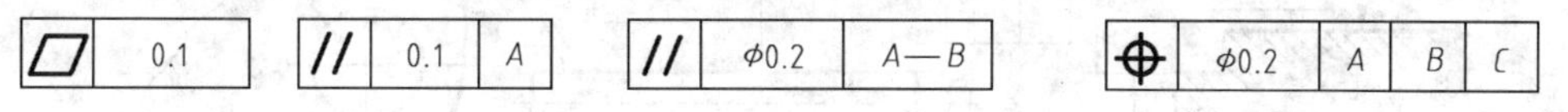

图9-23　几何公差框格形式

② 公差值为线性值，如公差带是圆形或圆柱形的则在公差值前加注 ϕ；如果是球形的则加注“$S\phi$”，当一个以上相同要素（如6个要素）作为被测要素应用于一项公差要求时，应在公差框格上方被测要素的尺寸之前注明要素的个数，并在两者之间加上符号“×”（见图9-24）。

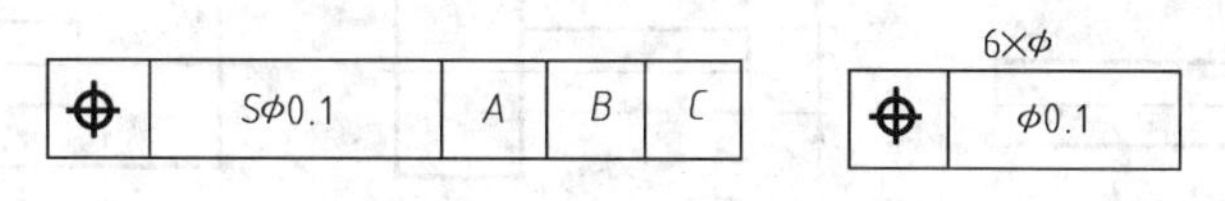

图9-24　公差数值前加注符号

③ 如要求在公差带内进一步限定被测要素的形状，则应在公差值后面加注表9-7中的特殊符号。

表9-7　特殊符号

符号	解　释	标注示例
（+）	若被测要素有误差，则只允许中间向材料外凸起	— 0.01(+)
（-）	若被测要素有误差，则只允许中间向材料内凹下	▱ 0.05(-)
（▷）	若被测要素有误差，则只允许按符号的小端方向逐渐缩小	0.05(◁)
		// 0.05(▷) A

④ 若对同一要素有一个以上几何特征的公差要求时，为方便起见，可将一个公差框格放在另一个的下面，如图9-25所示。

↗	0.03	B
⌴	0.015	A
○	0.005	

图9-25　同一被测要素有多项公差要求的标注

2）指引线与被测要素的标注　国家标准规定，用带箭头的指引线将公差框格与被测要素相连，指引线一般从公差框格线的中间引出，引出段必须垂直于公差框格；引向被测要素时允许弯折，但不得多于两次。

① 当公差涉及轮廓线或轮廓面时，指引线箭头应指在该要素的轮廓线或其延长线上，并与尺寸线明显错开，如图9-26a、b所示。当采用带点的引出线指向实际表面时，箭头可置于带点的引出线的水平线上，如图9-26c所示。

② 当公差涉及要素的中心线、中心面或中心点时，指引线箭头应位于相应尺寸线的延长线上，如图9-27所示。

③ 对几个表面有同一数值的公差带要求，可按图9-28所示方法进行标注。

（5）基准的标注　与被测要素相关的基准用一个大写字母表示。字母标注在基准方格

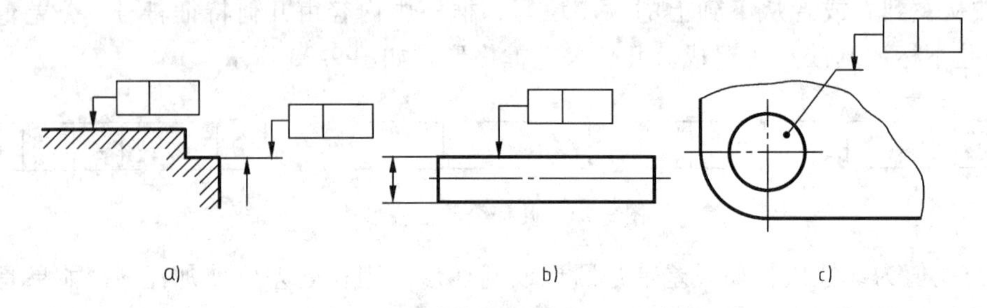

图 9-26　指引线指向轮廓线（面）的标注

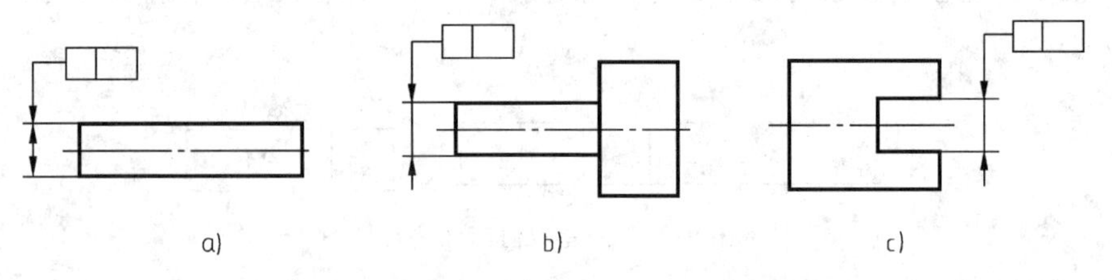

图 9-27　指引线指向中心点（线、面）的标注

内，用一个涂黑的或空白的三角形相连以表示基准，如图 9-29 所示。表示基准的字母还应标注在公差框格内。

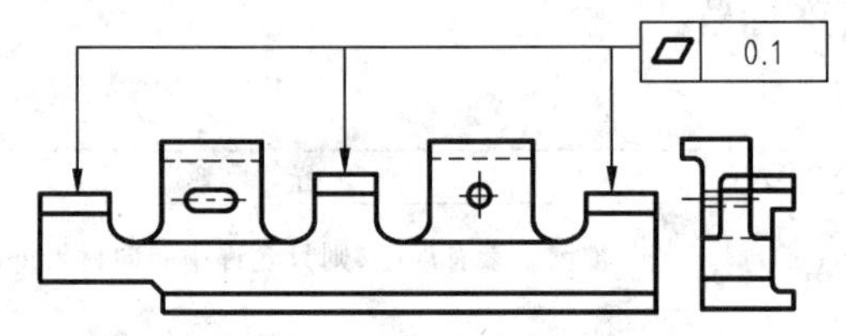

图 9-28　多个指引线引自同一公差框格的标注

① 当基准要素是轮廓线或轮廓面时，基准三角形应放置在要素的轮廓线或其延长线上，并应与尺寸线明显错开，如图 9-30a 所示。基准三角形也可放置在该轮廓面带点的引出线的水平线上，如图 9-30b 所示。

图 9-29　基准符号标注

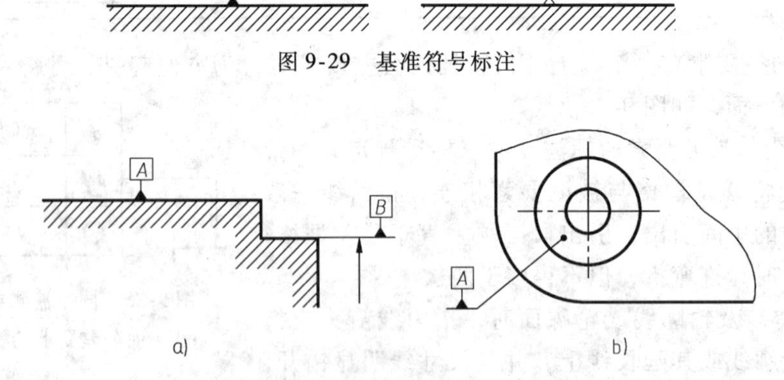

图 9-30　基准指向轮廓线（面）的标注

② 当基准是尺寸要素确定的中心线、中心平面或中心点时，基准三角形应放置在该尺寸线的延长线上，如图 9-31 所示。如果没有足够的位置标注基准要素尺寸的两个尺寸箭头，则其中一个箭头可用基准三角形代替，如图 9-31b、c 所示。

③ 以单个要素作基准时，用一个大写字母表示，以两个要素建立公共基准时，用中间加连字符的两个大写字母表示。以两个或三个基准建立基准体系（即采用多基准）时，表

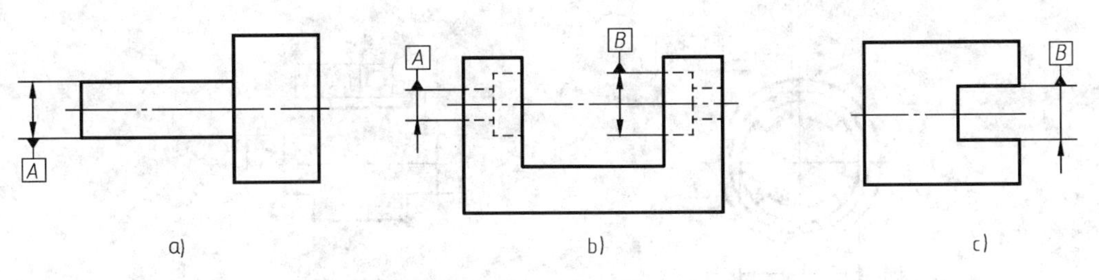

图 9-31　基准指向中心点（线、面）的标注

示基准的大写字母按基准的优先顺序自左至右填写在各框格内。

（6）几何公差标注对零件局部限制的规定　在几何公差标准中，公差数值以毫米为单位填写在公差框格中。公差框格中所标注的公差数值如无附加说明，则被测范围为箭头所指的整个被测组成要素或导出要素。

① 如果被测范围仅为被测要素的一部分时，应用粗点画线示出该局部的范围，并加注尺寸，如图 9-32 所示。

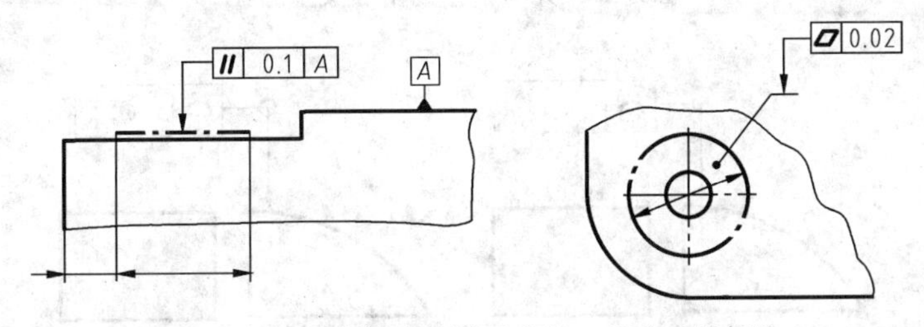

图 9-32　被测范围为被测要素的一部分时的标注

② 若需给出被测要素任意固定长度上（或范围）的公差值时，可采用图 9-33 所示的表示方法。

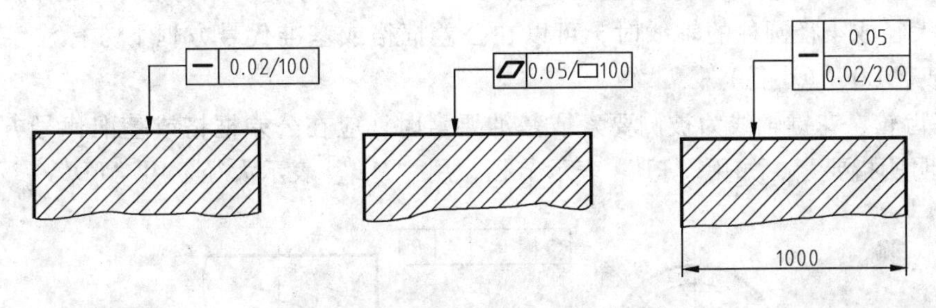

图 9-33　被测范围为任一固定长度的标注

③ 几何公差的附加文字标注。为了说明公差框格中所标注的几何公差的其他附加要求，或为了简化标注，可以在公差框格的上方或下方附加文字说明。在用文字说明时，属于被测要素数量的说明，应写在公差框格的上方；属于解释性的说明（包括对测量方法的要求），应写在公差框格的下方，如图 9-34 所示。

④“全周”符号表示法。几何公差的几何特征（如轮廓度公差）适用于横截面的整周轮廓或由该轮廓所示的整周表面时，应采用“全周”符号，即在公差框格的指引线上画上一个圆圈，如图 9-35 所示。

⑤ 螺纹和齿轮的标注。

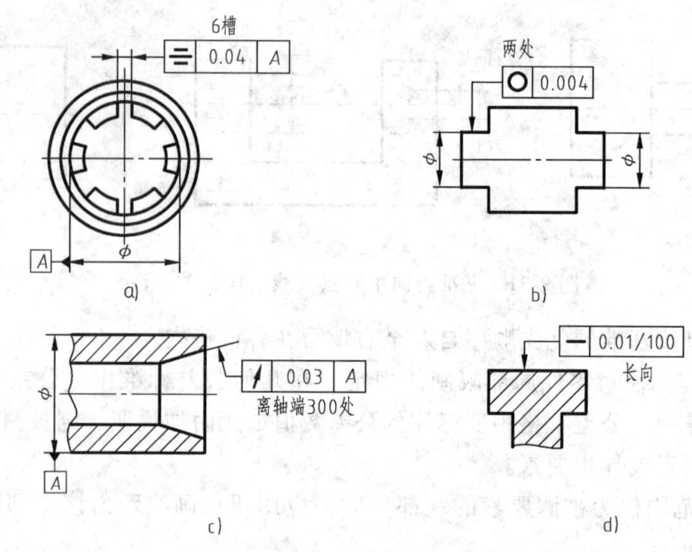

图 9-34　几何公差的附加文字标注

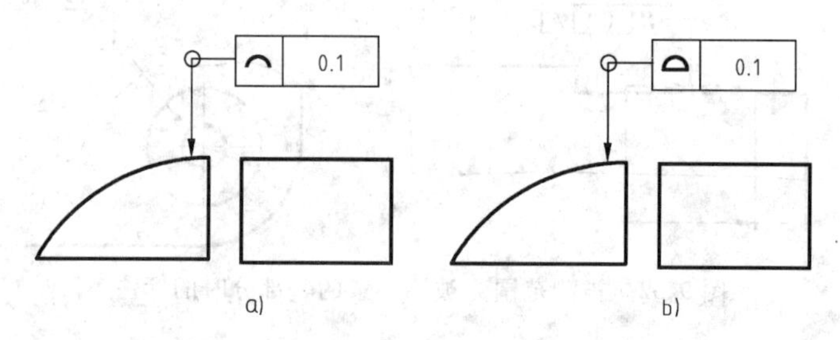

图 9-35　“全周”符号标注

a. 以螺纹轴线为被测要素或基准要素时（见图 9-36），默认为螺纹中径圆柱的轴线，只有当为大径或小径圆柱的轴线时，可以在公差框格或基准代号方框下方标注字母“MD”（大径）或“LD”（小径）。

b. 以齿轮，花键轴线为被测要素或基准要素时，应在公差框格或基准代号方框下方标注字母说明所指要素，如用“PD”表示节径，用“MD”表示大径，用“LD”表示小径。

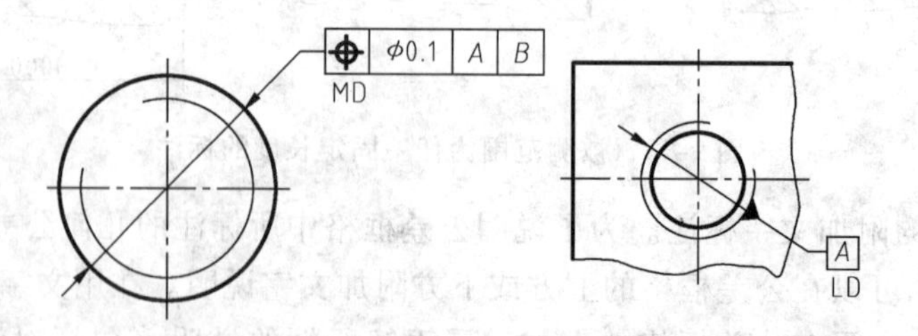

图 9-36　螺纹几何公差标注

3. 表面粗糙度

在切削加工过程中，由于刀痕、切屑分离时的变形、刀具和已加工表面间的摩擦及工艺系统的高频振动等原因，在零件已加工表面上总会出现较小间距的微小峰谷所组成的微观几何形状特征，此特征称为表面粗糙度，如图 9-37 所示车削后的轴表面放大图。

(1) 表面粗糙度及评定参数

1) 表面粗糙度的概念。表面粗糙度是表述零件表面峰谷的高低程度和间距状况的微观几何形状特性的术语。

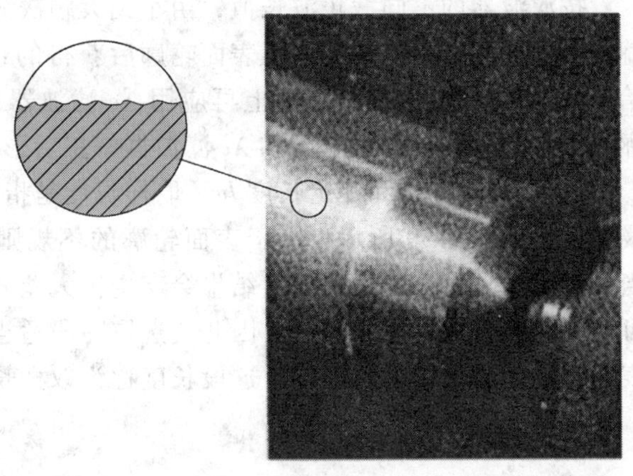

图 9-37 车削后的轴表面放大图

2) 表面粗糙度对零件使用性能的影响。表面粗糙度与机械零件的使用性能有着密切的关系，影响着机器的工作可靠性和使用寿命。

① 表面粗糙度影响零件的耐磨性。表面越粗糙，配合表面间的有效接触面积越小，压强越大，磨损就越快。

② 表面粗糙度影响配合性质的稳定性。对间隙配合来说，表面越粗糙，就越容易磨损，使用工作过程中间隙逐渐增大；对过盈配合来说，由于装配时将微观凸峰挤平，减小了实际有效过盈，降低了连接强度。

③ 表面粗糙度影响零件的疲劳强度。粗糙零件的表面存在较大的波谷，它们像尖角、缺口和裂纹一样，对应力集中很敏感，从而影响零件的疲劳强度。

④ 表面粗糙度影响零件的抗腐蚀性。粗糙的表面，易使腐蚀性气体或液体通过表面的微观凹谷渗入到金属内层，造成表面腐蚀。

⑤ 表面粗糙度影响零件的密封性。粗糙的表面之间无法严密地贴合，气体或液体通过接触面间的缝隙渗漏。

⑥ 表面粗糙度影响零件的接触刚度。接触刚度是零件结合面在外力作用下，抵抗接触变形的能力。

⑦ 影响零件的测量精度。零件被测表面和测量工具测量面的表面粗糙度都会直接影响测量精度，尤其是在精密测量时。

综上所述，表面粗糙度将直接影响机械零件的使用性能和寿命，因此，应对零件表面粗糙度的数值加以合理确定。

3) 表面粗糙度基本术语及定义。评定表面结构参数的有关检验规范方面的基本术语有取样长度和评定长度、轮廓滤波器和传输带及其极限值判断规则。

① 表面轮廓。表面轮廓是指平面与实际表面相交所得的轮廓，按照相截的方向不同可分为横向表面轮廓和纵向表面轮廓。在评定或检测表面粗糙度时，通常均指横向表面轮廓，即垂直于表面加工纹理的平面与表面相交所得的轮廓线，如图 9-38 所示。

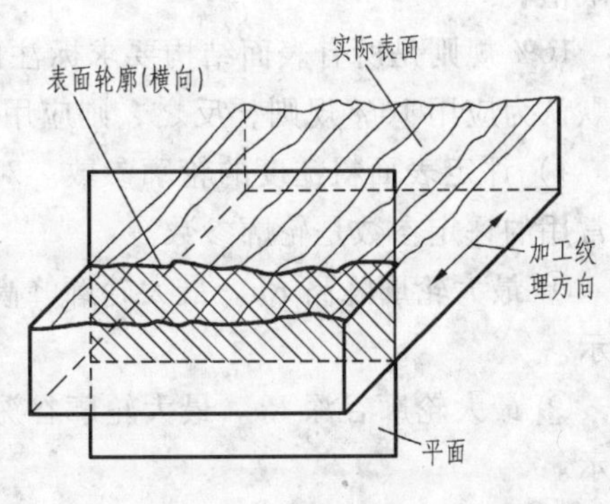

图 9-38 表面轮廓

② 轮廓滤波器。粗糙度等三类轮廓总是同时存在并叠加在同一表面轮廓上，因此，在测量评定三类轮廓上的参数时，必须先将表面轮廓在特定范围上进行滤波，以及分离获得所需波长范围的轮廓。这种可将轮廓分成长波和短波成分的仪器称为轮廓滤波器。

按滤波器的不同截止波长值，由小到大顺次分为 λs、λc 和 λf 三种，粗糙度等三类轮廓就是分别应用这些滤波器修正表面轮廓后获得的：应用 λs 滤波器修正后形成的轮廓称为原始轮廓（P 轮廓）；在 P 轮廓上再应用 λc 滤波器修正后形成的轮廓即为粗糙度轮廓（R 轮廓）；对 P 轮廓连续应用 λf 和 λc 滤波器修正后形成的轮廓称为波纹度轮廓（W 轮廓）。

③ 取样长度 lr 和评定长度 ln。取样长度是指用于判别具有表面粗糙度特征的一段基准线长度，如图 9-39 所示。由于表面轮廓的不规则性，测量结果与测量段的长度密切相关。当测量段过短时，各处的测量结果会产生很大差异；当测量段过长时，测量的高度值中将不可避免地包含波纹度的幅值。因此，选取一段适当长度进行测量能限制和削弱表面波纹度对表面粗糙度测量结果的影响，这段长度称为取样长度。

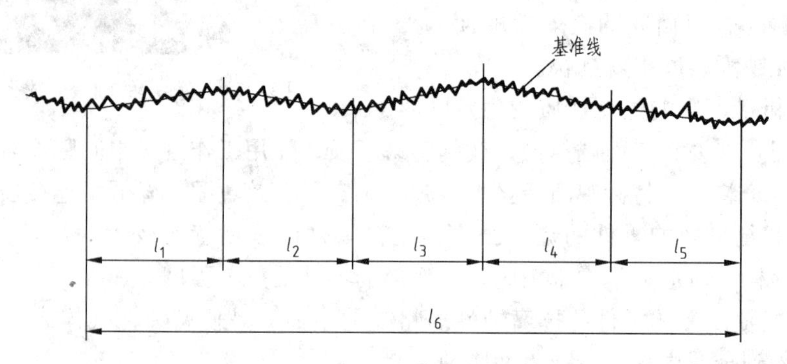

图 9-39　取样长度和评定长度

由于被测表面上微观起伏的不均匀性，在一个取样长度上测量，不能充分合理地反映实际表面粗糙特征，为取得表面粗糙度最可靠的值，一般取几个连续的取样长度进行测量，并以各取样长度内测量值的平均值作为测得的参数值。这段在 X 轴方向上用于评定轮廓的、包含着一个或几个取样长度的测量段称为评定长度 ln。

当未注明取样长度个数时，评定长度即默认 5 个取样长度，否则应注明个数。

④ 极限值判断规则。完工零件的表面按检验规范测得轮廓参数值后，需与图样上给定的极限值比较，以判断其是否合格。极限值判断规则有两种：

a. 16% 规则。运用本规则时，当被测表面测得的全部参数值中超过极限值的个数不多于总个数的 16% 时，该表面是合格的。

b. 最大规则。运用本规则时，被检的整个表面上测得的参数值一个也不应超过给定的极限值。

16% 规则是所有表面结构要求标注的默认规则，即当参数代号后未写“max”字样时，均默认为应用 16% 规则；反之，则应用最大规则。

4）评定表面粗糙度的轮廓参数。对于零件表面结构的评定参数，目前我国机械图样中最常用的评定参数是轮廓参数。

① 最大轮廓峰高 Rp。最大轮廓峰高是指在一个取样长度内最大的轮廓峰高，如图 9-40 所示。

② 最大轮廓谷深 Rv。最大轮廓谷深是指在一个取样长度内最大的轮廓谷深，如图 9-41 所示。

③ 轮廓最大高度 Rz。轮廓最大高度是指在一个取样长度内，最大的轮廓峰高和最大的

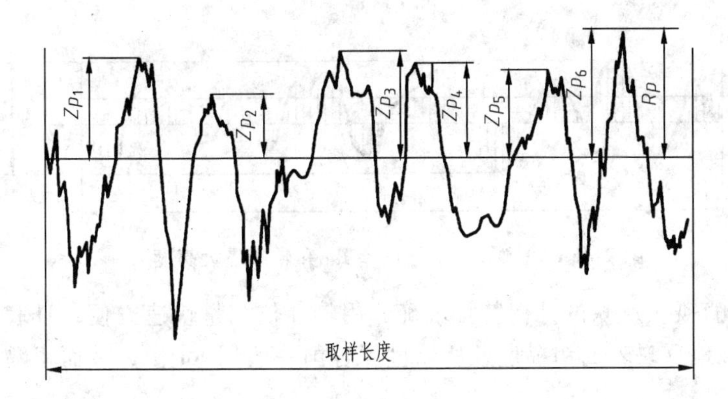

图 9-40 最大轮廓峰高

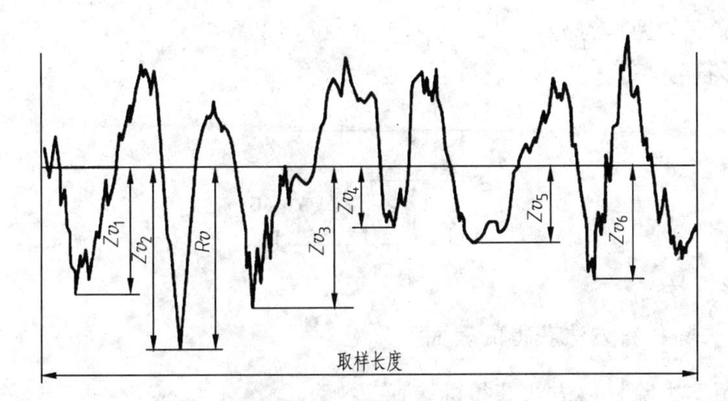

图 9-41 最大轮廓谷深

轮廓谷深之和，如图 9-42 所示。

对于较小的表面或应力集中而导致疲劳破坏比较敏感的表面，常选取 *Rz* 作为评定参数。

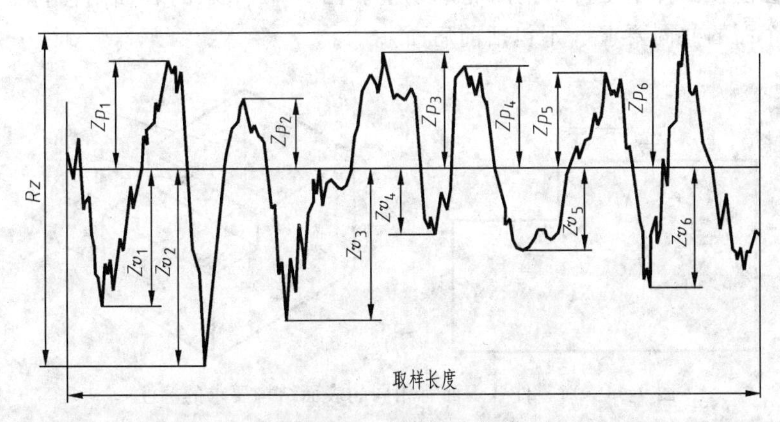

图 9-42 轮廓最大高度

④ 评定轮廓的算术平均偏差 *Ra*。*Ra* 是在取样长度内，轮廓上各点纵坐标值 $Z(x)$ 绝对值的算术平均值，如图 9-43 所示。用公式表示为

$$Ra = \frac{1}{l}\int_0^l |Z(x)| \mathrm{d}x$$

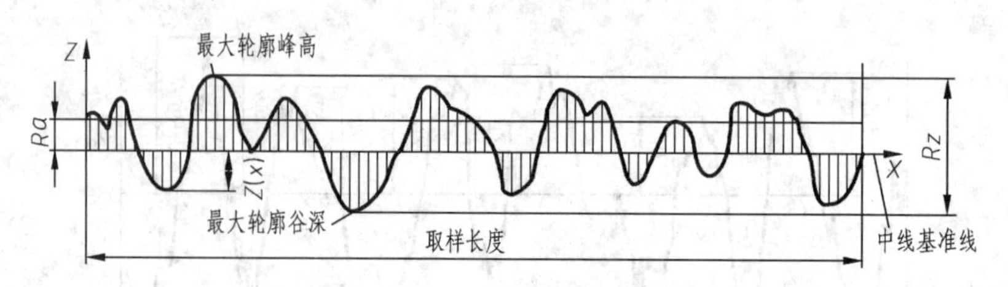

图 9-43　轮廓算术平均偏差 *Ra* 和轮廓最大高度 *Rz*

参数 *Ra* 定义直观，反映的几何特征准确，用轮廓仪测量快速方便，且表面起伏的取样较多，能比较客观地反映表面粗糙度，所以世界各国一般用 *Ra* 作为表面粗糙度的主要评定参数。

（2）标注表面粗糙度代号

1）表面粗糙度的图形符号。

① 基本图形符号。

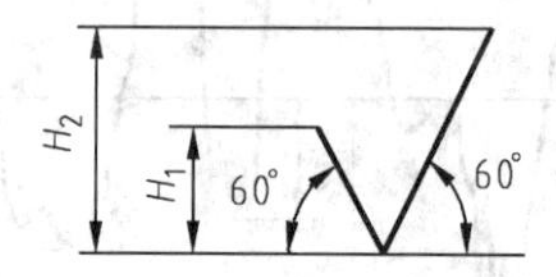

② 扩展图形符号。

a. √表示用去除材料方法获得的表面。

b. √表示用不去除材料方法获得的表面。

③ 完整图形符号。√‾ √‾ √‾ 长边上加一横线用于标注表面结构特征的补充信息。

当在图样某个视图上构成封闭轮廓的各表面有相同的表面结构要求时，在完整图形符号上加一圆圈，标注在图样中工件的封闭轮廓线上。图 9-44 所示的表面结构符号是对图形中封闭轮廓的六个面的共同要求（不包括前后面）。

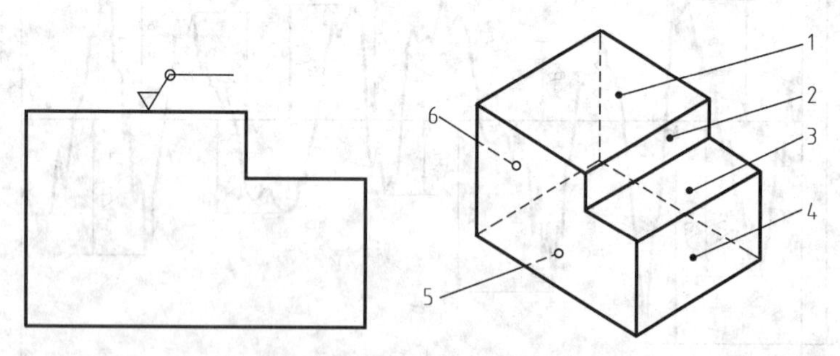

图 9-44　对零件各表面有相同的表面结构要求的标注

2）表面结构要求在图形符号中的注写位置　为了明确表面结构要求，除了标注表面结构参数和数值外，必要时应标注补充要求，包含传输带、取样长度、加工工艺、表面纹理及方向、加工余量等。这些要求在图形符号中的注写位置如图 9-45 所示。

3）表面结构代号　表面结构符号中注写了具体参数代号及数值等要求后即称为表面结构代号。表面结构代号的示例及含义见表 9-8。

4）表面结构要求在图样中的注法。

① 表面结构要求对每一表面一般只标注一次，并尽可能标注在相应的尺寸及其公差的同一视图上。除非另有说明，所标注的表面结构要求是对完工零件表面的要求。

② 表面结构的注写和读取方向与尺寸的注写和读取方向一致。表面结构要求可标注在轮廓线上，其符号应从材料外指向并接触表面（见图 9-46）。必要时，表面结构符号也可用带箭头或黑点的指引线引出标注（见图 9-47）。

③ 在不致引起误解时，表面结构要求可以标注在给定的尺寸线上（见图 9-48）。

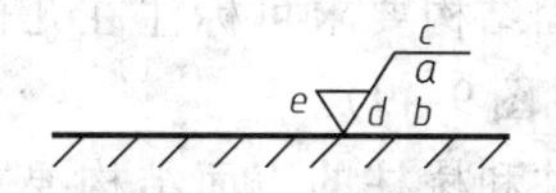

位置a —— 注写表面结构的单一要求

位置a和b —— a注写第一个表面结构要求，b注写第二个表面结构要求

位置c —— 注写加工方法，如"车"、"磨"、"镀"等

位置d —— 注写表面纹理方向，如"="、"X"、"M"

位置e —— 注写加工余量

图 9-45 表面结构要求的注写位置

表 9-8 表面结构代号的示例及含义

序号	代号示例	含义及解释	补充说明
1	Ra 0.8	表示不允许去除材料，单向上限值，默认传输带，R 轮廓，算术平均偏差为 0.8μm，评定长度为 5 个取样长度（默认），"16% 规则"（默认）	参数代号与极限值之间应留空格。本例未标注传输带，应理解为默认传输带，此时取样长度可在 GB/T 10610—2009 和 CB/T 6062—2009 中查取
2	Rzmax 0.2	表示去除材料，单向上限值，默认传输带，R 轮廓，轮廓最大高度的最大值为 0.2μm，评定长度为 5 个取样长度（默认），"最大规则"	示例 1 ~ 4 均为单向极限要求，且均为单向上限值，则均可不加注"U"；若为单向下限值，则应加注"L"
3	0.008～0.8/Ra 3.2	表示去除材料，单向上限值，传输带 0.008 ~ 0.8mm，R 轮廓，算术平均偏差为 3.2μm，评定长度为 5 个取样长度（默认），"16% 规则"（默认）	传输带"0.008 ~ 0.8"中的前后数值分别为短波和长波滤波器的截止波长（λs 和 λc），以示波长范围，此时取样长度等于 λc，即 lr = 0.8mm
4	0.0025～0.8/Ra3 3.2	表示去除材料，单向上限值，传输带 0.0025 ~ 0.8mm，R 轮廓，算术平均偏差为 3.2μm，评定长度包含 3 个取样长度，"16% 规则"（默认）	传输带仅注出一个截止波长值（本例 0.8 表示 λc 值）时，另一截止波长值 λs 应理解为默认值，由 GB/T 6062—2009 中查知 λs = 0.0025mm
5	U Ramax 3.2 L Ra 0.8	表示不允许去除材料，双向极限值，两极限值均使用默认传输带，R 轮廓。上限值：算术平均偏差为 3.2μm，评定长度为 5 个取样长度（默认），"最大规则"。下限值：算术平均偏差为 0.8μm，评定长度为 5 个取样长度（默认），"16% 规则"（默认）	本例为双向极限要求，用"U"和"L"，分别表示上限值和下限值，在不致引起歧义时，可不加注"U"和"L"

④ 表面结构要求可标注在几何公差框格的上方（见图 9-49）。

⑤ 圆柱和棱柱的表面结构要求只标注一次，可以直接标注在延长线上，或用带箭头的指引线引出标注（见图 9-50）。如果每个棱柱表面有不同的表面结构要求，则应分别单独标出（见图 9-51）。

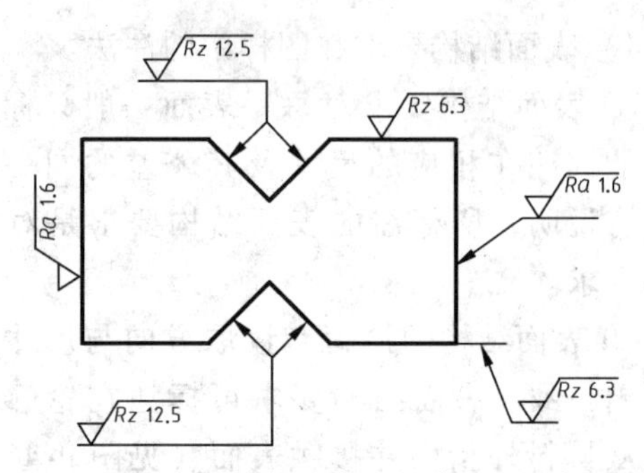

图 9-46　表面结构要求在轮廓线上的标注

5）表面结构要求在图样中的简化注法。

① 有相同表面结构要求的简化注法。如果在工件的多数（包含全部）表面有相同的表面结构要求，则其表面结构要求可统一标注在图样的标题栏附近（不同的表面结构要求应直接标注在图样上）。此时，表面结构要求的符号后面应如下标注：

a. 在圆括号内给出无任何其他标注的基本符号（见图 9-52a）。

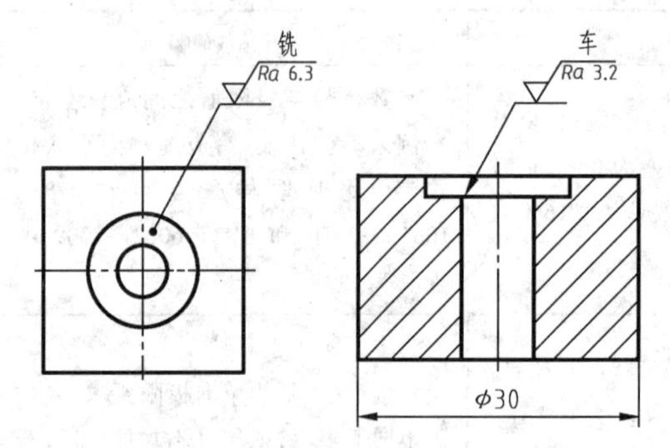

图 9-47　用指引线引出标注表面结构要求

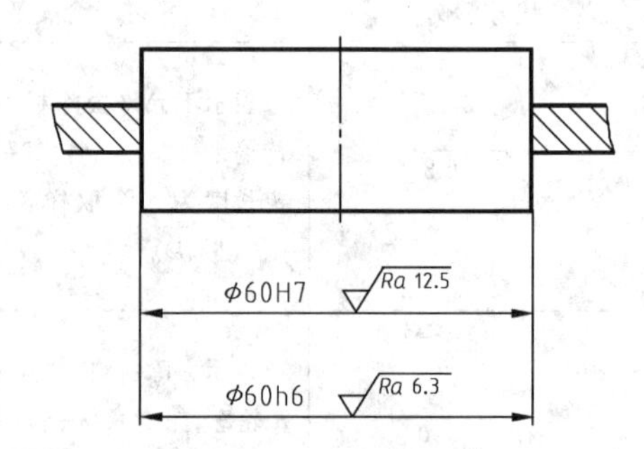

图 9-48　表面结构要求标注在给定的尺寸线上

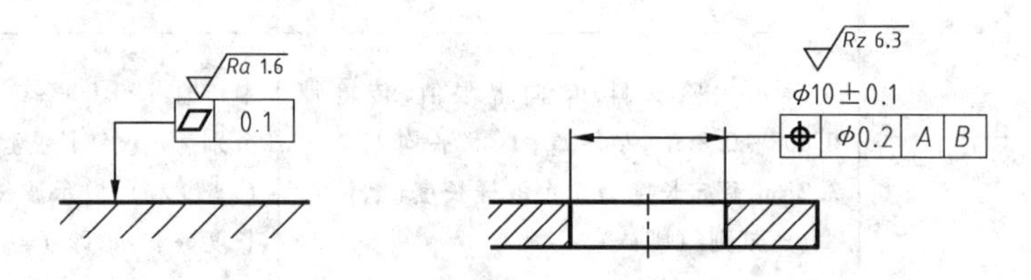

图 9-49　表面结构要求可标注在几何公差框格的上方

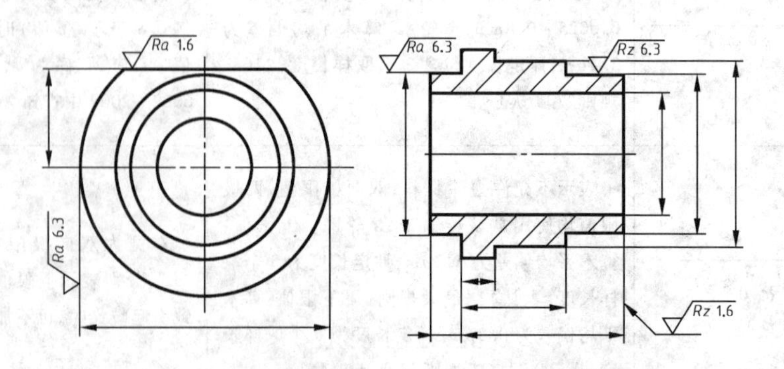

图 9-50　表面结构要求标注在圆柱特征的延长线上

b. 在圆括号内给出不同的表面结构要求（见图 9-52b）。

② 多个表面有共同要求的注法。

a. 用带字母的完整符号的简化注法。如图 9-53 所示，用带字母的完整符号，以等式的形式，在图样或标题栏附近，对有相同表面结构要求的表面进行简化标注。

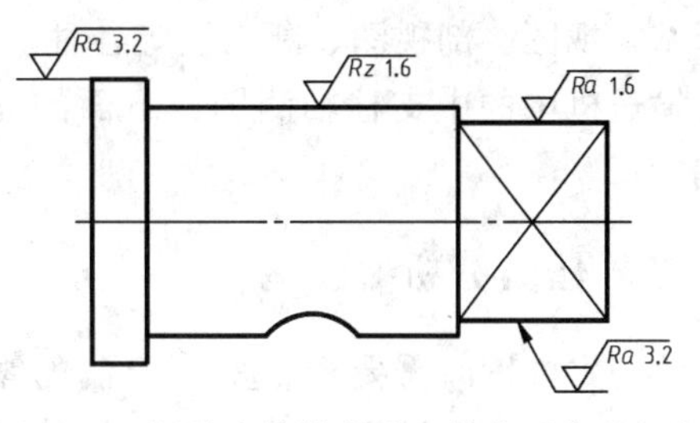

图 9-51 圆柱和棱柱的表面结构要求的标注

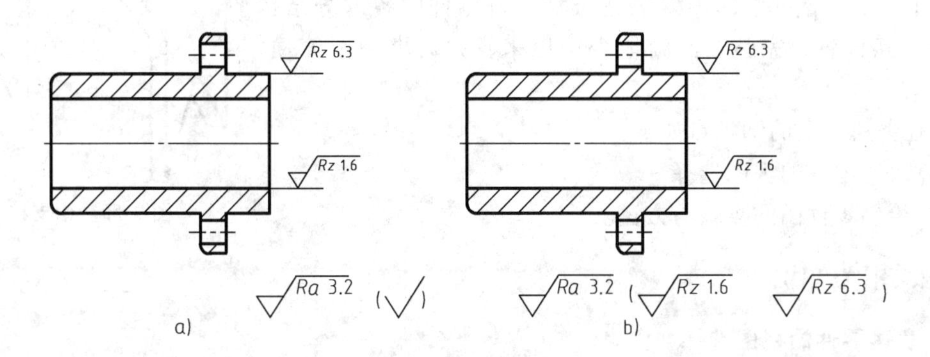

图 9-52 大多数表面有相同表面结构要求的简化注法
a）注法一 b）注法二

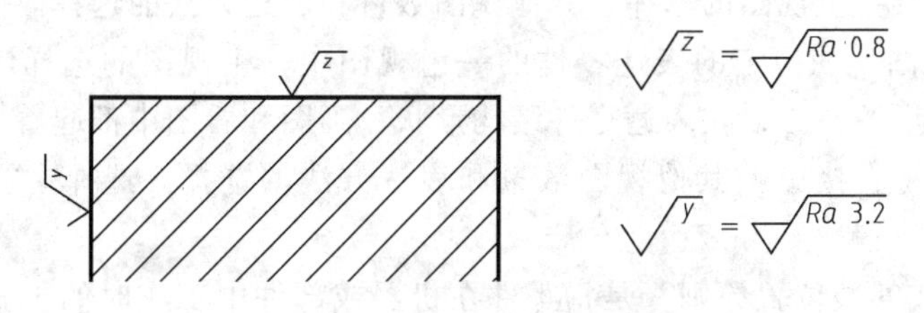

图 9-53 在图纸空间有限时的简化注法

b. 只用表面结构符号的简化标注。如图 9-54 所示，用表面结构符号，以等式的形式给出多个表面共同的表面结构要求。

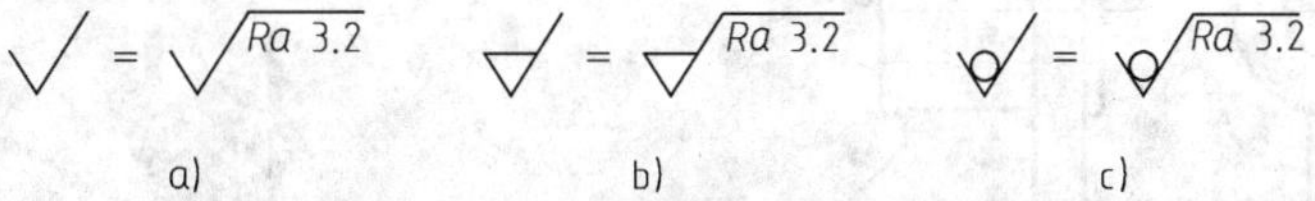

Ra 3.2　Ra 3.2　Ra 3.2

a)　b)　c)

图 9-54 多个表面结构要求的简化注法
a）未指定工艺方法 b）要求去除材料 c）不允许去除材料

任务4 绘制带式输送机的中支柱零件图

一、任务描述

零件图应把零件的结构形状正确、完整、清晰地表达出来。要满足这些要求，首先要明确零件的结构形状特点，并熟悉零件在机器或部件中的位置、作用及加工方法，然后合理地选择基本视图、剖视图、断面图等各种表达方法，最后完成零件图的绘制任务。图 9-55 为带式输送机中的中支柱轴测图，下面的任务是绘制中支柱的零件图。

图 9-55　中支柱

二、任务分析

绘制零件图时需要根据所要绘制的零件的结构形状特点来选择表达方案，即视图的选择。零件的视图选择，就是要求选择恰当的视图、剖视、断面等表达方法，将零件的各部分结构形状和相互位置，完整、清晰地表达出来，并力求画图简便，利于看图。

本任务所涉及的知识点如下：

1）表达零件的视图选择。

2）绘制零件图的步骤与方法。

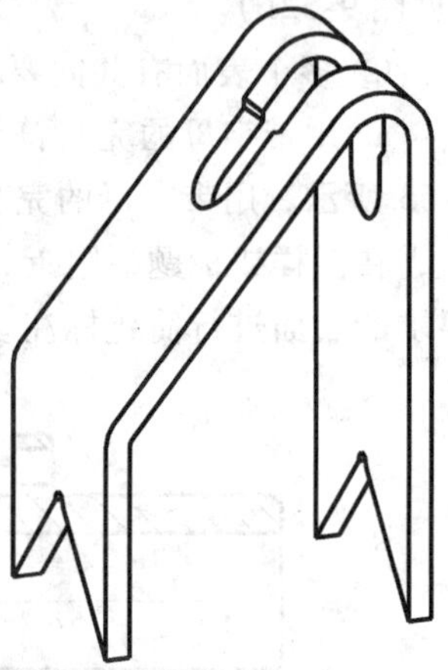

三、相关知识

1. 表达零件的视图选择

零件图的视图选择原则是：根据零件的结构形状特点，选用适当的表达方法，在完整、清晰地表达零件形状的前提下，力求绘图简便，读图方便。

选择视图的内容：主视图的选择、其他视图数量和表达方法的选择。

（1）选择主视图　在拟定的表达零件的一组视图中，主视图的选择应该放在首位，因为主视图是一组图形的核心，在表达零件结构形状、画图和看图中都起着主导作用。主视图选择得恰当与否，将直接影响其他视图数量和表达方法的选择。选择主视图时应考虑下列原则：

1）工作位置或安装位置原则。是指零件在机器或部件中工作时的位置或安装位置。例如图 9-56 所示的轴承座和图 9-57 所示的吊钩，其主视图就是根据它们的工作位置和安装位置，并尽量多地反映其形状特征的原则选定的。

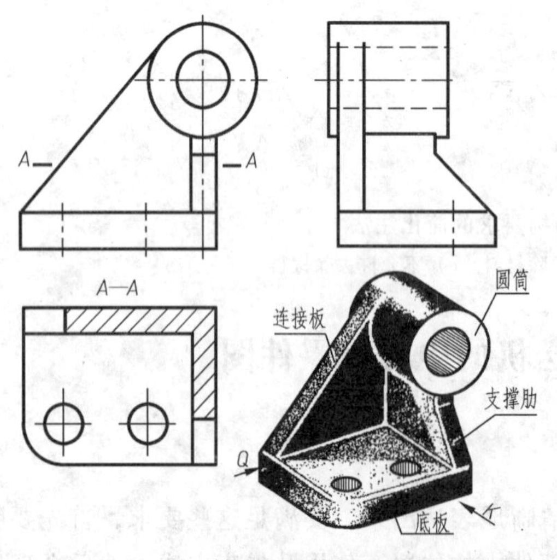

图 9-56　轴承座的主视图选择

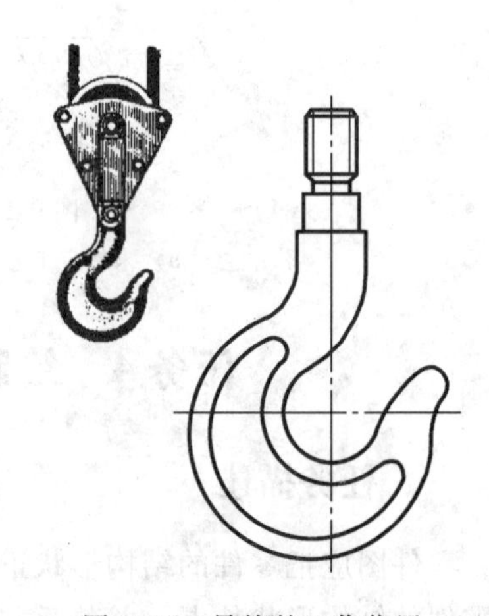
图 9-57　吊钩的工作位置

由于主视图按照零件实际工作位置或安装位置绘制，看图者就很容易通过头脑中已有的形象储备，将其与整台机器或部件联系起来，从而获取某些信息。

2）形状特征原则。能充分反映零件的形状特征，将反映零件信息量最多的那个视图作为主视图。如图9-56所示，从*K*向、*Q*向投射都反映它的工作位置。但是经过比较，从*K*向投射能将圆筒、连接板的形状和四个组成零件的相对位置表达得更清楚，故确定了以*K*向作为主视图的投射方向，这样也可以为看图者提供更多的信息量。

3）加工位置原则。主视图应尽量表示零件在机械加工时所处的位置。轴、套类零件的加工，大部分工序是在车床上进行，因此一般要按加工位置（轴线水平放置）画其主视图，如图9-58所示。这样，在加工时可以直接进行图、物对照，既便于看图，又可减少差错。

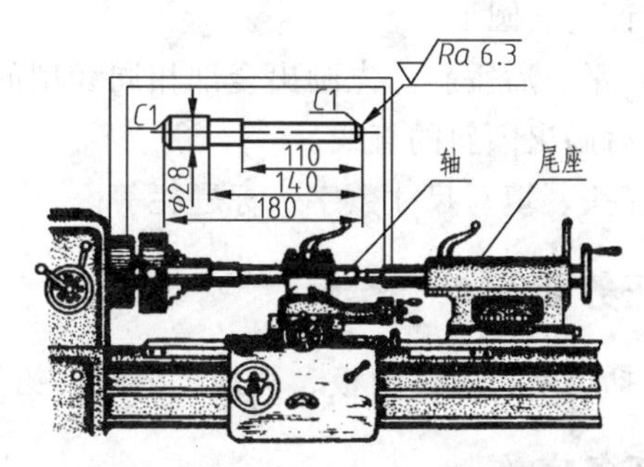

图9-58 轴类零件的加工位置

总之，应根据零件的工作位置、加工位置或安装位置，来选择最能反映零件结构形状特征的视图作为主视图。但在具体选用时，还是应该综合考虑，灵活掌握，辩证使用。

（2）选择其他视图 对于结构形状较为复杂的零件，只靠主视图不可能完全反映其结构形状，还必须选择其他视图。选择时应优先选用其他基本视图，并采取相应的剖视图和断面图；对于尚未表达清楚的局部形状或细小结构，可选择必要的局部视图、斜视图或局部放大图等。

具体选用时，应注意以下几点：

1）所选视图应具有独立存在的意义及明确的表达重点，各个视图所表达的内容应相互配合，彼此互补，各有侧重，同时还应注意避免不必要的细节重复。在明确表达零件的前提下，使视图的数量为最少。

2）机件的各种表达方法（视图、剖视、断面、简化画法等）都有其特定的应用条件，选用时，应根据零件的结构特点和表达需要，加以综合调用，恰当地组织。一个好的表达方案，应该是表达正确、完整、简明、清晰。

3）选择零件的表达方案时，应先考虑主要部分（较大的结构），后考虑次要部分（较小的结构）。视图数量要采用逐个增加的方法，即凡增加一个视图都要明确要表达什么，是否需要剖切，怎样剖。确定后，再分析还有哪些结构未表达清楚，是否还需要增加视图，直至确定出一个完整、清晰的表达方案。

2. 绘制零件图的步骤与方法

（1）准备工作

1）分析图形的尺寸及其线段。

2）确定绘图比例，选取图幅，固定图纸。

3）拟定具体的表达方案。

（2）绘制零件草图　画零件草图时，应注意以下几点：

1）画草图用3H铅笔，铅芯应经常修磨以保持尖锐。

2）草图上，各种线型均暂不分粗细，并要画得很轻很细。

3）作图力求准确。

4）画错的地方，在不影响画图的情况下，可先作记号，待草图完成后一起擦掉。

（3）铅笔描深草图　描深草图的步骤：

1）先粗后细。一般应先描深粗实线，再描深全部虚线、点画线及细实线等。

2）先曲后直。在描深同一种线型（特别是粗实线）时，应先描深圆弧和圆，然后描深直线，以保证连接圆滑。

3）先水平、后垂斜。先画出全部相同线型的水平线，再自左向右画出全部相同线型的垂直线，最后画出倾斜的直线。

4）画箭头、填写尺寸数字、标题栏等。

四、任务准备

主要包括丁字尺、三角板、圆规、分规、铅笔、橡皮、毛刷等绘图用具的准备。

五、任务实施

1. 分析中支柱零件结构

中支柱是皮带运输机中的一个零件，主要用来支承轴辊。从图9-55可以看出，中支柱是由一块平直的钢板经弯曲加工而成的，在这块平直的钢板上开出了一些孔。下端的两个90°夹角的缺口是为了与角钢相连接，上端带圆弧的长方孔是用来支承轴辊的。

2. 确定表达方案

支柱的结构形式比较简单，只要采用主、左视图就可以将支柱表达清楚了。在选择主视图时，要遵循形状特征原则，将能够反映支柱零件弯曲形式以及各圆弧半径大小的那个投射方向作为主视图的投射方向。另外，为了加工制造者的方便，又增加了一面支柱的展开视图。

3. 绘制中支柱零件图

（1）设计图样在图纸上的布局　选择绘图比例（本图采用1:2），确定图幅大小。画出各个视图的基准线，主视图以底面和左端面为基准线，左视图以中心线和底面为基准线，展开图则以两条中心线为基准，如图9-59所示。

画各种基准线时应考虑的问题是：应留出标注尺寸的位置。

（2）绘制各投影视图的底稿　先画出主视图，然后按照三视图的投影规律画出左视图，另外还要画出中支柱的展开视图，如图9-60所示。

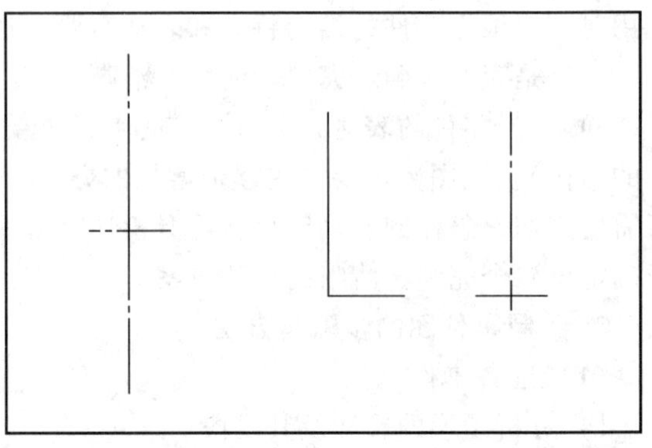

图9-59　中支柱的图面布置

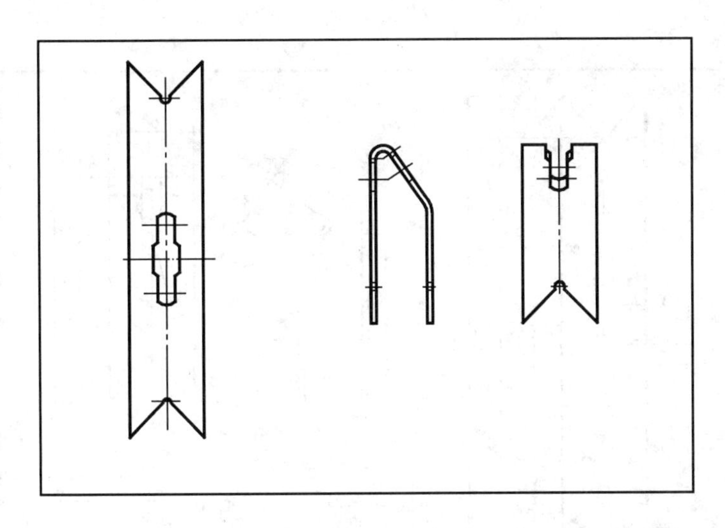

图 9-60　中支柱的投影图

（3）铅笔描深　经检查无误后，即可用铅笔对底图进行描深。

（4）标注尺寸　画出尺寸界线、尺寸线、箭头和填写尺寸数字，如图 9-61 所示。

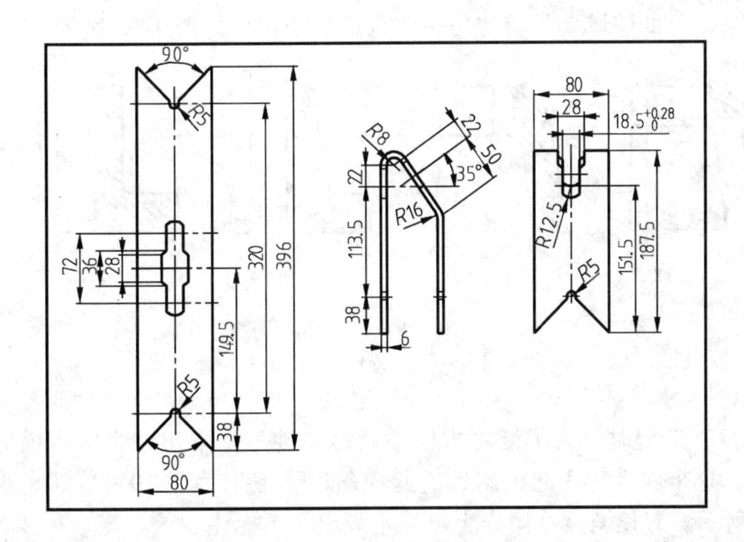

图 9-61　带有尺寸标注的中支柱投影图

（5）填写标题栏、技术要求等　完成标题栏、技术要求中所有内容的填写工作，如图 9-62所示。

六、扩展知识

零件的结构形状，是根据它在机器或部件中的作用及加工制造是否合理、方便而确定的。下面将零件加工工艺（如机械加工工艺、铸造工艺等）对结构的要求作如下介绍。

1. 铸造工艺结构

（1）铸件壁厚　铸件在浇注时，壁厚处冷却慢，容易产生缩孔，或在壁厚突变处产生

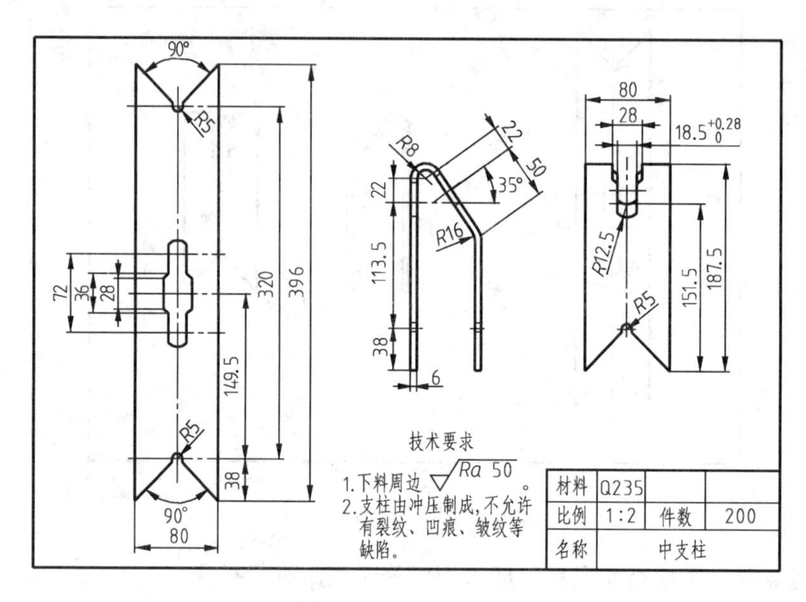

图 9-62　中支柱零件图

裂纹。所以，要求铸件的壁厚要保持均匀一致或逐渐变化，如图 9-63 所示。

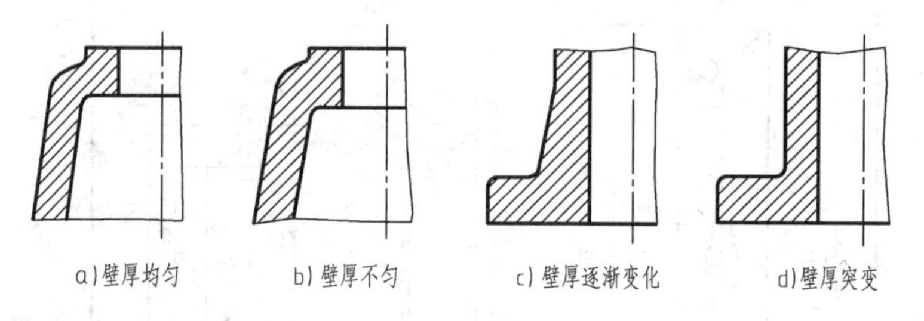

图 9-63　铸件壁厚

（2）起模斜度　造型时，为了能将木模顺利地从砂型中取出，常沿木模的起模方向作出一定的倾斜度，这个斜度称为起模斜度。起模斜度一般取为 1∶10 ~ 1∶20，也可用角度表示，如图 9-64a 所示。起模斜度在图样上可以不画出、不标注。

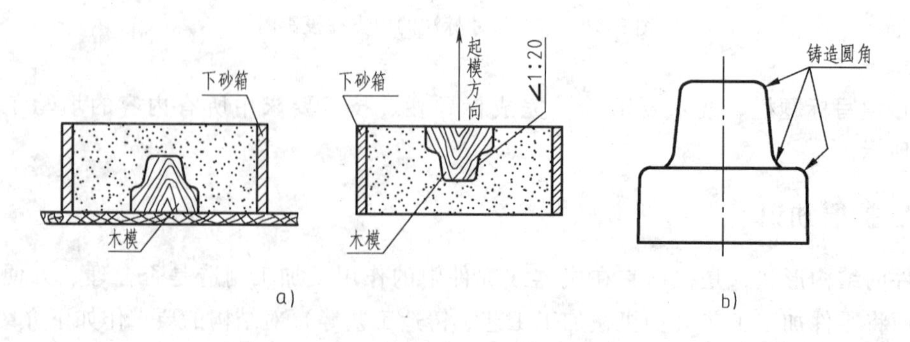

图 9-64　起模斜度和铸造圆角

a）起模斜度　b）铸造圆角

（3）铸造圆角 为了便于起模和避免砂型尖角在浇铸时发生落砂，同时也为了防止铸件两表面相交的根部尖角处出现裂纹、缩孔等缺陷，往往将铸件的转角处做成圆角过渡，如图 9-64b 所示。该圆角在零件图上应画出并标注圆角半径。

2. 机械加工工艺结构

（1）倒角和倒圆 为了去除毛刺、锐边和便于装配，在轴和孔的端部（或零件的面与面相交处）一般都加工成倒角；为了避免因应力集中而产生裂纹，在轴肩处往往加工成圆滑的圆角过渡形式，将此称为倒圆。倒角和倒圆的尺寸标注如图 9-65 所示。倒角可以采用简化画法和标注法。倒圆也可以不画，但需要注出圆角半径尺寸。

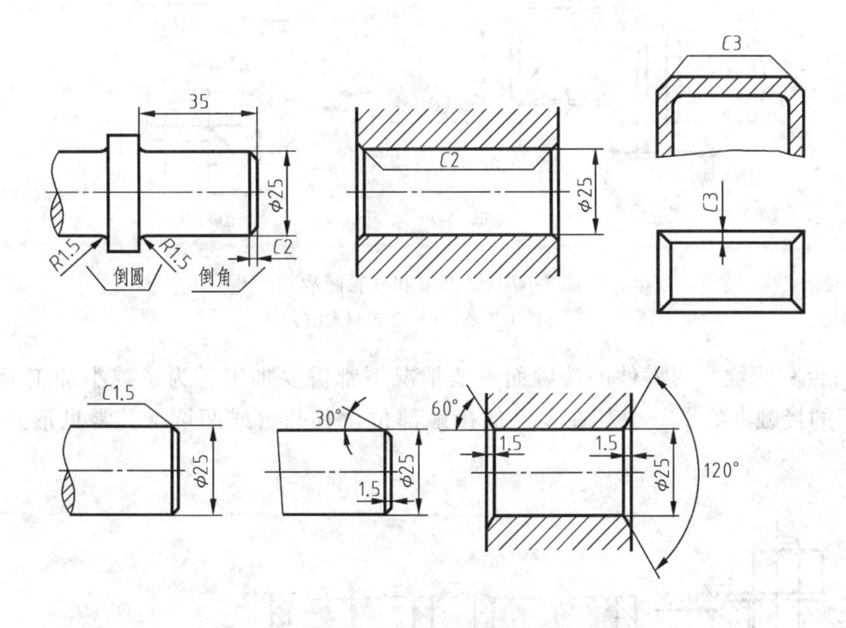

图 9-65 倒角和倒圆

（2）钻孔结构 钻孔时，钻头的轴线应该与被加工零件表面垂直，否则会使钻头弯曲，甚至折断，如图 9-66a 所示。

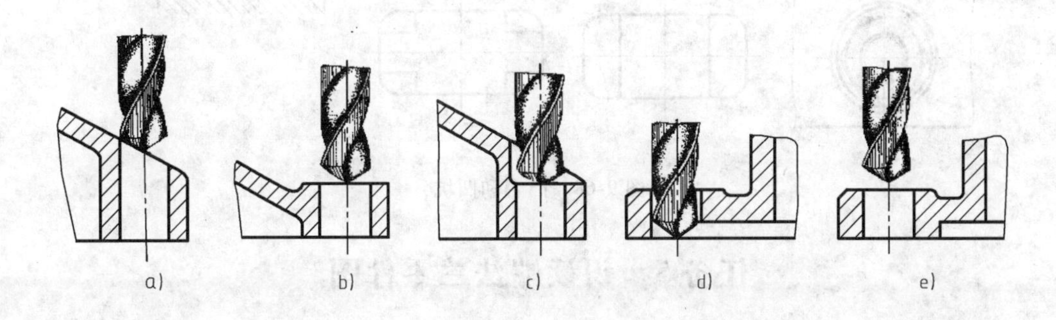

图 9-66 钻孔结构

当零件表面倾斜时，可以设置凸台或凹坑，如图 9-66b、c 所示。

钻头单边受力也容易折断，因此，钻头钻透处的结构，也要设置凸台使孔完整，如图

9-66d、e 所示。

（3）退刀槽和砂轮越程槽　切削加工（主要是车削和磨削）时，为了便于退出刀具或砂轮，以及在装配时保证与相邻零件靠紧，常常在待加工面的轴肩处预先车出退刀槽或砂轮越程槽，如图 9-67 所示。

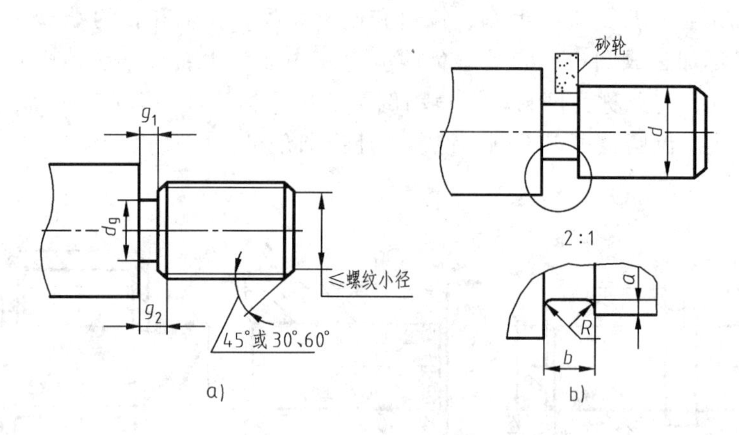

图 9-67　退刀槽和砂轮越程槽

a）退刀槽　b）砂轮越程槽

（4）凸台和凹坑　两零件的接触面一般情况下都需要加工。为了减小加工面积，并使两零件表面的接触良好，一般都在零件的接触部位设置凸台或凹坑，其常见形式如图 9-68 所示。

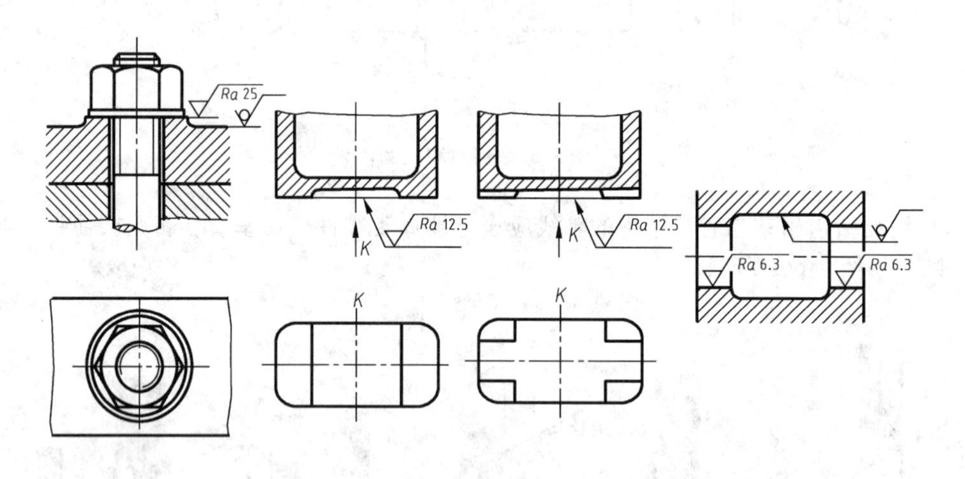

图 9-68　凸台和凹坑

任务 5　识读端法兰零件图

一、任务描述

读零件图的目的就是根据零件图的各视图，分析和想象该零件的结构形状，弄清楚全部尺寸及各项技术要求等，还要根据零件的作用及相关的工艺知识，对零件进行结构分析。形体分析法仍然是读零件图的基本方法。

二、任务分析

培养读图能力是本任务所要解决的主要问题，因此，应通过读图和画图的反复实践，不断丰富其形象储备，掌握读图的方法和步骤，努力提高自己的读图能力。本任务所涉及的主要知识点如下：

1）读图要求。

2）读图的方法和步骤。

三、相关知识

1. 读图要求

读零件图的要求是：了解零件的名称、所用材料和它在机器或部件中的作用，通过分析视图、尺寸以及技术要求，想象出零件中各组成部分的结构形状和相对位置，从而在头脑中建立起一个完整的、具体的零件形象，另外，还要对零件的复杂程度、精度要求和制造方法等有一个全面地了解，做到心中有数。

2. 读图的方法和步骤

（1）概括了解　概括了解主要是了解零件的名称、材料、绘图比例等。另外还要明确该零件所起的作用，达到对零件有一个初步认识的目的。

（2）看懂零件结构形状

1）分析视图。纵览全图，弄清视图之间的关系。因为一组图形通常有多种表达方式，通过纵览全图可以对所有视图有个初步了解。

2）分析结构形状。分析零件的结构形状，要先看主要部分，然后看次要部分；先看容易确定的部分，后看难以确定、不易看懂的部分；先看整体轮廓，后看细部结构。

（3）分析尺寸　分析零件图上的尺寸，首先要找出三个方向的尺寸基准，确定定形尺寸、定位尺寸及总体尺寸。

（4）分析技术要求　分析技术要求时，关键是弄清楚哪些部位的要求比较高，以便考虑在加工时采取相应措施予以保证。

（5）综合归纳　通过上述几方面的分析，将获得的全部信息和资料在头脑中进行综合、归纳，即可得到对该零件的全面了解和认识。

四、任务准备

读图的准备工作主要是读图用品的准备，包括以下几方面：

1. 端法兰零件图的准备

端法兰零件图样要保持完整、清晰（见图9-69）。

2. 读图用品及辅助用品的准备

主要包括一些量具和辅助用品的准备，如直尺、直角尺、划规、铅笔、计算器、机械零件设计手册等。

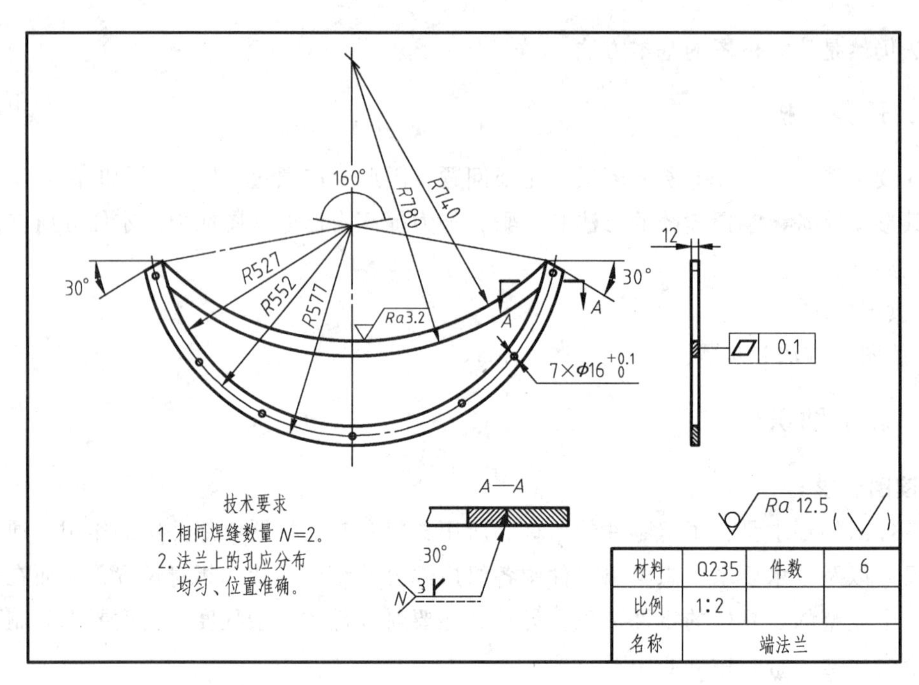

图 9-69　端法兰零件图

五、任务实施

1. 概括了解

通过读标题栏得知，该零件为端法兰，材料是 Q235，绘图比例为 1∶2，生产件数为 6 件。

2. 看懂零件结构形状

（1）分析视图　纵览全图，弄清视图之间的关系。由于端法兰的结构比较简单，所以只采用了主、左视图和一个局部剖视图来表达。

（2）分析结构形状　端法兰的外形可以看成是由两块弧形钢板以焊接方式组合在一起的，其中上弧板为 160°夹角的一段圆弧，下弧板也是 160°夹角的一段圆弧，但两端要切成与水平方向成 30°夹角的斜面，另外在下弧板上均匀分布了 7 个孔。

3. 尺寸分析

分析端法兰零件图上的尺寸，确定定形尺寸、定位尺寸及总体尺寸。

通过对端法兰尺寸分析可以看出，端法兰的定形尺寸分别为 *R*527、*R*577、*R*740、*R*780、板厚 12、孔 ϕ16 和角度 160°、30°。定位尺寸是 *R*552。

4. 了解技术要求

分析技术要求时，关键是弄清楚哪些部位的要求比较高，以便考虑在加工时采取相应措施予以保证。

通过分析技术要求可知，端法兰上孔的直径有公差要求，上偏差为 +0.1mm，下偏差为 0 mm，公差值为 0.1mm，7 个孔必须分布均匀；另外，端法兰的整个表面要求平直，其平面度公差值为 0.1mm；上弧板内圆弧表面粗糙度要求较高为$\sqrt{Ra3.2}$，其余表面粗糙度要求为

Ra 12.5；在端法兰的技术要求中还有一项焊接要求 30° 3 N，关于它的含义将在下一个学习任务中介绍。

5. 综合归纳

通过上述几方面的分析，将获得的全部信息和资料在头脑中进行综合、归纳，即可得到对端法兰零件的全面了解和认识。

任务6 识读焊接图

一、任务描述

对于冷作与焊接专业的零件图，不但会有尺寸、几何公差及表面粗糙度的限制，另外还会有焊接要求。焊接要求已经标准化，有相应的国家标准，需要学习它。

焊接图是焊接施工所用的工程图样。要看懂焊接施工图，就必须了解各种焊接结构中的焊缝符号及其在焊接图样中的标注方法。图9-70所示为支架的焊接图，图中多处标注有焊

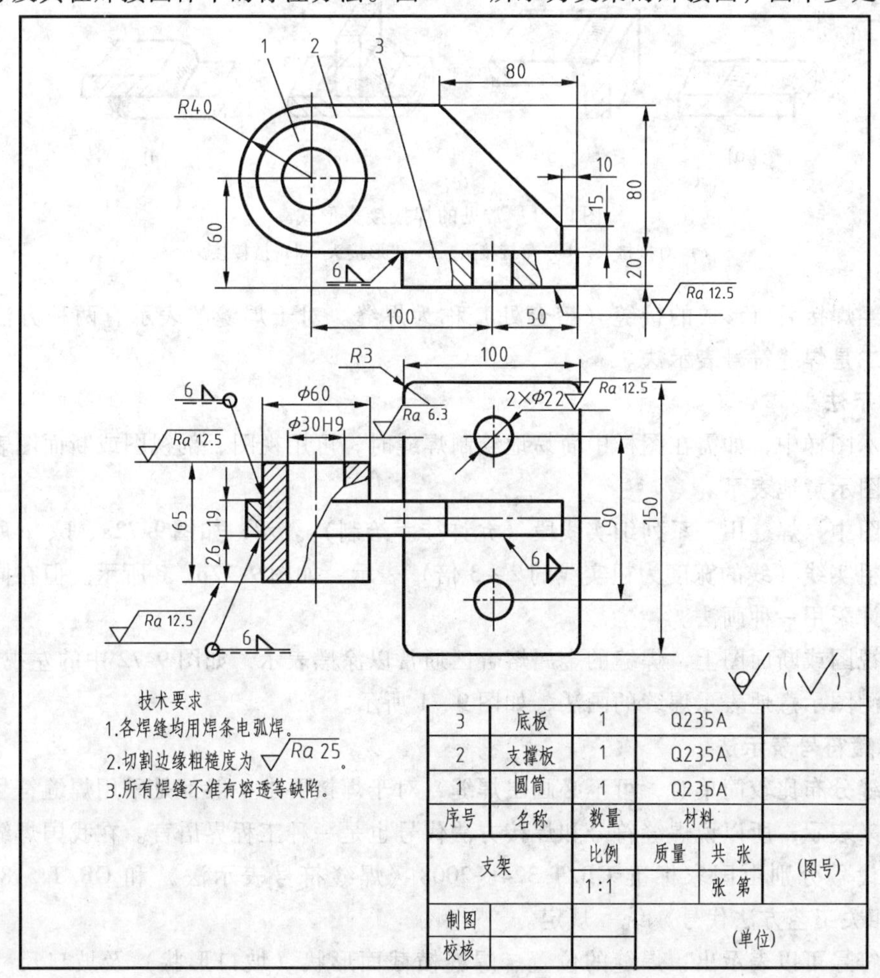

图9-70 支架焊接图

缝符号，用来说明焊接结构在加工制作时的基本要求。

二、任务分析

焊缝符号是把在图样上用技术测量方法表示的焊缝基本形式和尺寸采用一些符号来表示的方法。焊缝符号可以表示出：焊缝的位置、焊缝横截面形状、坡口形式、坡口尺寸、焊缝表面形状特征、焊缝某些特征或其他要求等。

本任务所涉及的主要知识点如下：

1）图示法。

2）焊缝符号表示法。

三、相关知识

焊接结构图中的主要连接方式是焊接，所以在焊接结构图中会有许多焊接要求，如焊缝符号、代号的标注等。

常见的焊接接头有对接接头、角接接头、T形接头和搭接接头，如图9-71所示。

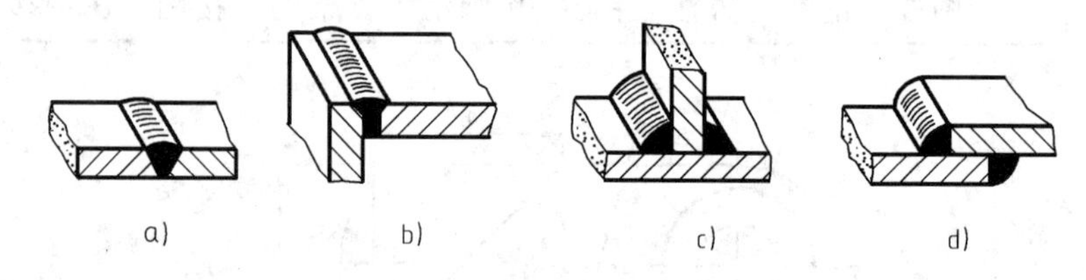

图9-71 常见的焊接接头形式

a）对接接头 b）角接接头 c）T形接头 d）搭接接头

工件经焊接后所形成的接缝（熔合处）称为焊缝。对于焊缝的表示有两种方法，一是图示法，二是焊缝符号表示法。

1. 图示法

在技术图样中，如需在图样中简易地绘制焊缝时，可用视图、剖视图或断面图表示，也可用轴测图示意地表示。

在视图中，焊缝用一系列细实线段（允许徒手绘制）表示，如图9-72a、b、c所示，也允许采用粗实线（线的宽度为粗实线的2～3倍）表示，如图9-72d、e所示。但在同一图样中，只允许采用一种画法。

在剖视图或断面图上，焊缝的金属熔合区通常以涂黑表示，如图9-72中的左视图。

用轴测图示意地表示焊缝的画法，如图9-71所示。

2. 焊缝符号表示法

当焊缝分布比较简单时，可不必画出焊缝，对于焊接要求一般都是采用焊缝符号和焊接方法代号来表示，所以说焊缝符号和焊接方法代号也是一种工程界语言。在我国焊缝符号和焊接方法代号分别由国家标准GB/T 324—2008《焊缝符号表示法》和GB/T 5185—2005《焊接及相关工艺方法代号》统一规定。

焊缝符号可以表示出：焊缝的位置、焊缝横截面形状（坡口形状）及坡口尺寸、焊缝表面形状特征、焊缝某些特征或其他要求。

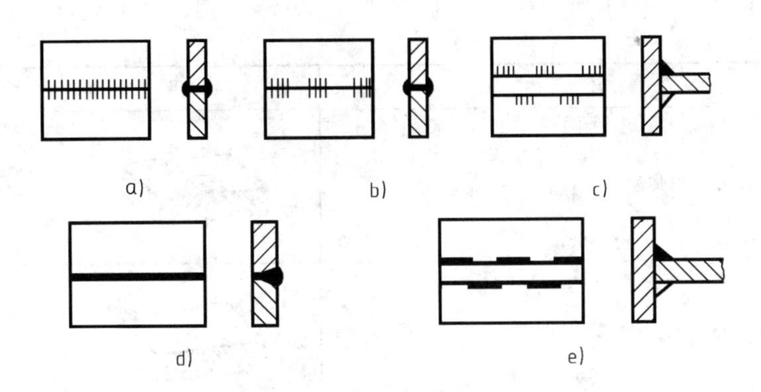

图 9-72 焊缝的规定画法

a）连续 I 形焊缝 b）断续 I 形焊缝 c）交错断续角焊缝 d）连续 V 形焊缝 e）交错断续角焊缝

（1）焊缝符号 完整的焊缝符号包括基本符号、指引线、补充符号、尺寸符号及数据等。为了简化，在图样上标注焊缝时通常只采用基本符号和指引线，其他内容一般在有关文件中（如焊接工艺规程等）明确。

1）符号。

① 基本符号。表示焊缝横截面的基本形式或特征，见表 9-9。

表 9-9 基本符号

序号	名 称	示意图	符号
1	卷边焊缝（卷边完全熔化）		
2	I 形焊缝		
3	V 形焊缝		
4	单边 V 形焊缝		
5	带钝边 V 形焊缝		
6	带钝边单边 V 形焊缝		

(续)

序号	名　称	示意图	符号
7	带钝边 U 形焊缝		
8	带钝边 J 形焊缝		
9	封底焊缝		
10	角焊缝		
11	塞焊缝或槽焊缝		
12	点焊缝		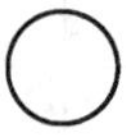
13	缝焊缝	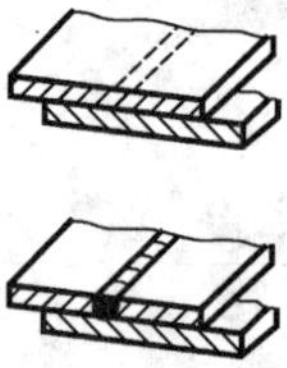	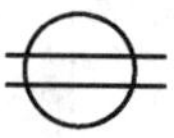
14	陡边 V 形焊缝		
15	陡边单 V 形焊缝		

（续）

序号	名　称	示意图	符号
16	端焊缝		|||
17	堆焊缝		
18	平面连接（钎焊）		=
19	斜面连接（钎焊）		//
20	折叠连接（钎焊）		

② 基本符号的组合。标注双面焊焊缝或接头时，基本符号可以组合使用，见表 9-10。

表 9-10　基本符号的组合

序号	名　称	示意图	符号
1	双面 V 形焊缝（X 焊缝）		X
2	双面单 V 形焊缝（K 焊缝）		K
3	带钝边的双面 V 形焊缝		

（续）

序号	名　　称	示意图	符号
4	带钝边的双面单 V 形焊缝		
5	双面 U 形焊缝		

③ 补充符号。用来补充说明有关焊缝或接头的某些特征（诸如表面形状、衬垫、焊缝分布、施焊地点等）。见表 9-11。

表 9-11　补充符号

序号	名称	符号	说　　明
1	平面		焊缝表面通常经过加工后平整
2	凹面		焊缝表面凹陷
3	凸面		焊缝表面凸起
4	圆滑过渡		焊趾处过渡圆滑
5	永久衬垫	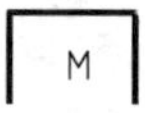 M	衬垫永久保留
6	临时衬垫	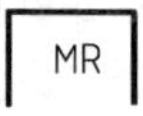 MR	衬垫在焊接完成后拆除
7	三面焊缝	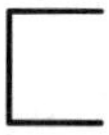	三面带有焊缝
8	周围焊缝	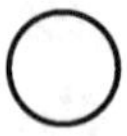	沿着工件周边施焊的焊缝 标注位置为基准线与箭头线的交点处
9	现场焊接		在现场焊接的焊缝
10	尾部		可以表示所需的信息

2）基本符号和指引线的位置规定。

① 指引线。由箭头线和基准线（实线和虚线）组成，如图 9-73 所示。

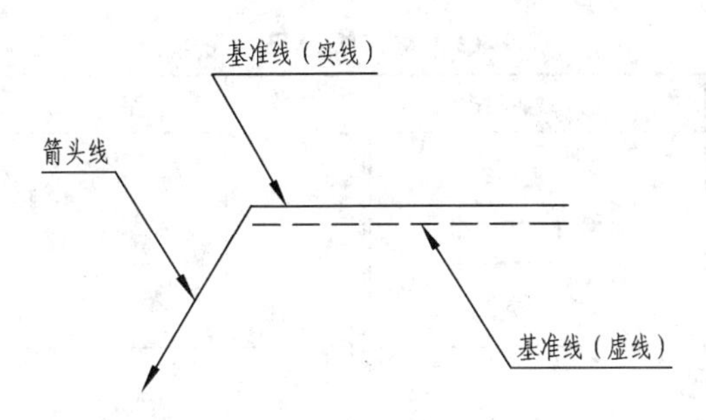

图 9-73　指引线

a. 箭头线。箭头直接指向的接头侧为“接头的箭头侧”，与之相对的则为“接头的非箭头侧”，如图 9-74 所示。

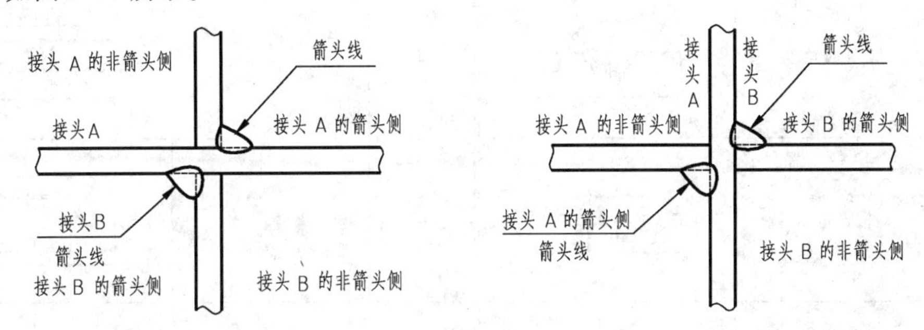

图 9-74　接头的“箭头侧”和“非箭头侧”示例

b. 基准线。基准线一般应与图样的底边相平行，必要时也可与底边相垂直。实线和虚线的位置可根据需要互换。

② 基本符号与基准线的相对位置。

a. 基本符号在实线侧时，表示焊缝在箭头侧，如图 9-75a 所示。

b. 基本符号在虚线侧时，表示焊缝在非箭头侧，如图 9-75b 所示。

c. 对称焊缝允许省略虚线，如图 9-75c 所示。

d. 在明确焊缝分布位置的情况下，有些双面焊缝也可省略虚线，如图 9-75d 所示。

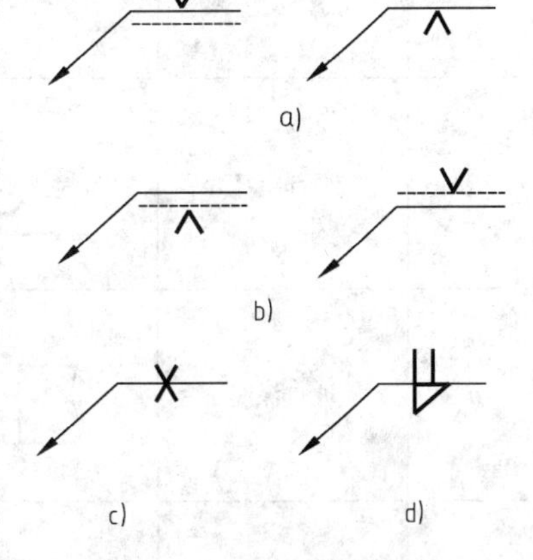

图 9-75　基本符号与基准线的相对位置
a）焊缝在接头的箭头侧　b）焊缝在接头的非箭头侧　c）对称焊缝　d）双面焊缝

3）尺寸及标注。

① 一般要求。必要时，可以在焊缝符号中标注尺寸。尺寸符号见表 9-12。

② 标注原则。尺寸标注方法如图 9-76 所示。

a. 横向尺寸标注在基本符号的左侧。

b. 纵向尺寸标注在基本符号的右侧。

c. 坡口角度、坡口面角度、根部间隙标注在基本符号的上侧或下侧。

d. 相同焊缝数量标注在尾部。

e. 当尺寸较多不易分辨时，可在尺寸数据前标注相应的尺寸符号。

表 9-12　常用焊缝尺寸符号

符号	名　称	示 意 图	符号	名　称	示 意 图
δ	工件厚度		c	焊缝宽度	
α	坡口角度		K	焊脚尺寸	
β	坡口面角度		d	点焊:熔核直径 塞焊:孔径	
b	根部间隙		n	焊缝段数	n=2
p	钝边		l	焊缝长度	
R	根部半径		e	焊缝间距	
H	坡口深度		N	相同焊缝数量	N=3
S	焊缝有效厚度		h	余高	

当箭头线方向改变时，上述规则不变。

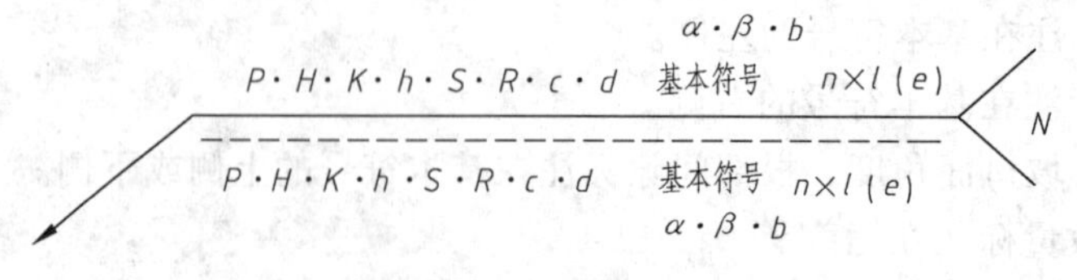

图 9-76　尺寸标注方法

③ 关于尺寸的其他规定。

a. 确定焊缝位置的尺寸不在焊缝符号中标注，应将其标注在图样上。

b. 在基本符号的右侧无任何尺寸标注又无其他说明时，意味着焊缝在工件的整个长度方向上是连续的。

c. 在基本符号的左侧无任何尺寸标注又无其他说明时，意味着对接焊缝应完全焊透。

d. 塞焊缝、槽焊缝带有斜边时，应标注其底部的尺寸。

（2）焊接方法代号 为了简化焊接方法的标注和文字说明，GB/T 5185—2005 规定了用阿拉伯数字表示金属焊接及钎焊等各种焊接方法的代号。常用焊接方法代号见表 9-13。

表 9-13 常用焊接方法代号

焊接方法	代号	焊接方法	代号
电弧焊	1	气焊	3
焊条电弧焊	111	氧乙炔焊	311
埋弧焊	12	氧丙烷焊	312
熔化极惰性气体保护焊	131	压焊	4
熔化极非惰性气体保护焊	135	摩擦焊	42
钨极惰性气体保护焊	141	扩散焊	45
等离子弧焊	15	其他焊接方法	7
电阻焊	2	电渣焊	72
点焊	21	激光焊	52
缝焊	22	电子束焊	51
闪光焊	24	硬钎焊、软钎焊及钎接焊	9

四、任务准备

识读焊接图的准备工作主要是读图用品的准备，包括以下几方面：

1. 焊接图的准备

焊接图样要保持完整、清晰（见图 9-77）。

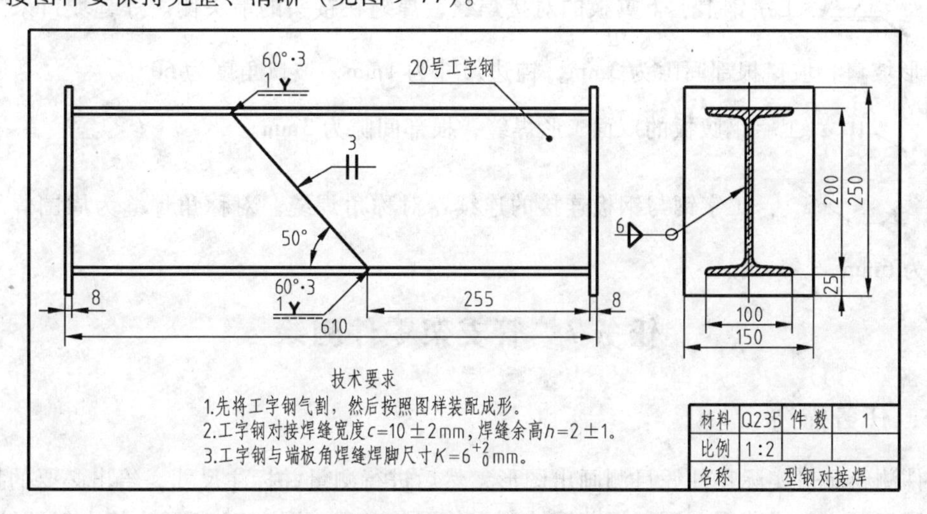

图 9-77 型钢对接焊接图

2. 读图用品及辅助用品的准备

主要包括一些量具和辅助用品的准备，如直尺、直角尺、划规、铅笔、计算器、机械零件设计手册等。

五、任务实施

1. 概括了解

通过读标题栏得知，该零件为型钢对接焊，材料是Q235，绘图比例为1:2，生产件数为1件。

2. 看懂零件结构形状

（1）分析视图　纵览全图，由于该焊接图的结构比较简单，所以只采用了主、左视图就已经将结构表达清楚了。另外，左视图采用了全剖视图。

（2）分析结构形状　型钢对接焊的外形可以看成是由两块工字钢斜口对接后两端再与钢板以焊接方式组合在一起的，其结构形状并不复杂。

3. 尺寸分析

分析型钢对接焊接图上的尺寸，确定定形尺寸、定位尺寸及总体尺寸。

通过对型钢对接焊接图尺寸分析可以看出，定形尺寸分别为：工字钢规格为20号，一端尺寸为255、斜口角度为50°；端板规格尺寸为长250、宽150、板厚8。定位尺寸分别是用来确定工字钢位置的100和200两个尺寸。总体尺寸是：总长为610，总宽为150，总高为250。

4. 了解技术要求

通过分析技术要求可知，型钢对接焊在尺寸、几何公差以及表面粗糙度方面没有提出公差要求，这也正是焊接图的最明显特点。用语言叙述的技术要求有三条，第一条是对加工制造提出了建议，第二、三条是对焊缝尺寸（焊缝宽度、余高、焊脚尺寸）提出了要求。

5. 了解焊接要求

焊接图样中有四个焊接符号，其含义是：

1）60°·3 1Y：工字钢上、下翼板的对接焊缝，焊缝在接头的箭头侧。焊缝坡口采用带钝边的V形坡口，坡口根部间隙为3mm，钝边尺寸为1mm，坡口角度为60°。

2）3 ‖：工字钢腹板的双面I形焊缝，根部间隙为3mm。

3）6▷ ○：工字钢与钢板连接的连续、对称角焊缝。对称角焊缝为周围焊缝，焊脚尺寸为6mm。

任务7　管支架零件测绘

一、任务描述

零件测绘是对实际零件凭目测画出图形，然后进行测量并标注尺寸，给出必要的技术要求，填写标题栏完成草图，再根据草图绘制零件图的过程。图9-78所示为管支架的轴测图，

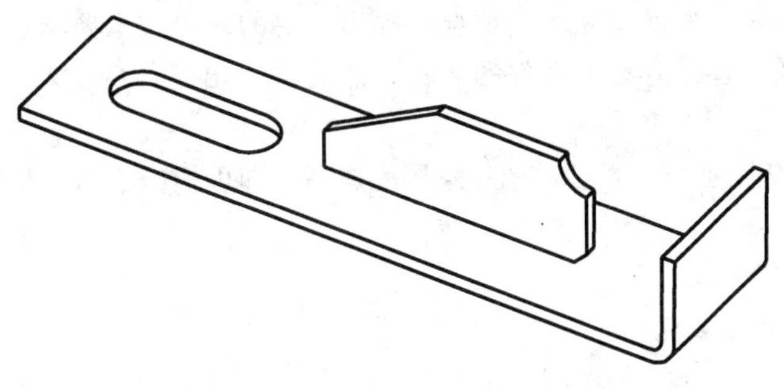

图 9-78 管支架

下面的任务是测绘管支架并画出零件图。

二、任务分析

本任务所要解决的主要问题是：能够对实际零件进行一些必要的测量，然后绘制出零件图，同时还应提出合理的技术要求。本任务涉及的知识点如下：

1）测绘零件概述。

2）测绘零件的方法和步骤。

三、相关知识

1. 测绘零件概述

任何一台机器或设备都是由一些零件组成的，这样就要求必须具有齐全的零件图，以作为加工和制造这些机器或设备的依据。一般地说，在生产中使用的零件图有两个获得途径：一是设计者绘制出的图样；二是对零件进行实际测绘而绘制出的图样。前者是先有图后有零件，而后者是先有零件再有图。

对零件用目测的方法先绘制出草图，然后进行实际测量并在草图上标出必要的尺寸，同时再提出技术要求，最后根据草图绘制出正式的零件图，这个过程称为零件测绘。

由于零件的草图是绘制零件图的基础，有时还可能直接根据它制造零件，因此草图的绘制也必须认真对待且符合机械制图的国家标准，而绝不能草率行事。一张完整的零件草图必须具备零件图的全部内容，要求做到：图形正确、尺寸完整、线型分明、字体工整，并注写出技术要求和标题栏中的相关内容。

2. 测绘零件的方法和步骤

（1）了解和分析测绘对象　首先应了解所要测绘零件的名称、材料以及它在机器（或部件）中的位置、所起的作用、与其他相邻零件的关系，然后再对所要测绘的零件的内部与外部结构形状进行详尽的分析。

（2）确定表达方案　表达方案的确定主要需要考虑以下几个方面的问题：用哪几面视图来表达零件，主视图应如何确定；是否需要用剖切的方法来表达零件；是否需要采用局部视图、局部放大图、向视图等表达方法来表达零件。

（3）绘制零件草图

1）绘制图形。根据选定的表达方案，徒手画出视图、剖视图、局部视图等各种视图。

2）标注尺寸。先选定尺寸基准，再标注尺寸。

3）提出技术要求。根据实际应用情况，提出必要的一些技术要求。

4）填写标题栏。首先应写出零件的名称，然后再写出零件的材料、生产的件数、完成的时间等内容。

（4）根据零件草图画出正式零件图　草图完成后，即可根据草图绘制出正式的零件图了。

四、任务准备

1. 准备测绘对象和量具

一个管支架零件、直尺、游标卡尺等。

2. 了解和分析测绘对象

零件的名称是管支架，其用途是用来支承钢管，其材料是 Q235。

五、任务实施

1. 拟定零件的表达方案

从图 9-78 中可以看出，管支架的结构比较简单，并且许多结构又都显露在外部，所以视图中的虚线不会太多，因此视图的选择并不困难。管支架的表达方案如图 9-79 所示。

2. 绘制零件草图

根据选定的表达方案，徒手画出主、左视图。

3. 标注尺寸

标注尺寸时，主视图是以底平面和中心线为尺寸基准，左视图是以底平面和左端面为尺寸基准，如图 9-79 所示。标注尺寸时，先集中画出所有的尺寸界线、尺寸线和箭头，再依次在零件上测量，逐个记入尺寸数字。

4. 提出技术要求

零件上的极限与配合、几何公差、表面粗糙度等技术要求，通常可以采用类比法给出。

5. 填写标题栏

画出标题栏的框格，在框格中填写出零件的名称、材料、生产件数等内容。

6. 根据零件草图画出正式零件图

绘制正式零件图之前，应对零件草图反复进行校对，检查零件的视图表达是否完整、清晰，各类尺寸标注是否合理、齐全，尺寸公差、表面粗糙度的选用是否恰当，如果有问题应及时纠正。经修改后，即可画出正式零件图，如图 9-79 所示。

六、扩展知识

1. 零件测绘的注意事项

1）对零件上留下的某些缺陷，如气孔、砂眼等或因为零件磨损而形成的某些沟槽、划痕等缺陷，均不应画出。

2）对于零件上的一些工艺结构，如铸造圆角、倒角、退刀槽、砂轮越程槽、凸台和凹坑等，必须查阅相关技术手册，按标准要求画出，不可遗漏。

3）有关配合尺寸，在测量出基本尺寸后，要进行分析并选用合理的配合关系，再查表确定偏差值，对于非配合尺寸或不太重要的尺寸，应以测得的尺寸为准，必要时也可作适当地调整，调整到整数值。

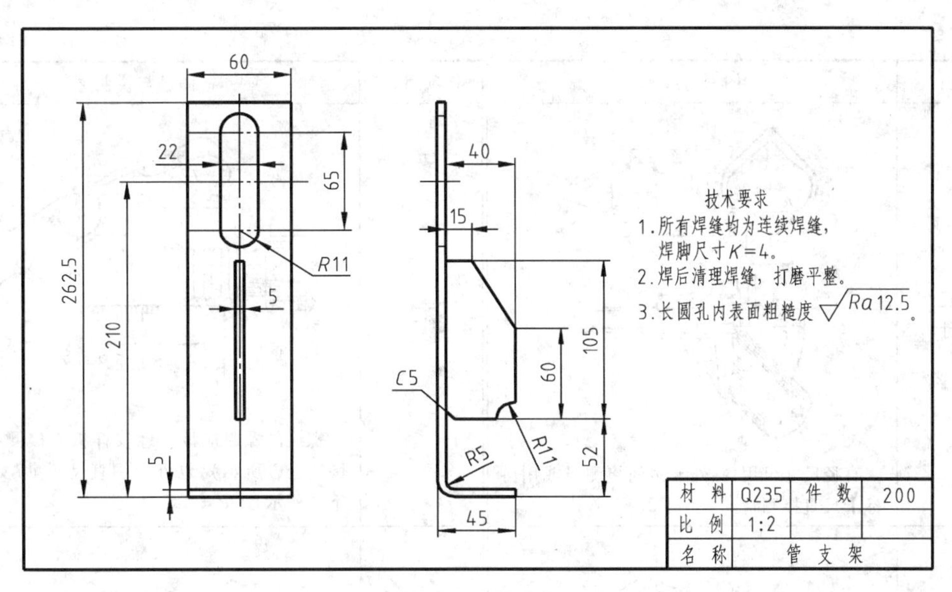

图9-79 管支架

4）对于螺纹、键槽、齿轮轮齿等一些标准结构的尺寸，应将测量结果与标准值核对，使尺寸符合标准系列。

5）零件表面粗糙度、极限与配合、形状和位置公差等技术要求，可以根据零件的作用并参考同类型产品的图样或有关资料来确定。

2. 零件尺寸的测量方法

测量尺寸是零件测绘过程中的一个非常重要的环节，各种尺寸的测量准确与否，将直接影响机器的装配和工作性能，为此，测量尺寸应谨慎、细致。

零件测绘的过程是先“绘”后“测”，即在画完草图图形、尺寸界线、尺寸线之后集中测量并填写尺寸数值，这样不仅可以提高测绘效率，还可以避免错误或遗漏。

测量时，应根据零件的尺寸精度要求的程度不同而选用不同的量具。常用的量具有钢直尺，内、外卡钳等，较为精密的量具有游标卡尺、千分尺等，此外还有专用量具、量仪等。

常用的测量方法和测量工具见表9-14。

表9-14 常用的尺寸测量方法

项目	图例与说明	项目	图例与说明
直线尺寸	94 13 28 直线尺寸可用钢直尺或游标卡尺直接测量	壁厚尺寸	C D t B A h $\delta=C-D$　$h=A-B$ 壁厚尺寸可用钢直尺测量，如底壁厚度 $h=A-B$；或用外卡钳和钢直尺配合测量，如左侧壁的厚度 $\delta=C-D$

(续)

项目	图例与说明	项目	图例与说明
直径尺寸	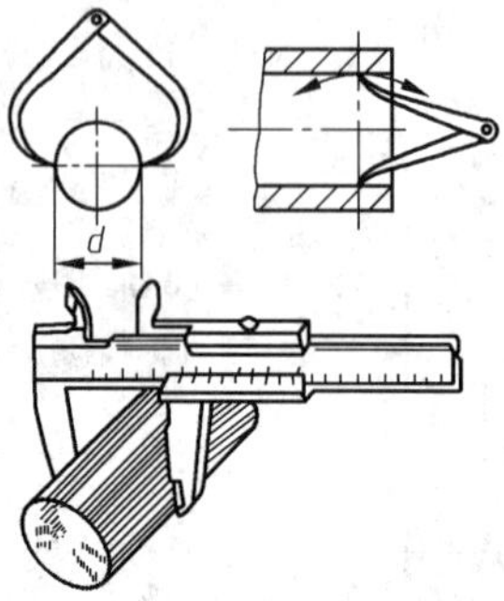 直径尺寸可用内、外卡钳间接测量或用游标卡尺直接测量	螺距	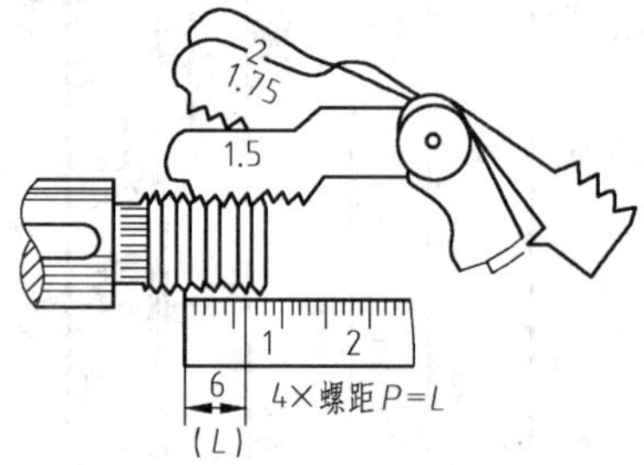 螺纹的螺距应该用螺纹样板直接测得(如图的上方所示),也可用钢直尺测量(如图的下方所示)。$P=1.5$
孔间距	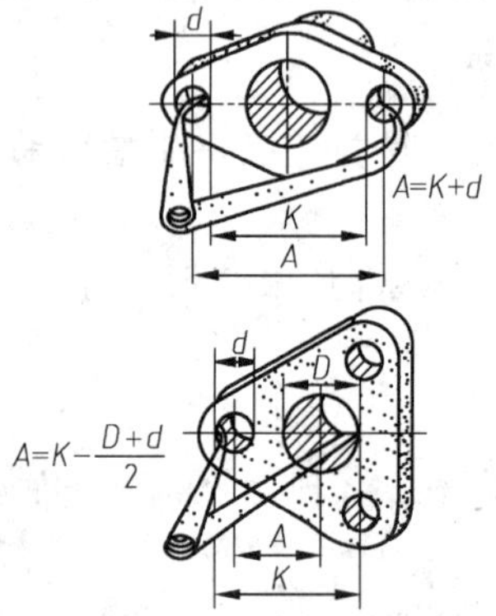 孔间距可用内、外卡钳和钢直尺结合测量	齿顶圆直径	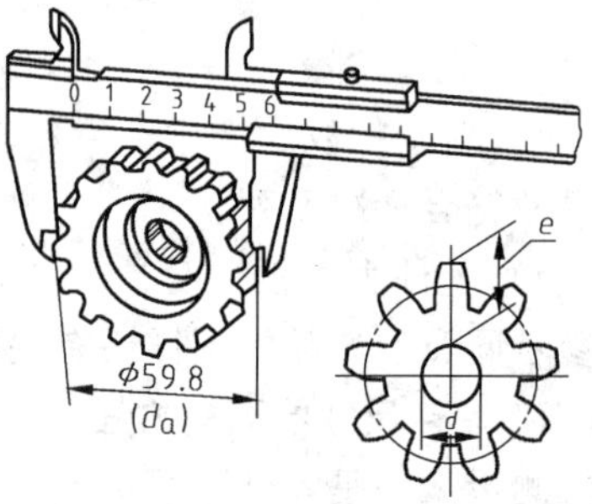 当齿数为奇数而不能直接测量时,可按右下图所示方法量出 e($d_a=d+2e$)
中心高	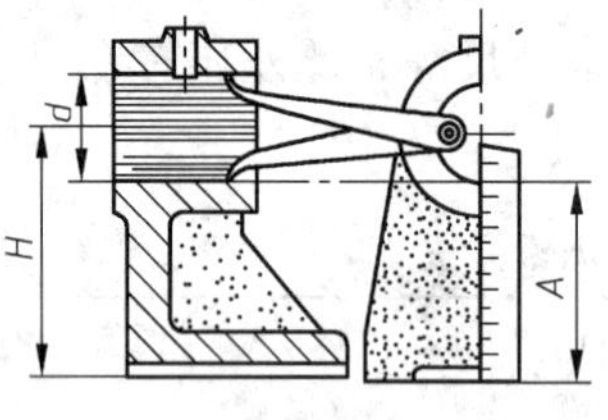 中心高可用钢直尺或用钢直尺和内卡钳配合测量,即:$H=A+d/2$,如上图所示 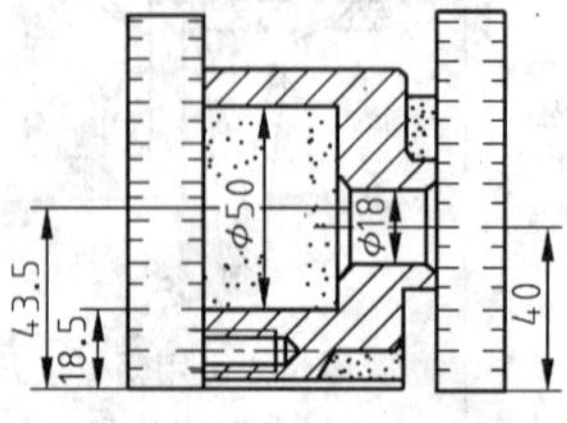 左侧的中心高:43.5 = 18.5 + 50/2	曲面曲线的轮廓	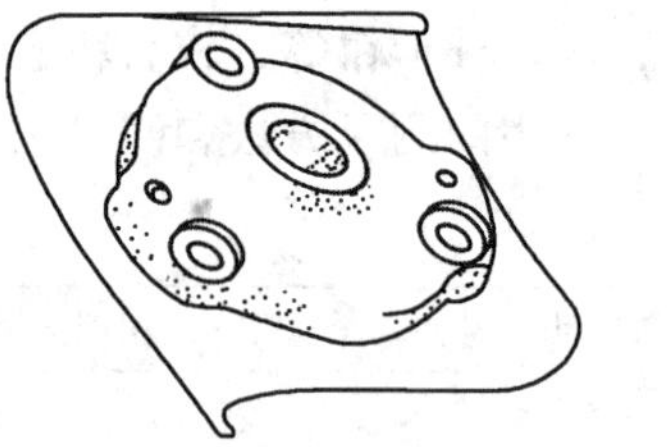 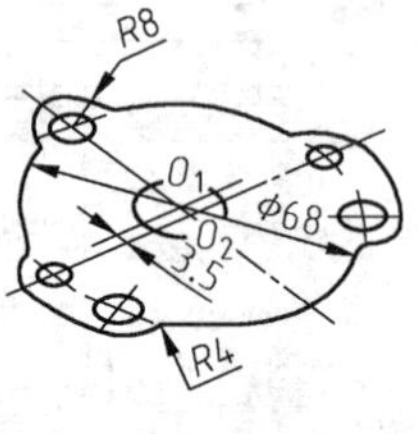 对精确度要求不高的曲面轮廓,可以用拓印法在纸上拓印出它的轮廓形状,然后用几何作图的方法求出各连接圆弧的尺寸和圆心位置,如图中 $\phi68$、$R8$、$R4$ 和 3.5

（续）

项目	图例与说明	项目	图例与说明
曲面曲线的轮廓	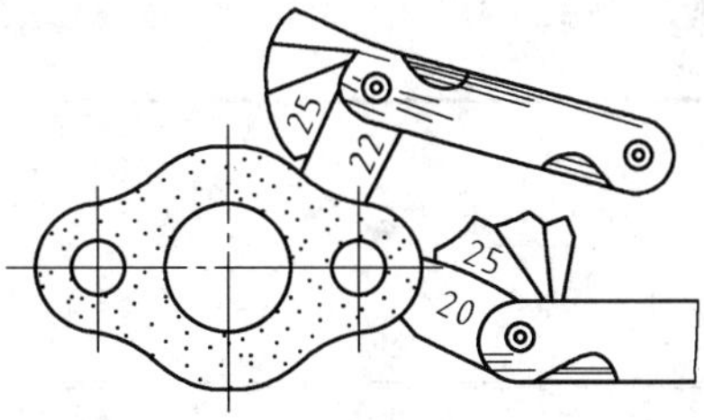 用半径样板测量圆弧半径	曲面曲线的轮廓	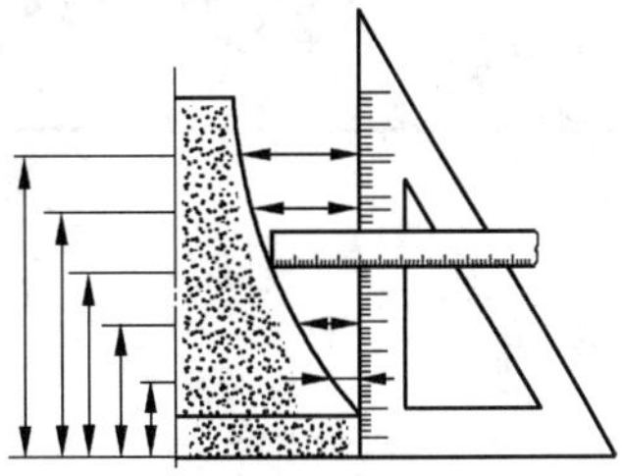 用坐标法测量非圆曲线

单元10 装 配 图

10

知识目标：

1. 掌握装配图的概念及作用。
2. 熟悉装配图序号和明细栏的编写方法。
3. 掌握识读装配图的方法和步骤。

技能目标：

1. 能识读中等复杂程度的装配图。
2. 能绘制中等复杂程度的装配图。
3. 能从中等复杂程度的装配图拆画出零件图。

任务1 学习装配图基本知识

一、任务描述

表达机器或部件的连接和装配关系的图样，称为装配图。关于装配图的内容、作用以及尺寸标注等问题是本任务要研究的内容。

二、任务分析

本任务所涉及的知识点如下：

1）装配图的作用和内容。

2）装配图画法的基本规则。

3）装配图的尺寸标注、技术要求、零部件序号和明细栏。

三、相关知识

表达一台机器或部件的工作原理和各零件之间的装配、连接关系以及技术要求的图样称为装配图。

1. 装配图的作用和内容

（1）装配图的作用

1）在新产品设计中，一般先画出机器或部件的装配图，然后再根据装配图提供的总体结构和尺寸，设计绘制零件图。

2）在产品制造中，则要根据零件图进行零件的生产制作，然后再根据装配图将组成机器或部件的各个零件装配成产品。另外，装配图还是制订装配工艺规程，进行产品质量检验、调试等工作的依据。

3）在使用和维修机器或部件时，也需要通过装配图来了解机器或部件的构造、装配关系等。

由此可见，装配图是表达设计思想，指导生产和进行技术交流的重要技术文件。

（2）装配图的内容　一张完整的装配图主要包括以下四个方面的内容：

1）一组图形。用来表达机器或部件的构造、工作原理、零件间的装配关系、连接方式和零件的重要结构形状等。

2）一组尺寸。用来表达机器或部件的规格或性能，以及装配、安装、检验、运输等方面所需要的尺寸。

3）技术要求。用文字或代号说明机器或部件在装配、检验、调试时需达到的技术条件和要求及使用规范等。一般包括：对机器或部件在装配、检验时的具体要求；关于机器或部件性能指标方面的要求；安装、运输及使用方面的要求；有关试验项目的规定等。

4）标题栏和明细栏。标题栏用来填明机器或部件的名称、绘图比例、质量和图号及设计者姓名和设计单位。明细栏用来记载零件名称、序号、材料、数量及标准件的规格、标准代号等。

2. 装配图画法的基本规则

根据国家标准的有关规定，装配图的画法有以下一些基本规则：

（1）接触面和配合面的画法　两个零件的接触表面或有配合关系的工作表面，其分界处规定只画一条直线，如图10-1所示。对于非接触表面，即使间隙很小，也必须画出两条线，如图10-2所示。

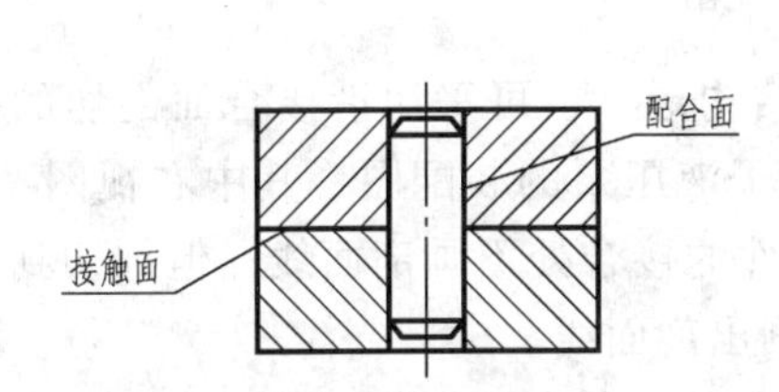

图10-1　接触面和配合面的画法图

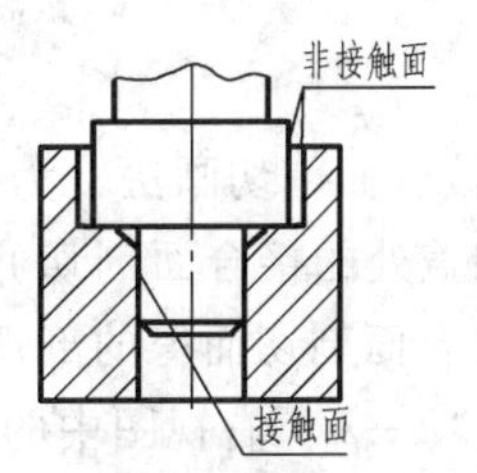

图10-2　非接触面和接触面的画法

（2）零件剖面符号的画法　在剖视图中，相邻两零件的剖面线方向应相反，如果剖面线方向一致时，剖面线的间距也应该不同，如图10-3所示的机座、滚动轴承和端盖的剖面线应保证方向不同、间距不同。当剖面的宽度小于或等于2mm时，允许以涂黑来代替剖面符号，如图10-3中的垫片的画法。

对于紧固件（如螺栓、螺母、垫圈、键、销等）、轴、连杆、手柄、球等实心零件，若剖切平面通过其轴线或对称面时，则这些零件都按不剖绘制，如图10-3中的轴、螺钉、螺母、键和垫圈等画法。但必须注意，当剖切平面垂直于这些零

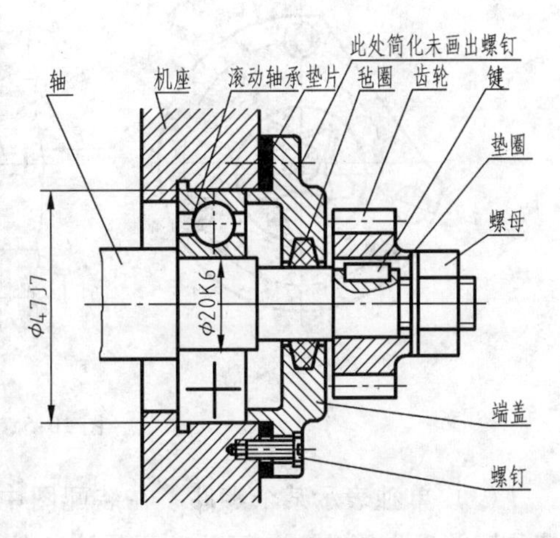

图10-3　垫片的画法

件的轴线剖切时，则在这些零件的剖面上应画出剖面线。

3. 装配图的特殊表达方法

（1）拆卸画法　在装配图的某一视图中，为了表示某些零件被掩盖的内部构造或其他零件的形状，可假想拆去一个或几个零件后绘制该视图。图 10-4 为滑动轴承的装配图，其主视图、左视图采用了半剖的方法，表达该部件的内、外形状及装配关系；俯视图左右对称，其右边采用了拆卸画法，即拆去轴承盖等零件，以表达该部件的内部形状。

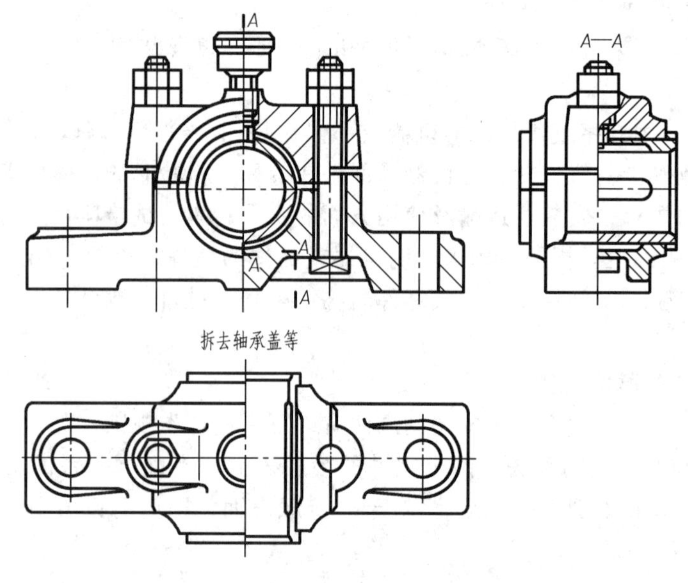

图 10-4　滑动轴承装配图

（2）沿接合面剖切画法　为了表达部件的内部结构形状，可采用沿接合面剖切的画法（一般是在端盖处的接合面剖切）。图 10-5 所示是转子液压泵的装配图，其中右视图“*A*—*A*”即是沿接合面剖切而得的剖视图。这种画法中零件的接合处不画剖面线；但剖切到的其他零件，如“*A*—*A*”右视图中的螺钉等零件仍需要画出剖面线。

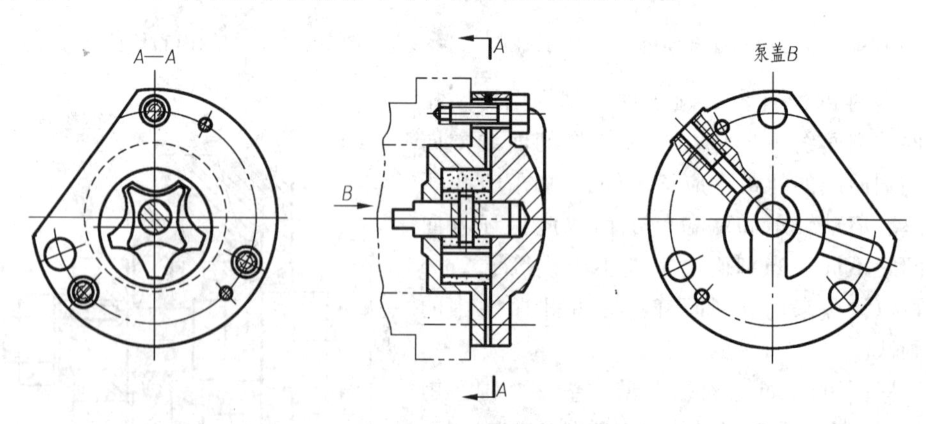

图 10-5　转子液压泵装配图

（3）单独表示某个零件　在装配图中，当某个零件的形状未表达清楚，该结构又对理解装配关系有影响时，可单独画出该零件的某一视图。图 10-5 所示转子油泵中的泵盖，采

用 B 向视图单独表示其形状。此时，一般应在视图的上方标注零件名称及视图名称。

（4）假想画法　对机器或部件中可动零件的极限位置，应用细双点画线画出其轮廓线。图 10-6 所示为用细双点画线画出的车床尾座上手柄的另一个极限位置。

对于与本部件有关，但不属于本部件的相邻辅助零、部件，可用细双点画线表示其与本部件的连接关系，如图 10-7 中的工件和图 10-8 中的主轴箱的大致轮廓即用细双点画线绘制。

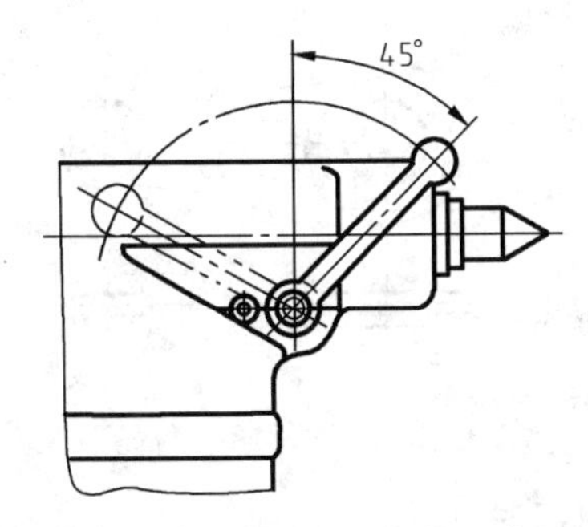

图 10-6　可动零件的极限位置表示法

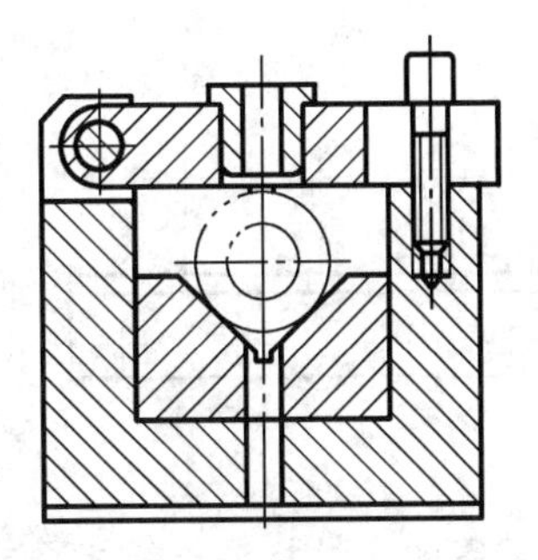

图 10-7　相邻辅助零件的表示法

（5）夸大画法　对薄片零件、细丝弹簧和微小间隙等，若按其实际尺寸在装配图上很难画或难以明确表示时，可不按比例而采用夸大画法。如图 10-3 中的垫片，即采用了夸大的画法。

（6）展开画法　在装配图中，当许多轴的轴线不在同一平面上时，为了表达各轴上零件的装配关系以及它们间的传动路线，可假想按传动顺序沿各轴线剖切，再依次展开在一平面上画出其剖视图，并在该视图上方标注“×—×展开”，如图 10-8 所示。

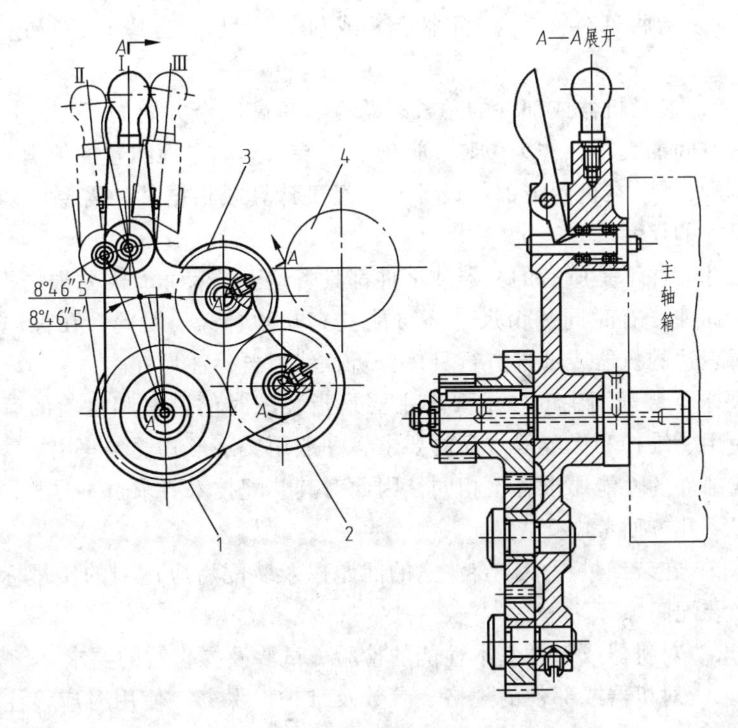

图 10-8　展开画法

（7）简化画法　装配图中若干相同的零件组，如螺钉、螺栓联接等，允许仅详细地画出一组或几组，其余只需用细点画线表示其位置。如图 10-3 和图 10-9 所示。

在装配图中，零件的某些工艺结构，如倒角、圆角、退刀槽等允许不画，螺栓头部、螺母、滚动轴承均可采用简化画法。如图 10-3 所示。

在装配图中，可用粗实线表示带传动中的带；用细点画线表示链传动中的链，如图 10-9 所示。

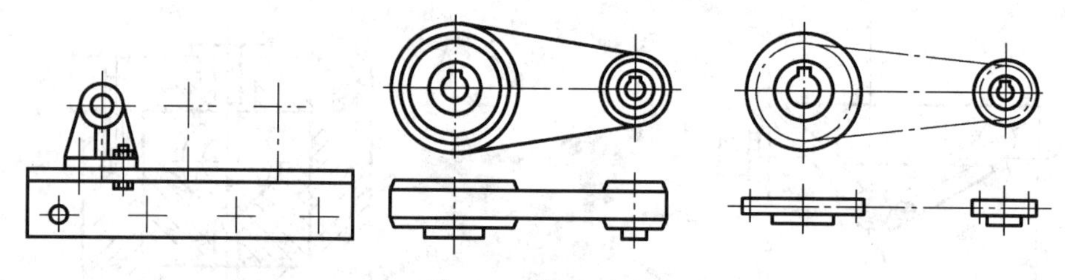

图 10-9　简化画法

4. 装配图的尺寸标注、技术要求、零部件序号和明细栏

（1）尺寸标注　装配图中应标注以下几类尺寸：

1）性能（规格）尺寸。这类尺寸表示机器或部件的工作性能或规格大小。它是设计的原始数据，这些尺寸在拟定设计任务时已经确定，反映了机器或部件的功能特征。

2）装配尺寸。装配尺寸是指相关零件之间的配合尺寸，或与装配有关的零件之间的相对位置尺寸。

①配合尺寸。指重要装配关系的尺寸或零件间有公差配合要求的尺寸。

②相对位置尺寸。指零件在装配时需要保证的相对位置尺寸。

3）安装尺寸。指将部件安装在机器上，或机器安装在地基上进行连接固定所需的尺寸。

4）总体尺寸。表示机器或部件的总长、总宽、总高三个方向的尺寸。这类尺寸表明了机器或部件所占空间的大小，作为包装、运输、安装、车间平面布置的依据。

5）其他重要尺寸。在机器或部件设计时，经过计算或根据某种需要而确定的，但又不属于上述四类尺寸的尺寸。

以上五类尺寸，并不是所有的机器或部件都具备这五类尺寸，需要根据机器或部件结构的具体情况进行标注，有时同一个尺寸还可能具有几种含义。因此，在标注装配图的尺寸时，首先要对所表达的机器或部件进行具体分析，然后再标注尺寸。

（2）技术要求　装配图中的技术要求主要是指装配时的调整和检验的有关数据、技术性能指标以及使用、维护和保养等方面的要求，一般用文字形式逐条写出。

由于机器或部件的性能要求各不相同，因此对其装配技术要求也不尽相同。编写技术要求时，可以从以下几方面考虑：

1）装配要求。在装配过程中需要注意的问题以及装配后应达到的质量标准。如各零件位置的准确度和装配间隙等。

2）检验要求。对机器或部件基本性能的检验、试验及操作时的要求。

3）使用要求。对机器或部件的规格、参数及维护、保养、使用时应该注意的事项提出要求。

装配图中的技术要求通常注写在明细栏的上方或图样下方的空白处。

（3）装配图上的零、部件序号和明细栏　为了便于看图和图样管理，对装配图中所有零、部件都必须编写序号，并在标题栏上方编制相应的明细栏。

1）零、部件序号编法。

① 装配图中所有的零、部件都必须编写序号，并与明细栏中的序号保持一致。

② 装配图中，每一个相同的零件或部件只能编写一个序号，并且一般只注写一次，必要时，对于多处出现的相同零、部件也可以用同一个序号在各处重复标注。

③ 序号应注写在视图外较明显的位置上，从所注零件的可见轮廓内用细实线画出指引线，在指引线的末端画圆点，另一端画出水平细实线或细实线圆。序号注写在横线上边或圆内，序号字号比图中所注尺寸数字的字号大一号或两号（见图 10-10a）。也可直接注写在指引线附近，这时的序号应比图上尺寸数字大一号或两号（见图 10-10b）。若所指部分很薄或是涂黑的剖面，则可用箭头代替圆点指向该部分的轮廓线（见图 10-10c）。同一装配图中编写序号的形式应一致。

④ 指引线应自所指部分的可见轮廓内引出。指引线相互不能相交，当通过剖面线的区域时，指引线不能与剖面线平行。必要时可画成折线，但只允许转折一次，如图 10-11 所示。

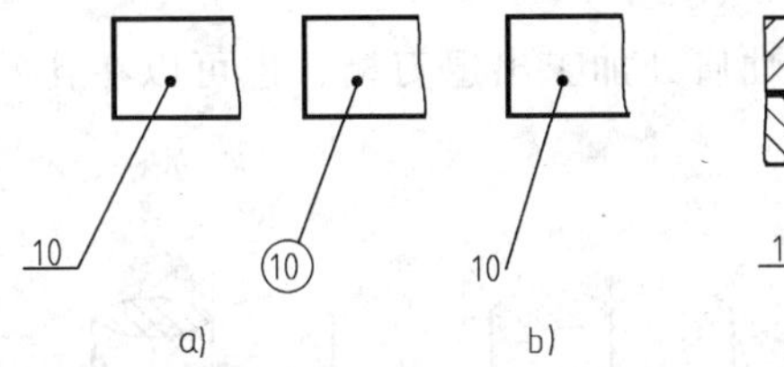

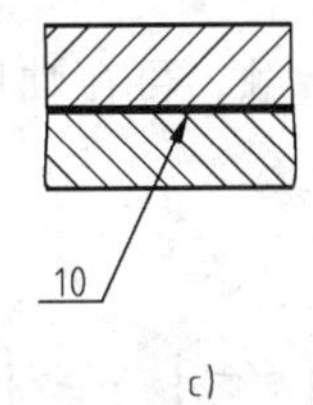

图 10-10　序号的注写方法（一）

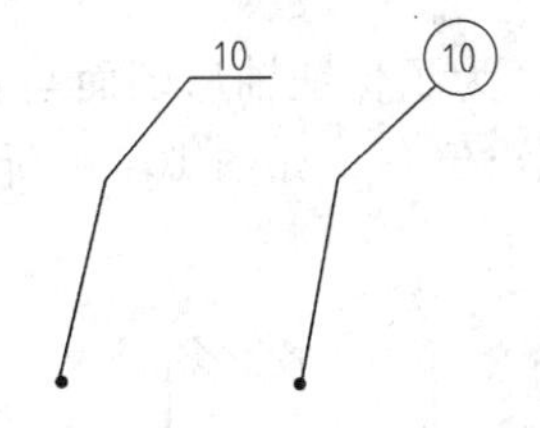

图 10-11　序号的注写方法（二）

⑤ 对一组紧固件或装配关系清楚的零件组，可以采用公共指引线，如图 10-12 所示。

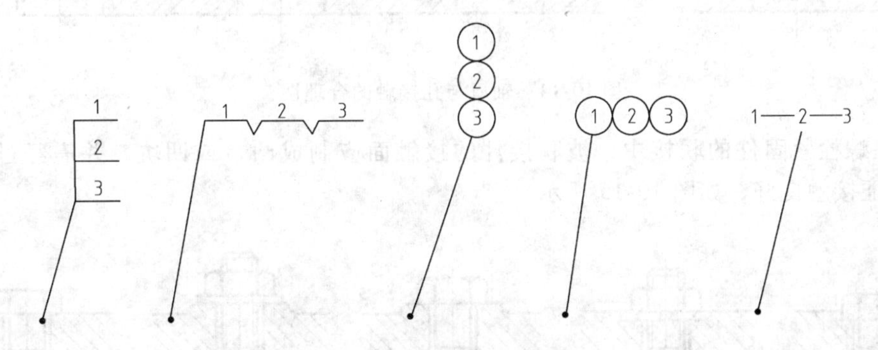

图 10-12　序号的注写方法（三）

⑥ 序号应按顺时针或逆时针方向整齐地顺次排列。如在整个图上无法连续排列时，可只在每个水平或竖直方向上顺次排列。

⑦ 标准部件（如油杯、滚动轴承、电动机等）只需编注一个序号。

2）明细栏的编制。明细栏是由序号、名称、数量、材料、备注等内容组成的栏目。明细栏一般编制在标题栏的上方。在图中填写明细栏时，应自下而上顺序进行。当位置不够时，可移至标题栏左边继续编制。

四、扩展知识

常见的装配结构

装配结构设计的是否合理，将直接影响机器或部件的装配、工作性能以及检修时拆、装的方便性。下面就对装配结构设计时应该考虑的几个合理性问题加以简介。

1. 应考虑接触面与配合面结构的合理性

1）两个零件在同一方向上只能有一个接触面和配合面，如图 10-13 所示。

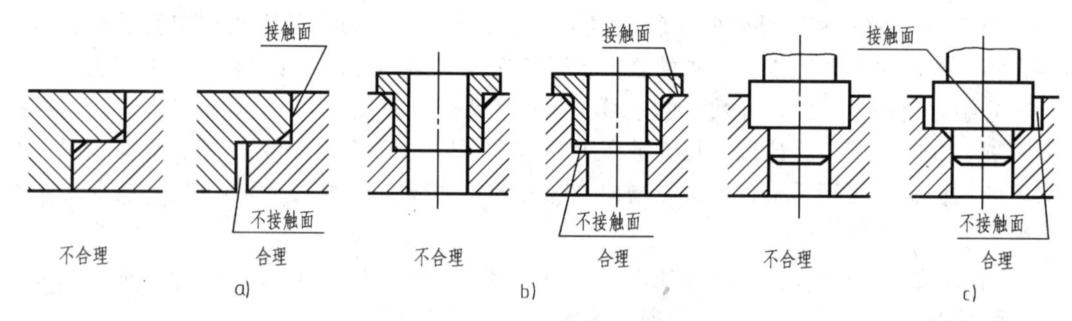

图 10-13　接触面的合理性

2）为了保证轴肩端面与孔端面紧密接触，可在轴肩处加工出退刀槽，也可以在孔的端面加工出倒角，如图 10-14 所示。

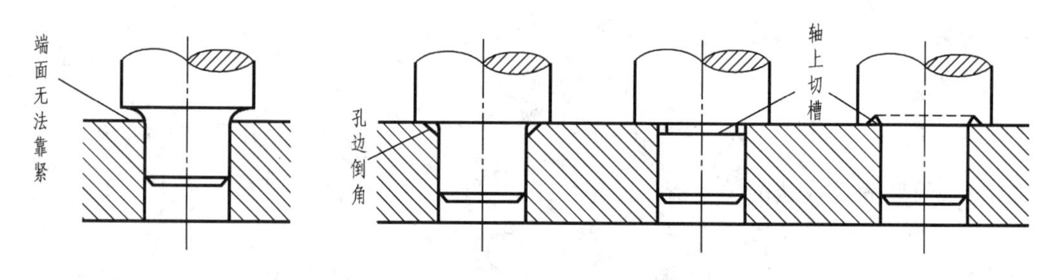

图 10-14　轴肩与孔接触的合理性

3）在螺栓紧固件的联接中，被联接件的接触面应制成凸台或凹坑，并需经过机械加工，以保证接触良好，如图 10-15 所示。

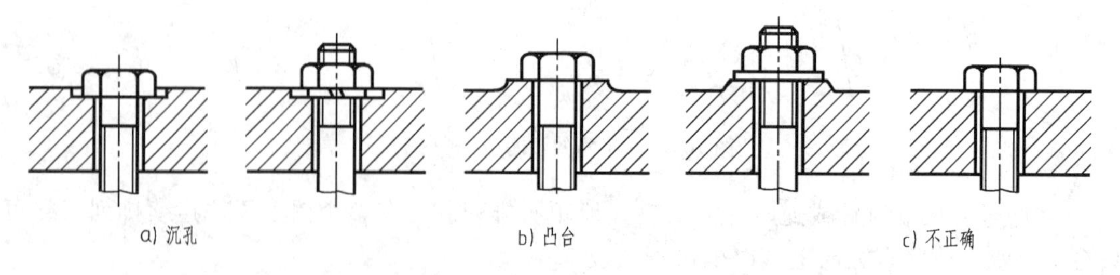

图 10-15　紧固件与被联接件接触面的结构

2. 应考虑零件的拆、装方便

（1）对于螺栓等紧固件在部件上位置的确定，必须注意要留出扳手的转动空间（见图 10-16），另外还要保证有拆、装空间（见图 10-17）。

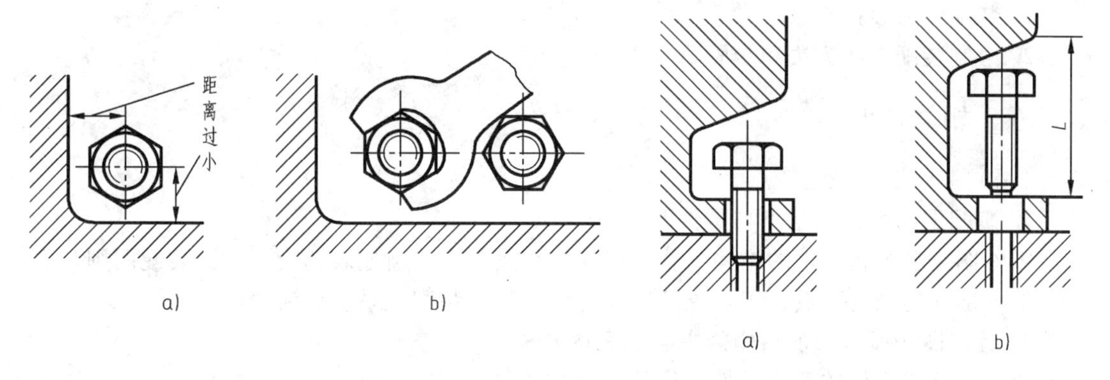

图 10-16 留出扳手转动空间

图 10-17 保证拆、装空间

（2）在图 10-18a 中，螺栓不便于拆、装和拧紧，若在管壁上开出一个手孔（见图 10-18b），或改用双头螺柱（见图 10-18c），问题即可解决。

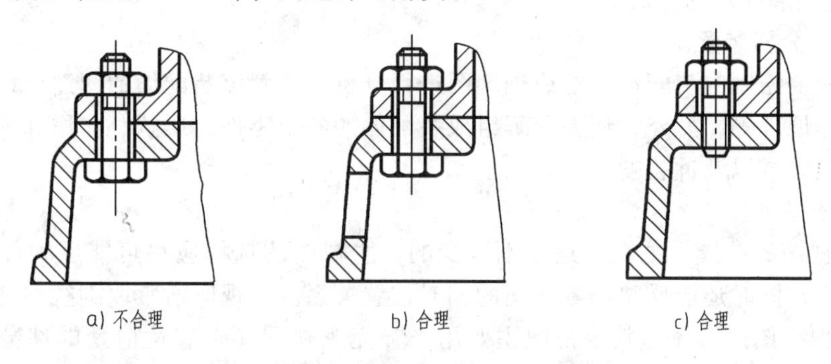

图 10-18 螺栓应便于装、拆和拧紧

任务 2 绘制支柱装配图

一、任务描述

绘制装配图需要从装配体的整体结构特点、装配关系和工作原理考虑，来确定恰当的表达方案。图 10-19 所示为支柱的直观图样，本任务就是画出支柱的装配图样。

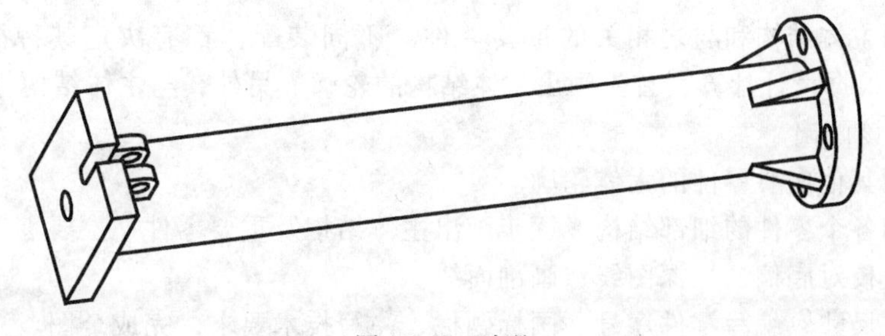

图 10-19 支柱

二、任务分析

学习本任务的目的就是教会大家装配图样的绘制方法。所涉及的知识点是：

1. 装配图的表达特点
2. 绘制装配图的方法和步骤

三、相关知识

（一）装配图的表达特点

1. 装配图的表达侧重点与零件图不同

零件图是要求将零件的结构形状、尺寸大小完整而清晰地表达出来，而装配图则是要求把机器或部件的结构特点、工作原理以及各零件间的装配关系表达清楚。

2. 装配图一般将剖视图作为主要的表达方法

组成机器或部件的各个零件，往往都集中在一个主体零件——箱（体）内，用视图表达时就会出现许多虚线，使得其内部结构以及装配关系表达的不很清楚，因此，一般情况下都是采用剖视，即沿着装配干线将装配体剖开。

（二）绘制装配图的方法和步骤

1. 了解、分析装配体

首先对所要绘制的装配体实物或轴测图进行分析，了解该装配体的用途、结构特点、装配关系和工作原理等，另外，还要了解组成装配体的各个零件的形状、作用和零件之间的装配关系、连接方式以及拆装顺序。

2. 确定表达方案

（1）主视图的选择　主视图是必不可少的。主视图的选择应尽可能反映部件的结构特征、工作原理，同时还能反映出零件间的相对位置关系。主视图通常取剖视。

（2）其他视图的选择　其他视图主要用来补充主视图尚未表达清楚的部分，它不是必不可少的，但它的选择方式却是非常灵活的。

3. 确定绘图比例、图幅，合理布图

在表达方案确定以后，根据装配体的总体外形尺寸、复杂程度和视图数量来确定绘图比例及图纸幅面。布图时，应同时考虑标题栏、明细栏、零件编号、尺寸标注和技术要求等所占用的空间位置，使布图合理。

4. 画图

（1）绘制各视图的主要基准线　通常是指主要轴线、对称中心线、主要零件的基准面或端面等。

（2）绘制主体结构和与之相关的重要零件　不同装配体都有决定其特征的主体结构，在绘图时必须根据设计计算，首先画出主体结构的轮廓。另外，与主体结构相连接的一些重要零件，也应该画出。

（3）绘制其他次要零件的大体轮廓。

（4）绘制各个零件的细部结构　逐步画出主体结构及重要零件、次要零件的细节。

（5）检查校对底稿，加深图线、画剖面线。

（6）标注尺寸、编写零件序号、画标题栏、注写技术要求，完成全图。

四、任务准备

1. 绘图准备

做好绘图和绘图仪器、工具及用品的准备工作，将铅笔按照绘制不同线型的要求削好；

将圆规的铅芯修磨好，并调整好铅芯与针尖的高低差，应使针尖略长于铅芯为好；将丁字尺、三角板、图板等擦干净；将各种绘图用具按顺序存放在固定位置，并洗净双手。

2. 图样的准备

图 10-19 所示为支柱直观图样，它就是需要我们下面来完成的绘制图样。

3. 分析绘制图样

分析的目的就是要了解所绘制图样的内容，做到心中有数。如图 10-19 所示的支柱图样，结构比较简单，图面也不需要很大等。

4. 确定图纸幅面和比例

根据所绘制图样的大小和结构要求，选定合适的图纸幅面和绘图比例。在选取时，必须遵守国家标准的有关规定。

5. 固定好图纸

将大小合适的图纸用胶带纸固定在图板上，固定时，应使丁字尺的工作边与图纸的水平边平行。

五、任务实施

1. 选择表达方案

由于支柱的结构并不复杂，本着在能将支柱表达清楚的前提下，尽量减少视图数量的原则，我们选择的表达方案是：只用一面主视图来表示支柱外形结构，而对于主视图没有表达清楚的部分采用两个局部剖视图表示，如图 10-23 所示。

2. 画图

1）画出各视图基准线，中心线、对称线等，如图 10-20 所示。

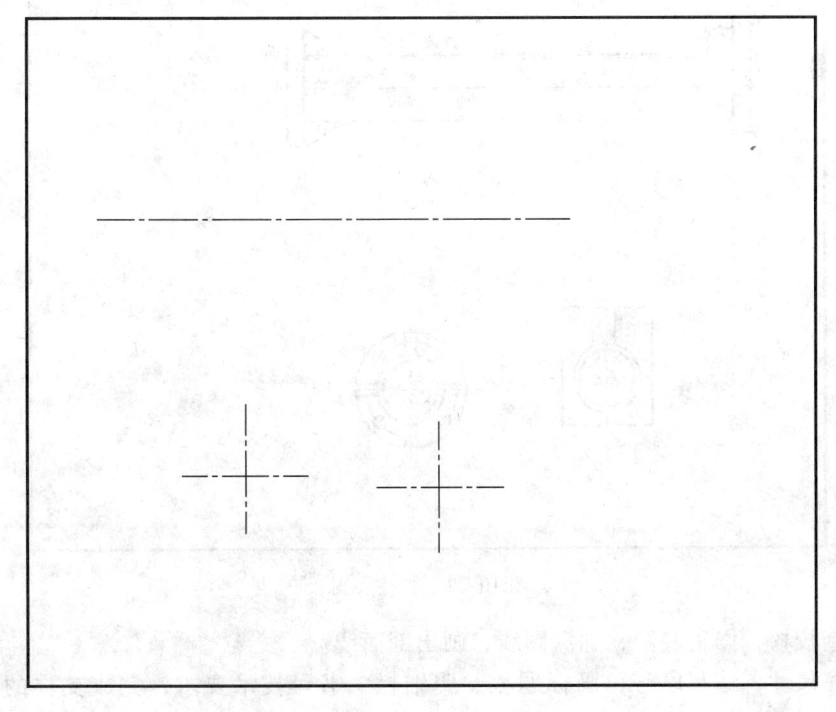

图 10-20　支柱基准线、中心线、对称线

2）按“先主后次”的原则，画出主要零件的大体轮廓，如图 10-21 所示。

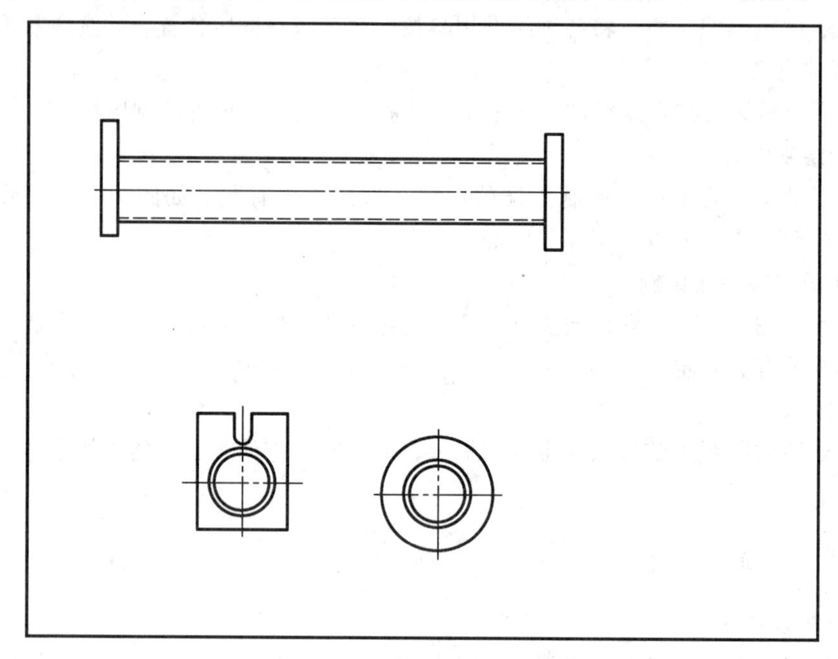

图 10-21　支柱主要零件的大体轮廓

3）画出其他零件大体轮廓，同时完善各零件的细部结构，如图 10-22 所示。

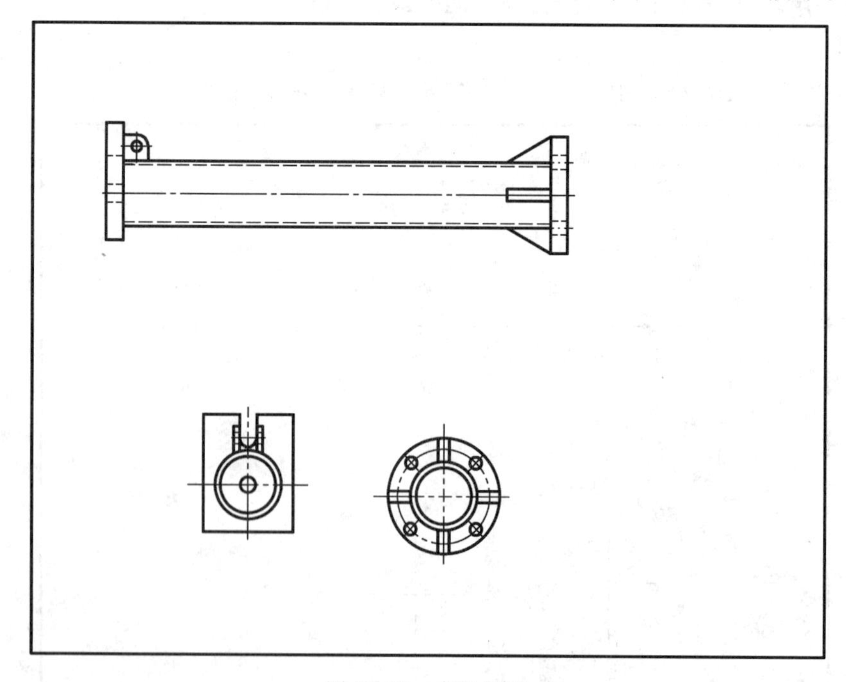

图 10-22　支柱底图

4）检查校核，修正底图，加深图线，画出剖面线。

5）标注尺寸，编写序号，画标题栏、明细栏，书写技术要求，完成支柱的装配图绘制，如图 10-23 所示。

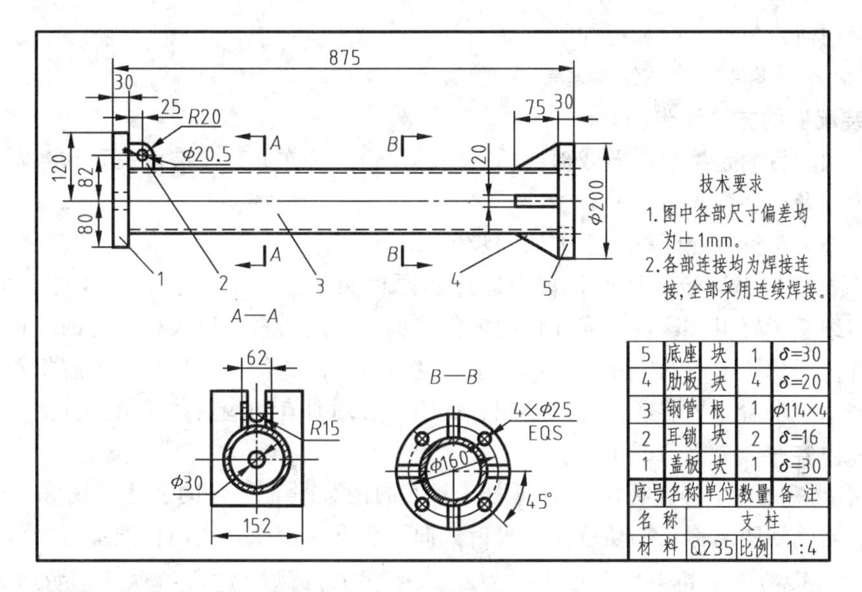

图 10-23 支柱

教你一招

1. 画底图时线条应轻而细，只要能看清楚就行。

2. 铅笔选用的硬度：细实线应用2H或3H；加深时粗实线应选用HB或B；加深圆弧时所用的铅芯，应比同类画直线的铅芯软一号；写字最好用H或HB。

3. 加深或描绘粗实线时应保证图线位置的准确，防止图线移位而影响图面质量。

4. 使用橡皮擦拭多余线条时，应尽量缩小擦拭面，擦拭方向应与线条方向一致。

任务3 识读容器装配图

一、任务描述

机器或部件的组装、检验、使用与维修或技术交流，都会用到装配图。因此，技能型人才必须具备识读装配图的能力。

二、任务分析

本任务就是要解决识读装配图的问题，所涉及的知识点如下：

1）读装配图的基本要求。

2）读装配图的方法和步骤。

三、相关知识

1. 读装配图的基本要求

通过读装配图应能达到以下三项要求：

1）从装配图了解机器或部件的工作原理。如了解机器或部件是怎样实现其作用的，运动和动力是如何传递的等。

2）了解各零件间的装配关系。如了解零件间的相对位置，用什么方式连接和固定，配合松紧程度如何，怎样装配和拆卸等。

3）了解各个零件的大致结构和制造要求。

2. 读装配图的方法和步骤

读装配图的目的是搞清机器或部件的性能、用途、工作原理及装配关系和各零件的主要结构、作用以及拆装顺序等。

下面就来说明读装配图的一般方法和步骤。

（1）概括了解　读装配图时，首先通过标题栏和产品说明书了解机器或部件的名称、用途。从明细栏了解组成该机器或部件的零件名称、数量、材料以及标准件的规格。通过对视图的浏览，了解装配图的表达情况和复杂程度。从绘图比例和外形尺寸了解机器或部件的大小。从技术要求看该机器或部件在装配、试验、使用时有哪些具体要求，从而对装配图的大体情况和内容有一个概括的了解。

（2）分析视图　了解各视图、剖视图、断面图的数量，各自的表达意图和它们相互之间的关系，明确视图名称、剖切位置、投射方向，为下一步深入读图作准备。

（3）分析传动关系和工作原理　一般可从图样上直接分析，当部件比较复杂时，需参考说明书。分析时，应从机器或部件的传动入手。传动关系清楚了，就可分析出工作原理。

（4）分析装配关系　分析清楚零件之间的配合关系、连接方式和接触情况，能够进一步了解为保证实现机器或部件的功能所采取的相应措施，更加深入地了解机器或部件。

（5）分析零件主要结构形状和用途　前面的分析是综合性的，为深入了解机器或部件，还应进一步分析零件的主要结构形状和用途。

分析时，应先看简单件，后看复杂件。即将标准件、常用件及一看即明的简单零件看懂后，再将其从图中“剥离”出去，然后集中精力分析剩下的为数不多的复杂零件。

分析时，应依据剖面线划定各零件的投影范围。根据同一零件的剖面线在各个视图上方向相同、间隔相等的规定，首先将复杂零件在各个视图上的投影范围及其轮廓搞清楚，进而运用形体分析法并辅之以线面分析法进行仔细推敲，还可借助丁字尺、三角板、分规等查找其投影关系。此外，分析零件主要结构形状时，还应考虑零件为什么要采用这种结构形状，以进一步分析该零件的作用。

当某些零件的结构形状在装配图上表达不够完整时，可先分析相邻零件的结构形状，根据它和周围零件的关系及其作用，再来确定该零件的结构形状就比较容易了。但有时还需参考零件图来加以分析，以弄清零件的细小结构及其作用。

（6）归纳总结　在以上分析的基础上，还要对技术要求和全部尺寸进行分析，并把机器或部件的性能、结构，装配、操作、维修等几方面联系起来研究，进行总结归纳，这样对机器或部件才能有一个全面的了解。

上述的读图方法和步骤，是为初学者读图时理出的一个思路，彼此不能截然分开。读图时还应根据装配图的具体情况而加以选用。

四、任务准备

主要包括装配图样和读图用品的准备，如一些必要的量具、划规、计算器、机械手册等。

五、任务实施

锅筒图样如图 10-24 所示。

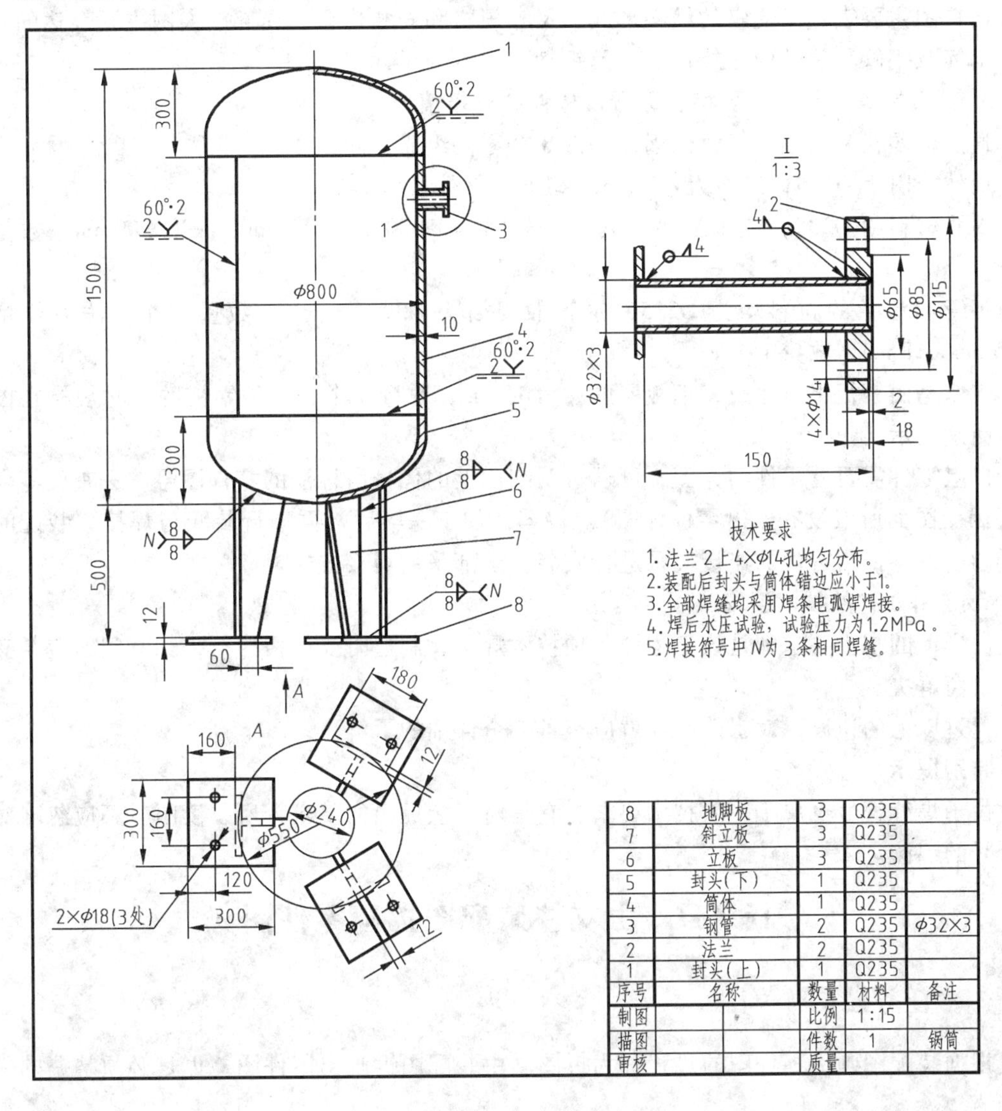

8	地脚板	3	Q235	
7	斜立板	3	Q235	
6	立板	3	Q235	
5	封头(下)	1	Q235	
4	筒体	1	Q235	
3	钢管	2	Q235	Φ32×3
2	法兰	2	Q235	
1	封头(上)	1	Q235	
序号	名称	数量	材料	备注
制图		比例	1:15	
描图		件数	1	锅筒
审核		质量		

图 10-24　锅筒

1. 概括了解

通过阅读标题栏和明细栏，可得到如下信息：本产品为锅筒，属于容器类结构图样，绘图比例为 1:15，生产件数为 1 件，所用材质均为 Q235 钢，另外，从明细栏中可以清楚地了解到组成锅筒的全部零件和各个零件的名称、材料和数量等。

2. 分析视图

该锅筒采用了三个视图来表达锅筒结构。主视图绘制出的锅筒，它是一个高度为 900mm，外径为 ϕ800mm 的圆筒，其两端用封头封闭，在筒体上部带有管头，在下部封头上装有支座。主视图采用了半剖视图的表达方式，即能了解锅筒的外部情况，也能看到锅筒的内部详细结构。

除了主视图外，又采用了其余两个视图来进一步表达锅筒的其他结构，一个为向视图，另一个为局部放大图。

向视图主要表达了支座的结构形式、尺寸规格和安装位置；局部放大图主要表达的是钢管与锅筒及钢管与法兰的连接形式以及钢管、法兰的尺寸规格。

3. 弄清锅筒的材料、规格、数量及构件的连接情况

通过标题栏和明细栏了解到锅筒是由 8 个零件组成，即：

筒体材料为 Q235，规格为 ϕ800mm × 10mm，数量为 1 个。

封头材料为 Q235，位于锅筒的两端，规格为 ϕ800mm × 10mm、深度 300mm，数量为 2 个。

钢管和法兰的材料均为 Q235，钢管的规格为 ϕ32 × 3 mm，数量 1 个，法兰规格为 ϕ115mm × 18mm，数量 1 个。

支座是由钢板组对而成，钢板厚度均为 12mm，数量 3 个，各种钢板的尺寸规格在图中已有明确表示。

以上零件需要看零件的详图，可通过明细栏上的代号所标注的零件图号，去查阅零件图样（因受图面所限没有给出零件详图）。待零件加工完毕后，再进行装配与焊接，装配时要看详图，按零件与零件的连接关系进行安装，全部采用焊接方式。

4. 了解图样的技术要求

图样上的技术要求即是该工程的各项技术规定，制造时要严格执行，如有问题应与有关部门协商解决。

通过以上的识读，对锅筒图样就应有了一个详细的了解。

特别提示

由于焊缝符号也属于一项技术要求，它是对焊接提出的要求，所以读图时不应忽略对焊缝符号的识读。

任务 4　由支柱装配图拆画零件图

一、任务描述

根据装配图画出零件图的过程称为拆图。由装配图拆画出零件图，也是必须掌握的一项技能。

二、任务分析

本任务所涉及的知识点如下：

1）拆画零件图的要求。

2）拆画零件图时应注意的问题。

三、相关知识

在进行产品设计时，一般是根据产品的功能及使用要求进行设计和计算，同时要先画出产品的装配总图，以确定实现其工作性能的主要结构，然后再根据所绘制的装配图画出零件图，上述这一过程，称为拆画零件图，简称“拆图”。拆图的过程也是继续设计零件的过程。

1. 拆画零件图的要求

1）拆图前，必须深刻领会设计意图，熟读装配图，分析清楚各个零件的装配关系、技术要求及主要结构。

2）开始拆画零件图时，要从设计方面考虑零件的功能和加工精度要求，从工艺方面考虑零件的制造、装配及工艺结构，从而使所画的零件图既能符合设计需要又能满足加工工艺要求。

2. 拆画零件图时应注意的问题

（1）完善零件结构　由于装配图主要是表达各零件间装配关系的，因此对某些零件的结构形状往往表达得并不是很完整，在拆画零件图时，应根据零件的功能加以补充和完善。

（2）重新选择表达方案　装配图的视图选择是从表达装配关系和整个部件情况考虑的，因此在选择零件的表达方案时就不能简单地照搬，应根据零件的结构形状，按照零件图的视图选择原则重新考虑。

（3）补全零件的工艺结构　在装配图上，零件的细小工艺结构，如倒角、小圆角、退刀槽等往往省略不画。但在拆画零件图时，这些工艺结构必须补全，并加以标准化。

（4）补齐所缺尺寸、协调相关尺寸　由于装配图上的尺寸很少，所以在拆画零件图时必须补全。装配图上已注出的尺寸，应在相关零件上直接注出；装配图上未注的尺寸，则从装配图上按所用比例大小直接量取，数值可作适当圆整。装配图上尚未体现的，则需自行确定。

相邻零件接触面的有关尺寸和连接件的有关定位尺寸必须一致，拆画零件图时应一并将它们注在相关零件上；对于配合尺寸和重要的相对位置尺寸，应给出偏差数值。

（5）提出技术要求　技术要求将直接影响零件的加工质量，主要包括零件的尺寸公差、几何公差、表面粗糙度及热处理等方面的要求，技术要求的制订必须合理。正确、合理地制订技术要求，涉及许多专业知识，初学者可参照同类产品的相应零件图用类比法来确定。

四、任务准备

1. 支柱装配图样的准备

支柱的装配图样如图 10-23 所示。

2. 绘图用品的准备

主要包括图纸、三角板、圆规、分规、铅笔等用品的准备。

五、任务实施

1. 识读装配图

识读装配图的方法和步骤在单元 10 任务 3 中已有详细介绍，在此不再叙述。

2. 分析装配图样，弄清零件结构，确定需要绘制零件图的数量

从支柱装配图样的明细栏中很容易得知，该支柱由 5 个零件组成，因此需要绘制 5 个零件图。这 5 个零件的结构及规格尺寸基本是齐全的，因此绘制零件图还是相对容易的。

3. 绘制零件图

支柱的各个零件图如图 10-25 所示。

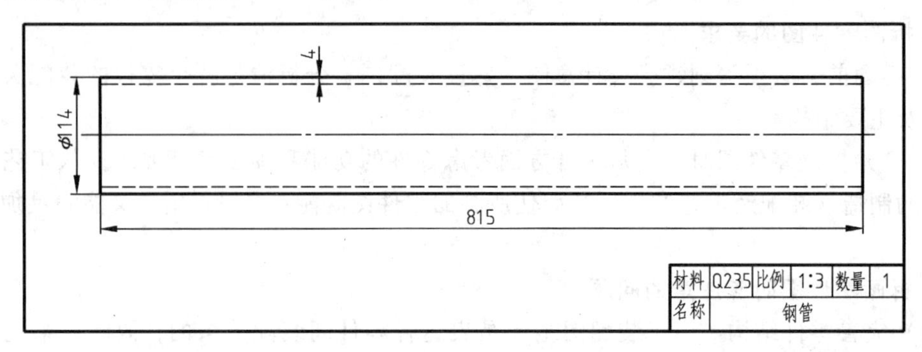

a)

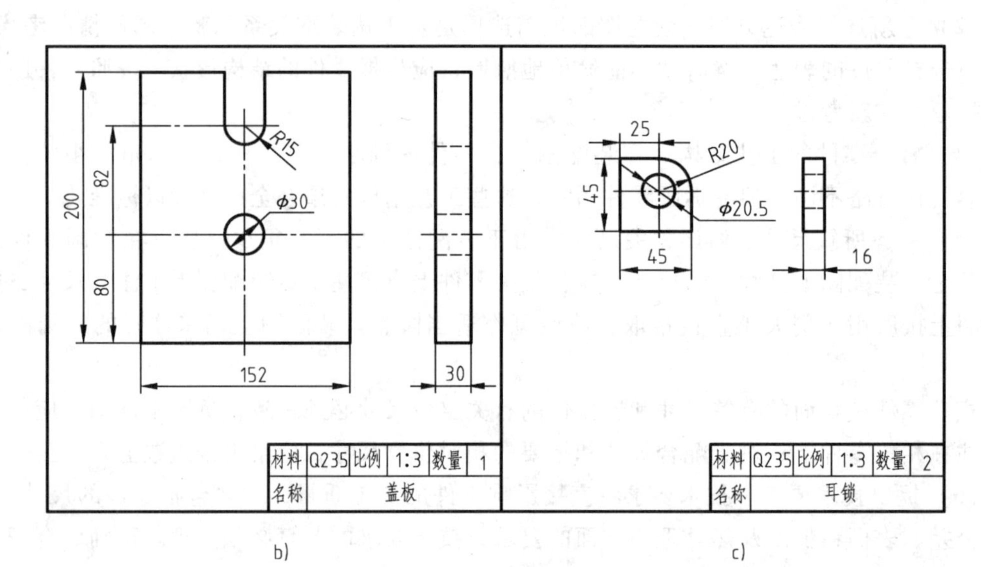

b) c)

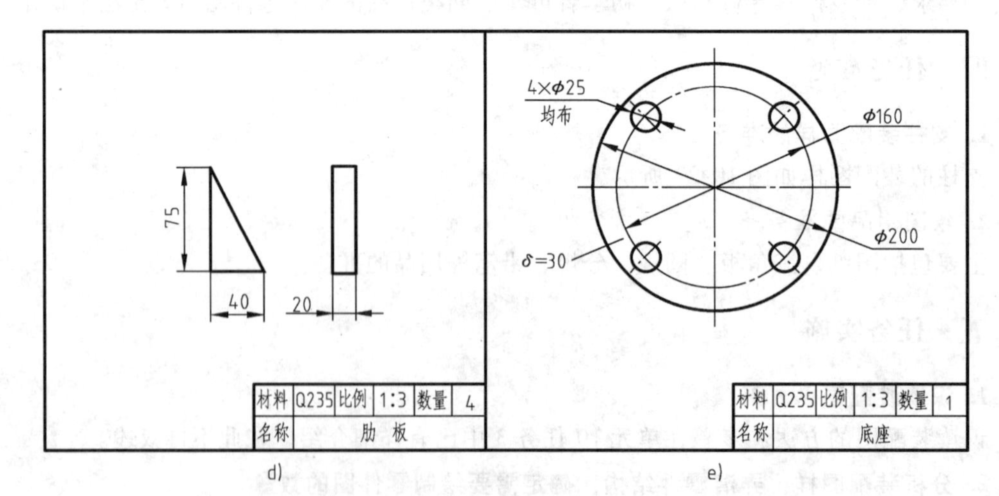

d) e)

图 10-25　支柱的全部零件图

单元11 展 开 图

11

知识目标：

1. 了解展开图的概念。
2. 掌握常见构件的展开图作图方法。

技能目标：

能绘制较简单的各种形体展开图。

任务1 绘制棱柱管展开图

一、任务描述

如图11-1所示，已知棱柱管被斜切，绘制其表面展开图。

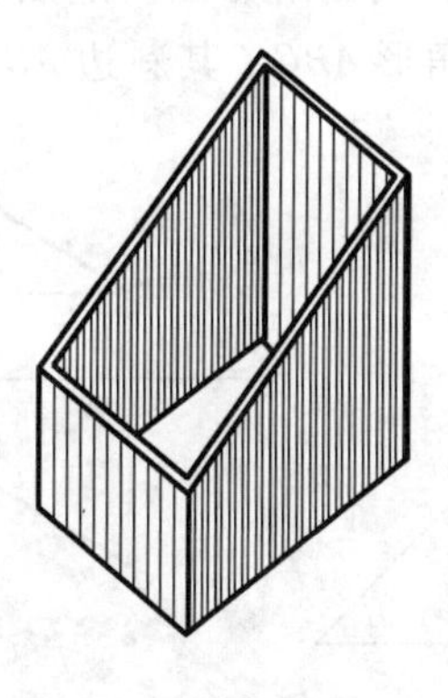

图11-1 棱柱管

二、任务分析

在工业生产中，有许多钣金构件需要首先作出展开图，以取得号料样板，然后再进行成形加工。作展开图需要正投影基本理论作支撑，本任务就是要解决如何作展开图的问题，所涉及的知识点如下：

1）形体展开概念。

2）求线段实长的方法。

3）作展开图的基本方法。

三、相关知识

1. 形体展开概念

将金属板壳构件的表面全部或局部，按其实际形状和大小，依次铺平在同一平面上，称为构件表面展开（见图 11-2），简称展开。构件表面展开后构成的平面图形称为展开图。

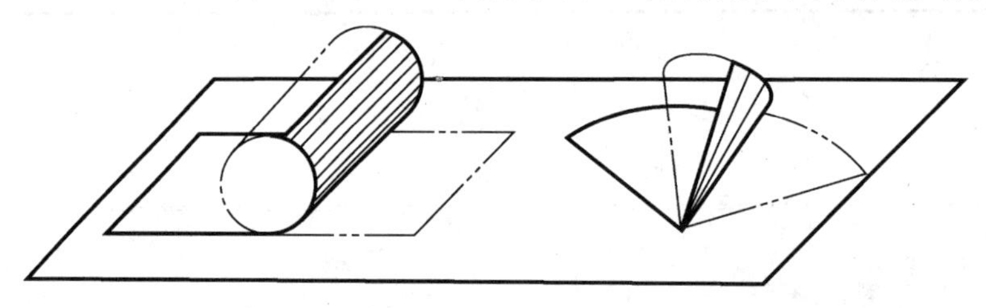

图 11-2　构件展开

2. 求线段实长的方法

在构件的展开图上，所有图线（轮廓线、棱线、辅助线等）都是构件表面上对应线段的实长线。然而，并非构件上所有线段在图样中都放映实长，因此，必须能够正确判断线段的投影是否为实长，并掌握求线段实长的一些方法。

空间一般位置直线的三面投影都不反映实长。在这种情况下，就要运用投影改造的方法求出一般位置直线段的实长。

（1）直角三角形法　图 11-3a 所示为一般位置线段 *AB* 的直观图。现在分析线段和它的投影之间的关系，以寻找求线段实长的图解方法。过点 *B* 作 *H* 面垂线，过点 *A* 作 *H* 面平行线且与垂线交于点 *C*，构成直角三角形 *ABC*，其斜边 *AB* 是空间线段的实长。两直角边的长

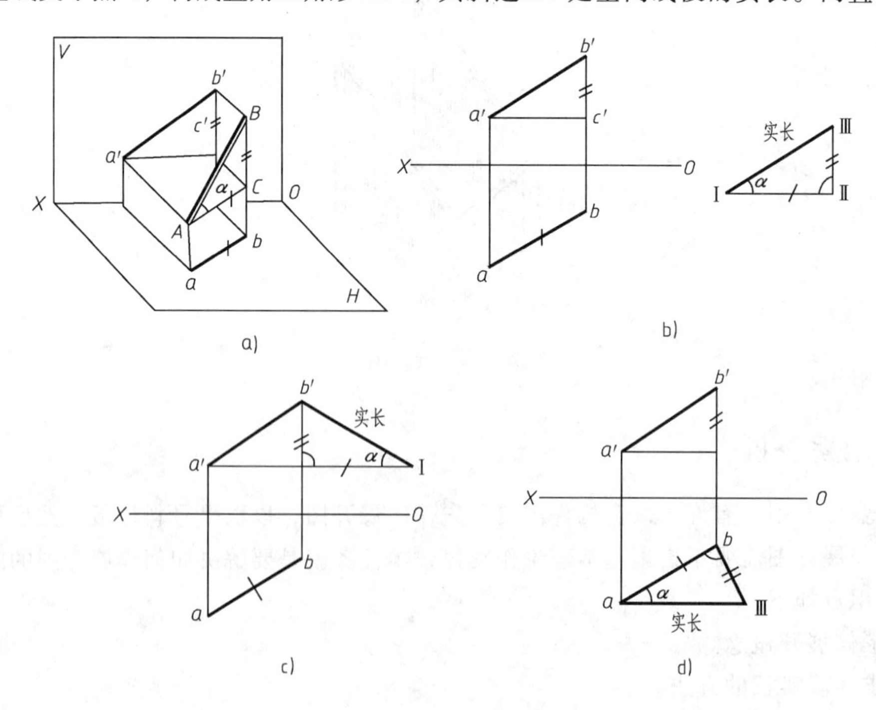

图 11-3　直角三角形法求实长

度可在投影图上量得：一直角边 AC 的长度等于线段的水平投影 ab；另一直角边 BC 是线段两端点 A、B 距水平投影面的距离之差，其长度等于正面投影图中的 $b'c'$。

由上述分析得直角三角形法求出实长的投影作图方法，如图 11-3b、c 所示。根据实际需要，直角三角形法求实长也可以在投影图外作图（见图 11-3d）。

直角三角形法的作图要领如下：

1）作一直角

2）令直角的一边等于线段在某一投影面上的投影长，直角的另一边等于线段两端点相对于该投影面的距离差（此距离差可从线段的另一面投影图上量取）。

3）连接直角两边端点构成一直角三角形，则其斜边即为线段的实长。

（2）旋转法　旋转法求实长，是将空间一般位置直线，绕一垂直于投影面的固定旋转轴旋转成投影面平行线，则该直线在与之平行的投影面上的投影反映实长。如图 11-4a 所示，以 AO 为轴，将一般位置直线 AB 旋转至与正面平行的 AB_1 位置。此时，线段 AB 已由一般位置变为正平线位置，其新的正面投影 $a'b_1'$，即为 AB 的实长。图 11-4b 为上述旋转法求实长的投影作图。图 11-4c 所示为将 AB 线旋转成水平位置以求其实长的作图过程。

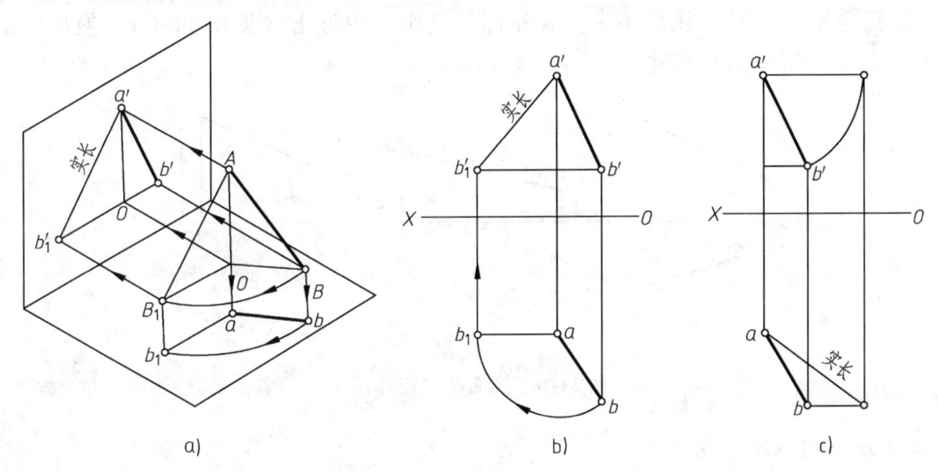

图 11-4　旋转法求实长

旋转法求实长的作图要领如下：

1）过线段一端点设一与投影面垂直的旋转轴。

2）在与旋转轴所垂直的投影面上，将线段的投影绕该轴（投影为一个点）旋转至与投影轴平行。

3）作线段旋转后与之平行的投影面上的投影，则该投影反映线段实长。

（3）换面法　当线段与某一投影面平行时，它在该投影面上的投影反映实长。换面法求实长就是根据线段投影的这一规律，当空间线段与投影面不平行时，设法用一新的与空间线段平行的投影面，替换原来的投影面，则线段在新投影面上的投影就能反映实长（见图 11-5a）。图 11-5b 为换面法求实长的投影作图。

换面法求实长的作图要领如下：

1）新设的投影轴，应与线段的一投影平行。

2）新引出的投影连线，要与新设的投影轴垂直。

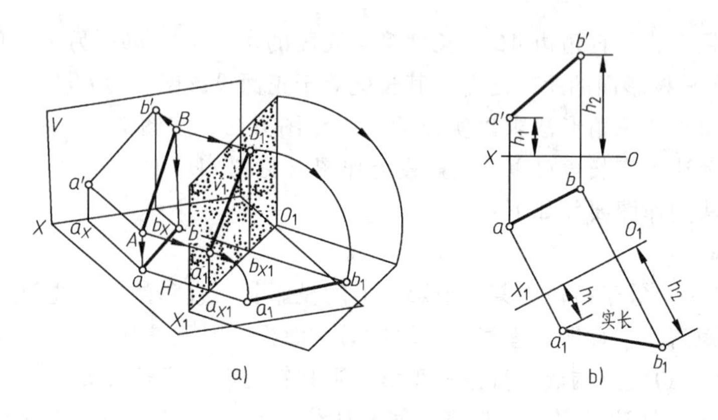

图 11-5　换面法求实长

3）新投影面上点的投影至投影轴的距离，应与原投影面上点的投影至投影轴的距离相等。

在实际放样时，当构件上求实长的线段较多时，直接应用换面法求实长，会使样图上图线过多，显得零乱。这时，往往将求实长作图从投影图中移出（见图 11-6）。换面法的移出作图形式，也常称为直角梯形法。

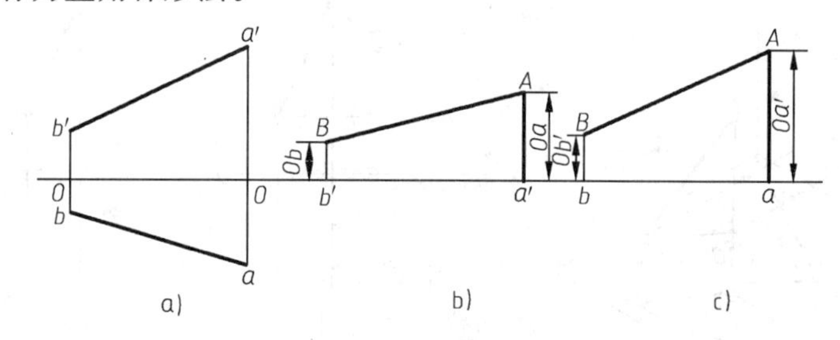

图 11-6　换面法移出作图

3. 作展开图的基本方法

展开的基本方法有平行线法、放射线法和三角形法三种。这三种方法的共同特点是：先按立体表面的性质，用直素线把待展表面分割成许多小平面，用这些小平面去逼近立体表面；然后求出这些小平面的实形，并依次画在平面上，从而构成立体表面的展开图。这一过程可以形象地比喻为“化整为零”和“积零为整”两个阶段。

（1）平行线展开法　平行线展开方法主要用于表面素线相互平行的立体，首先将立体表面用其相互平行的素线分割为若干平面，作展开时就以这些相互平行的素线为骨架，依次做出每个平面的实形，以构成展开图。下面以圆管件为例，说明作图的方法。

例 11-1　作斜切圆管的展开（见图 11-7）。

画出斜切圆管的主视图和俯视图。

八等分俯视图圆周，等分点为 1、2、3、…。由各等分点向主视图引素线，得与上口线的交点为 1′、2′、3′、…。则相邻两素线组成一个小梯形，每个小梯形近似一个小平面。

延长主视图的下口线作为展开的基准线，将圆管正截面（即俯视图）的圆周展开在延长线上，得 1、2、3、…、1 各点。过基准线上各分点引上垂线（即为圆管素线），与主视图上 1′、…、5′各点向右所引水平线相交，对应交点连接成光滑曲线，即为展开图。

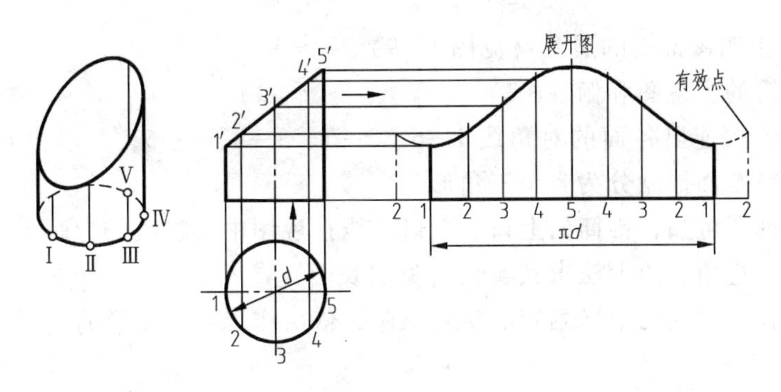

图 11-7 斜切圆管的展开

（2）放射线展开法 放射线展开法适用于表面素线相交于一点的锥体。展开时，将锥体表面用呈放射形的素线分割成共顶的若干小三角形平面，求出其实际大小后，以这些放射形素线为骨架，依次将它们画在同一平面上，即得所求锥体表面的展开图。现以正圆锥为例，说明其作图的方法。

例 11-2 作正圆锥的展开。

正圆锥的特点是表面所有素线长度相等，圆锥母线为它们的实长线，展开图为一个扇形。

展开时，先画出圆锥的主视图和锥底断面图，并将锥底断面半圆周分为若干等份。过等分点向圆锥底口引垂线即得交点，由底口线上各交点向锥顶 S 连素线，即将圆锥面划分为 12 个三角形小平面（见图 11-8a）。再以 S 为圆心、S—7 长为半径画圆弧 1—1，圆弧长等于底断面圆周长，连接点 1 与点 S，即得所求展开图（见图 11-8b）。若将展开图圆弧上各分点与 S 连接，便是圆锥表面素线在展开图上的位置。

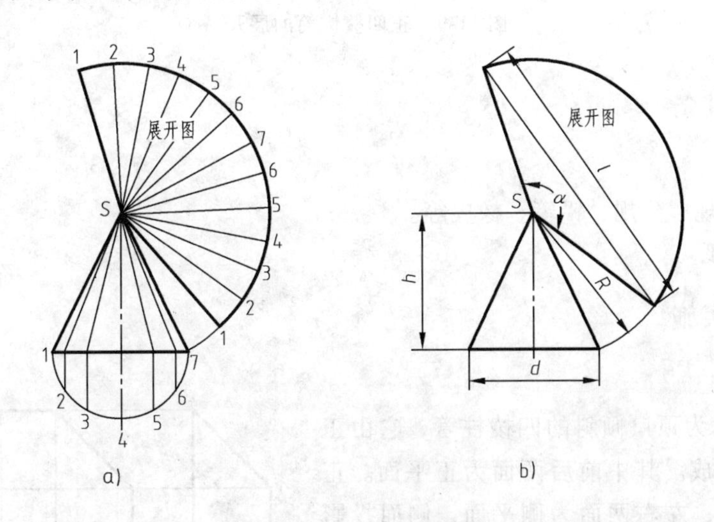

图 11-8 正圆锥的展开图

（3）三角形展开法 三角形展开法是以立体表面素线（棱线）为主，并画出必要的辅助线，将立体表面分割成一定数量的三角形平面，然后求出每个三角形的实形，并依次画在平面上，从而得到整个立体表面的展开图。

三角形展开法适用于各类形体，只是精确程度有所不同。

例 11-3 作正四棱锥筒的展开（见图 11-9）。

画出四棱锥筒的主视图和俯视图。

在俯视图中依次连出各面的对角线 1—6、2—7、3—8、4—5，并求出它们在主视图的对应位置，则锥筒侧面被划分为 8 个三角形。

由主、俯两视图可知，锥筒的上口、下口各线在视图中反映实长，而 4 个棱线及对角线不反映实长，可用直角三角形法求其实长（见实长图）。

利用各线实长，以视图上已划定的排列顺序，依次作出各三角形的实形，即为四棱锥筒的展开图。

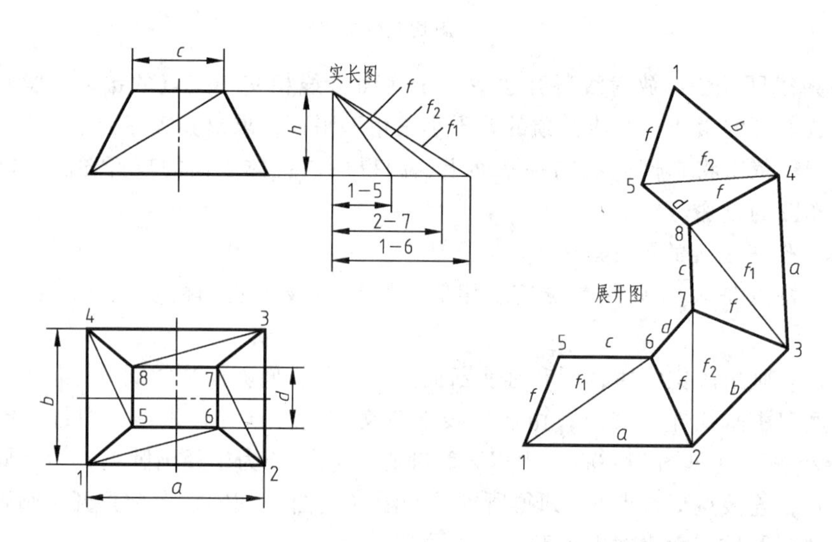

图 11-9　正四棱锥筒的展开

四、任务准备

1. 画线工具

三角板、圆规、分规、铅笔、橡皮等。

2. A4 绘图纸

五、任务实施

1. 形体分析

图 11-1 所示为顶口倾斜的四棱柱管，它由正平面和侧平面组成。其中前后两面为正平面。正面投影反映实长；左右两面为侧平面，侧面投影也反映实形。由于棱柱管各棱线相互平行，且其正面投影中各棱线为实长，各棱线间距离可由水平投影求得，故用平行线法作出其展开图。

2. 用平行线法作出斜截棱柱管的展开图

具体作展开图的过程如图 11-10 所示。

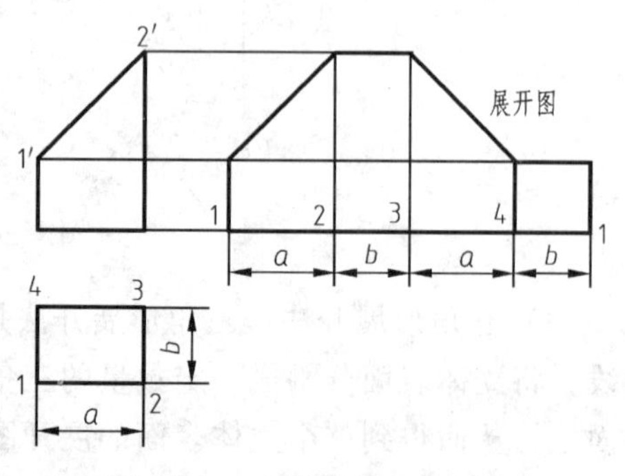

图 11-10　斜截棱柱管展开图

任务2 绘制斜截圆锥管展开图

一、任务描述

如图 11-11 所示，已知圆锥被斜切，绘制其表面展开图。

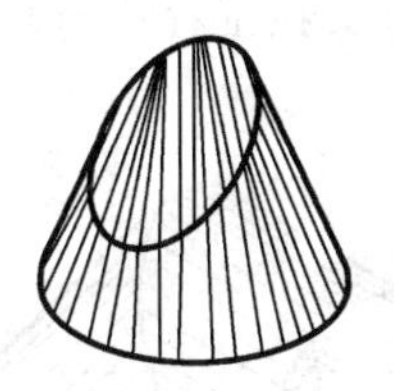

图 11-11 斜截圆锥管

二、任务分析

本任务所涉及的知识点如下：

1）圆周等分知识。

2）正投影基本理论。

3）用放射线法作展开图。

三、任务准备

1. 画线工具：三角板、圆规、分规、铅笔、橡皮等

2. A4 绘图纸

四、任务实施

1. 形体分析

顶口倾斜圆锥管可视为圆锥被正垂面截切而成，其展开图可在正圆锥展开图中截去切缺部分后得出。但是圆锥被斜截后，各素线长度不再相等，因此正确求出各素线实长是作展开的重要环节。

2. 用放射线法作出斜截圆锥管的展开图

展开图作法如图 11-12 所示：

1）画出顶口倾斜圆锥管及其所在锥体的主视图。

2）画出锥管底断面半圆周，并将其六等分。等分点 1、2、3、4、5、6、7 引上垂线与锥底交于点 1、…、7，从锥底线上各交点向锥顶 S 连素线，分锥面为 12 个小三角形平面。

3）过锥口与各素线的交点，引底口线平行线交于圆锥母线 S—7，则各交点至锥顶的距离，即为素线截切部分的实长。

4）用放射线法作出正圆锥的展开图，然后用各素线截切部分的实长，截切展开图上对应的素线。用光滑曲线连接展开图上各素线切点，该曲线与圆锥底口展开弧线之间的部分图形，即为顶

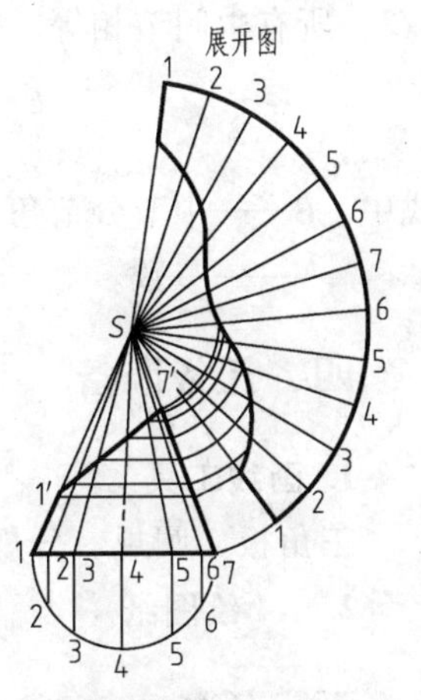

图 11-12 斜截圆锥管展开图

口倾斜圆锥管的展开图。

任务3　绘制等径多节直角弯头展开图

一、任务描述

如图 11-13 所示，等径多节直角弯头在工程中有着广泛地用途，下面学习绘制其展开图的方法。

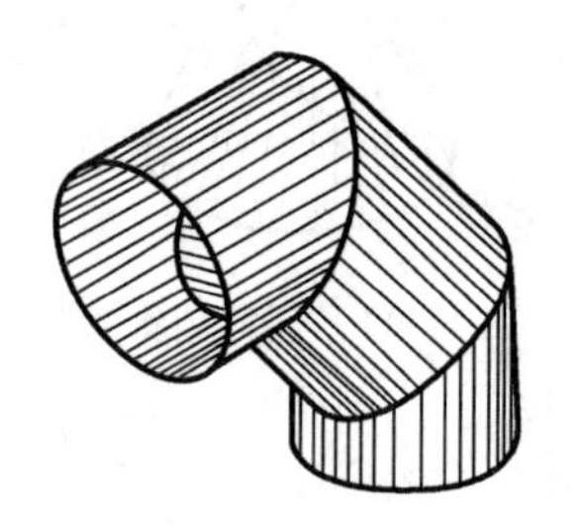

图 11-13　三节等径 90°弯头

二、任务分析

本任务所涉及的知识点如下：

1）圆周等分知识。

2）正投影基本理论。

3）用平行线法作展开图。

三、相关知识

弯头多用于通风换气或输送各种液体的管路中。由于使用要求不同，弯头的结构形式及断面形状也不尽相同。

多节等径 90°弯头是由多节截体圆管组合而成，组合原则通常是两个端节为中间节的 1/2，所有中间节相等。作图时，按此原则进行分节。其计算式为

$$\beta = \frac{90°}{N-1}$$

式中　β——中节分节角（°）；

　　　N——节数。

四、任务准备

1. 画线工具

三角板、圆规、分规、铅笔、橡皮等。

2. A4 绘图纸

五、任务实施

如图 11-14 所示，已知三节等径 90°弯头回转半径为 R，圆管直径为 d，具体作法如下：

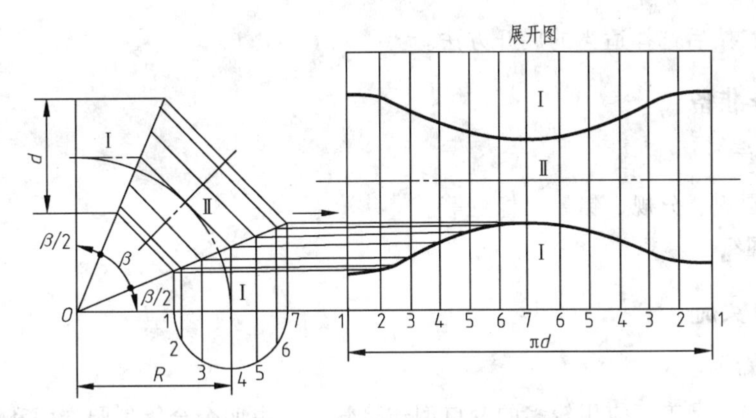

图 11-14 三节等径 90°弯头的展开

1）分节角

中节分节角 $\beta=\frac{90°}{N-1}=\frac{90°}{3-1}=45°$

端节分节角 $\beta/2=22.5°$

若用作图法作分节角，可以 R 为半径画 1/4 圆周，并作四等分，等分点与中心 O 连接（端节各占一部分，中节占二等分），连线为各节分节线，则各分节角就自然得出。

2）画各节圆管轴线，此时应注意端节的轴线应与弯头端面垂直，且各节轴线应与回转圆弧相切。

3）以圆管直径 d 画出各节圆管轮廓线，完成弯头的主视图。

4）用平行线法，作出弯头各节的展开图。在制造工艺允许的情况下，为节约用料，可将各节的接缝错开 180°布置，则三节的展开图拼画在一起为一矩形。

任务 4 绘制圆方过渡接头展开图

一、任务描述

圆方过渡接头如图 11-15 所示，从形式上看还是比较复杂的，下面就来学习绘制其展开图的方法。

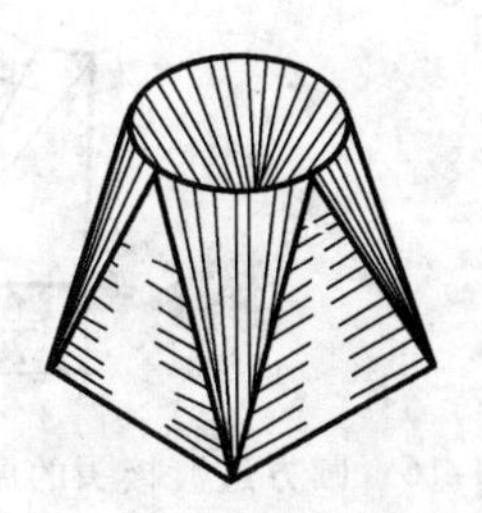

图 11-15 圆方过渡接头

二、任务分析

过渡接头，也称过渡连接管，多用于管路变口或变径处的过渡连接，过渡接头的表面，多由不同的平面和曲面混合组成。作这类管件的展开，应正确划分出其表面的不同部分，并判断曲面类型，然后选择适当的展开方法。

三、任务准备

1. 画线工具

三角板、圆规、分规、铅笔、橡皮等。

2. A4 绘图纸

四、任务实施

1. 形体分析

圆方过渡接头是工厂应用较多的变口型连接管。它由四个全等斜圆锥面和四个等腰三角形平面组合而成（见图 11-15），通常采用三角形法作出其展开图。

2. 画展开图

具体作法如下（见图 11-16）：

1）用已知尺寸 a、b、h 画出主视图和俯视图。三等分俯视图 1/4 圆周，等分点为 1、2、3、4。连接各等分点与 B，则分 B 角斜圆锥面为三个小三角形，其中 B—1 = B—4，B—2 = B—3，并以 b、c 表示各线长度。

2）由视图可知，平、曲面分界线 B—1、B—4 和锥面上的辅助线 B—2、B—3 均不反映实长，故用直角三角形法求出它们的实长（见实长图）。

3）用三角形法作出展开图。

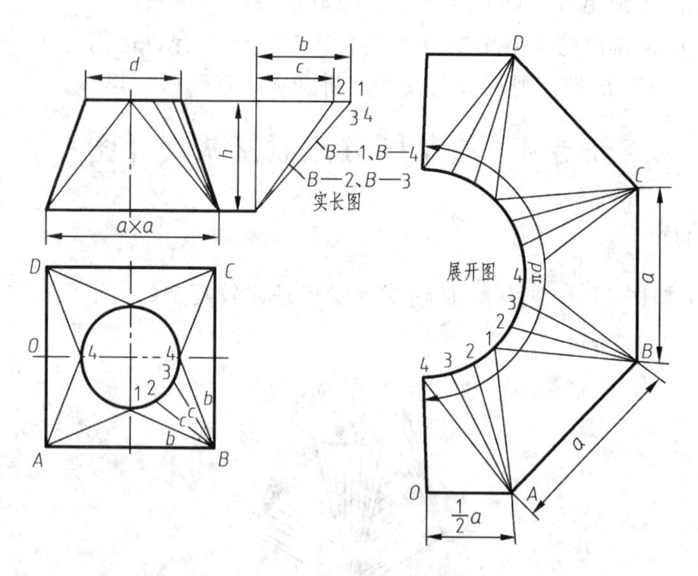

图 11-16　圆方过渡接头的展开

任务 5　绘制等径直交三通管的展开图

一、任务描述

如图 11-17 所示，等径直交三通管属于相贯构件中比较常见的基本构件，下面就来学习

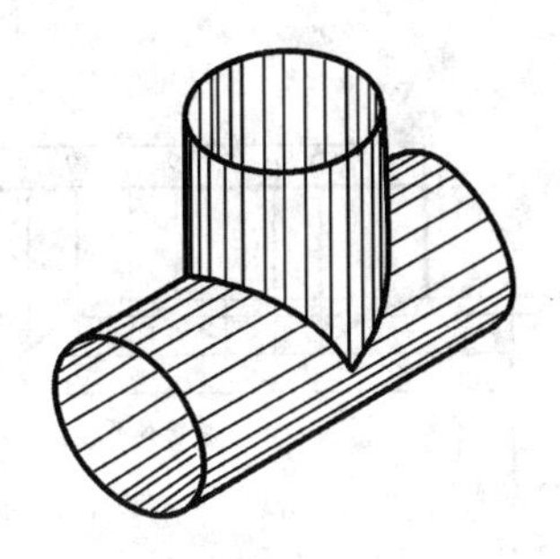

图 11-17 等径直交三通管

其展开图的绘制方法。

二、任务分析

在钣金结构中，经常遇到各种形体的相贯件，等径直交三通管就是其中常见的一种。作相贯构件的展开，关键在于确定相贯线。一旦相贯线求出，相贯体便以相贯线为界限，划分成为若干基本形体的截体，于是便可按基本形体展开法，作出各自的展开图。

本任务所涉及的知识点如下：

1. 圆周等分知识

2. 正投影基本理论

3. 求相贯线方法

4. 用平行线法作展开图

三、任务准备

1. 画线工具

三角板、圆规、分规、铅笔、橡皮等。

2. A4 绘图纸

四、任务实施

1. 形体分析

等径直交三通管，由轴线相交的两等径圆管相贯而成，其相贯线为平面曲线。当两管轴线平行于投影面时，相贯线在该面上投影为相交两直线，作图时可直接画出（见图 11-18）。

2. 作出相贯线后，便可用平行线法将两管分别展开

1）用平行线法画出支管的展开图，如图 11-18 所示。

2）用平行线法画出主管的展开图，如图 11-18 所示。

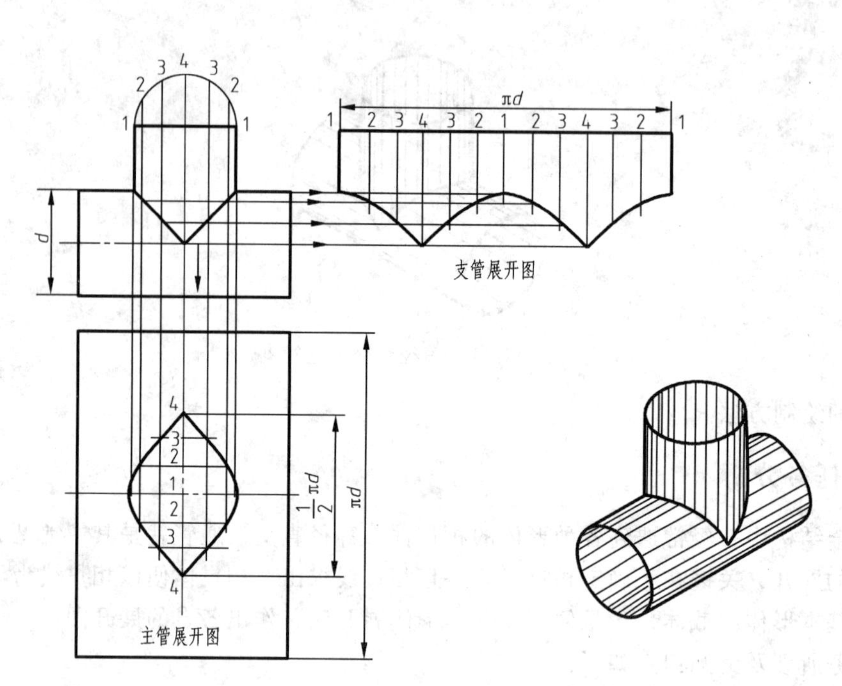

图 11-18　等径直交三通管的展开

参考文献

[1] 金大鹰. 机械制图 [M]. 6版. 北京：机械工业出版社，2006.
[2] 何铭新，钱可强. 机械制图 [M]. 5版. 北京：中国劳动社会保障出版社，2004.
[3] 梁东晓. 机械制图 [M]. 2版. 北京：中国劳动社会保障出版社，2011.
[4] 王红. 公差与测量技术 [M]. 北京：机械工业出版社，2012.

检
4